模拟计算指南

Computational Calculation and Simulation Guide

—

科研人必备的 100 个理论计算要点

科学指南针唯理计算团队◎主编

ZHEJIANG UNIVERSITY PRESS
浙江大学出版社
·杭州·

图书在版编目（CIP）数据

模拟计算指南：科研人必备的 100 个理论计算要点 /
科学指南针唯理计算团队主编. -- 杭州：浙江大学出版
社，2024.11（2025.11 重印）. -- ISBN 978-7-308-25498-4

Ⅰ. O6-04

中国国家版本馆 CIP 数据核字第 2024XN2868 号

模拟计算指南：科研人必备的 100 个理论计算要点

主　　编　科学指南针唯理计算团队

责任编辑　徐　霞

责任校对　王元新

封面设计　续设计

出版发行　浙江大学出版社

　　　　　（杭州市天目山路 148 号　邮政编码 310007）

　　　　　（网址：http://www.zjupress.com）

排　　版　杭州星云光电图文制作有限公司

印　　刷　杭州捷派印务有限公司

开　　本　787mm×1092mm　1/16

印　　张　19.5

字　　数　486 千

版 印 次　2024 年 11 月第 1 版　2025 年 11 月第 5 次印刷

书　　号　ISBN 978-7-308-25498-4

定　　价　56.00 元

序

    1998 年,诺贝尔化学奖颁给了沃尔特·科恩(Walter Kohn)与约翰·波普尔(John Pople),以表彰他们在量子化学领域的开创性工作。他们的研究使基于第一性原理预测分子及材料属性成为现实,从而显著推动了化学及相关领域的进步。2013 年,马丁·卡普拉斯(Martin Karplus)、迈克尔·莱维特(Michael Levitt)和阿里·瓦谢尔(Arieh Warshel)因开发了用于复杂化学系统研究的多尺度模型而荣获诺贝尔化学奖。这一成就进一步证明了理论模拟在揭示复杂化学现象背后机制中的核心地位。理论模拟不仅促进了化学、生物学和材料科学等领域的发展,还彻底变革了我们从分子层面到宏观世界对物质的理解方式。

    伴随着计算能力的飞速提升,理论模拟已成为解决复杂科学问题的重要手段。它在化学、物理学、材料科学和生物学等多个领域内提供了深刻的见解,帮助研究人员设计实验、预测结果,并指导新材料与新药等的研发。《模拟计算指南》是一本专为初学者编写的图书,提供了详尽的指南,涵盖了从基础概念到实际操作的全过程。本书内容广泛,从化学键的分析到复杂系统的建模都有涉及,例如固体材料特性、表面催化过程以及生物大分子的动力学行为等。书中提供的具体案例和详细步骤,使得初学者也能轻松上手,理解和运用这些技术来解决一些重要的实际问题。通过这样实用的指导,本书将帮助读者在其研究领域内有效利用模拟计算工具。

    借助本书,读者可以概览模拟技术的基本理论,并学习如何将其应用于解决特定的科学问题。相信《模拟计算指南》将成为不同专业背景读者获取基础知识的宝贵资源,帮助他们在科研道路上更好地发挥理论模拟的巨大潜力。

复旦大学教授 徐昕

2024-09-10

前　言

　　自化学作为一门独立科学诞生之日起，探索物质变化规律便成为化学工作者的首要使命。针对纷繁复杂的物质变化现象构建理论模型，一直是化学工作者不懈追求的目标。随着20世纪初量子力学的蓬勃发展，人类已经掌握了描述物质变化的普适物理规律，在此基础上应运而生的理论与计算化学，已然成为深入探索化学世界规律的关键工具。对于从事各类化学研究的人员而言，计算化学无疑是必须学习且不可或缺的有力武器。

　　计算化学是一门严谨且复杂的学科，其研究目标涵盖化学世界的各类问题，内涵极为丰富。其可计算的内容浩瀚无垠，所得到的数据错综复杂。倘若对各数据的原理、含义、所反映的物理本质以及涉及的科学问题缺乏深入理解，必然会浪费大量精力和资源，甚至可能犯下类似刻舟求剑的错误。更为糟糕的是，在许多研究论文中，对计算化学所得数据进行讨论时，错误比比皆是，这对初学者造成了极大的误导。而国内现有的计算化学专著，有的从数学底层公式展开阐述，理论知识深度较高；有的则缺乏对计算化学的全面讲解与普及。因此，对于缺乏相关基础的研究者来说，想要迅速且正确地入门计算化学，确实困难重重。本书正是为填补这一空白而著。在本书中，我们面向那些希望将计算化学工具应用于研究工作的读者，分门别类地介绍计算化学各主流领域中各项计算内容的原理和含义，并结合案例讲解如何运用这些数据来分析化学问题，同时特别针对容易出错的环节和普遍存在的误区进行着重说明。通过阅读本书，读者能够对计算化学的各个领域形成正确且清晰的认识，在需要使用计算化学工具时，能够做到胸有成竹、有的放矢。

　　本书适合化学、化学工程、材料科学、环境科学等领域的，以及其他需要处理化学问题的本科生、研究生、教师、科研工作者等作为参考资料。

　　本书是多人协作的成果，在此感谢为本书各章节贡献力量的马钰淼及科学指南针唯理计算团队成员。

　　理论与计算化学博大精深，本书仅作浅显介绍，如有不足之处，还望读者不吝赐教。

科学指南针唯理计算团队

2024 年 10 月

C目录 Contents

第1章　化学现象的物理化学模型化处理

1.1　模型的建立与检验

在进入本书所讨论的内容——借助计算化学的工具探索纷繁复杂的物质世界之前,首先提出一个问题:什么是科学研究? 归根结底,科学家在做什么?

你可能会回答说,科学家进行日复一日的推理、演绎、实验、归纳,其目的是得到和增进对于客观世界的认知,从而实现对客观世界的掌握和操控。这个答案过于复杂了,我们能否用简单的几个字来概括科学研究的内容和目标?

回首自然科学的发展过程,我们很容易得到答案。现代化学脱胎于炼金术。在漫长的中世纪,虽然人们通过将不同的物质组合,在特定条件下进行反应,观察并记录了各种现象,但多数人都不认为炼金术是化学的一部分。通常认为,化学作为一门自然科学诞生于拉瓦锡(A. L. Lavoisier)和玻意耳(R. Boyle)的时代。玻意耳的《怀疑的化学家》被认为是化学的开山之作,在书中他提出:"化学,绝不是医学或药学的婢女,也不甘当工艺和冶金的奴仆。化学本身作为自然科学中的一个独立部分,是探索宇宙奥秘的一个方面。化学,必须是为真理而追求真理的化学。"与此同时,他还发展了元素学说,并发展了理想气体定律。

在作为独立科学的化学诞生后,纵观其发展历史,从我们耳熟能详的重要事件中,我们很容易找到共性。1777 年建立燃烧的氧气学说,1867 年发现质量作用定律,1869 年提出元素周期律,1874 年提出碳的四面体结构,1916 年提出路易斯结构式,1927 年提出价键理论,这些决定了化学历史发展的标志性事件无一例外都与重要规律的发现乃至于重要理论的建立相关。对于这些规律的认识深刻影响了人们看待物质世界的方式,每位化学家在此基础上进行思考,并通过自身的努力力求实现对规律的完善。

因此,我们可以发现,与炼金术不同,化学作为一门科学的基础在于化学家的目的并非观察和记录现象,而是发现影响物质变化行为的规律。而这些规律,都可以使用"模型"一词来描述。每种科学观点,都是对某些现象进行解释的一种模型。一言以蔽之,科学家的工作内容和目的,皆在于建立和检验模型。

模型可以通过多种方法得到。古人通过亲身体验和哲学思辨,认为冷、热、干、湿四种属性决定了物质的行为,从而得到了四元素模型;近代的科学家通过对物质能否分解的观察,发现一些物质无法分解为其他物质并将其称为"元素单质",从而建立了现代元素模型。瓦格(P. Waage)等人发现反应速率与浓度的幂成正比,总结为公式,形成了质量作用定律,构成了化学反应动力学的基本模型;后来人们发现许多反应的速率并不遵循质量作用定律,进一步提出这些反应由多种符合质量作用定律的基元反应构成。玻尔(N. Bohr)为了解释氢原子光谱,假定氢原子绕着原子核进行圆周运动,并提出了其原子结构模型;后来的科学家发现玻尔模型不能解释非氢原子的光谱,随后进一步提出了原子结构的量子力学模型。在这些例子中,我们能够发现科学研究的一些基本过程和方法,同时也是建立模型的基本过程和方法:观察、归纳、假设、演绎、检验。当一个模型能够解释当前观察到的所有现象时,它将被接受;当出现新的现象时,它可能依旧可以解释,从而得以保留,也可能无法解释,从而要么被修正,要么被舍弃。

既然所有的科学研究过程都是在建立和检验模型,是不是只要提出一个能够解释该现象的模型就行了? 模型之间是否有高下之分呢?

让我们想象自己是一只猫。我们发现每过 8 小时,面前就会出现食物。作为猫中的科学家,通过观察归纳的方法,我们很容易建立这样的模型:在这个世界上,每隔 8 小时,食物就会自然出现。它完美地解释了当前观察到的所有现象,但从人类的视角来看,这个模型显然是荒谬的。如果这只猫坚持采用这个模型,当它的主人长期外出并且忘记设置喂食时,这只猫就只能挨饿了。

仍然以猫举例。养过猫的人往往知道,晃动猫粮盒子时,猫就会跑过来。这是因为在猫看来,每次猫粮盒子发出声音后,紧跟着就会有食物倒出来。因此猫中的科学家可能会得到这样的模型:猫粮盒子发出声音,会导致食物的出现。它同样解释了观察到的现象,但如果有一天主人只是为了让猫跑过来而晃动盒子却不给它食物,这只猫就会失望了。

上述两个模型都可以解释猫的眼中观察到的事实,并且如果主人永远都循规蹈矩按时投喂,猫中的科学家可能也永远观察不到与这些模型相冲突的现象。它可能会非常自豪,认为自己掌握了猫类科学的真理。但显然,这些模型都是错误的。

人类不应该嘲笑被困在家中的宠物猫。人类科学家发展出了纷繁复杂的手段,试图探究物质世界的规律,但这些努力在大自然面前仍然只是沧海一粟。人们既无法确保当前观察到的现象足够精密且不会出错,也无法预测未来会观察到怎样的现象,甚至有可能就像这只宠物猫一样受制于各种因素永远也无法观察到某些客观存在的现象。即使对于已经观察到的现象确定无疑,想要建立因果关系也十分困难,由于各种现象往往同时出现,难以将相关与因果分清,很难确保自己不会得出类似于"是盒子发出声音导致了食物出现"这种荒谬的结论。这些模型即使能够解释观察到的现象,也是由错误的原因偶然得到了正确的结论。对于科学研究来说,这甚至比无法得到确切结论更加有害,因为它会使得后人沿着错误的方向不断进发,投入越来越多的资源,当最终发现误入歧途时,往往已经走了相当多的弯路。

在科学发展的历史上,这种例子屡见不鲜。其原因多种多样。

第一种可能性是观察手段的欠缺。即使人们尽到了最大努力,由于各种检测手段时空分辨率的限制,仍然不能将现象背后的真正原因找到。就在 2021 年,有人报道了一例无金属催化的 Suzuki 偶联反应[1],并提出其采用的胺类催化剂独特的反应性导致了催化活性,一时引起了轰动。但很快,人们就发现,胺类催化剂并非起到决定性作用的物种,真正使得反应得以发生的是其中的痕量金属杂质。可以想象,如果人们没有发现真正的原因,想方设法去优化胺类催化剂的结构,将会面临多少不必要的困难。

第二种可能性是由于复杂现象可能有多种影响因素,彼此之间难以分离检验,很容易对现象产生错误的解释。例如,想象一个反应,与传统催化剂相比,在某新型催化剂存在下表现出了良好的反应效果。有的人可能会很天真地提出解释:该催化剂有较高的催化活性,能够加速反应。但只需稍加思考,就能知道这种说法的不合理之处。针对观察到的现象,至少有如下几种解释:

与传统催化剂相比,新型催化剂能够加速主反应,并抑制副反应;

与传统催化剂相比,新型催化剂能够加速主反应,同时加速副反应,但对副反应的加速程度较少;

与传统催化剂相比,新型催化剂能够抑制主反应,同时抑制副反应,且对副反应的抑制程度较大;

与传统催化剂相比,新型催化剂对各反应速率没有什么影响,但有较好的稳定性;

与传统催化剂相比,新型催化剂对各反应速率没有什么影响,稳定性也差不多,但物料的传质更快;

与传统催化剂相比,新型催化剂对各反应速率没有什么影响,稳定性也较差,但溶解性更高;

……

将这些可能对现象产生影响的因素彼此组合,有的产生积极影响,有的产生消极影响,在很多情况下,即使穷尽了充分的努力,也难以区分清楚究竟是哪一种情况。然而科学家的任务恰恰是找到其中的真相,如果对其原因进行了错误的指认,势必导致学术共同体在错误的道路上越走越远。

在现象的错误归因带来的长期弯路的例子中,单分子磁体是一个典型。早期人们发现的单分子磁体往往是一些多核金属配合物,具有很高的自旋磁矩,因而人们很容易想当然地得出结论:自旋磁矩越高,单分子磁体的各项性能越好。然而经过 20 年的艰苦努力,不断试图寻找具有更高自旋磁矩的单分子磁体后,人们却发现鲜有突破,最终才恍然大悟,最初单分子磁体的性能与高磁矩的关系不过是巧合,甚至从某种意义上说,高磁矩对于单分子磁体的稳定性是有害的。[2]可见,当一个模型从错误的原因得到了"正确的"结果时,将产生很强的误导性,对科学发展有很大的危害。作为科学工作者,应当追求从正确的原因得到正确的结果;宁愿得不出结论,也应当设法避免对现象的错误归因。

经过上述讨论,我们似乎陷入了一种困境。现象是无法穷尽的,观察是难以细致入微的,因此我们是否永远不可能知道这个世界的真正规律?

幸运的是,上述困境是建立在"我们通过观察和归纳认识世界"的基础上的。它之所以出现,正是由于观察永远是有限的,而且绝大多数实验观测都是通过所研究的目标物体对于外界的反应而进行的推论,因此都是间接证据;而在此基础上的归纳、对现象的解释更是在有限的间接证据基础上进行外推,难保不会出错。而除了观察和归纳外,我们还有其他的途径,即演绎和推理(图 1.1)。

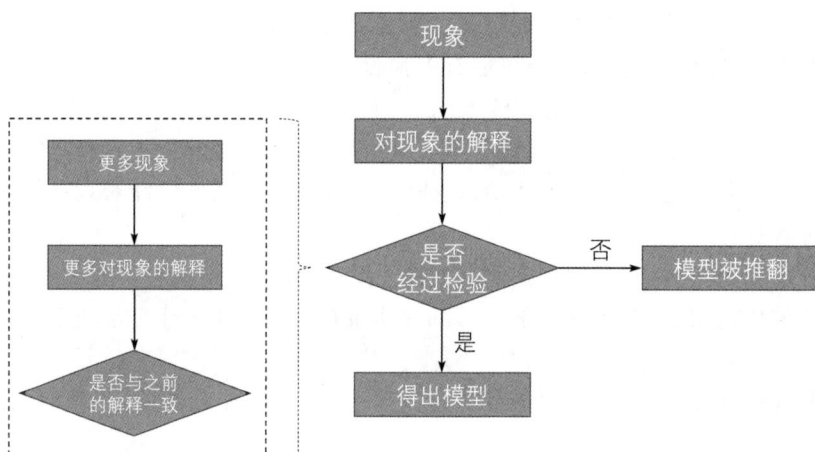

现象

↓

对现象的解释

↓

是否经过检验 — 否 → 模型被推翻

│是

↓

得出模型

更多现象

↓

更多对现象的解释

↓

是否与之前的解释一致

存在的隐忧:

1. 对现象的观察是否完善?　　　　2. 对现象的解释是否正确?

　(1) 仪器的时空分辨率是否足够?　　(1) 谱图解析对不对?

　(2) 是否存在被忽视的细节?　　　　(2) 表征出来的结构是否真的起到了作用?

　(3) 是否存在没有捕捉到的过程?　　(3) 是否存在其他的主导因素?

(a) 观察和归纳模型建立流程

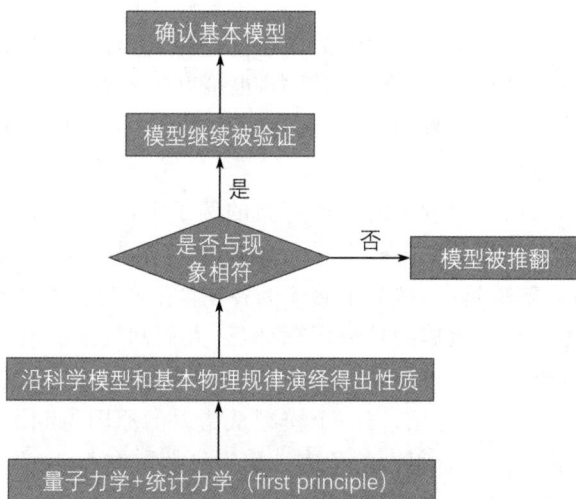

确认基本模型

↑

模型继续被验证

↑是

是否与现象相符 — 否 → 模型被推翻

↑

沿科学模型和基本物理规律演绎得出性质

↑

量子力学+统计力学（first principle）

(b) 演绎和推理模型建立流程

图 1.1　模型建立流程

　　在这一过程中,我们首先承认一种广泛成立的基本原理。它在本质上同样是模型,但它具备当前人类认识水平中最高的抽象程度,经受过最广泛的检验,从而被认为在当前认识水平下处处成立的普遍规律。从这种基本原理出发,按照模型进行演绎,来看是否能够得到各种观察到的现象。如果两者一致,则该模型通过了这次检验,否则就意味着该模型与最底层的普遍规律相冲突,需要对模型假设进行修正。在这种框架下,对模型检验的整个过程都不依赖于对现象的解释;正相反,它是针对"对现象的解释"本身来进行检验的,恰恰非常适合检查模型的正确性。在化学世界中,这种广泛成立的基本原理是量子力学和统计力学。基于量子力学和统计力学的原理,从基本物理规律出发来构建对于化学世界的描述,进而检验各种因素对现象究竟有何种影响,是计算化学的任务。

使用这种从下向上的方法进行模型检验,有如下优点:

(1)从原理上没有不确定度,因为所有结果都基于基本物理原理,仅受到基本物理常数(如光速、元电荷等)的影响。而在实际操作中采取的近似处理,所带来的误差范围对于讨论化学问题也十分足够。

(2)与光谱等基于分子对外界响应进行推论而带来的间接证据不同,计算化学直接研究微观粒子的行为,相当于直接"看到"结果,属于直接证据。而受不确定性原理的限制,人们不可能从实验上以足够的精确度"看到"电子。

(3)通过演绎推理,可以很好地将可能影响复杂现象的各种因素分离开,单独研究某种因素所起的作用。想要验证哪个假设,就去计算相关的物理量,不受其他因素的干扰,指哪打哪。

以之前提到的催化反应为例,虽然多种可能的因素难以通过对实验现象的观察来区分,但使用计算化学的方法就可以带来深入和全面的理解:

为了验证催化剂是促进还是抑制了主反应,只需对主反应的机理进行计算,得到能垒,以判断各种催化剂对反应的促进或抑制作用及其强度。

为了验证催化剂是促进还是抑制了副反应,只需罗列可能的副反应并依次计算其能垒。

为了验证催化剂的稳定性,只需罗列可能的催化剂分解途径并依次计算能垒。

为了验证催化剂的溶解度,可以尝试考察溶剂化能、晶格能等相关物理量。

在排除各种可能性之后,如果仍有未尽之处,则可以推测存在传质、传热等非化学因素,在催化反应中起到了作用。

由此可见,计算化学的手段在检验模型方面有巨大的威力。通过本书的介绍,读者将能体会到这种威力,并初步理解如何利用计算化学排除错误的模型和假设,建立正确的科学观点,实现"从正确的原因得到正确的结果"。

1.2　物质结构:分子、晶体与表面

对结构的理解是化学家认识世界的基础,对结构的表征鉴定是化学家日常工作中最重要的任务之一。在计算化学中,对结构的正确认识更是至关重要。在计算化学的工作流程中,首先需要构建特定的结构,随后研究该结构的物质所具备的性质,只有对结构有充分的把握,使得所研究的结构能够充分反映所研究的问题,才能得到有意义的结果。

各种物质随着状态和性质不同,其结构千差万别。化学家感兴趣的物质通常有如下几类:气相分子或离子;溶液;晶体、无定形固体及其表面。它们又可以大致分为两类:具有明确且有限的原子组成的分子(又称为孤立体系),和在微观尺度看来几乎是无限延伸的凝聚体(又称为周期性体系)。

各种固体是周期性体系的典型代表。对于晶体,我们将其视作由晶胞在若干方向上无限重复构成,这也正是"周期性体系"名称的由来。晶体的实际尺寸可以相当庞大,而只需研究其重复单元,就可以充分理解其各种性质。

考虑一块宏观晶体的边界,此处即为它的一处表面。宏观晶体可以有多个表面,通常每处表面的大小都远超过了晶胞的尺寸,在微观尺度上,可以将表面视作由在二维方向上无限重复的晶胞构成,因此表面也是典型的周期性体系。

无定形固体与晶体不同,不存在严格意义上的晶胞,整体呈现出无序性。但为了研究方便,通常仍然可以视作由特定的晶胞重复构成,而在这一晶胞内人们可以通过各种方法将其原子排列打乱,构建能够反映其无定形特征的结构模型,因此通常也作为周期性结构处理。

与固体相反,气态的化合物由明确的分子或离子构成。除了在通常条件下呈现气态的物质外,在以质谱条件为代表的特定环境下,可以人为生成许多气相分子、离子或团簇。这些物质均属于孤立体系。例如,虽然氧化铝在通常状态下是高熔点的固体,属于典型的周期性体系,但在气相下,则以由几个到几十个原子构成的分子团簇的形式存在[3],并且其形状与固体结构可能有很大的差异(图 1.2)。

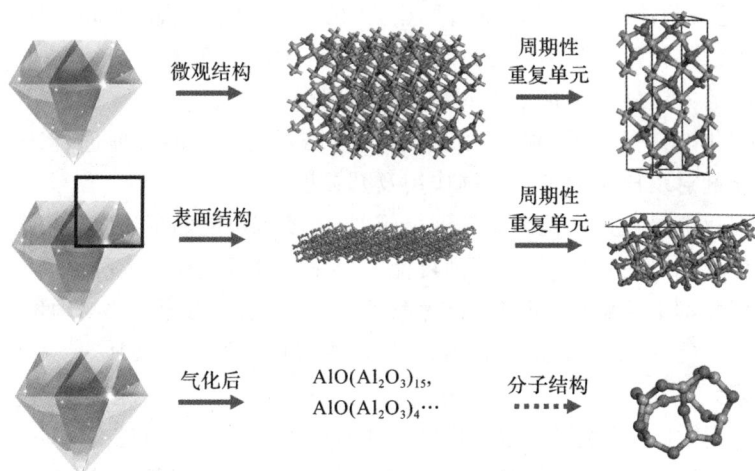

图 1.2　氧化铝的体相、表面和分子结构

液体与固体类似,虽属于凝聚态,但无序程度相当高,组成溶液的各分子排列非常灵活。如果要研究溶液的实际结构,即其中各溶剂和溶质分子是如何排列的,通常仍然会使用周期性边界条件:建立适当大小、包含特定数量溶剂和溶质分子的盒子,并将体相溶液视作该盒子在三维方向上的无限重复构成。如果并不关注溶液的实际结构,仅关注其中溶质的行为,则可以将溶液等效为一个外部环境,仅研究浸泡在这一外部环境中的溶质分子或离子,此时的溶质分子或离子就是典型的孤立体系(图 1.3)。

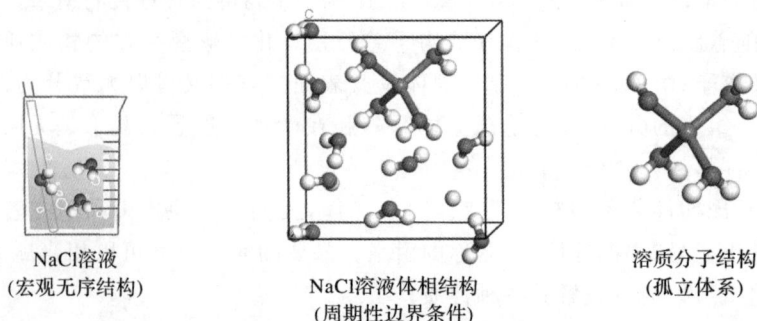

图 1.3　溶液的体相和分子结构

在大多数情况下,当研究溶液中的化学反应时,关注的都是溶质分子的变化,取溶质分子作为孤立体系进行研究是非常方便、准确的。在这一过程中,务必对溶液中分子的存在形态有充分的理解。以 NaCl 溶液为例,如要研究水中钠离子与 15-冠-5(15-c-5)分子的结合情况,则需要知道 NaCl 在水中的存在形式为 Cl^- 和 $Na(H_2O)_4^+$,在水中,盐类完全电离,阴、阳离子无相互作用,因此只需研究如下分子(离子)间的反应,即可得到该结合过程的自由能变:

$$Na(H_2O)_4^+ + 15\text{-}c\text{-}5 \longrightarrow Na\text{-}15\text{-}c\text{-}5^+ + 4H_2O$$

在后续的章节中,我们将会知道,孤立体系与周期性体系适用于不同的计算处理方法,分别属于量子化学和第一性原理计算的范畴。

1.3　化学反应热力学

在从广泛成立的基本原理出发构建化学世界的过程中,我们既要知道单个微观粒子的性质,这需要借助量子力学;也要知道一群微观粒子的性质,这需要借助统计力学;还要知道这些性质如何与宏观行为联系在一起,这需要借助化学反应热力学和动力学的知识。虽然化学反应热力学和动力学是统计力学的推论,但由于其特殊的重要性,格外需要每个化学研究者关注并深入掌握。任何物理化学教科书中都会详细探讨化学反应热力学和动力学,在本节和接下来的一节中,我们对其要点进行回顾。

化学反应热力学探究了一个化学反应是否有可能发生、至多能以何种程度发生的问题,其中最重要的是平衡的概念。它解答了化学反应达到平衡时各物质的浓度是多少的问题。

化学反应热力学中一个很重要的概念就是自由能。我们采用如下脉络,来重新梳理一遍自由能的定义。

在日常生活中,为了判断一个物体是否有向其他状态转变的趋势,我们从直觉上习惯通过受力来进行分析。当物体受力为 0 时,可以保持当前状态。其中又有稳定和不稳定两种情况。当一个正方体用一个面立在桌子上时,受合力为 0,且保持稳定;而当它用一个顶点立在桌子上,且重心与顶点的连线垂直于桌面时,其所受合力同样为 0,但并不稳定,稍受扰动就会转变为用面立在桌子上的状态。

然而在化学世界中,我们讨论物质之间的转化时,所提到的物质几乎都可以自身稳定存在,这反映在受力上,就意味着各分子所受的合力始终为 0。因此,无法将日常生活中基于受力分析建立起的朴素观念套用在化学世界中。取而代之,我们会通过能量来讨论。

能量需要满足如下性质:每个体系都能定义一个确定的能量;体系倾向于保持在能量最低的状态;要想让体系的能量升高,则需要从外界得到能量。接下来让我们思考,如何定义一个满足这些性质的"能量"?

为了回答这个问题,自然而然地,我们会想到传热过程。几乎所有化学反应都伴随着热效应,传热过程的方向性容易与"能量降低"的方向联系起来。然而,不存在任何办法能够测定一个体系"包含多少热量",只能测定出一个过程中两个相互接触的体系之间传递了多少热,因此热是与过程相关的量,不能满足"每个体系均能定义一个能量"的要求。但我们可以采取如下定义:

选定一个参考体系 A,定义其属性 $X=0$。当它转变为体系 B 时,向外界传递了数量为

Q 的热，则体系 B 的属性 $X=-Q$。当这一过程伴随着做功时，同理（图 1.4）。通过这种方法，就定义了相对于某个参考基准的属性，满足我们期待"能量"能满足的性质。上述属性 X，在恒容情况下被称作内能（U），在恒压情况下被称作焓（H）。

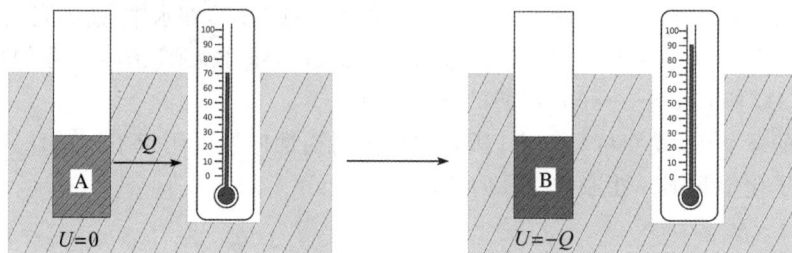

图 1.4　通过热的传递衡量体系内能

接下来我们思考，上述定义的"能量"是否足以反映化学问题？也就是说，它是否使得我们足以相信，物质会倾向于采取使得这种"能量"最低的状态？

让我们回到日常生活中，很容易就会发现这种定义的不足之处。将体系的演化类比为一个在曲面上滚动的小球，显然小球倾向于停留在曲面上的洼地，从而使得重力势能取得最低。我们将重力势能类比为上述方式定义的"能量"，当小球停留在每个洼地所在的区域时，就认为它对应于某种状态。但接下来我们考虑如图 1.5 所示的模型：在地面上有两张地毯，都是平铺，高度相同；两张地毯的面积不同，分别为 A_1 和 A_2。当小球落在某张地毯上时，就相当于进入了某种状态。当小球从高处随机滚落时，显然小球落在两张地毯上的概率不同，概率之比等于 A_1/A_2。这个例子告诉我们，重力势能并非决定小球进入何种状态的唯一因素；在势能之外，还有一个统计因素在发挥作用。现在我们将势能项和统计项（暂时记作 Y）相加，定义最终的能量 $E=H+Y$ 或 $E=U+Y$。

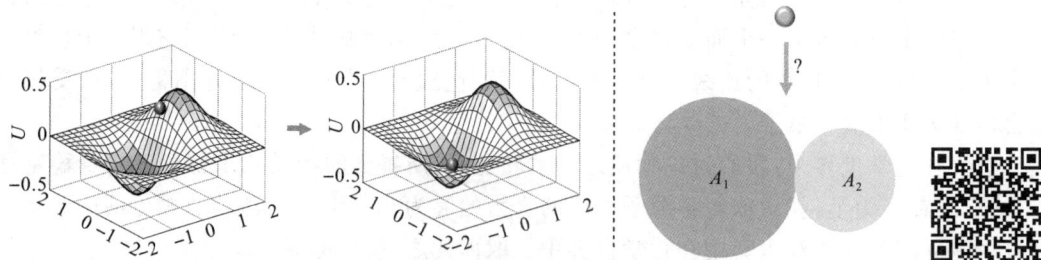

图 1.5　化学反应的地毯小球模型

彩图效果

为了进一步确定这一统计因素的形式，引入玻尔兹曼分布，它可以通过经典物理学推导出来。即，对于一个正确定义的能量 E，体系在平衡时处于状态 1 和状态 2 的概率比应当等于 $\exp\left(-(E_1-E_2)/kT\right)$，其中 k 为玻尔兹曼常数，T 为温度。采用地毯上的小球模型，可得 $A_1/A_2=\exp\left(-(E_1-E_2)/kT\right)$，又知 $H_1=H_2$，容易知道 $Y_1-Y_2=-kT(\ln A_1-\ln A_2)$。从而可以定义 $Y=-kT\ln A$。在化学世界中，地毯的面积对应了某个（宏观）状态内包含多少微观状态数 N，这样我们就知道了决定体系平衡时状态的能量应当遵循 H（或 U）$-kT\ln N$

的形式,这一能量被称为自由能。定义熵 $S=k\ln N$,可将自由能定义如下:

吉布斯自由能　　　　　　　　　$G=H-TS$ 　　　　　　　　　(1-1)

亥姆霍兹自由能　　　　　　　　$A=U-TS$ 　　　　　　　　　(1-2)

它们完全满足我们对于能量的期待。自由能对于处于特定状态的体系唯一且确定,并且仅与体系状态有关;体系倾向于降低其自由能,并且处于不同自由能的状态之间的概率比满足玻尔兹曼分布。这最后一点非常重要,因为它告诉了我们化学反应达到平衡时的浓度情况。由此可以得到关于平衡常数的结论。

对于每个化合物,可以定义其标准自由能。以化学反应 $a\text{A}+b\text{B}\longrightarrow c\text{C}+d\text{D}$ 为例,其标准自由能变为:

$$\Delta G^0 = cG_C^0 + dG_D^0 - aG_A^0 - bG_B^0 \tag{1-3}$$

平衡常数由标准自由能变决定,为:

$$K=\frac{[\text{C}]^c[\text{D}]^d}{[\text{A}]^a[\text{B}]^b}=\exp\left(\frac{-\Delta G^0}{RT}\right) \tag{1-4}$$

其中,[C]等为各物质的平衡浓度;R 为理想气体常数。因此,只要知道了一个反应的标准自由能变,就能知道达到平衡时各物质的含量,这是研究化学反应时最关键的信息之一。

对于 $\text{A}\longrightarrow\text{B}$ 的反应,当 $\Delta G^0=0$ 时,表明平衡时 A 和 B 的含量相等,各占一半;如果 $\Delta G^0=+1\ \text{kcal/mol}$,则室温下 A 的平衡浓度大约是 B 的 5.4 倍;如果 $\Delta G^0=-1\ \text{kcal/mol}$,则室温下 B 的平衡浓度大约是 A 的 5.4 倍。一种常见的说法是,ΔG^0 表明了反应是否自发。显然,采取这一说法时必须严格限定“自发”的含义,绝不能理解为“$\Delta G^0>0$ 的反应不能自行发生”。

自由能变具有容量性质,与化学方程式的写法有关。通常能接触到的(即方程式中的计量数符合习惯、不太大或太小)大部分化学反应的自由能变在零点几到几十 kcal/mol 的范围内。

自由能由焓和熵两项组成,焓的减少和熵的增加都有利于自由能的降低。其中,焓与热效应有关,容易理解。而熵是统计效应,缺乏日常生活中的对应,因此我们通过地毯小球模型,尽可能帮助读者理解。对于分子,熵包含平动、转动和振动的贡献,分子越灵活、运动越自由,能采取的状态就越多,具备越高的熵。其中,平动熵对于大多数分子来说数量级相似,大约为 30 e.u.,其中 1 e.u. $=1\ \text{cal/(mol}\cdot\text{K)}$。在 2 分子结合为 1 分子的过程中,1 个分子的平动熵被部分损失了,并且结合越强,损失的熵越多。因此,几乎所有结合过程都伴随着明显的熵减。当焓效应不足以抵消熵减时,就会发现结合自由能为正值。例如,众所周知水分子非常倾向于形成氢键,然而用热导率法测出水分子形成氢键二聚体的焓变和熵变分别为 $-3.63\ \text{kcal/mol}$ 和 $-18.61\ \text{e.u.}$[4],容易知道这一结合过程在 373 K 下的自由能变为 $+3.3\ \text{kcal/mol}$。这在基于非共价作用的结合中是普遍现象。

1.4　化学反应动力学

化学反应热力学回答了反应体系在平衡时各物质的浓度问题,但没有回答需要如何才能达成平衡的问题。发生反应并达到平衡需要时间,化学反应的速率随着反应本性不同而跨度很大,某些高度活泼的中间体能在几百飞秒内发生反应,而许多反应等待几百万年也难以发生。化学反应动力学解答了与化学反应的速率有关的问题。

构成化学反应过程的基础是基元反应。基元反应是那些通过分子的一次或几次（由于不一定每次碰撞都有足够恰好的能量来激活反应）碰撞，或化学键的一次或几次（与碰撞同理）振动就可以发生的反应。除此之外的被称为复杂反应，是一系列基元反应的组合。反应机理即为构成复杂反应的基元反应的序列。以乙酸乙酯水解为例，总反应为 $MeCO_2Et + H_2O \longrightarrow MeCO_2H + EtOH$，其机理可能如下：

$MeCO_2Et + H_3O^+ \longrightarrow MeC(OH^+)OEt + H_2O$

$MeC(OH^+)OEt + H_2O \longrightarrow MeC(OH)(OH_2^+)(OEt)$

$MeC(OH)(OH_2^+)(OEt) + H_2O \longrightarrow MeC(OH)(OH^+)(OEt) + H_3O^+$

$MeC(OH)(OH^+)(OEt) + H_3O^+ \longrightarrow MeC(OH)(OH)(OHEt^+) + H_2O$

$MeC(OH)(OH)(OHEt^+) \longrightarrow MeC(OH^+)OH + EtOH$

$MeC(OH^+)OH + H_2O \longrightarrow MeCO_2Et + H_2O$

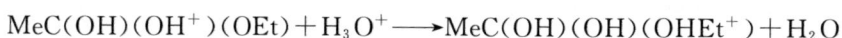

以上展示的是特殊酸催化的机理，还可能有一般酸催化、特殊碱催化、一般碱催化、proton-shuttle 等其他机理。

分子反应中的基元反应通常包含表 1.1 展示的几类。

表 1.1　分子反应中常见的基元反应模式

反应模式	名称
$A-B \longrightarrow A^{\cdot} + B^{\cdot}$	化学键均裂[①]
$A-B \longrightarrow A^+ + B^-$	化学键异裂[①]
（S_N2 反应示意图）	S_N2
（对多重键加成示意图）	对多重键的亲电/亲核/自由基加成（及其逆反应消除）
（原子转移示意图 $A \quad H-B \longrightarrow A-H \quad B$）	负氢/质子/氢原子转移（及其他原子或基团转移）
（周环反应示意图）	各类周环反应
（金属氧化加成示意图 $M \xrightarrow{A-B} M$）	金属上的氧化加成（及其逆反应还原消除）
（金属迁移插入示意图）	金属上的迁移插入（及其逆反应基团攫取）
$A+B \longrightarrow A^+ + B^-$	单电子转移[②]

注：①通常无过渡态。

　　②无过渡态。

表面反应的机理往往更为复杂,表面大量悬挂键的存在使得其电子结构变化多端,而且这些反应经常在较高温度下进行,使得许多非常规的反应模式得以发生,基元反应的种类比较丰富。

定义反应速率 r 为浓度随时间的变化率。形如 $a\mathrm{A}+b\mathrm{B}\longrightarrow c\mathrm{C}+d\mathrm{D}$ 的基元反应的速率遵从质量作用定律:

$$r=k[\mathrm{A}]^{a}[\mathrm{B}]^{b} \tag{1-5}$$

可见基元反应的速率正比于反应物浓度的幂,指数恰好等于发生该基元反应中该分子的计量数,称作反应对该物质的级数。显然,基元反应对某物质的级数要么是 0,要么是正整数。k 是与反应本性和温度有关的常数,称作速率常数。

只有基元反应严格服从质量作用定律。对于复杂反应,其表观速率可通过其机理、结合各基元反应的质量作用定律推导而来。它可能仍然服从质量作用定律的形式,也可能是许多服从质量作用定律形式的项之和,也可能更为复杂。对于服从质量作用定律形式的反应,可以类似地定义其对各物质的级数,这些级数既可能是整数也可能是分数,既可能是正数也可能是零或负数。

例如,丙烯与氯化氢的加成反应,其表观速率方程表现出两项之和的形式:

$$r=k_1[\mathrm{alkene}][\mathrm{HCl}]^{2}+k_2[\mathrm{alkene}][\mathrm{HCl}] \tag{1-6}$$

这提示该反应有两种机理共存,其中一条对氯化氢为一级,另一条对氯化氢为二级。

基元反应的速率常数 k 服从 Eyring 方程:

$$k=\frac{\kappa k_{\mathrm{B}}T}{h}\mathrm{e}^{-\frac{\Delta G^{\ddagger}}{RT}} \tag{1-7}$$

其中,h 为普朗克常数;k_{B} 为玻尔兹曼因子;T 为温度;κ 为传输因子,对每个基元反应为一个确定的常数。在其中包含一个玻尔兹曼形式的指数项,$\Delta G^{\ddagger}$ 称作标准活化吉布斯自由能(Gibbs free energy of activation),又称活化吉布斯自由能垒(Gibbs free energy barrier of activation)。与化学反应热力学中的自由能类似,活化自由能也可以分解为活化焓和活化熵,它们统称为活化参数。

活化自由能的物理意义与过渡态的概念相关。在势能面上,每个化合物都是能量的极小值点,对其结构的微小扰动都将导致能量上升。在一个基元反应过程中,随反应进行,绝大多数情况下能量并非在底物和产物能量之间单调变化。在反应的初期,随着底物结构发生扭曲重组,能量逐渐上升;随后底物逐渐向反应物转变,产生的新的相互作用使得能量下降,在反应路径上产生一个能量的极大值点。沿着反应路径方向的能量极大值点被称为过渡态(transition state, TS)。为了抵达过渡态而需要付出的能量构成了活化自由能(图 1.6)。

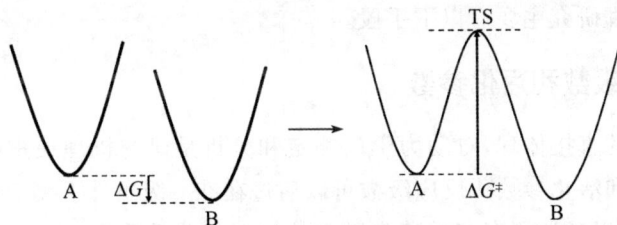

图 1.6　反应路径上的过渡态与活化自由能

由于过渡态不是极小值点，分子不会在过渡态停留可观测的时间，目前没有任何方法能够直接观测过渡态的结构。想要探讨过渡态的结构和性质，可以通过一些机理研究手段进行间接推测（见第 1.5 节），而当前如果想要直接观察过渡态的几何和电子结构，必须借助计算的手段。

对于复杂反应，表观速率常数与温度通常仍然表现出与 Eyring 方程类似的指数关系，此时可以定义为表观能垒（obvious barrier）。通过 Eyring 方程，我们可以估算室温下表观能垒与一级反应速率常数和半衰期的关系（表 1.2）。

表 1.2　根据 Eyring 方程得到的 298 K 下一级反应半衰期与表观能垒的关系

$\Delta G^{\ddagger}/(kcal/mol)$	K/s^{-1}	半衰期/s
15	62.361	0.01
16	11.520	0.06
17	2.128	0.33
18	0.393	1.76
19	0.073	9.54
20	0.013	51.66
21	0.002	279.65
22	0.000	1513.78
23	0.000	8194.29
24	0.000	44356.86
25	0.000	240110.08

可见反应速率随表观能垒改变而显著变化，室温下表观能垒每升高 1 kcal/mol，反应速率大约就降低至原有的 1/5。表观能垒低于 23 kcal/mol 的一级反应可以认为能够在室温下在可接受的时间尺度（几小时到几天）内发生。通常，在讨论计算结果时我们可以将这条界限放宽到 25 kcal/mol。用类似的方法，可以估计其他温度下表观能垒在何种范围内的反应能以可观的速率发生。

1.5　机理和研究机理的手段

对反应机理的探究和解析是化学研究的重要主题，也是对化学反应进行深入认识和理性设计的基础。机理研究主要有以下手段。

1.5.1　反应级数和活化参数

动力学是机理的直接体现，对动力学的测定和分析是研究机理最重要的手段。其中最重要的是反应级数和活化参数。反应级数可以通过在准一级条件下测定特定物质浓度随时间的关系确定，也可以通过测定初始速率随初始浓度的关系确定。活化参数可以通过变温条件下的反应速率测定。通过反应级数的研究，可以判断哪些分子参与到了决速步和决速步之前的步骤中,以及它们的当量;而活化参数则可以帮助判断决速步过渡态的性质,特别是活化熵可以用于判断决速步中分子数量的变化。如以第 1.4 节中所举的烯烃与氯化氢反应为例,其反应速率方程包含氯化氢浓度的一次项和二次项,提示该反应可能存在两种机理,且在决速步中分别有一分子和两分子氯化氢参与。这对应了烯烃亲电加成的两种机理,如图 1.7 所示。

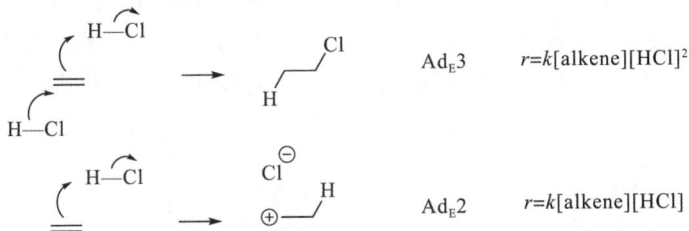

Ad_E3 $r=k[\text{alkene}][\text{HCl}]^2$

Ad_E2 $r=k[\text{alkene}][\text{HCl}]$

图 1.7 烯烃亲电加成的两种典型机理

1.5.2 同位素实验

动力学同位素效应(kinetic isotope effect,KIE)的测量构成了同位素实验中最重要的部分。在 KIE 实验中,对某个原子进行同位素取代,研究同位素带来的速率变化,以判断该原子在决速步中的角色。最常见的是氢原子 KIE,当决速步中涉及某个氢原子与其他原子之间的化学键断裂时,用氘取代氢,将导致明显的速率减慢(正常的一级 KIE);类似地,当决速步中不直接涉及这个氢原子的变化,但氢原子所连接的原子的杂化方式改变时,将产生较小的二级 KIE。

除了氢原子 KIE 外,随着核磁共振技术的进步,对碳原子或其他重原子 KIE 的测量技术也得到了发展,并能够带来多种机理信息。

除了 KIE,同位素取代也能带来更多独特的机理信息。由于同位素的化学性质大体上相同,通过在反应物的特定位置引入同位素,观察产物中的同位素分布,可以追踪相关原子在反应过程中的去向。在一些反应中,原子位置可能随着一些可逆过程的不断发生而改变,此时通过观察同位素的分布是否发生紊乱,可以判断机理中的某些步骤是否可逆。

1.5.3 中间体捕获

当怀疑某些中间体参与到了反应过程中时,可以尝试通过分离纯化、加入捕获剂或采用原位光谱手段,对该中间体的存在性进行验证。如果能将该中间体分离出来,再投入到反应体系中,发现该中间体可以顺利转化为产物,则可以在一定程度上支持它在反应过程中的角色。

需要注意的是,能够分离捕获的中间体往往有较高的稳定性,并非所有中间体都能分离。此外,捕获到该中间体只能证明其存在于反应体系中,而不能证明它在反应过程中究竟扮演何种角色。即使该中间体能够在反应条件下转化为产物,也无法证明它是直接出现在反应路径上,还是需要先转化为其他中间体再发生反应。因此,中间体捕获只能是证明"相关性"的手段,而对"因果性"的证明,必须结合更多更充分的证据。

1.5.4 机理计算

与之前各种手段不同，计算化学的手段不是通过反应体系表现出的特征进行推测来间接研究机理，而是直接得到拟定出来的机理中各步的热力学和动力学，从而验证该机理是否可行。其具体过程将在第 7 章进行探讨。机理计算是用于检验模型的手段，在进行机理计算之前，必须尽可能收集各种证据，拟定出若干有可能的机理，这就需要综合运用上述提到的各种机理研究的方法，并充分考验着化学家的智慧和劳动。而在此基础上，计算化学带来的直接与定量检验机理模型的能力，则极大地增强了化学家对化学反应机理的把握和信心。

第 2 章　物理化学模型的理论处理

2.1　量子力学原理及实现

从 19 世纪末开始,随着对物质结构认识的不断深入,人们逐渐认识到了在分子、原子尺度下存在与经典物理学不同的物理规律,并逐渐总结发展出了量子力学。以 20 世纪 20 年代薛定谔和海森堡分别提出波动力学和矩阵力学为标志,量子力学作为一门描述微观尺度粒子行为的学科而逐渐得到发展。经过大量实践的充分检验,量子力学被公认为在分子、原子尺度下的普遍规律。

随着人们对物质结构认识的进一步深入,物理学家探讨的尺度深入到了原子核和其他亚原子粒子,并发展出了用于描述更加微观粒子的多种理论体系。而在分子、原子尺度,量子力学的有效性至今仍毋庸置疑。而化学家最关心的,莫过于分子、原子尺度的行为,因此对于化学世界,量子力学可以被视为放之四海而皆准的"第一性原理"。

在目前被普遍接受的量子力学及其波恩学派解释的框架下,微观粒子的行为可以通过如下方法描述:

(1)粒子的状态使用波函数描述,它服从特定的波动方程,这使得人们可以对波动方程进行求解而得到关于波函数的信息。

(2)波函数中包含了关于粒子状态的全部信息,将各物理量所对应的算符作用于波函数,即可得到物理量的值或其期望值。

(3)在非相对论的情况下,波动方程的形式即薛定谔方程,它是关于能量算符 H 的本征值方程,其不含时间的形式为 $H\Psi=E\Psi$。其中 H 是哈密顿算符,由粒子的动能和势能各项加和得到。通过对方程的求解,即可得到波函数 Ψ 以及各个状态下有可能取到的能量本征值 E。

(4)波函数本身无物理意义,而其平方表现了粒子在空间某处出现的概率密度。

量子力学的框架给出了求得微观系统各种性质的路径,特别是对于化学家关心的场合。化学家最感兴趣的是物质的结构和能量。其中,能量可以通过求解薛定谔方程直接给出,而一旦知道了能量,通过对坐标求导得到梯度,就可以知道物质采取何种几何结构时的能量最低,进而带来对物质结构的认识。与此同时,波函数直接描述了电子的行为和状态,通过对波函数的分析,就可以知道电子在构成分子过程中的各种相互作用。因此,自从量子力学发展以来，化学也得到了飞速的进步。化学家耳熟能详的价键、共振、轨道等概念，均是来源于对量子力学所得出的结论的归纳。正因此，在量子力学的规律得以建立之后，狄拉克作出了他著名的论断："所有的化学问题和大部分物理问题都已经解决，仅剩的问题是如何求解方程。"

在薛定谔于 1927 年提出其波动方程时，他就对只有一个电子的类氢离子体系进行了求解。在这个体系的哈密顿算符中，只涉及一个电子的动能以及它与原子核之间的静电势能，可以轻易得到其解析解。而当扩展到多电子体系时，哈密顿算符将包含各电子两两之间的静电作用，这导致电子之间的运动彼此无法分离，使得方程缺乏解析求解的手段。为了尽可能地解出多电子薛定谔方程，人们发展出了多种手段，沿着其脉络，就可以了解当代计算化学的发展历程。这些方法大致遵循如下的思路：

（1）由于真实波函数的形式并不知道，首先基于各种手段，给出一个尽可能逼近它的近似形式，然后设法对其进行改进。

（2）对于变化莫测的多电子多原子分子，需要有一个统一而高效的构建波函数的方法，因此人们采取基组（basis set）展开的手段，用一组固定的基函数像搭积木一样构建体系的波函数。

（3）由于通常无法一步求出波函数的形式，故采用迭代的方法进行求解。

Hartree-Fock（HF）方法是求解多电子薛定谔方程的最初级方法。它将电子的相互作用当作每个电子与一个固定的"平均电子云"之间的相互作用并体现在哈密顿算符（此时称为 Fock 算符）中，从而将瞬息万变的电子相互作用分离开。在求解过程中，首先基于现有的波函数初猜，得到电子的密度分布，从而构建 Fock 算符。对该 Fock 算符的本征方程（Fock 方程）进行求解，得到新的波函数，不断重复这一过程，待能量、电子密度等各种指标达到收敛后，即得到了 HF 水平下的波函数。这种迭代的求解方法被称为自洽场（SCF）。

HF 方法虽然可以在一定程度上描述微观体系的行为，但由于忽略了电子的瞬时相互作用，得到的结果与真实值相差甚远。HF 所不能描述的部分被称为"电子相关"。有许多方法，如基于微扰理论的 Møller-Plesset（MP）方法、基于耦合簇方程的耦合簇（coupled cluster，CC）方法等，力图在 HF 波函数的基础上进行改进，得到比 HF 波函数形式更复杂、对真实波函数具备更强描述能力的函数形式，并在 HF 能量的基础上引入反映了电子相关的相关能。因其基于对 HF 结果的改进，这些方法统称为 post-HF 方法。由于多电子哈密顿算符的复杂性，想要在 HF 的基础上进行改进，是一件难上加难的事情，导致 post-HF 方法的耗时往往相当高。原始的 HF 方法的耗时是 $O(N^4)$，即随着体系大小呈四次方增长，而 post-HF 方法的耗时可以达到 $O(N^7)$ 的量级。

在众多 post-HF 方法中，MP2 由于实现起来相对简单，在过去先进理论方法匮乏的年代曾经多有流行，而现在已经由于耗时长且精度不好而被完全淘汰。只有以 CCSD、CCSD(T) 等为代表的耦合簇方法在现今仍有重要意义。这些耦合簇方法有相当高的精度，被作为检验计算方法的金标准。

随着 Kohn、Hohenberg、Sham 等人的工作推进，另一条与 post-HF 方法平行的道路备受关注，并且迅速成为计算化学的主流，这就是密度泛函理论（density functional theory，DFT）[5-7]。与 post-HF 方法专注于在 HF 结果上进行改进不同，DFT 选择了另一条完全不同的道路。它基于如下定理：

(1)除了波函数外，电子密度同样可以唯一确定一个体系的各种性质。通过一个作用于密度函数的函数(即"泛函")，可以得到体系的基态能量。

(2)体系的基态电子密度即为能让体系能量最低的电子密度。

因此与 HF、post-HF 不同，DFT 的出发点并不是求解体系的波函数，而是设法求解电子密度。从原理上来看，它不必再遵循多电子体系复杂哈密顿算符的桎梏，因而具备简单高效的特点。从现实角度来看，事实上人们仍然不知道如何直接求出体系的密度，但从波函数来得到密度是很简单的，因此仍然要借助波函数作为中介(这被称为 Kohn-Sham 框架)，只不过此时人们不再需要像 HF、post-HF 那样想尽办法追求改善波函数的准确性，而只需设法改进它所带来的密度即可。具体来说，就是基于泛函去构建与 Fock 方程形式类似的方程(K-S 方程)，迭代求解得到收敛后的"波函数"，并进一步得到密度后，让泛函作用于密度，即可得到体系能量。而能量的准确性并不取决于"波函数"的形式有多复杂，而是取决于泛函的质量。在这里，我们给"波函数"打上了引号，正是因为它的存在目的不再是去重现体系的真实波函数，而是去得到尽可能准确的密度。这样，我们就把困扰 post-HF 的计算量问题绕过了，通过对泛函进行改进，开发尽可能接近真实泛函的泛函，就可以通过与 HF 相仿的计算量、通过一次 SCF 得到理想的结果。

因此，DFT 的发展脉络就跟泛函开发息息相关。最早 Slater 等人提出的 Xα 泛函[8]，Perdew、Becke 和其他重要研究者提出的 PBE[9] 和 B3LYP[10] 泛函，Truhlar 等人提出的 M06-2X[11] 和后续更多明尼苏达泛函等，每个重要泛函的提出，都可以称作 DFT 发展过程中的里程碑事件。在当今时代，泛函不可胜数，几乎对于每个化学问题，都有合适的泛函可供选择。正因其较低的计算量和优秀的精度，DFT 成了构成当今计算化学的绝对主力。目前的泛函可以按照其形式，被分为 LDA、GGA、meta-GGA、杂化、双杂化等类别，复杂程度依次升高，总体表现也逐渐变好。

基于这些理论，人们得以方便地研究各类化学问题。根据处理的体系不同，人们将基于量子力学的计算化学研究分成了两类，即量子化学和第一性原理。以下我们将用两节的篇幅分别对两者进行基础介绍。

2.2　量子化学计算的流程、输入与输出

通过量子力学的原理，求解分子体系的结构、能量、性质等，属于量子化学的研究范畴。量子化学计算的常用软件包括 Gaussian、ORCA、molpro、molcas、xtb 等。

根据之前的论述，我们已经知道，我们需要一组特定的函数(被称为基函数)来描述体系的波函数。对于每个元素，人们已经通过各种方法确定了一系列固定的基函数组合，后来者可以直接使用，这被称为基组。例如，形如 6-31G(d)、6-311＋G(d,p)等的 Pople 型基组，形如 def2-SVP、def2-TZVP 等的 Ahlrichs def2-系列基组，形如 cc-pVTZ 等的 Duning 相关一致基组等。在进行计算时，需要给每个原子指定合适的基组。显然，基组越大、包含的基函数数量越多，描述波函数的能力就越强。

之前提到的形如 HF、MP2、CCSD(T)、DFT 等被称为理论方法。对于 DFT，还必须指定使用何种泛函。方法与基组合在一起，再加上若干其他细节（如溶剂化的处理等），被称为计算水平，它构成了能够让人明白这个计算怎样进行的最关键信息。我们在报道计算水平时，往往将理论方法和基组放在一起，例如"本计算在 M06-2X/def2-SVP 水平下进行"，其含义为使用了 DFT 的理论方法，采用了 M06-2X 泛函，结合 def2-SVP 基组来完成该计算。

一方面，计算水平的选择已然决定了对于给定分子是如何求解其各项性质的；另一方面，在进行计算之前还需要确定所需研究的分子本身。在绝大多数量子化学计算中，假定一个分子的各种性质均由原子核的位置确定（波恩-奥本海默近似），因此最终得到的是各个原子核处于给定位置（即分子处于给定几何结构）时分子的性质。为了让计算得以开展，首先，需要建立分子的三维结构，并指定分子的带电状态；其次，对于带有成单电子的分子，需要考虑单电子的自旋排列情况。这对应着量子化学计算过程中用于描述分子的三个要素：几何结构（原子坐标）、电荷、自旋多重度。给量子化学程序输入计算水平、几何结构、电荷、自旋多重度的设定，再指定任务类型、告诉程序要进行什么工作，就可以开展量子化学计算了。

量子化学计算的第一步是构型优化。绝大多数情况下我们都无法直接得到分子的准确结构，因此在输入文件中构建的都是对结构的初猜。在构型优化过程中，分子结构将从任意初始结构出发，沿着能量最小化的方向进行弛豫，得到一个距离初始构型较近的低能结构。只有基于这些结构，研究其他性质才有意义。在完成构型优化后，可以通过频率计算得到热力学量和振动光谱，也可以通过其他波函数分析手段得到更加丰富的电子结构信息。

以下以使用 Gaussian 16 结合 M06-2X/def2-TZVP 水平得到氢气的键解离能为例，展示量子化学计算的普遍方法。

为了得到氢气的键解离能，需要知道氢气生成两个氢原子的焓变。因此需要分别求得氢气和氢原子在给定温度下的焓。在 Gaussian 中，为了得到氢气在 M06-2X/def2-TZVP 水平下的焓，需要首先构建氢气的初始结构，随后进行构型优化。对应的输入文件如下：

```
%mem=4GB
%nprocshared=4
%chk=h2.chk
#opt freq m062x def2tzvp

Title Card Required

0 1
H    0.23262890    0.46914620 0.00000000
H   −0.83262890   −0.46914620 0.00000000
```

对应的图形界面如图 2.1 所示。

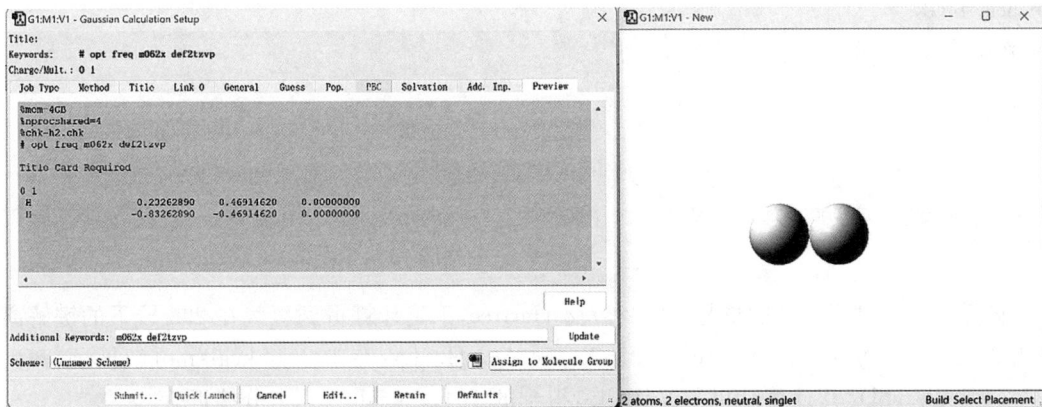

图 2.1　GaussView 中显示的对氢气进行构型优化和频率计算的输入文件

其中前三行意味着计算过程使用 4 个 CPU 核心和 4 GB 内存,并将波函数信息保存到 h2.chk 中。接下来 opt freq 指定程序依次进行构型优化和频率计算,M06-2X/def2-TZVP 在 Gaussian 输入文件中写作 m062x def2tzvp。这个分子不带电,电荷为 0;没有成单电子,自旋多重度为 1,两个氢原子分别位于如图 2.1 所示的坐标(单位为 Å)。

Gaussian 输入文件的常用后缀是 gjf。提交上述 gjf 文件后,可以得到 h2.chk 和 h2.log 两个输出文件。前者包含了波函数信息,体积很大,本身是个二进制文件,不能被其他程序读取,如果要给他人传递则需要先通过 Gaussian 自带的 formchk 工具转化为 fchk 文件;如果不需要分析其中的波函数信息则可以不必保留。后者是个文本文件,包含了计算过程的绝大部分信息。

打开 log 文件,会发现其中有许多形如

SCF Done:E(RM062X)=−1.14998308905　A.U. after　8 cycles

的内容。经过上一节的介绍,我们已经知道了 SCF 的含义。在构型优化过程中,程序不断对结构进行 SCF,得到能量和受力,沿着受力确定能让能量降低的下一个结构,直到能量达到收敛标准。因此,无论是 SCF 还是构型优化,都是迭代过程。计算化学中的迭代过程还有很多;只要是迭代,就可能会出现不收敛的情况。只有经过收敛的结果,才有意义。

上述输入文件经历 5 步构型迭代后构型优化达到收敛,此时两个氢原子的距离为 0.74 Å,此时的结构即可认为是氢气分子的平衡构型。随后在频率计算部分程序会输出:

Sum of electronic and thermal Enthalpies＝　　　　　−1.154956

意味着在当前水平下氢气的焓是−1.154956 Hartree。由于没有在输入文件中指定温度,这是默认温度 298 K 下的结果。这是以孤立的原子核与电子为零点的能量,被称为绝对能量。绝对能量本身无意义,其数值受计算水平的影响很大,也不对应任何可观测的物理量。化学家关心的永远是反应过程的能量变化,即相对能量。

随后采取相同的方法对氢原子进行计算。由于只有一个原子,不需进行构型优化,只需进行频率计算:

```
%nprocshared=4
%mem=4GB
#freq def2tzvp m062x

Title Card Required

0 2
H 0.00000000 0.00000000 0.37008200
```

随后可以得到氢原子的焓是−0.495778 Hartree，于是计算得到氢气在298 K下的键解离能为$2 \times (-0.495778)$ Hartree $- (-1.154956)$ Hartree $= 102.5$ kcal/mol（1Hartree $= 627.51$ kcal/mol）。其计算结果与光谱测量得到的104.2 kcal/mol十分接近。

在优化构型的基础上，我们还可以进行其他计算。基于确定的构型的计算，被称为单点（single point）计算；我们可以更换大的基组进行单点计算以得到更好的能量；核磁、紫外吸收光谱、圆二色谱等各种性质，也可以通过单点计算得到。

通过上述流程，我们可以知道如下几点：

（1）在给定理论方法下，量子化学计算的结果仅取决于原子核的位置。无论是输入还是输出文件，对于分子的描述都只限于几何结构、电荷和自旋多重度，一切性质都从中而来。特别是不存在人为主观假定的"某几个原子是否成键、成何种键"；恰恰相反，它们是通过对结果的分析得到的。这一点在之后的章节会继续讨论。

（2）所有的结果都依赖于几何结构。想研究什么分子，就建立相应的几何结构；想研究什么反应，就建立相应的反应物、生成物，可能还涉及中间体和过渡态；分别计算并最终得到反应过程的能量变化。种瓜得瓜，种豆得豆，输入什么，就决定了输出什么。这意味着在进行整个计算化学工作时必须对所研究的问题始终保持清晰的认识。与此同时，这也带来了计算化学"指哪打哪"的特性，可以很好地实现对某个过程的专门研究，避免了各种意想不到的其他因素的干扰。

（3）在整个计算过程中，只要选定了计算水平，对于特定的分子，其结果就是确定的。对于同一个文件，除了某些极为偶然的故障因素外，反复运行的结果都将相同。与此同时，也不存在任何人为设置、能够改变计算结果的参数。它完全是基于客观规律演绎出的结果。这被称为从头算（ab initio）方法（post-HF方法是典型的从头算方法，DFT是否属于从头算方法虽有些争议，但更多地属于语义学的范畴。由于DFT计算有严格的理论基础，是从在化学世界中放之四海而皆准的量子力学规律中推导而来，故在本书中将其统一称为从头算方法）。

以上为以Gaussian为例的计算流程，其他量子化学程序的计算流程大差不差，最终都会输出一个最关键的文本型输出文件，并且绝大多数情况下都可以生成波函数文件。前者包含了绝大多数结果信息，后者则可以用于后续波函数分析中。

2.3　第一性原理计算的流程、输入与输出

第一性原理计算的常用程序有 VASP、Quantum Espresso、CP2K、CASTEP 等。它与量子化学计算都是基于量子力学的基本原理,但用于处理不同的体系。第一性原理计算特指用于处理周期性体系的计算,如晶体、表面、周期性液体等,其共同特点是存在一个无限重复的单元。以图 2.2 中的石墨结构为例,这是一个典型的周期性晶胞,每个晶胞包含 4 个碳原子,在三维方向上无限重复。在进行第一性原理计算时,同样需要确定几何结构,此时指定的是一个晶胞内的原子坐标。

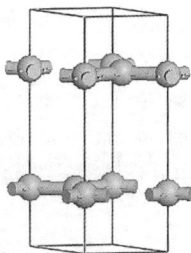

图 2.2　石墨的晶胞结构

第一性原理计算同样需要基组。与量子化学计算中采用以原子为中心的基函数、从而有许多种类的情况不同,大多数第一性原理计算使用的是周期性的平面波函数,其形式是确定的,只需要指定动能截断的数值。动能截断越高,包含的平面波数量就越多。

采用平面波基组的优势是天然满足周期性边界条件,缺点则是需要很多平面波才能描述原子核附近电子密度变化剧烈的部分,因此人们采用了赝势方法,将原子核附近的内层电子等价为一个特定的势场,只考虑价电子的行为。

为了对周期性重复单元进行描述,第一性原理计算中涉及了 k 点的概念。可以将 k 点看作是为了描述体系在各个方向上的周期性而引入的采样点;k 点越密集,描述周期性体系的能力就越强。我们通常使用形如 $3 \times 3 \times 3$ 的方式来描述 k 点,表明了在三个方向上放置 k 点的密度。

综上所述,第一性原理计算的输入文件中至少需要指定几何结构、平面波的动能截断、所采用的赝势以及 k 点密度等信息。以 VASP 为例,它将这些输入信息分散在 4 个输入文件中:

POSCAR:用于指定输入构型。

KPOINTS:用于指定 k 点信息。

POTCAR:用于指定赝势。

INCAR:用于指定任务内容、动能截断、收敛限、输出哪些信息等其他各项设置。

VASP 输出的文件格式很多,其中最重要的是 OSZICAR 和 OUTCAR。前者记录了整个计算过程中的能量变化情况,后者则囊括了大部分输出信息。以如下的 OSZICAR(部分)为例:

（省略）

DAV: 3	−0.566546424426E+03	0.18147E−03	−0.10855E−03	1420	0.117E−01	0.126E−01	
DAV: 4	−0.566546697680E+03	−0.27325E−03	−0.13645E−03	1416	0.139E−01	0.520E−02	
DAV: 5	−0.566546684279E+03	0.13401E−04	−0.30464E−04	1424	0.480E−02	0.406E−02	
DAV: 6	−0.566546668093E+03	0.16186E−04	−0.12755E−04	1320	0.320E−02	0.123E−02	
DAV: 7	−0.566546667435E+03	0.65761E−06	−0.14681E−05	784	0.105E−02		

99F=−.57355458E+03   E0=−.57355458E+03   dE=−.105500E−02

N	E	dE	d	eps	ncg	rms	rms(c)
DAV: 1	−0.566546687061E+03	−0.18968E−04	−0.23766E−02	1264	0.350E−01	0.363E−02	
DAV: 2	−0.566546726740E+03	−0.39678E−04	−0.55120E−04	1456	0.515E−02	0.214E−02	
DAV: 3	−0.566546725050E+03	0.16896E−05	−0.12131E−05	812	0.118E−02	0.145E−02	
DAV: 4	−0.566546727979E+03	−0.29285E−05	−0.18258E−05	880	0.149E−02	0.800E−03	
DAV: 5	−0.566546727755E+03	0.22334E−06	−0.32973E−06	728	0.550E−03	0.729E−03	
DAV: 6	−0.566546727597E+03	0.15851E−06	−0.17414E−06	720	0.444E−03		

100F=−.57355470E+03   E0=−.57355470E+03   dE=−.125265E−03

这是一个几何优化的任务，到目前为止已经走到了第100个结构（也叫走了100个离子步）；其中第100个离子步的SCF过程经历了6次迭代（也叫6个电子步），最后一个离子步的绝对能量是−573.55470 eV（注意量子化学程序大多输出的能量单位是Hartree，而第一性原理程序经常采用eV作为能量单位）。

VASP的其他几个重要输出文件如下：

（1）CONTCAR：储存VASP计算得到的新结构的文件。

（2）WAVECAR：类似于量子化学程序中的chk文件，包含波函数信息，体积很大。与量子化学程序输出的波函数不同的是，基于WAVECAR能进行的分析手段十分有限，因此经常不必保留WAVECAR。

（3）CHGCAR：包含了体系的电荷密度（在第一性原理的语境中，电荷密度等同于电子密度）的空间分布。

（4）DOSCAR：包含体系的态密度（DOS）信息。关于DOS会在之后的章节中讨论。

2.4　统计热力学与分子动力学

在以上的章节中，我们介绍了基于量子力学原理研究分子体系与周期性体系的两类手段。事实上，在这个过程中我们忽略了一个问题：这些方法得到的，都是特定的分子或是特定的周期性结构的性质；我们在例子中仿佛自然而然地读出了每个物质的焓或其他热力学量，但热力学量本质上并不是单个结构的性质——它是由大量粒子的行为所贡献的！所以，人们是如何通过计算一个分子或一个晶胞，就能知道1摩尔这个物质的热力学量的呢？这就涉及了构成理论与计算化学的另一个支柱：统计力学，特别是统计热力学。

统计热力学告诉我们，一群粒子的焓、熵、自由能等各种热力学量，本质上是由系统所能取到的各种状态决定的。粒子自身蕴含着能量（即SCF过程得到的分子自身的绝对能量，称为电子能量），而在此基础上，粒子存在平动、振动和转动，如果知道了粒子的运动状态所带来的每个能级，即可写出统计力学描述体系状态的核心——配分函数，进而从中求出在特定温度和压力下粒子的热力学量。在量子化学和第一性原理计算中，配分函数中最重要的振动能级是通过频率计算得到的，因此为了得到热力学量，需要在构型优化之后进行频率计算。

与量子力学类似，统计力学也是在化学世界中放之四海而皆准的基本原理，因此两者被并称为"第一性原理"（first principle）。第一性原理计算的名称就是由此而来。

由此，我们可以知道通常量子化学和第一性原理计算的思想，都是从初始结构出发，经过构型优化得到具有代表性的中间体或过渡态结构，再通过频率计算，得到该结构的热力学量。整个过程围绕着初始结构而展开，根据初始结构去研究距离初始结构较近的代表性结构。这种做法有"指哪打哪"的优势，但也存在不足：它依赖于对感兴趣的结构的手工建立，而许多情况下体系的构象分布十分复杂，不可能人为列举。这类体系的典型例子有生物大分子、聚合物、溶液中的众多溶剂和溶质分子等；它们的构象千变万化，而且许多构象都有着相似的贡献，几乎不可能凭借手工列举的方法得到足够有代表性的结构，因此我们需要寻找除了上述计算过程之外的新的道路。这条道路即为通过让体系随着时间自发演化，再对演化的过程进行统计，基于统计力学的方法最终得到感兴趣的性质。这种方法被称为"分子动力学"（molecular dynamics，MD）。

在一段分子动力学轨迹中，从初始结构出发，人们设法求算每个结构中各原子的受力，再基于牛顿运动定律得到接下来一小段时间后的新结构，不断往复。每一步的时间尺度在飞秒量级；在经历大量走步之后，将每一步体系的结构、能量等信息记录下来，就构成了轨迹。对于一段有代表性的轨迹，我们可以对其进行统计，求取感兴趣的量。例如，通过对动能的平均而求得温度，对每个结构的密度进行平均从而求得体系的整体密度等。

容易知道，分子动力学作为一个门类，与量子化学、第一性原理计算根据所处理的体系类型进行分类不同，是由于其独特的过程和思想而被分成一类的，因此与这两者并不是正交的关系。对于分子体系，可以通过量子化学的方法求解得到受力；对于周期性体系，也可以通过第一性原理的方法求得受力。当受力来源于从头算方法时，我们将其称为基于从头算的分子动力学（ab initio molecular dynamics，AIMD）。

分子动力学经常处理成千上万个原子的大体系，远远超出了 AIMD 的尺度范围，此时人们会使用力场（force field，FF）方法。在力场方法中，人们将原子甚至某些分子片段抽象成一个个服从牛顿运动定律的小球，人为规定原子的连接方式，将化学键当作服从胡克定律的弹簧进行处理，再通过特定的形式引入原子之间的非键相互作用。与从头算方法相反，力场方法包含了许多力场参数，对分子的行为进行了诸多简化，其优点是避免了复杂的量子力学方程求解过程，速度很快，可以处理很大的体系。基于力场的分子动力学被称作经典动力学。关于经典动力学和 AIMD，在之后的章节中会进一步讨论。经典动力学的常用软件有GROMACS、AMBER、FORCITE、LAMMPS 等。

2.5　计算水平的选择

我们已经知道了，无论是何种计算，都需要确定计算水平。量子化学计算中需要确定方法、基组和其他细节,第一性原理计算中需要确定方法、动能截断、k 点、赝势等,分子动力学计算中则需要确定力场。计算水平选取是否合适,直接决定了计算结果的质量。

计算水平当然是在能够顺利开展的前提下越高越好,但与此同时计算水平也会对耗时产生影响,因此对于不同大小的体系,在耗时和精度之间权衡是非常有必要的。接下来我们对一些典型的计算工作的尺度大小、耗时和计算水平选择进行简介。

对于主流量子化学程序,DFT 计算能够处理的尺度大小在 1～200 个原子之间。DFT 的耗时随基函数的数量的四次方增加(不同程序对性能有一定优化,实际耗时增加的速率会略慢一些),因而随着体系原子数增多或者原子变重、包含的轨道数量增加,耗时会迅速增加。这种增长是相当迅猛的:在相同的方法和基组下,假如一个 10 个原子的体系的单点计算需要 1 分钟完成,100 个原子的体系就需要 30 个小时!因此,计算方法的选择要根据体系大小来确定,小体系要用大基组以得到尽可能准确的结果,而大体系则不得不使用小基组以使得耗时在可接受范围内。

由于构型优化和频率计算的耗时又比单点计算多几个数量级,为了进一步节约时间,构型优化和单点计算通常采用不同的计算水平,先使用小基组进行构型优化和频率计算,再使用大基组得到准确的能量和性质,是通行的做法。

表 2.1 列出了部分体系使用 DFT 方法进行量子化学计算的典型基组选取。

表 2.1　量子化学计算中一些尺度下的典型基组选择

原子数	构型优化	单点
1～20	def2-TZVP	—
21～40	def-TZVP 或 6-311G(d,p)	def2-TZVP
41～150	def2-SV(P) 或 6-31G(d)	def2-TZVP 或 6-311+G(d,p)
巨大体系	半经验方法,不需指定基组	—

对于小体系,可以用较大的基组进行构型优化,再结合更大的基组进行单点计算(如果构型优化的基组已经够用,也可不必进行单点计算)。而对于大体系,则需要使用较小的基组进行构型优化(但一般不应低于 6-31G(d))。体系再大时,可能连 6-31G(d) 也优化不动,可以采用混合基组的办法,对感兴趣的部分使用中等大小的基组,而对其余部分采用 3-21G 等很小的基组。而如果体系更大(例如 300 个原子以上),混合基组的办法也算不动,就不能再使用 DFT,转而要采用半经验方法(如 xtb、PM7 等)了。

至于泛函的选择,文献中的评测方法浩如烟海,基本上针对每一类体系前人都已经总结出了丰富的选取经验。绝大多数情况下,都应当在主流泛函中进行选择,它们被广泛认可、有大量数据支撑其性能。在这里介绍几个主流泛函的特点:

B3LYP-D3BJ:1994 年提出的老泛函,速度较快,在多数场合都比较合适但也不太突出,当前尽可能使用现代泛函代替。

M06-2X:当前最适合用于主族元素反应的泛函之一,但绝不能用于带有过渡金属的体系。

wB97x-D:同样是当前最适合用于主族元素反应的泛函之一,对于过渡金属体系,有报道认为其表现也较好。同时也比较适合用于激发态计算。

PBE0-D3BJ：当前最适合用于过渡金属体系的泛函之一。对于主族体系也有良好的表现，特别是对于构型优化、偶极矩计算、局域激发态的计算等表现突出。

MN15：较新的泛函，对于部分过渡金属体系有较好的表现。

其他较为常用的泛函还有 TPSS、TPSSh、BP86-D3BJ 等。

主流的第一性原理程序通常可以处理 300 个原子以内的晶胞。耗时受到原子数量、元素种类、k 点密度、动能截断等的影响很大。对于带有磁性的体系，需要进行自旋极化计算，此时耗时将显著变长，可处理的体系则相应减小。

对于第一性原理计算，可用的泛函要局限得多。先前我们提到过，泛函可以分为 LDA、GGA、meta-GGA、杂化、双杂化等类别。受制于周期性边界条件，杂化泛函和双杂化泛函在第一性原理程序中的实现极为复杂，耗时远高于 GGA 和 meta-GGA。这导致杂化泛函基本只能用于十几个原子以内的体系，对于绝大多数体系都必须使用 GGA 或 meta-GGA 泛函。GGA 中以 PBE 泛函最为常用。meta-GGA 泛函虽然在主流第一性原理程序中有所支持，但实际速度、收敛性等都很不尽如人意，导致至今 GGA 泛函都是第一性原理计算的绝对主流，绝大多数第一性原理计算的工作都是使用 PBE 泛函进行的。

第一性原理计算对动能截断的要求与赝势有关。以 VASP 为例，VASP 使用的赝势要求的动能截断最低值一般在 $200\sim400$ eV 之间，实际计算时通常在这个最低值的基础上增加 20% 左右。许多第一性原理计算采用 450 eV 作为动能截断的设置，就是从此而来。

k 点的设置与耗时的关系很大，随着 k 点数量的增加而耗时急剧上升。k 点的取值与晶格大小有关。晶胞在某一方向的尺寸越长，所需的 k 点数量就越少。因此，在报道 k 点取值或者阅读文献中关于 k 点密度的取值时，一定要与所采取的晶胞的大小相联系。例如，对于同一个物质，有的人研究单胞的性质，由于单胞很小，需要采取 $5\times5\times5$ 的密集 k 点；而有的人则进行扩胞，则可能只需要 $1\times1\times1$ 的 k 点密度即可。VASP 手册上对 k 点密度的取值推荐为，对于绝缘体 a、b、c 各方向的晶胞长度与 k 点数量的乘积在 15 Å 左右，对于导体、金属等则可适当增大。因此，如果是一个边长为 15 Å 的石墨烯表面，我们可能只需选取 $1\times1\times1$ 的 k 点；而如果是 a、b 方向长度均为 3 Å，c 方向为 20 Å 的 Pt 表面，就需要选取 $7\times7\times1$ 或更密集的 k 点了。

最后，再简单讨论一下使用何种软件的问题。量子化学程序对分子进行处理，而第一性原理程序对周期性体系进行计算。对于分子，当然我们也可以将它放在一个很大的晶胞中，在四周留上足够的真空层，从而使用第一性原理程序进行处理；而对于晶体、表面，特定的情况下也可以抽取出团簇模型，使用量子化学程序进行处理。一般而言，只要是分子体系，都应该使用量子化学程序，这有如下几方面原因：

（1）量子化学程序本身就是用于处理分子的，效率很高；第一性原理程序将分子放在大晶胞里，非常笨重，速度也低。

（2）量子化学程序支持许多高级泛函。以杂化泛函为例，第一性原理程序对于稍大的体系就无法使用，而在量子化学程序中杂化泛函是标配。这导致在相同的分子体系中，量子化学计算的准确性要远高于第一性原理计算。

（3）量子化学程序支持的其他功能，如溶剂化、激发态计算等要强大得多，而且有丰富的波函数分析方法可用。

因此，对于分子体系，量子化学程序是不二的选择，切莫舍近求远。

2.6 报道计算结果的要求

计算结果与实验结果一样，在报道时需要给出足以令读者能将其重复出来的完整信息，因此至少需包含所使用的程序和计算水平的信息。

对于量子化学计算，计算水平通过前述的形如 B3LYP-D3BJ/def2-SVP 的格式可以很容易地概括，在一句话里就能说清楚所使用的方法和基组信息。更多其他信息也可以采用类似格式报道，如 M06-2X/def2-TZVP/SMD(water)//M06-2X/def2-SVP/SMD(water)，表示使用 M06-2X/def2-SVP 水平进行构型优化，结合 SMD 隐式溶剂化模型考虑水的溶剂化作用，随后使用 M06-2X/def2-TZVP/SMD(water) 水平进行单点计算，这样读者就已经知道整个工作所采取的各种计算水平了。在报道计算方法时，可以采用这种一句话的格式，也可以适当拆分成若干句子。

值得注意的是，泛函、基组的名字都是约定俗成或者作者特别规定的，不是缩写，也不存在"全称"。即使少部分有全称的，人们也不会去使用，例如 B3LYP 泛函，人人都知道其含义，而如果把它叫作"Becke's three-parameter hybrid functional with Yang, Lee and Paar's correlation"，只会让读者不知所云。

对于第一性原理计算，我们一般会报道如下信息：

(1) 使用的程序；

(2) 使用的泛函；

(3) k 点密度的选取；

(4) 动能截断的数值；

(5) SCF 过程的收敛限；

(6) 构型优化过程的力收敛限；

(7) 所建立的晶胞大小；

(8) 对于自旋极化计算、采取色散校正的计算等，也会专门提及。

在文中呈现计算结果时，为了让读者能够知道是基于何种结构得到的，应当展示几何结构的图片。一些常见原子的配色有约定俗成的规定，例如一般用灰色、白色、红色、蓝色分别表示碳、氢、氧、氮原子等，如无特殊理由，尽可能不要使用奇怪的颜色，以免增加读者的阅读难度。

除了在正文展示结构图片外，有些期刊还要求报道几何坐标，以便确保结果的可重复性。对于几何坐标的报道，不同期刊要求不同。过去大多数期刊要求在 SI 中报道文中计算部分涉及的各物种几何结构，只需将输出文件中的几何坐标复制过去即可。对于 Gaussian 输出文件，最方便的方法是用 GaussView 打开，按 Ctrl＋G，即可在 Preview 选项卡里看到几何坐标(图 2.3)。

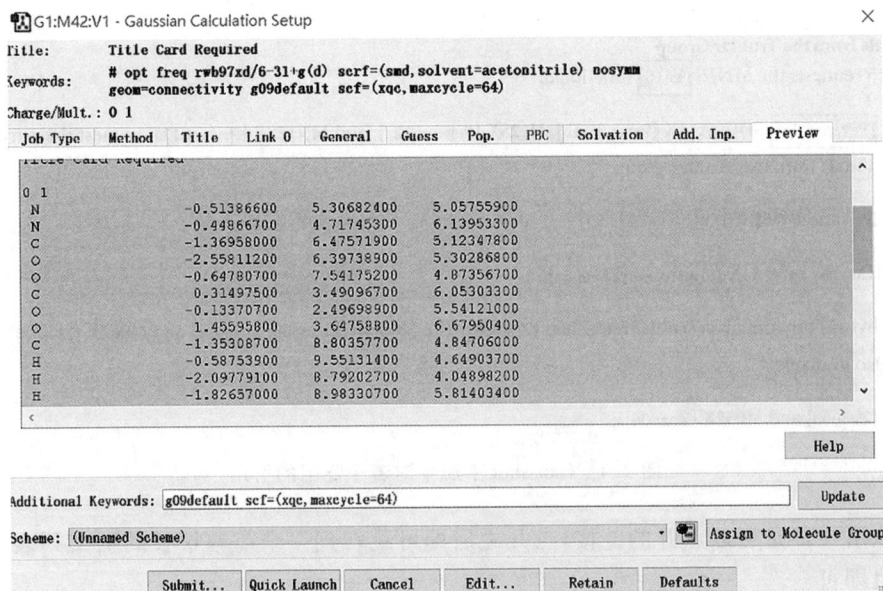

图 2.3　GaussView 中显示的几何坐标

最近随着开源平台在学术界的普及,一些期刊开始不再鼓励在 SI 中报道几何结构,转而要求作者将原始文件上传到出版社规定的平台上。期刊的投稿要求日新月异,在投稿前应当仔细阅读作者指南,遵守相关规定。

除了结果本身外,在报道计算方法时,还必须进行恰当的引用。对与本工作直接相关的研究的引用,既是对前人的尊重,也是读者理解文中结论的必要信息。在计算方法部分,往往涉及许多不同的软件、方法,对它们进行恰当的引用是必需的。除了诸如 Hartree-Fock 这种属于教科书中的基本常识的方法外,均需要引用方法的原文。特别注意的是一定要引用方法的原文,而不应引用任何其他人使用该方法发表的应用性工作,否则读者没办法知道这个方法是从哪里来的。例如,对于使用 Gaussian 16 结合 PBE-D3BJ/6-31G(d)水平进行的工作,至少需要如下引用:

(1)Gaussian 16,Revision C.01,Gaussian,Inc.,Wallingford CT 2016.　(Gaussian)

(2)Phys. Rev. Lett.,77 (1996),3865-3868.　(PBE)

(3)J. Comp. Chem.,32 (2011),1456-1465.　(DFT-D3BJ)

(4)Theor, Chim. Acta.,28 (1973),213-222.　(6-31G(d))

(5)J. Chem. Phys.,56 (1972),2257-2261.　(6-31G(d))

对于程序的引用,大多数程序的官网或手册上都会有明确的要求,务必按照作者的要求进行引用。对于理论方法、基组等的引用,则需要找出规范的原文。在 Gaussian 官网手册 https://gaussian.com/man/里,收录了大部分常用泛函基组、溶剂化模型等计算过程中涉及的方方面面的引文,可以比较方便地查找。例如,Gaussian 内置的泛函被收录在 https://gaussian.com/dft/中(可以在手册里点击"DFT Methods"进入),在每个泛函首次出现时都标注了引文(图 2.4)。

Other Hybrid Functionals
Functionals from the Truhlar Group

◆ MN15 requests the MN15 [Yu16] functional.

◆ M11 [Peverati11a] SOGGA11X [Peverati11b], N12SX [Peverati12a], and MN12SX [Peverati12a] request these hybrid functionals from the Truhlar group.

◆ **PW6B95** and **PW6B95D3** [Zhao05a].

◆ **M08HX**: The M08-HX functional [Zhao08a].

◆ **M06** hybrid functional of Truhlar and Zhao [Zhao08]. The **M06HF** [Zhao06b, Zhao06c] and **M062X** [Zhao08] variations are also available.

◆ **M05** [Zhao05] and **M052X** [Zhao06].

图 2.4　Gaussian 手册中对若干泛函的引用

　　这些引文都是可以点开的链接,点开之后即可跳转到一个篇幅很长的引文列表,选择相应的条目即可。

　　对于基组,还可以在 Basis Set Exchange(https://www.basissetexchange.org/) 里查找,更为方便。以寻找 6-311＋G(d,p)对于 C、H、Si 的定义的引文为例,在图 2.5 的界面处选中相关元素,找到要寻找的基组,点击"Get References",就会弹出对话框,其中标注了各种引文(图 2.6)。

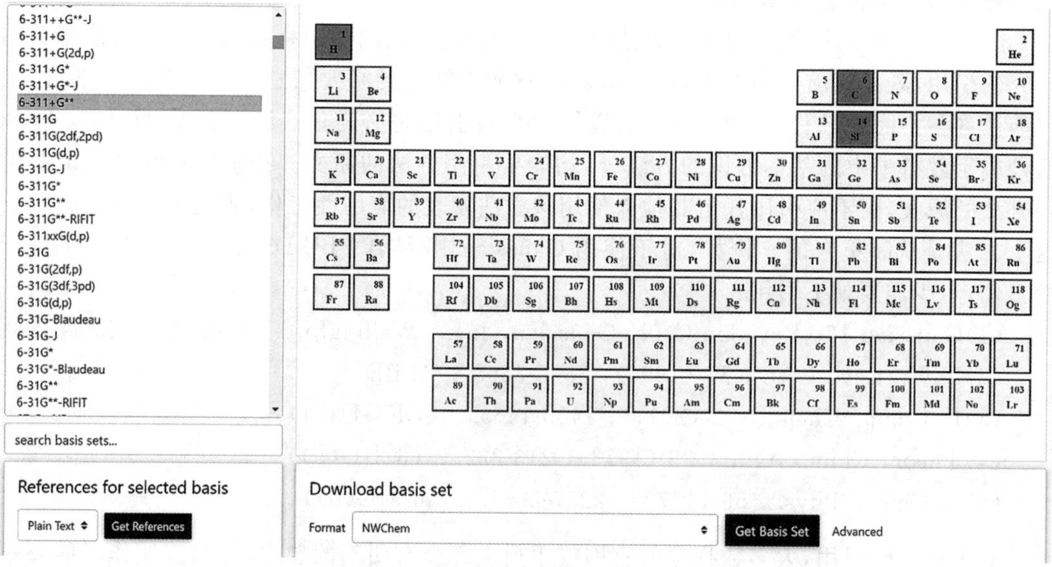

图 2.5　Basis Set Exchange 的界面

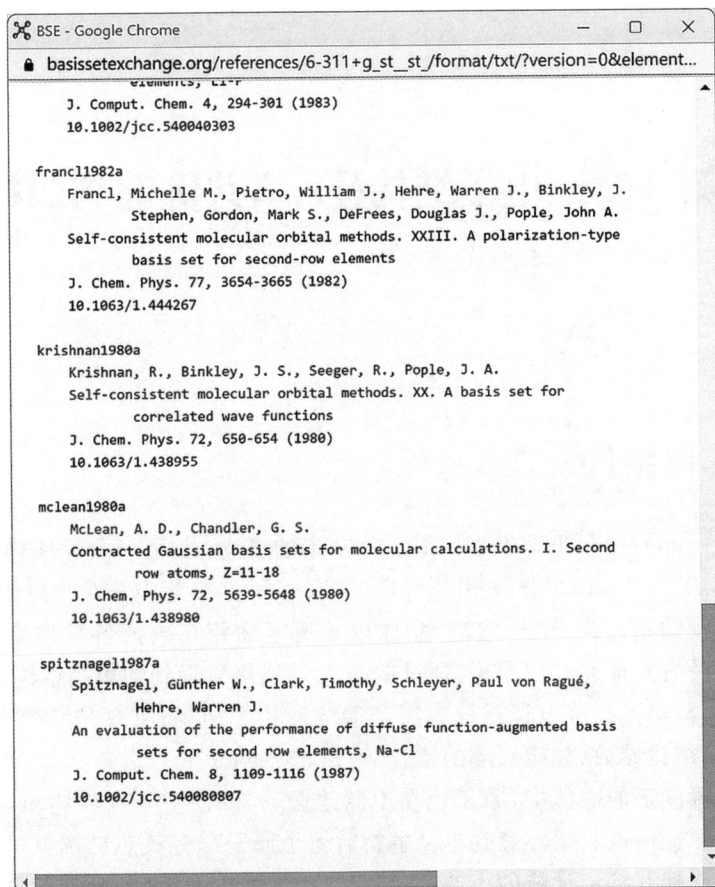

图 2.6　**Basis Set Exchange** 展示的基组引文

最后,在正确、规范地呈现结果的基础上,对于用到商业软件的,作者列表中的至少一人必须有版权。版权应找商业软件开发者或其规定的有资质的代理商购买;如果未经购买版权就使用商业软件发表文章,一经发现,程序开发者可以采取起诉、撤稿或将个人乃至整个学校拉入黑名单等处理,后果非常严重。坊间流传的一个常见误解是版权可以通过致谢有版权的人来解决。如果这样,那么开发者只需卖给一个人版权,其他人都致谢购买版权的这个人即可,这显然是不可能的。因此,解决版权问题的唯一方法是由作者列表中的任意一人购买或是挂名有版权的作者。

经过本章的论述,读者应当对计算化学的原理、思想、基本流程已有大概的认识。接下来,我们将分别讨论与各种性质、各种体系相关的计算内容。

第3章　电子结构(I)：从共价键到弱相互作用

3.1　几何结构

几何结构(geometry)在化学中是一个十分基本的概念，以至于国际纯粹与应用化学联合会(International Union of Pure and Applied Chemistry，简称 IUPAC)甚至没有对其进行专门的定义。它指的是包含分子、溶液、晶体以及更多物相在内的各种物质中原子核的位置。人们通过各种方式描述几何结构：通过单晶 X 射线衍射得到的单晶结构，通过分子光谱测定出的气态结构，通过冷冻电镜或核磁得到的溶液相的结构；有时是结构图，有时是三维模型，有时是特定结构参数(如感兴趣的键长、键角、二面角)等。

即使在极低温度下的固体中，原子也在不断地振动，因而对于任何物质，其几何结构总是在时刻变化的。这一点只要注意到单晶解析后每个原子都有其热椭圆就可以知道。如果将每个原子都当作拥有特定动能的小球，在特定形状的坡道上运动，则它们总是会稳定在一些小坑中，围绕着谷底来回振动。我们将对应着能量的极小值点的几何结构叫作平衡构型(equilibrium geometry)，它最具代表性地反映了物质在稳定状态下的结构。

我们已经提到，通过单晶 X 射线衍射(单晶 XRD)可以对几何结构进行测定。通过良好解析的单晶结构，我们可以知道晶体的平衡构型，并且通过每个原子的热椭圆可以得知热振动的情况。自其诞生以来，良好解析的单晶 XRD 数据就被当作确定固体中的几何结构的金标准。XRD 的不确定度依赖于 X 射线与原子的相互作用；对于第二周期及更重的原子，XRD 可以充分地确定原子的平衡位置，而对于 H 和 He，特别是 H，不确定度则明显大得多，而且一旦在解析过程中引入氢原子，将导致解析工作变得极为困难。1989 年，R. Hallow 在个人网站上以悬赏 200 美元的方式提出了著名的"氢问题"(The Hydrogen Challenge)：是否存在一个结构，氢原子的位置解析得比其他原子更好？直到现在，仍然没人能领取这个悬赏。

由于 XRD 中氢原子的位置极难解析；几乎所有的 XRD 精修数据中，要么不解析氢，只会给出不含氢的 cif 文件；要么氢是任意指定的。如果不加分辨，盲目相信晶体结构中氢的位置，可能导致十分有误导性的结果。除了氢之外，随着单晶生长和解析的质量不同，其他原子也可能有显著的不确定度。图 3.1 是 Honda 等人报道的一个单晶结构[12]（为了清晰起见有删减）。

其中报道了一个卟啉衍生物，环的上下方分别有两个十分明显的由许多原子堆积在一起构成的小分子。这便是单晶解析度不高带来的典型产物，对于包夹的溶剂、抗衡离子等尤

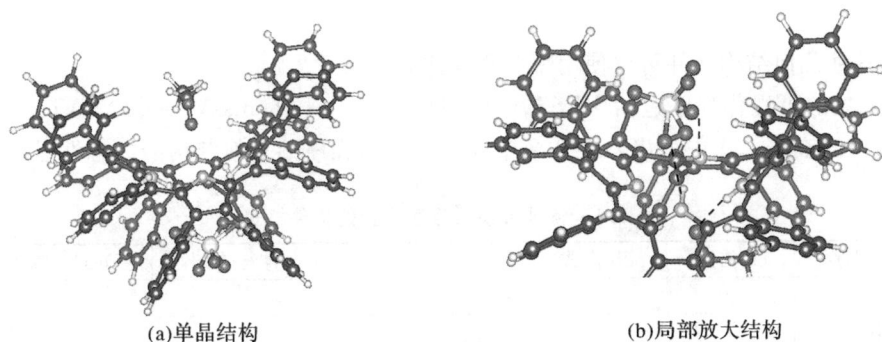

(a)单晶结构　　　　　　　　　　　(b)局部放大结构

图 3.1　一个单晶结构及其局部放大结构

为常见。这是由于这些片段往往比较灵活,位置不确定度较大,难以准确定位。根据图 3.1 中的晶体结构,再结合合成过程推测,可以判断环上下的两个片段分别是乙醇和硫酸根。

与此同时,当我们进一步观察这个结构中氢原子的位置时,会发现更多端倪。让我们设想,如何判断卟啉环上的四个氮原子上是否有氢? 由于单晶解析难以准确确定氢的位置,每个氮上是否有氢应当仔细核对。在这个例子中,卟啉可能是质子化的,并与硫酸根结合;也可能是未质子化的卟啉,与硫酸氢根或硫酸结合,需要结合多方面信息进行判断,例如可以通过核磁确认卟啉是否有被质子化。

假如已经确定了这是一个被单质子化的卟啉,即四个氮原子中有三个氮原子上有氢,那么下一个问题是这三个氢分布在什么位置? 这需要进一步观察晶体结构。我们发现抗衡离子和溶剂中的氧原子与其中三个环的氮原子比较靠近,如果在这些氮原子上有氢,则正好能形成氢键,从而解释为何会呈现出如此的构型。因此可以合理推断,氢原子位于这三个氮原子上。通过这个例子我们可以看到,氢原子的指认应当非常谨慎,综合各种信息加以判断,切不可轻信单晶解析得到的氢的位置。

几何结构的优化是任何计算的第一步。初始建立出来的模型是势能面上的任意一点,只有经过优化才能得到有意义的结构。几乎所有的计算化学程序都可以进行几何结构的优化,从任意的初始结构出发得到当前计算水平下的平衡结构。它们通常会记录在输入/输出文件中,可以被多种可视化程序展示、导出图片,并且可以测量键长、键角、二面角等几何参数。

对于有单晶的化合物,如果晶体结构能得以准确解析,且结果值得信赖,则可以固定非氢原子的位置,而氢原子仍要优化。而如果想要研究溶液的性质,由于晶体结构和溶液结构经常有所差别,最好进行全盘结构优化。

========================【Q&A】————========================

Q1:有哪些方法可以直接测定几何结构?

答:晶体学手段,特别是单晶 X 射线衍射是测定几何结构的最经典方法。气态分子通过转动光谱有时可以测定,生物大分子通过冷冻电镜、核磁等也可以测定几何结构。

Q2:几何结构以哪些文件格式记录?

答:已测定的晶体结构通常要求收录到 CCSD/ICSD 数据库中,并以 cif 形式记载。蛋白质的几何结构通常以 pdb 格式记录。在计算化学研究中,除了上述两种格式,xyz、mol、mol2 也是常见的几何结构文件。此外,gjf、log 等许多程序的输入/输出文件中也会包含几何结构。

Q3:各种几何结构文件可以使用哪些程序进行可视化？

答:常见的可视化程序包括 VESTA、VMD、Chemcraft、GaussView、CYLView 等,其支持的文件格式在表3.1 中列出。表3.2 中列出了各种程序的几何结构的标志性显示风格。

表 3.1　各种可视化程序支持的文件格式

可视化程序	cif 格式	pdb 格式	xyz 格式	Gaussian 输入/输出	ORCA 输入/输出
VESTA	√	√	√	×	×
VMD	√	√	√	×	×
Chemcraft	√	√	√	√	√
GaussView	√	√	×	√	×
CYLView	×	×	√	输出文件	×

表 3.2　主流可视化程序的显示风格示例(以 **MOF** 团簇为例)

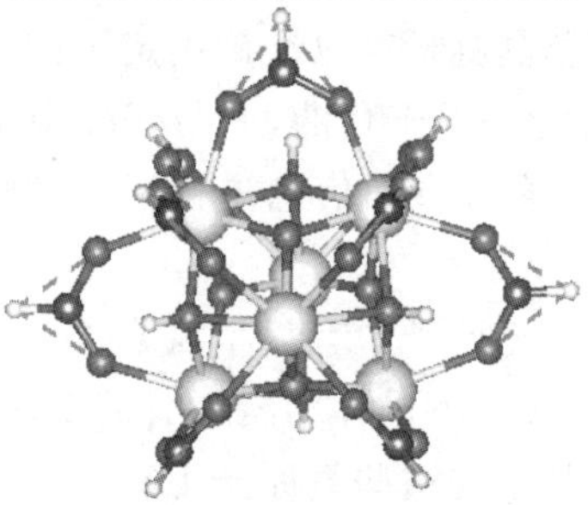

VESTA

GaussView

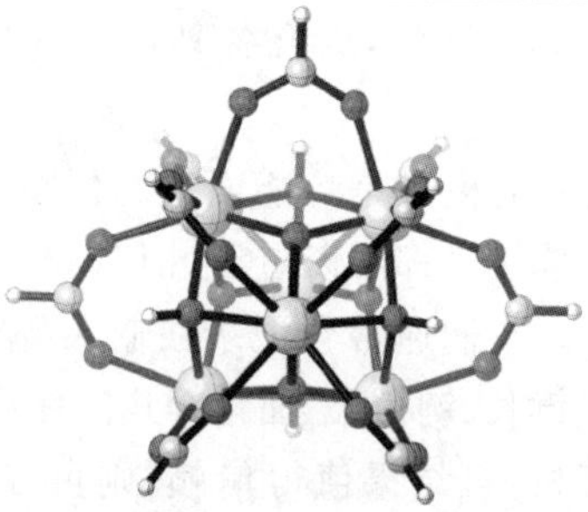

CYLView

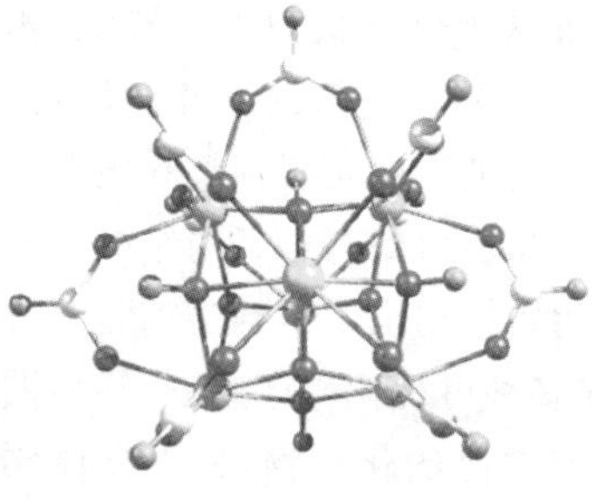

Chemcraft

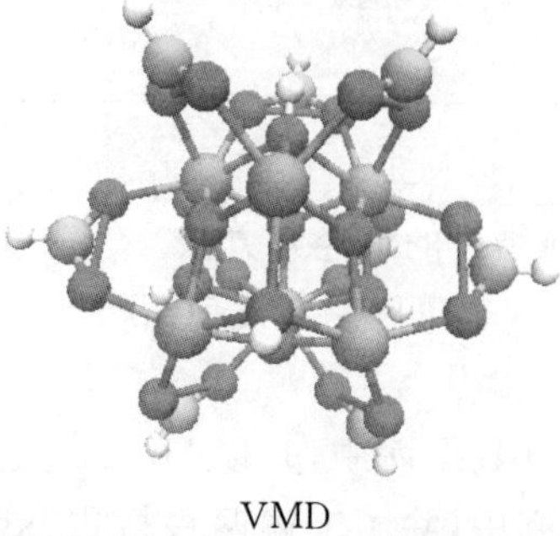

VMD

彩图效果

对于记录了几何结构的文件，使用上述可视化程序，可以方便地量取感兴趣的键长、键角、二面角。对于 GaussView，右键 Results→Builder，在弹出的窗口（图 3.2）中有键长、键角、二面角的量取工具。

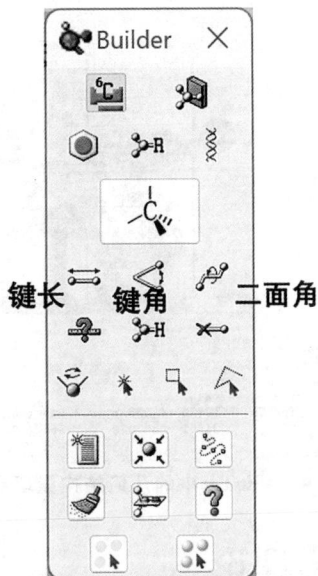

图 3.2　GaussView 中的几何结构量取工具

依次选中相关原子，就会弹出相应的窗口（图 3.3）。针对图中的甲烷分子，量取出键长为 1.07 Å。

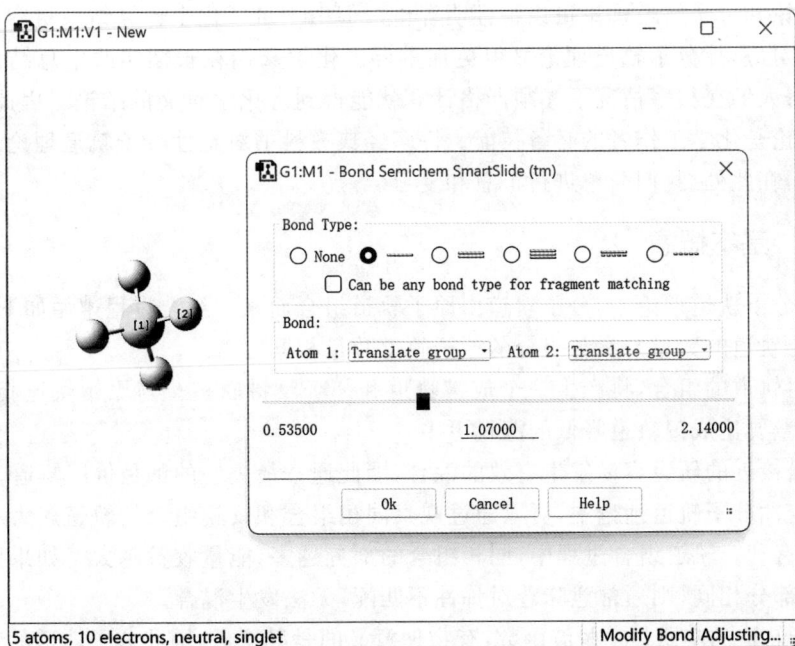

图 3.3　GaussView 中的键长量取窗口

在 VESTA 中，界面左侧有一系列几何结构测量工具，选中相关原子后，在界面下方的文本框中，会显示相关结构信息，如图 3.4 所示。

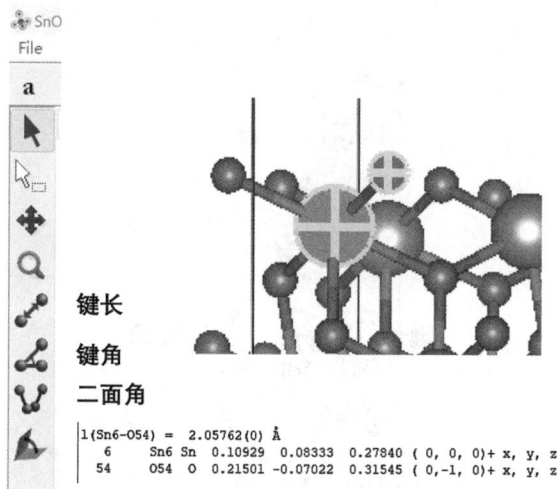

键长
键角
二面角

```
1(Sn6-O54) =  2.05762(0) Å
     6      Sn6 Sn  0.10929  0.08333  0.27840 ( 0, 0, 0)+ x, y, z
    54      O54 O   0.21501 -0.07022  0.31545 ( 0,-1, 0)+ x, y, z
```

图 3.4　VESTA 中的几何结构量取界面

3.2　定性分子轨道理论

在基础教育阶段，每个化学领域的学生都会学习价键理论和分子轨道理论，以此来理解物质结构和反应性的关系。这些认识，都是从理论与计算化学的结果中提炼出来的规律，是对于计算结果的直观解释。

价键理论和分子轨道理论可以被证明等价。但由于量子化学计算结果更容易与分子轨道理论加以对应，故分子轨道理论显得更加重要。化学家们在长期实践中总结出的大量定性规律，使得人们在很多情况下无须严格计算就能得到有化学意义的结论。因此，熟练掌握分子轨道理论是化学工作者的必备技能。许多经典教科书对定性分子轨道理论进行了深入详细的探讨，在此处，我们简单进行汇总和复习。

3.2.1　基本概念

在定性分子轨道理论中，分子轨道由原子轨道组合而来。组合过程遵循如下规律：

（1）分子轨道的数量与参与组合的原子轨道数量相同。

（2）每对轨道的组合，将产生一个成键轨道和一个反键轨道。与原始轨道相比，反键轨道上升的能量要比成键轨道降低的能量更多。

（3）能量接近的轨道容易发生有效的混合，因此通常最关心的都是价层轨道。

（4）在定性分子轨道理论中，可以通过观察同相组合和反相组合的轨道瓣大小来判断轨道混合是否有利。轨道组合过程中，同相组合的部分越多，能量收益越大。如果同相组合和反相组合的部分相同，则通常意味着对称性不匹配，无法发生混合。

（5）由于轨道的本质是一些波函数，有物理意义的是其平方，因此分子轨道的正负（相位）自身没有意义，并且可以任取。只有在轨道组合时，涉及同相重叠和反相重叠时才有意义。

基于这些规律，可以构建一些简单体系的分子轨道。图 3.5 为氧气的定性分子轨道图解。

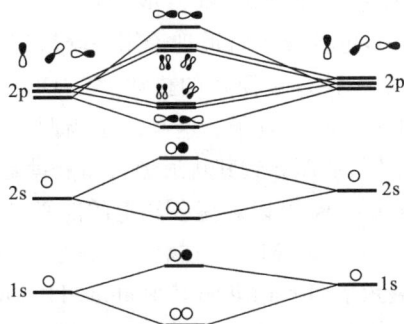

图 3.5　氧气的定性分子轨道图解

两个氧原子分别使用其原子轨道进行混合。1s 和 2s 能量较低，各自组合形成一对内层的成键和反键轨道。3 个简并的 2p 轨道彼此混合，形成共计 6 个轨道。如果规定键轴方向为 z 轴，两个 $2p_z$ 轨道头碰头形成一对 σ 和 σ^* 轨道，根据目测，重叠程度较高，σ 成键轨道的能量在这 6 个轨道中最低；$2p_x$ 和 $2p_y$ 形成一对简并的 π 和 π^* 轨道，重叠程度较低，其能量夹在 σ 和 σ^* 轨道之间。氧气分子有 16 个电子，进行填充时，图 3.5 中所有的 7 个成键轨道均占满，剩余的 2 个电子填充在 2 个简并的 π^* 轨道上，形成三重态基态。以上关于轨道能量的推测是基于目视法，能量顺序不一定与计算结果完全相同，但已经足以带来许多有用的信息了。

在 M06-2X/def2-TZVP 水平下，观察三重态氧气分子的分子轨道（图 3.6），可以直观看到定性分子轨道很好地反映了计算结果。唯一有差异的是 $2p_z$ 形成的 σ 成键轨道与另外一对 π 成键轨道的能量顺序，计算结果表明 σ 成键轨道的能量略高。

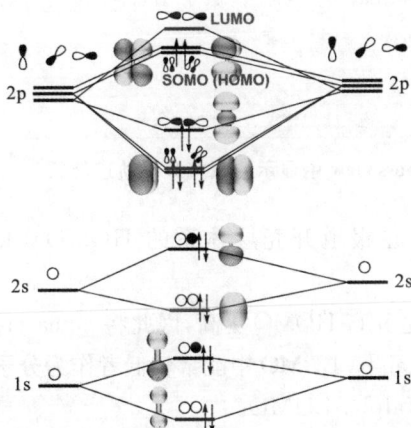

图 3.6　氧气的定性分子轨道图解（填充电子后）及各轨道等值面图形　　彩图效果

在观察分子轨道时，一组很重要的概念是 HOMO（highest occupied molecular orbital）、LUMO（lowest unoccupied molecular orbital）、SOMO（singly occupied molecular orbital），即最高占据分子轨道、最低未占据分子轨道和单占据分子轨道。对于氧气分子，有两个单电

子填充在 π^* 轨道上，因此这两个轨道是单占据分子轨道；在此之上的 σ^* 轨道为 LUMO。对于带有单电子的体系（开壳层体系），HOMO 和 SOMO 的定义是重合的。

值得注意的是，在图 3.6 中，定性分子轨道理论用一套轨道来描述开壳层体系中两种自旋方向的电子。而事实上，这是一种过于简化的描述。在 DFT 计算中，对于开壳层体系，会使用两套轨道分别描述两种自旋方向的电子。这是由于当两种自旋方向的电子的数量不同时，彼此间的电子相互作用也不同，从而导致其轨道形状和能量有所差异。使用 GaussView 打开 log 或 fchk 文件，右键 Tools→MOs，可以观察各轨道的能级（单位为 a.u.，如图 3.7 所示）。这些轨道分别被称为 alpha-MOs 和 beta-MOs。在氧气的例子中，图 3.6 展示的各轨道对于两种自旋方向几乎相同，因此只展示了 alpha-MOs，其中 alpha-HOMO 和 alpha-LUMO 分别为 π^* 和 σ^* 轨道。类似地，容易知道，其 beta-HOMO 是 σ 成键轨道，beta-LUMO 是一对 π^* 轨道。

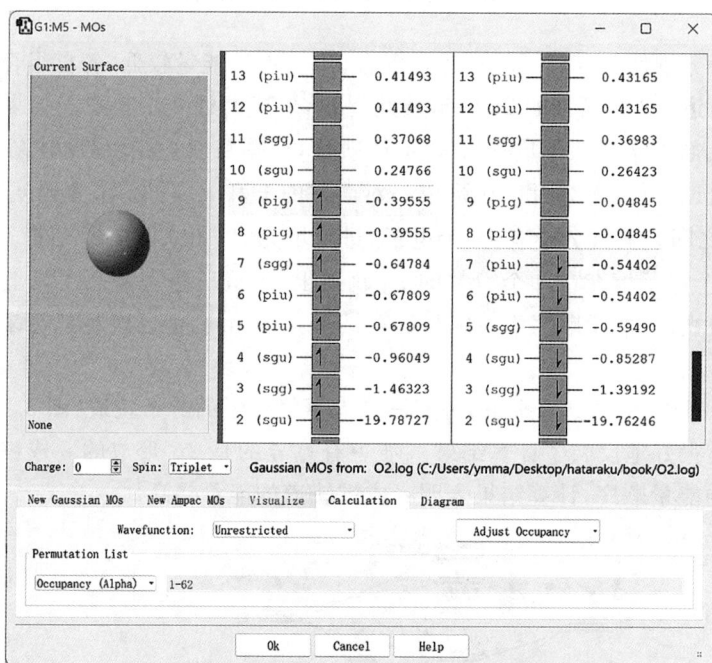

图 3.7 GaussView 中显示的氧气分子轨道能级

由于开壳层体系有两套轨道，在报道开壳层体系的 HOMO/LUMO 时，有以下两种做法：

（1）由于 alpha-HOMO 的能量比 beta-HOMO 更高，因此将 alpha-HOMO 作为整个分子的 HOMO。类似地，取 beta-LUMO 和 alpha-LUMO 中能量较低者作为分子整体的 LUMO。

（2）分别报道 alpha-HOMO 和 alpha-LUMO。

这两种做法都是可以采用的。

3.2.2 有对称性的多原子分子

对于双原子分子，通过对原子轨道的简单组合，容易得到定性分子轨道图解。而对于含有三个及以上原子的多原子分子，则需要多引入几条规则：

(1)分子轨道对于分子结构的对称元素(镜面、对称中心)应满足对称或反对称关系。

(2)当轨道之间发生反相组合时,叫作生成了一个节面。节面数量越多,轨道能量越高。

(3)所有的轨道都必须是线性无关的。

借助这些原则,接下来可以尝试组合出平面型甲基(CH_3)的分子轨道,如图 3.8 所示。

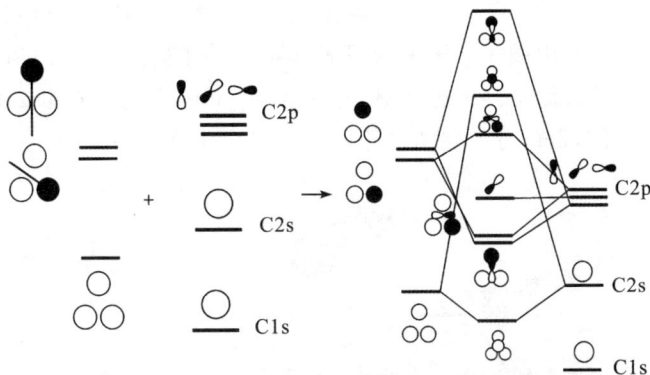

图 3.8　三个正三角形排列的碳原子的分子轨道图解

在组合这一体系的轨道时,可以先考虑三个氢原子的 1s 轨道可以产生哪些对于分子整体的对称元对称或反对称的模式。这个分子有三个通过一个氢原子和另外两个氢原子连线中点的镜面。三个 1s 轨道进行混合,首先肯定会形成三个分子轨道。三个 1s 轨道全都同相组合时,对所有对称元都是对称的,没有节面,能量最低;当一个 1s 轨道与另两个反相时,对于一个镜面对称,对于另外两个镜面反对称。因此上述三个分子轨道都是正确的。后两个均只有 1 个节面,且容易发现轨道重叠情况相同,故能量简并。可能有人会问,带有 1 个节面的模式是否还有另一个?确实如此,但它可以由图 3.8 中展示的两个带有 1 个节面的模式线性组合得到,不是线性无关的轨道。

随后,将这三个分子轨道与中心碳原子组合,即可得到平面型甲基的分子轨道图解。假设分子位于 xy 平面,碳原子的 p_z 轨道两瓣与 H_3 的所有轨道重叠时,同相部分和反相部分大小均完全相同,不发生有效混合,成为一个非键轨道。p_x 和 p_y 分别形成一对 σ 和 σ^* 轨道。向其中填充电子后可知,p_z 非键轨道是其 SOMO。

基于这些规则,可以很容易地对具有一定对称性的分子绘制出定性分子轨道图解。读者可以尝试绘制甲烷和苯的分子轨道,作为练习。

3.2.3　复杂分子

对于更复杂的分子,想要从原子轨道开始、徒手绘制出完整的分子轨道图解往往是不现实的,但好在我们往往不关心整个分子的轨道,而是重点关注某些部分,特别是共轭体系、官能团等(而且格外关心的是前线轨道,即 HOMO 与 LUMO)。在对各种官能团的定性分子轨道有充分认识的基础上,我们可以很容易地通过对官能团的 HOMO/LUMO 的组合,来绘制出感兴趣的部分的 HOMO/LUMO。

由于复杂分子往往涉及多种原子,再特别引入如下关于不同原子间轨道组合的规则:

(1)不同原子进行组合时,成键轨道中电负性大的原子贡献较大,反键轨道中电负性小的原子贡献较大。

（2）参与组合的原子电负性越大，分子轨道的能量整体越低。

以丙烯腈为例，将其视为乙烯基和氰基进行组合。乙烯基的 HOMO/LUMO 为碳碳双键所对应的 π 和 π* 轨道，氰基的 HOMO/LUMO 则为三键的 π 和 π* 轨道。由于 N 的电负性较大，可知氰基的轨道能级普遍低于乙烯基，根据能量接近原则，只需要考虑乙烯基 π 轨道与氰基 π* 轨道的混合，由图 3.9 所示的图解可知，氰基的引入使得丙烯腈的 HOMO/LUMO 能量与乙烯相比都降低了。根据规则，LUMO 和 HOMO 分别集中在碳原子和氮原子上。经过计算验证，可知定性分子轨道理论的结论完全正确。

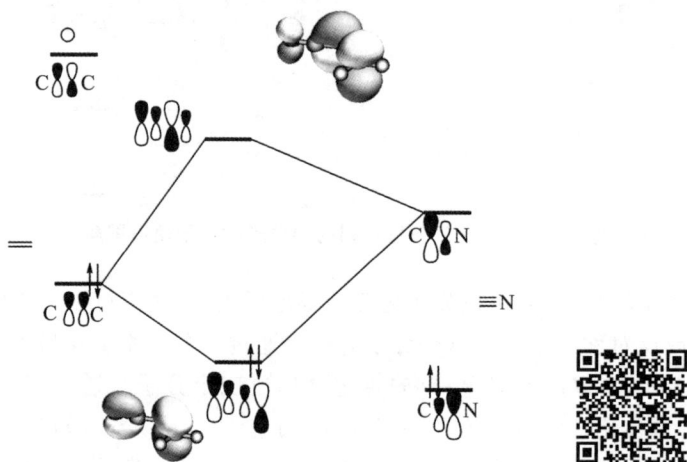

图 3.9　丙烯腈的前线轨道图解　　　　彩图效果

结合上述规则和例子，读者可以容易地组合出各种常见分子的定性分子轨道。掌握定性分子轨道理论的最好方法是多动手，在日常生活中，见到一个分子，就可以尝试思考如何组合它的分子轨道，这样很快就能将组合方法烂熟于心。

3.3　通过分子轨道研究结构与反应性

分子轨道理论是描述化合物电子结构的基本工具，通过对分子轨道的理解，可以一定程度上理解和预测反应性。这使得我们可以在寻找过渡态之前就对反应情况作出粗略的判断。

使用分子轨道理解化学反应的基础是 Salem-Klopman 方程。它描述了两个分子接近时能量变化的情况：

$$E = \sum_{ab}(q_a + q_b)\,\beta_{ab}S_{ab} + \sum_{k,l}\frac{Q_k Q_l}{\varepsilon R_{kl}} + \sum_{r}^{\text{occ.}}\sum_{s}^{\text{unocc.}} \pm \sum_{s}^{\text{occ.}}\sum_{r}^{\text{unocc.}} \frac{2\left(\sum_{ab}c_{ra}c_{sb}\beta_{ab}\right)^2}{E_r \pm E_s} \tag{3-1}$$

在 Salem-Klopman 方程的框架下，两个分子间的相互作用能量（此处尤其感兴趣的是过渡态能量）可以分为三项。第一项是纯排斥项，来源于满占据轨道之间的电子互斥；第二项是静电作用项；第三项（即轨道混合项）则是两分子之间占据和未占据轨道两两之间的轨道作用项。如果限定讨论的范围是同类反应，特别是相同的两个分子在不同位点的反应，并且该反应是轨道作用而非静电作用主导的，则可以认为前两项大致相同，第三项对能垒起到了关键作用。

轨道混合项取决于参与混合的轨道之间的重叠程度和能量差。两分子靠近 HOMO/LUMO 的轨道之间能量往往较为接近，在轨道混合项中起到主要作用。因此，通过观察 HOMO/LUMO，或靠近 HOMO/LUMO 的几个轨道的空间分布情况，可以在一定程度上洞悉化合物的反应性。

使用前线轨道研究反应性，可以遵循如下几条简易规则：

（1）亲核试剂使用自身 HOMO 与亲电试剂的 LUMO 作用。

（2）HOMO 能级较高，往往对应强亲核试剂；LUMO 能级较低，往往对应强亲电试剂，反之亦然。

（3）自由基既可以与 HOMO 作用，也可以与 LUMO 作用，这取决于自由基是亲电自由基还是亲核自由基。

（4）当某些轨道能量与 HOMO/LUMO 非常接近时，这些轨道也需要纳入考虑。

（5）上述讨论的前提是反应性由轨道主导。当亲核或亲电试剂为硬酸或硬碱时，反应将成为静电主导。

（6）只有过渡态靠前的反应可以使用底物的轨道情况加以预测。否则，过渡态的几何和电子结构与底物显著不同，底物的轨道情况无法反映到过渡态中。

通过以下几个例子，可以理解如何通过观察前线轨道理解反应性。

3.3.1　共轭烯醇盐的烷基化

烯醇阴离子是常用的亲核试剂。对于共轭的烯醇阴离子，可能有多种位点均能与亲电试剂反应。以丁烯醛所对应的丁烯醇阴离子为例，观察其 HOMO 分布（图 3.10），发现大部分都集中在 α-C(C1)上。这解释了为何共轭烯醇阴离子在烷基化反应中以 α-烷基化作为动力学产物。

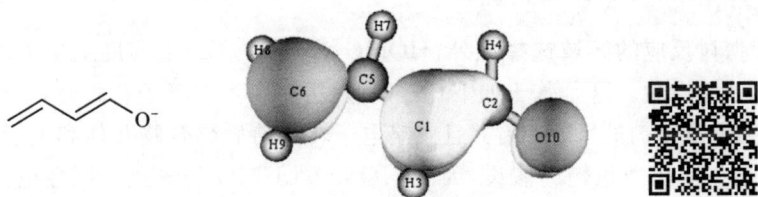

图 3.10　丁烯醇阴离子的结构式与 HOMO 轨道　　彩图效果

值得注意的是，虽然氧原子上 HOMO 分布较少，但当亲电试剂足够硬时，轨道不再起到决定性作用，此时反应将发生在负电荷最为集中处，即发生 O-烷基化。因此我们可以知道，使用 MeI 作为烷基化试剂时将得到 C-烷基化产物，而使用 Me_3OBF_4 作为烷基化试剂时将得到 O-烷基化产物。

3.3.2　芳香亲电取代反应

在历史上，芳香亲电取代反应是使用 HOMO/LUMO 讨论反应性的经典案例。观察苯、苯胺、苯甲腈的 HOMO（图 3.11），首先可以发现氨基和氰基分别升高和降低了 HOMO

能量,从而导致其发生亲电加成的活性增强和减弱。苯胺的 HOMO 轨道主要分布在 4 位,其次是 2 位,而在 3 位很少,因此对于轨道主导的反应,苯胺将优先在 4 位发生亲电加成。

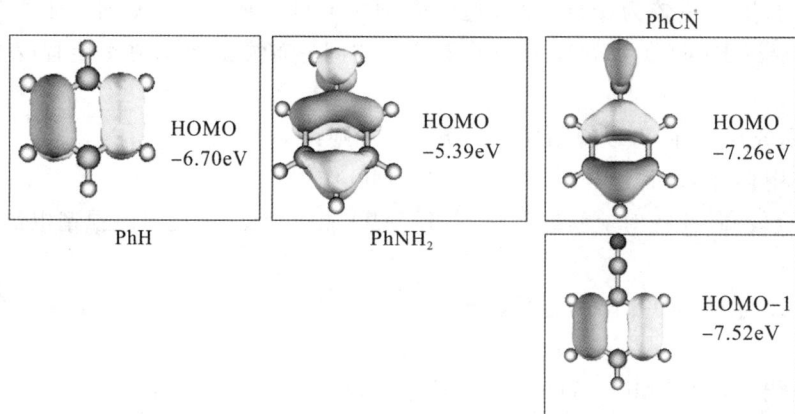

图 3.11　苯(PhH)、苯胺(PhNH$_2$)和苯甲腈(PhCN)的前线轨道　　彩图效果

有趣的是,虽然众所周知氰基是间位定位基,但苯甲腈的 HOMO 却同样集中在 4 位。这是一个靠近 HOMO 的其他轨道影响了反应性的生动案例。观察其 HOMO-1,与 HOMO 的能量只相差 0.26 eV,可见其会对反应性带来不可忽略的影响。这一轨道主要分布在 2 位和 3 位,而在 4 位则完全没有分布。因此,HOMO 和 HOMO-1 的共同作用,使得氰基呈现出 3 位的定位效应。

同样地,以上讨论的前提是过渡态靠前、轨道作用为主、加成为决速步,因此只有当亲电试剂强而软时才能适用。如果不满足这些条件,必须寻找过渡态,将反应机理探究清楚,才能正确理解反应性的规律。

3.3.3　单电子的氧化性/还原性

除了用于探讨反应的区域选择性外,HOMO/LUMO 在一定程度上也可以反映化合物的单电子氧化还原性质。这是基于如下朴素的假设:在发生单电子转移时,电子从还原剂的 HOMO 转移到了氧化剂的 LUMO,并且忽略电子转移前后化合物几何和电子结构的重组。可以看出,这是一个相当粗糙的假设,因此 HOMO/LUMO 与氧化还原性质只能在一定程度上存在相关,而如有不同也非常正常。此外,显然这种讨论只适用于单电子转移,即形如 $M^+ + e^- \longrightarrow M$ 的反应;对于复杂氧化还原过程,特别是伴随了其他原子转移的情况,氧化还原性质将由这些伴随的化学反应所决定。

以三芳基胺自由基阳离子为例,在 wB97xD/def2-SVP/SMD(MeCN)水平下,三(4-甲基苯基)胺自由基离子和三(4-甲氧基苯基)胺自由基阳离子的 LUMO 能级分别为 -0.294 a.u. 和 -0.280 a.u.,后者较高的 LUMO 能级提示其具有较弱的氧化性。这与两者相对于二茂铁电极的还原电势分别为 0.40 V 和 0.16 V 相一致。

类似地,如果认为路易斯酸和路易斯碱分别使用其 LUMO 和 HOMO 与其他路易斯酸碱结合,则可以将相应的轨道能级作为其酸碱性的量度。同理,这也是相当粗糙的。衡量各种反应性的最严格做法,都应当落到能量尺度上,去考察相应反应过程的自由能变化,而以轨道为首的各种分子性质都只能起到辅助理解的作用。

最后需要特别强调的是,分子轨道的概念极为普遍和重要,构成了理解化学现象的重要工具,同时也容易带来滥用和谬误。其中特别重要的一点是关于分子轨道的"观察"和"测定"。

在第 2 章中,我们在介绍多电子波函数的求解方法时,引入了轨道的概念。在单电子近似下,将多电子波函数假设为一系列单电子波函数的乘积(或由此构成的行列式),这些单电子波函数被称为轨道。因此,轨道从其定义上就是单电子近似的产物,不对应任何在物质世界中客观存在的事物。任何宣称观测到了分子轨道或分子轨道能级的说法,都是典型的谬误。

一些容易造成此种谬误的情况包括:

(1)有些人通过紫外-可见吸收光谱中得到的最大吸收波长换算出所对应的光子能量,并宣称这表示了 HOMO/LUMO 能级差。这种做法基于一种不正确的设想:认为在激发过程中电子仅仅是改变了在轨道中排列的位置,电子之间的相互作用以及轨道能量等都不发生变化。而事实上,分子真实的波函数并非轨道函数的乘积,分子的能量更不是轨道能量的叠加,在激发前后电子间的相互作用更不可能不发生变化,因此紫外-可见吸收波长与轨道之间的能级差绝不能混为一谈。两者不仅在定量上不同,在定性上也没有必然联系。为了证明这一点,2017 年 Nakata 等人比较了 225 万个分子的激发能与 HOMO/LUMO 能级差,发现两者的关联性非常弱[13]。如要讨论电子光谱的变化,应当直接从激发态计算入手进行研究,不能盲目使用 HOMO/LUMO。

(2)有些人通过循环伏安法测定分子的氧化还原电位,并宣称其对应 HOMO/LUMO 能级,这也是典型的谬误。在本节中已经探讨了 HOMO/LUMO 能级与单电子氧化还原性的关系,可知两者虽然不排除有一定相关性,但绝不存在必然的联系,更不能宣称某个氧化还原反应的电极电势就等同于某个分子的轨道能级。

(3)有些人通过显微学方法,宣称"直接观测"到了"分子轨道的形状"。由于分子轨道本身就不是客观存在的物体,所有宣称对其进行直接观测的,都是将其他可观测的物理实在误当作了分子轨道。由于此类谬误实在过多,2017 年 Gordon 等人公开批驳了这类做法[14]。

3.4　通过概念密度泛函理论研究反应性

概念密度泛函理论(conceptual density functional theory, CDFT)是用于讨论反应性的重要工具。这一框架基于 DFT 计算结果进行处理,可针对给定分子得到多种描述符,以体现和预测分子的反应性特点。在这些描述符中,最重要的是 Fukui 函数。

Fukui 函数的定义为空间中某点处电子密度对电子数的一阶导数。由于正常状态下分子的总电子数为整数,通常用差分的方法得到:记分子自身所带电子数为 N,对电子数为 $N+1$ 和 $N-1$ 的状态分别进行单点计算,将密度各自与电子数为 N 的状态做差,即可分别得到 f^+、f^- 两个 Fukui 函数:

$$f^+(\boldsymbol{r}) = D_{N+1}(\boldsymbol{r}) - D_N(\boldsymbol{r}) \tag{3-2}$$

$$f^-(\boldsymbol{r}) = D_N(\boldsymbol{r}) - D_{N-1}(\boldsymbol{r}) \tag{3-3}$$

其中,$D(\boldsymbol{r})$ 表示空间中某一点处的电子密度。

f^+ 和 f^- 都是针对空间中各点的函数,从直观上可看作分别对应分子得到和失去电子时被转移的电子的空间分布。其中的物理意义就与前线轨道产生了联系:假如忽略电子得失时电子结构的重组,近似认为分子得到电子后电子填充到 LUMO 上,则 f^+ 与 LUMO 的含义相对应。类似地,f^- 与 HOMO 的含义相对应。而由于在得到 Fukui 函数的过程中,各状态的密度均通过 SCF 得到,考虑了电子结构的重组,因而比 HOMO/LUMO 更具实际意义。通过观察 f^+ 和 f^- 的空间分布,可以辅助推测分子与亲核和亲电试剂反应的优势位点。

由于 f^+ 和 f^- 都是实空间函数,通常以等值面的形式展示。除此之外,也可以按照类似于划分原子电荷的方法(见第 3.7 节),将其分配到各个原子上,得到每个原子"所带有的 Fukui 函数"数值。这被称为简缩 Fukui 函数。

为了研究自由基反应,人们定义 f^+ 和 f^- 的算术平均数作为 f^0。由于自由基的性质在亲电与亲核之间连续变化,f^+、f^-、f^0 在不同体系中都有可能是最合适的指标。

除了 Fukui 函数外,CDFT 还定义了一系列其他描述符,如分子的电负性、全局和局部亲电亲核指数、全局和局部硬度和软度等。其中重要的概念如下:

电负性:CDFT 框架下的电负性定义又被称为"绝对电负性",这正是由于它实现了电负性的严格定义。绝对电负性定义为分子的能量随电子数的一阶导数;随着电子数增加,能量下降越快,意味着分子电负性越大。在实践中,电负性同样是通过对电子数为 N、$N+1$ 和 $N-1$ 的状态进行差分得到的。

硬度和软度:硬度和软度描述了分子的可极化性,通过能量随电子数的二阶导数定义。两者互为倒数。软度越大,意味着分子的可极化性越强、越能随化学环境而做出"适应"。例如,众所周知硫醇是比醇更好的亲核试剂,但由于硫原子较低的电负性,其上理应聚集较少的负电荷。此时其强亲核性就是由较高的可极化性(即较大的软度)决定的。CDFT 既可以为整个分子定义硬度和软度(全局硬度和软度),也可以分配到空间各点(局部硬度和软度)。

双描述符:双描述符定义为 f^+-f^-,体现了亲电性和亲核性的相对强弱。双描述符为正,提示此处容易与亲核试剂反应;反之,则容易与亲电试剂反应。

与分子轨道一样,Fukui 函数及其他 CDFT 定义的描述符都是用于研究化学反应的工具,绝不能代替化学家的头脑。如果不结合对结构和反应性的深入认识进行正确的分析,很容易误入歧途。下面以 4-甲基吡啶为例(图 3.12),展示 Fukui 函数如何带来有关反应位点的信息。

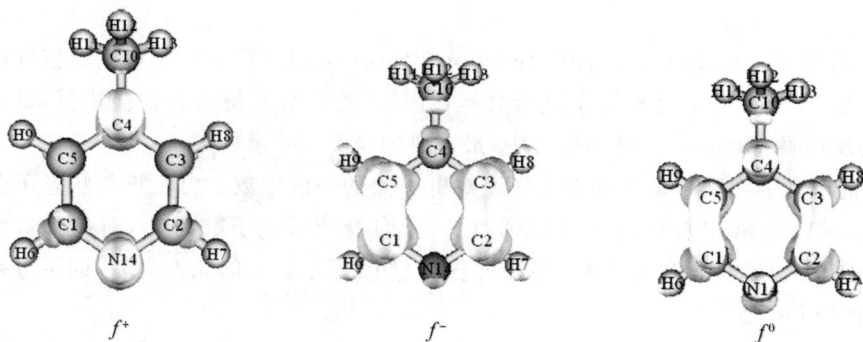

图 3.12　4-甲基吡啶的 Fukui 函数等值面

彩图效果

4-甲基吡啶的 f^+ 函数集中在 N 原子以及 4 位 C 原子上。如果不加分辨,可能会认为 4-甲基吡啶与亲核试剂反应时,容易在这两个位置进行加成,但显然大多数亲核试剂对 N 的加成是荒谬的，只有 4 位 C 原子有可能是亲核加成的位点。只要理解 f^+ 函数的定义，就能知道为何它会集中在 N 上：f^+ 描述了分子得到电子的位置，从而使得高电负性的 N 集中了 f^+。因此，在这个例子中我们可以知道，针对 Fukui 函数所提示的反应位点，必须结合自身对结构和反应性的理解加以分辨。

类似地，我们知道吡啶是高度钝化的芳环，与亲电试剂的反应将发生在吡啶 N 上，但 f^- 却主要出现在了芳环上。

至于 f^0，它提示我们如果自由基加成发生在芳环上，则可能倾向于在 2,3 位 C 原子上发生，但我们知道，自由基的反应性不只有加成，很多自由基非常倾向于发生苄基 C—H 攫取。这一过程中，自由基与 σ 键轨道发生作用，而对于存在 π 体系的分子，无论是 HOMO/LUMO 还是 Fukui 函数，都必然集中在 π 体系上，因此如果盲目观察上述性质，将会完全忽视 C—H 攫取的反应性。综上所述，各种分子性质都只是工具，想要正确使用工具，必须依赖于清醒的头脑，这一点务必提请注意。

3.5　共价键、键能与拓扑分析

3.5.1　共价键存在性

对化学键的研究是化学家很重要的任务，其中需要探明化学键的种类、强度、相互作用的本质，及其所带来的反应性。其中，共价键又是重中之重。本节介绍量子化学计算对于共价键的研究手段。

探讨一根化学键时，首先需要判断化学键是否存在。为了判断化学键的存在性可以使用如下方法。

1. 将原子距离与典型键长进行比较

当两者距离与两原子共价半径之和接近或更小时，可以认为存在化学键。通过与两原子间各种化学键的典型距离范围比较，可以进一步推断成的是单键、双键等。

必须注意，绝不能用可视化程序自动识别和显示出来的成键来代替人为判断的过程！可视化程序通过某些一刀切的办法自动对原子进行连接而加以显示，时常出现错误，绝不能盲目相信。在绘制分子结构图形时，应当尽可能将成键方式调整正确后再加以展示。

2. 计算两原子之间的键级

键级最原始的定义是两个原子间共享的电子对数。在定性分子轨道理论中，画出轨道能级图并填充电子后，即可统计出两个原子间成键/反键轨道分别填充多少电子，取（成键电子数量－反键电子数量)/2，可得到键级。用这种方法定义的键级显然是 0.5 的倍数。

这种定义方便直观，但终究是定性的。想要得到准确的键级，仍需借助量子化学计算的手段。正如化学键的强度随着体系不同而连续变化，实际计算得到的键级也是连续的实数。当键级从 0 开始逐渐增大时，首先对应存在微弱的非键相互作用，随着键级进一步增大，逐渐向着有一定成键、完全的单键、介于单双键之间、典型的多重键等方向连续过渡。

量子化学计算得到的键级有不同的定义方式，其中最常用的是 Mayer 键级。

3. 计算 ELF

ELF(electron localization function,电子局域化函数)是衡量电子聚集程度的指标。对于空间中的任意一点,都可以定义 ELF。ELF 总是正实数,其数值越大,表明电子在这一点处越倾向于聚集。对于绝大多数共价键(反例是 charge-shift bond),电子都会聚集在两原子之间的区域,因此观察 ELF 是否在原子间存在明显取到较大数值的区域,是判断共价键存在性的方法之一。

4. 观察电子密度差

或许有人会问,既然电子倾向于聚集在成键区域,直接观察电子密度的空间分布是否可行? 答案是否定的。这是由于虽然电子会在成键区域相对集中,但最主要仍然分布在原子核附近,如果直接观察电子密度,会发现其分布情况如同是给整个分子蒙上了一层均一的外皮,难以观察到在成键区域的分布细节。因此,电子密度本身对于讨论分子性质几乎没有价值。氯离子与氰化氢形成的氢键复合物的电子密度等值面如图 3.13 所示,可见非常难以辨认。

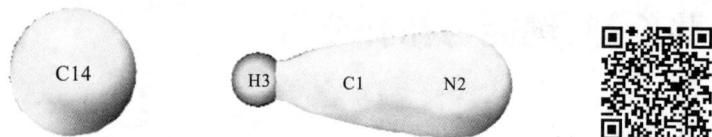

图 3.13 氯离子-氰化氢复合物的电子密度等值面 彩图效果

3.5.2 共价键强度

为了凸显电子密度分布中蕴含的感兴趣的细节,可以对电子密度进行做差,以考察两个片段结合前后电子密度是如何变化的。此时,对于共价键,就可以明显观察到成键区域的电子积累。

类似的方法也可以用于探讨化学键的强度。

(1)对于若干同类化学键,可以通过对比键长推断彼此的强度。必须注意的是,这种比较的前提是参与成键的原子种类相同;当原子种类不同时,原子半径将成为键长的决定性因素。P—O 键比 F—F 键长很多,据此就说前者比后者弱显然是荒谬的。

(2)类似地,对于同类化学键,键级和 ELF 也可以用于比较成键的强度。其中,键级是针对特定化学键的固定数值,而 ELF 是实空间函数,想用 ELF 判断成键强度需要面临"采取什么位置的 ELF"的问题。对此,最简单的方法是使用键临界点(bond critical point,BCP)处的数值。

键临界点是拓扑分析的核心概念。拓扑分析又叫 AIM(atom in molecules)分析,在这一过程中,试图找到一系列反映分子成键特性的关键位置,其中包括键临界点、环临界点等,键临界点通常是人们最关心的。需要注意的是,虽然键临界点的名字似乎代表了它跟化学键强相关,但事实上并非所有的化学键都存在键临界点,也不是存在键临界点就必然有化学键,而是需要结合键临界点处的 ELF、电子密度等数值进行分析。拓扑分析的详细内容比较复杂,简单来说,虽然存在不少例外,但在多数情况下,可以认为键临界点处的 ELF 和电子密度的数值能够反映共价键的强度;对于同类共价键,其数值越大,往往对应成键越强。

(3)比较键能。键能是历史最悠久的用于衡量化学键强度的手段,其定义为化学键均裂生成两个自由基的能量变化。根据测定方法不同,可能意味着焓变、零点能变化等,多数情况下默认为焓变。

由于研究化学键强度的目的往往是用于解释和预测化学反应的能量变化,键能是最直接有效的探究化学键强度的手段。不幸的是,在相当多情况下,键能是无法定义的。试想苯分子:如果要定义 C—H 键能,则只需考察其断裂生成的苯基自由基和氢原子的能量;而如果要考察 C—C 键能,该如何定义? 由于并不存在相应的"化学键断裂产物",苯分子中 C—C 键的强度是无法用键能衡量的(图 3.14)。这种情况下,前述其他方法就更具价值。

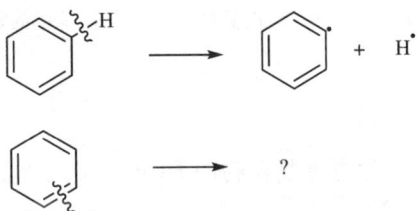

图 3.14　苯中 C—H 与 C—C 键能的定义

以下分别举例展示上述提到的性质。

3.5.3　关于键级

1.氯仿

氯仿的电子结构非常经典而明确(图 3.15)。在 M06-2X/TZVP 水平下,得到 C—H 和 C—Cl 的 Mayer 键级分别为 0.93 和 1.14,对应典型的共价单键。

2.NHC-Ag 配合物

在 NHC-Ag 配合物中(图 3.16),显然 C—Ag 存在共价成键,而其 Mayer 键级为 0.73。可见共价键的键级是连续的,只要存在显著的数量,就可以认为存在成键。在后续的章节中,我们会借助更多手段进一步分析其中 C—Ag 键的本质。

该分子中环上 C—N 键级为 1.27,C—C 键级为 1.60,显然共轭导致键级发生了平均化。

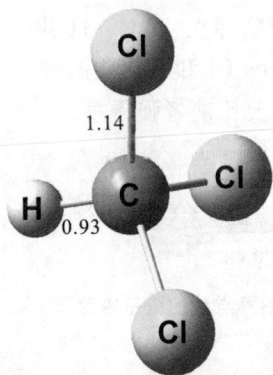

图 3.15　氯仿中各化学键的键级

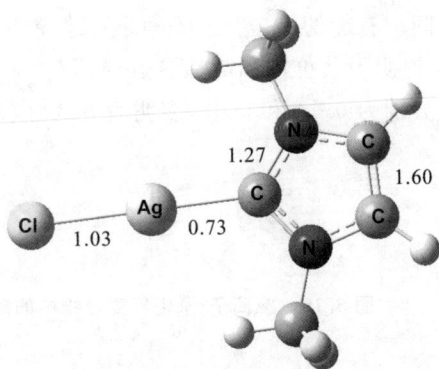

图 3.16　NHC-Ag 配合物中各化学键的键级

3. 氰化氢和氯离子形成的氢键复合物

在见过几个有明显成键的例子之后，再与氢键复合物（图3.17）对比，对于键级的含义将有更深的感受。显然此处 Cl 与 H 不存在共价键，两者的 Mayer 键级为 0.18，较小的键级提示非共价作用的存在。

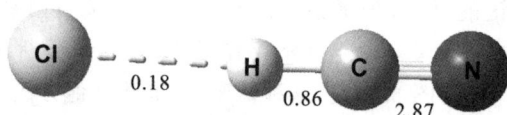

图 3.17　氯离子-氰化氢复合物中各化学键的键级

3.5.4　关于 ELF

图 3.18 为氯离子与氰化氢的氢键复合物的 ELF 的不同等值面。

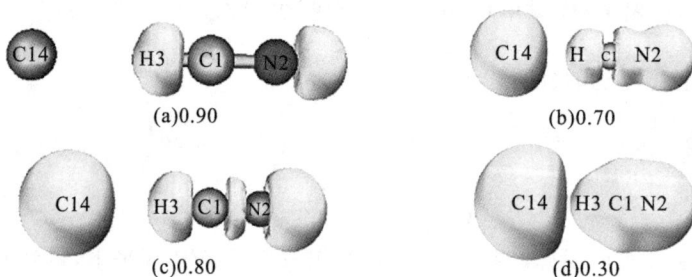

图 3.18　氯离子-氰化氢复合物的 ELF 的不同等值面

彩图效果

随着等值面数值减小，其形状不断膨胀。当等值面数值为 0.90 时，氮原子上的孤对电子被 ELF 清晰地显示了出来。当等值面数值为 0.80 时，在 C—N 成键区域 ELF 变得凸显。而在 H—Cl 之间，等值面数值降到 0.30 时，ELF 仍然欠缺，而此时共价键区域的等值面已经极度膨胀了。共价键和非键作用的差异十分明显。

如果对该分子进行拓扑分析，可以找到两个键临界点（图3.19），分别位于 H 和 Cl 以及 C 和 N 之间。有趣的是，对于 H—Cl 氢键，能够找到一个键临界点，而 C—H 共价键则没有找到，生动说明了共价键和键临界点绝不是一一对应的。H—Cl 和 C—N 的键临界点处的 ELF 数值分别为 0.14 和 0.48，表明后者的"成键作用"显然要比前者强得多。

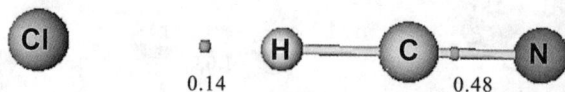

图 3.19　氯离子-氰化氢复合物中的键临界点和键临界点处的电子密度

3.6　分子的极性与静电性质

习惯上,人们经常讨论某分子的极性是大是小。"极性"在不同场合有多种含义。在色谱分离中,人们通常用极性来解释物质在色谱柱上的保留时间;在选取溶剂时,人们常考虑某溶剂的极性大小。它们往往对应于不同的性质,因此讨论极性时首先要明确其含义和本质。

字面含义上,极性指的是分子中电荷分离的程度。当将分子简单地视作具有一个正电中心和一个负电中心时,可将其看作两个点电荷构成的偶极子,从而可通过偶极矩来加以描述。对于一组偶极子,偶极矩定义为电荷量大小与两个点电荷距离的乘积,是一个数值。更进一步地,还可以定义四极、八极等,其形式是张量。值得注意的是,通常只有当整个分子不带电时才会讨论偶极矩;对于带电分子,总电荷是贡献分子与其他物质之间静电作用的最主要因素,此时分子内部的偶极分布通常不再重要。类似地,通常只有对没有偶极矩的分子,才会讨论四极等高阶项。在量子化学计算中,大多数计算任务都会顺带着输出分子的偶极矩,但如果想要将偶极矩算准,则对计算水平的要求较高,通常要求基组中包含较多的弥散函数(如 aug-cc-pVTZ 基组等),因此耗时比普通的单点计算明显更多。

在色谱柱上,某物质的保留时间取决于该分子与色谱柱的相互作用,在色谱柱上吸附较强者将具有更长的保留时间。在很多情况下,分子与色谱柱的结合受静电作用影响明显,人们常常发现同类分子中偶极矩较大者在正相色谱中保留时间较长、在反相色谱中保留时间较短,这是由于分子整体作为偶极子与色谱柱的相互作用在总相互作用中贡献明显。然而仅用偶极矩来描述分子与色谱柱的结合显然是不够的;在大多数情况下,分子内官能团与色谱柱的直接结合对于其相互作用产生了决定性的贡献。对苯二酚结构对称,偶极矩为 0,但显然会在正相色谱中表现出相当大的极性,正说明了色谱语境中"极性"的复杂性。在色谱中,两个分子的保留时间长短往往只能通过经验判断;如果要进行计算研究,偶极矩固然可供参考,但更重要的是通过分子与色谱填料的相互作用能量等方式来研究。

对于溶剂的极性,我们通常指的是溶剂通过静电作用稳定其中带电物种的能力,这主要体现在溶剂的介电常数上。高极性溶剂往往具有较大的介电常数,同时可能有较大的偶极矩、可极化性或明显的酸碱性等,但其中介电常数是最主要的。想要得到溶液的介电常数,需要借助分子动力学模拟的手段。

由此可见,上述实际语境下关于"极性"的讨论非常复杂,含义众多,无法使用统一的量加以描述,但有时快速得到一些能一定程度上反映这些"宏观极性"大小的量是有意义的。其中比较重要的是水/辛醇分配系数 $\log P$,其定义为化合物在水/辛醇萃取体系中达到平衡时在辛醇中与在水中浓度之比的对数。借助 Chemdraw,可以很容易地预测一个化合物的 $\log P$,绘制出结构后,点击 View → Show Chemical Properties Window,即可看到基于 Chemdraw 内置的经验规则而预测的化合物常见属性。以图 3.20 中的苯为例,显示 $\log P$ 为 2.03,意味着在辛醇中的平衡浓度是在水中的 100 倍有余,显然苯是十分亲脂的非极性分子。

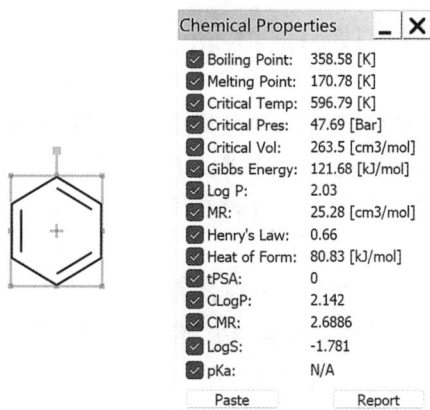

图 3.20　Chemdraw 中预测的苯的各种属性

　　除了分子整体的偶极矩等性质外，我们还经常需要讨论分子中空间各处或各原子上的电性分布，这就涉及了分子表面静电势以及原子电荷的概念。

　　分子表面静电势表征了分子周围空间上的电场。当分子放置于空间中时，以无限远处作为静电势零点，分子附近空间中各点即受到分子中电荷分布不均的特性影响而带有电势。如果将电子密度为 0.001 a.u. 的等值面定义为分子的范德华表面，展示出这个曲面上各点的电势并进行填色，则称为"分子表面静电势填色图"（严格的叫法是 electrostatic potential mapped molecular surface，也有许多人将其叫作 map of electrostatic potential，MESP），反映了分子在空间上的电性分布，对于了解分子性质以及探讨一些静电作用为主的分子间相互作用有所帮助。基于 fchk 文件，GaussView 可以绘制 MESP，但速度非常慢，通常人们会使用 Multiwfn 进行处理，并使用 VMD 程序进行作图。以三氟碘甲烷为例，其 MESP 图形如图 3.21 所示。

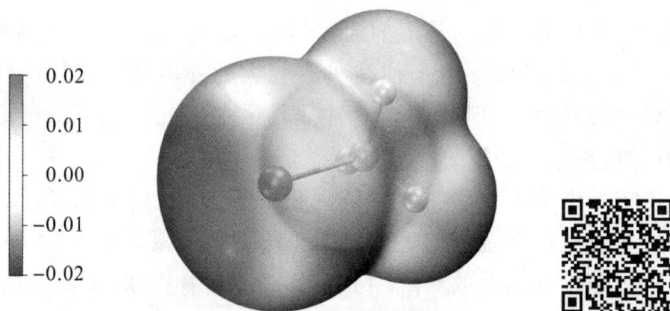

图 3.21　三氟碘甲烷的 MESP 等值面　　　　彩图效果

　　在识别 MESP 时，首先要注意颜色的含义以及刻度范围。在传统的文献中，通常用蓝色和红色分别表示正电荷和负电荷。而许多人则更习惯于用红色表示正电荷、蓝色表示负电荷，因此近年来也有不少文献采用了相反的色彩标度，因此务必区分清楚。MESP 中数值通常采用原子单位(a.u.)。根据三氟碘甲烷的 MESP，可以观察到氟原子附近呈现出负电性，而有趣的是碘原子处则呈现出正电区域，并且集中在 C—I 键轴延长线附近。这一现象被称为 σ-hole，它可以解释三氟碘甲烷能够与路易斯碱形成卤键并且在卤键复合物中路易斯碱沿着 C—I 键轴延长线方向与碘原子接近的事实。

三氟碘甲烷是一个电中性分子，其 MESP 有正有负。而如果分子本身带电，很多情况下MESP 将受到分子整体电荷的影响。如 N-甲基吡啶阳离子，其分子表面上的静电势处处为正（图 3.22）。

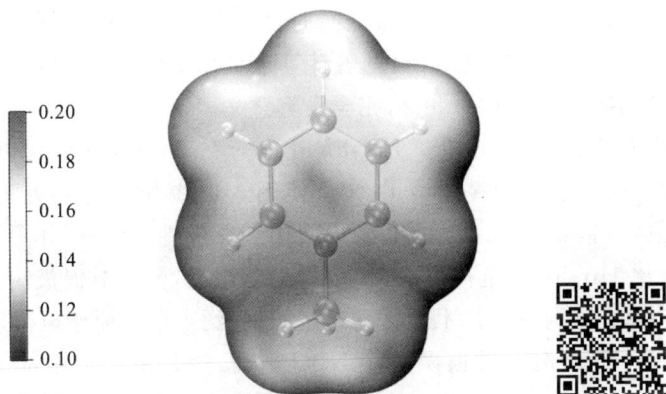

图 3.22　N-甲基吡啶阳离子的 MESP 等值面　　　彩图效果

在使用 MESP 进行讨论时，需要注意如下几点：

（1）MESP 反映了分子的静电性质，因此显然只能用于讨论静电主导的相互作用，如氢键等，或者分析某些相互作用中静电作用所扮演的角色。这一角色可能是利于结合的，也可能是不利于结合的，此时存在其他相互作用主导了结合过程。对于轨道作用等主导的过程，例如大多数化学反应，MESP 至多只能起到参考和提示的价值。

（2）MESP 反映的是分子在范德华表面上的性质，因此如果所研究的相互作用明显突破了范德华表面，例如两个片段足够靠近，以至于到了接近成键的距离，则分子的几何和电子结构势必发生很大变化，不能通过 MESP 加以研究。不只是 MESP，在试图通过各种分子自身的性质来探讨分子的化学行为时，都需要考虑这一点。

MESP 可以为我们带来分子电性在空间处分布的直观信息，另外我们还时常关心每个原子带电的定量数据，这需要使用原子电荷。

在介绍原子电荷之前，首先需要正确理解其含义。在路易斯结构中，人们会通过给原子标记形式电荷以满足八隅律（octet rule）；此外人们也习惯于化合价、氧化态等概念，并可能会想当然地将这些概念与原子电荷相混淆。而事实上，这些概念是完全无关的。形式电荷名字中的"形式"一词已经表明了它是假想出来的，仅仅是为了符合八隅律的框架；而化合价、氧化态的概念则同样是为了定性理解化合物结构而将成键过程中电子转移极端化的产物。当我们说某个原子为某价态时，假想了它将特定数量的整数个电子全部转移给了其他原子，这显然无法代表真实情况。因此，无论是形式电荷还是氧化态，都绝不能与分子中原子的真实电性混为一谈。要体现真实分子中某个原子究竟失去或得到了多少电子，需要进行原子电荷的计算。

原子电荷的概念可理解为将分布于整个分子中的所有电子进行分派,划定出某个原子周围分布有多少电子,进而与核电荷数结合而得到它所分配得到的电荷。其中最关键的是对空间进行划分,给每个原子分配特定的区域,该区域内的电子即认为归属于该原子。依赖于划分方式,原子电荷有多种不同的定义,如 Mulliken、Hirshfeld、NPA、CM5、AIM、RESP等。这些划分方式所基于的思想各不相同,人们在长期实践中,对其特点和实际表现也有了丰富的认识。以下简介几种常见的原子电荷:

(1)Mulliken 电荷。Mulliken 电荷的定义最为简单,在大多数量子化学程序中均有内置,随着 SCF 收敛就会直接输出。然而与此同时,Mulliken 电荷的划分过于简单、生硬,导致其物理意义和实际表现均不理想,并且随着计算水平而变化很大,缺少实用价值。特别是当基组中带有弥散函数时,Mulliken 电荷完全没有意义。

(2)Hirshfeld 电荷和 CM5 电荷。Hirshfeld 电荷在 Gaussian 中可以通过写入 pop＝hirshfeld 关键字来输出,也可以基于 fchk 文件使用 Multiwfn 程序后处理得到。其物理意义与实际表现均很好,非常适合用于讨论电子结构和反应性。CM5 电荷是 Hirshfeld 电荷的改进,数值普遍比 Hirshfeld 电荷更大,便于讨论和比较,同时对偶极矩的重现性也较好。Hirshfeld 电荷和 CM5 电荷在定性上通常一致,都是广泛采用的原子电荷定义。

(3)NPA 电荷。NPA 电荷常被误写作 NBO 电荷,这是由于它是基于 NBO 方法得到的。NBO 是一种轨道定域化方法,将在本书后续章节中介绍。对于普通有机分子,NPA 电荷有很好的表现,但对于电子结构复杂、偏离经典路易斯结构的物质以及过渡金属配合物等适用性有限。为了得到 NPA 电荷,需要使用 NBO 程序。该程序在 Gaussian 中有内置,需要书写相应关键字。

(4)AIM 电荷。AIM 电荷又称作 Bader 电荷,是基于电子密度的零通量面对空间进行划分,从原理上十分严格,但实际表现却很不理想,时常出现与通常的化学认识以及实际反应性截然不同的情况,因而在量子化学计算中几乎不会使用。在第一性原理计算中,受到程序功能限制,AIM 电荷比较流行。

(5)RESP 电荷。RESP 电荷是专门为了重现分子表面静电势等性质而设计的,主要用于构建分子动力学模拟所需的力场,很少用于讨论分子的反应性。

以下通过几个例子来进一步介绍原子电荷。

1. 铵根离子(NH_4^+)

在铵根离子的路易斯结构式中,N 上带有一个形式正电荷。但显然,由于 N 的电负性比 H 高得多,实际分子中正电荷必然集中在 H 上。在 M06-2X/TZVP 水平下,铵根离子的几种不同定义的原子电荷如表 3.3 所示。

表 3.3　铵根离子在不同定义下的原子电荷

不同定义	N	H
Mulliken	−0.415	+0.354
Hirshfeld	0.075	+0.231
CM5	−0.633	+0.408
NPA	−0.851	+0.463

可以充分看到，所有原子电荷定义下，正电荷都集中在 H 上；除了 Hirshfeld 电荷外，各种原子电荷定义下，N 都带有负电。这个例子充分说明了形式电荷与实际电荷是完全不同的事物。此外，虽然 N 和 H 的氧化态分别是 −3 和 +1，但其实际电荷远没有这么夸张，都在零点几的数量级。

2. 氟化钠分子(NaF)

通常认为氟化钠是典型的离子化合物。是不是一个 Na 原子和一个 F 原子构成的双原子分子中 Na 和 F 的原子电荷就是 +1 和 −1 呢？这个问题的答案可以通过观察表 3.4 中的原子电荷得到。

表 3.4　NaF 分子在不同定义下的原子电荷

不同定义	F	Na
Mulliken	−0.880	+0.880
Hirshfeld	−0.674	+0.674
CM5	−0.832	+0.832
NPA	−0.960	+0.960

可以发现，即使是 NaF 这种高度离子化的化合物，大部分定义下的原子电荷也都达不到形式上的氧化态（除了 NPA 电荷的数值比较大，这是由于它在原理上就更侧重于贴合路易斯结构式的定性描述）。这意味着 Na—F 之间的成键仍然有不可忽视的共价成分。

虽然原子电荷的自身数值不可能与氧化态相同、大多数情况下甚至不可能相近，但原子电荷的变化可以对氧化态的变化起到提示作用。同时，通过对分子中各片段的原子电荷进行求和，可以知道片段之间的电荷转移情况。如对于图 3.23 中 TS5b 和 TS5l 两个过渡态，对 N-N-N Pincer 配体上的 CM5 电荷进行求和，发现其数值分别为 0.3547 和 0.3757，从而知道在 TS5l 中配体向 Co 转移了更多的电子。因此我们就能预测，当在配体上引入吸电子取代基时，将有利于经由 TS5b 的过程，反之亦然。[15]

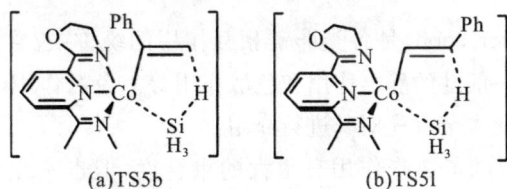

图 3.23　两个过渡态的结构式

原子电荷对于判断化学反应选择性也有一定意义。一个经典的例子是芳香亲电取代反应，人们很早就发现其选择性与原子电荷存在关联。以苯胺和苯甲腈为例（图 3.24），可见苯胺的 2、4 位碳原子具有较负的原子电荷，其中 2 位更负；而苯甲腈的 3 位碳原子电荷最负，4 位次之。因此，如果亲电取代反应的选择性是静电主导的并且决速步为过渡态靠前的亲电试剂对芳环的加成，则可知苯胺的反应将主要发生在 2 位，而苯甲腈则主要发生在 3 位。

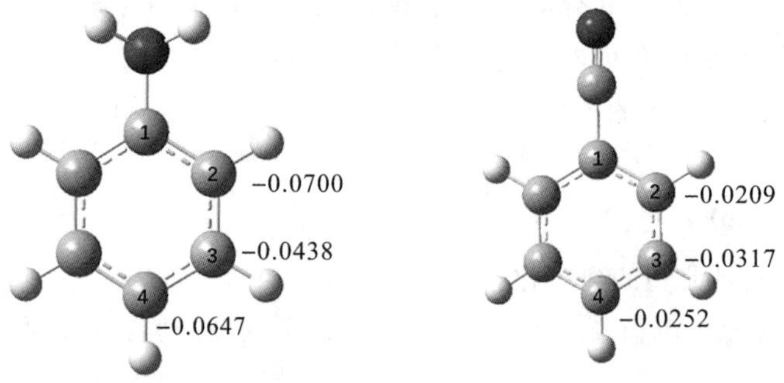

图 3.24　苯胺和苯甲腈中部分原子的 Hirshfeld 电荷

(a)苯胺　　(b)苯甲腈

必须注意的是,上述推理的前提条件,即决速步为加成反应、过渡态靠前、静电主导,缺一不可! 就上述亲电取代而言,过渡态靠前保证了底物的原子电荷等性质能够充分体现在决速步的过渡态中,这是使用底物性质讨论反应性的前提条件。为了满足这一条件,亲电试剂必须有足够高的亲电性,因此我们可以预测上述推理比较适用于硝化反应,而不适用于稳定碳正离子发生的傅克烷基化反应。静电主导的前提条件要求亲电试剂是硬酸,因此我们可以知道上述推理不适用于金属化反应。对于这类软酸作为亲电试剂的场合,轨道作用将成为决定性的因素。原子电荷还可以进一步告诉我们,亲电试剂越硬,则与苯胺反应时发生2位取代相比于4位取代优势越大;而对于苯甲腈的反应,则随着亲电试剂变硬,4位取代产物与2位取代产物的比例将逐渐增加。因此,想要正确理解计算结果,必须对反应机理有深刻的思考和认识。对于每个化合物,其原子电荷等各种性质都是固定的,但能发生的反应却千差万别,随着条件不同,可以得到各种产物。如果不注意前提条件,想当然地用原子电荷或其他任何分子性质来机械化地预测反应产物,势必会得到错误的结果。

3.7　色散作用及弱相互作用分析

弱相互作用(weak interaction)是各类非键相互作用的统称,包含氢键、卤键、π-堆叠、π-阴离子(阳离子)相互作用、一般性的静电作用和色散作用等。色散作用(dispersion interaction)在其中占据重要的地位,因此本节首先对其进行介绍。

色散作用与通常所说的范德华作用有很大的重合度,但也不完全相同。习惯上所说的范德华作用泛指各种较弱的分子间作用,其本质包含了一部分静电、电荷转移、色散等多种相互作用类型,而色散在其中构成了绝大部分。传统上人们将范德华力中的"色散力"归属于瞬时偶极的相互作用,这一说法模糊了色散作用的本质,容易引发"色散作用属于静电作用"的误解。事实上,色散作用起源于量子力学中的电子相关作用,没有经典力学上的对应,这也给量子化学方法描述色散作用带来了很大的挑战。

高精度的 post-HF 方法(如耦合簇)可以很好地描述色散作用,是相关研究的金标准。在 DFT 方法中,多数早期泛函(如 B3LYP、PBE0 等)完全无法描述色散作用。为了解决这一问题,有两种路径。其一是在泛函形式上做文章,在设计泛函时就设法拟合色散作用主导的体系,以求使得泛函本身就能够描述色散作用。随着色散作用逐渐受到关注,大部分较为现代的泛函,如 M06-2X、M11、MN15 等在提出时考虑了色散作用,因此具备较好的描述色散作用的能力。另一条道路则是在现有泛函的基础上引入校正项。校正项的形式各有不同,目前最流行的是 Grimme 提出的 DFT-D 方法。

DFT-D 方法在 DFT 计算得到的能量基础上加入一个经验拟合的能量项,以表现色散作用的能量贡献。随着方法的发展,目前已经出现了 DFT-D2、DFT-D3 和 DFT-D4 三个版本,每个版本都比前一个有所改善。当前 DFT-D3 由于在主流程序中支持广泛而最为流行,而更好的 DFT-D4 也在不断普及。DFT-D2 和 DFT-D3 的校正项均只依赖于原子坐标,不会改变 SCF 迭代的过程,因此几乎不会造成耗时增加。DFT-D4 在此基础上进一步考虑了原子不同带电状态下色散作用的差异。对于大部分主流泛函,DFT-D 都拟合了相应参数,可以直接搭配使用。常见的诸如 B3LYP-D3BJ 等的写法,就是指在 B3LYP 的基础上使用了DFT-D3,具体来说是其中使用 BJ 阻尼的形式(另一种形式是零阻尼)。

除了对于 B3LYP 等完全无法描述色散作用的泛函可以使用 DFT-D 外,针对 M06-2X 等本身已经能够描述色散作用的泛函,DFT-D 也有相应的参数,结合使用号称可以进一步改善其描述能力,但实际表现则因体系而异。目前来看,对于 B3LYP、PBE0 等泛函,推荐一律结合 DFT-D 使用;对于 M06-2X 等,则往往可以不用。此外,wB97xD 泛函自身已经内置了 DFT-D,无法再加。

色散作用对几何结构和能量的影响通常是不可忽略的。一方面,卤键、π-堆叠、π-阴离子相互作用等绝大部分都由色散作用贡献,如果忽略了色散作用,甚至将无法得到正确的几何构型;另一方面,当体系较大、包含长链烷基等时,基团间的色散作用也将对几何结构和能量带来影响。

为了直观了解色散作用的重要性,可以考察一系列色散稳定的分子。其中最知名的是取代的六苯乙烷。六苯乙烷母体高度不稳定,无法分离得到,通常人们认为这是由于六个苯基间巨大的立体排斥所致。然而在 1986 年 Mislow 却令人惊讶地分离到了六(3,5-二叔丁基苯基)乙烷[16]。十二个大体积的叔丁基的引入出人意料地使得这个分子被稳定化了,并且能够在熔点(214 ℃)附近保持稳定(图 3.25)。Grimme 等人在 2011 年阐述了这一分子得以存在的原因[17],通过详细的计算论证,阐明了正是大体积烷基之间的色散相互作用使得该物质得以稳定存在。通过 DFT-D 方法,可以很好地描述此类体系中的色散作用。

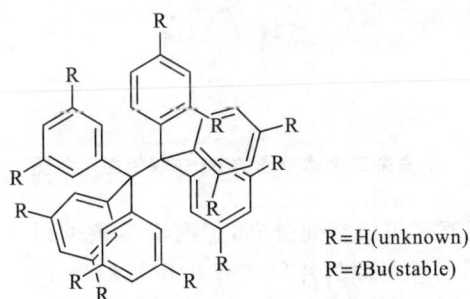

R=H(unknown)
R=tBu(stable)

图 3.25　六苯乙烷的结构式

在合理考虑色散作用的基础上，可以使用量子化学计算的工具探讨各类弱相互作用的存在性、强度及本质。探讨弱相互作用的强度最重要的方法是设计相关的结合过程，并计算其能量变化。需要注意的是，结合过程不一定由单一的弱相互作用贡献，如可能既有氢键，也有 π-堆叠、一般性的色散作用；可能有多重氢键，同时存在多种相互作用等，这些共存的相互作用的能量贡献是无法分离开的。

除了一个复合物中可能有多种弱相互作用外，一个弱相互作用中，也可能有多种不同本质的相互作用共同影响，这些影响因素包括色散作用、静电作用、Pauli 交换作用、电荷转移等。在不同种类的弱相互作用以及同种但不同体系的弱相互作用中，起主导作用的因素各不相同。以氢键为例，多数情况下，经典强氢键主要由静电作用贡献，而随着氢键强度减弱，色散等其他因素的贡献逐渐增加。为了探讨弱相互作用的贡献因素，可以借助能量分解的手段。

为了验证弱相互作用的存在性并进行可视化，可以借助 RDG(reduced density gradient)[18]、IGM(independent gradient model)[19]等方法。这些方法均以等值面填色图的方式呈现，旨在可视化地展示弱相互作用存在的区域，并通过颜色来对应弱相互作用的强度和本质。

RDG 等值面可以基于量子化学计算得到的波函数文件使用 Multiwfn 程序处理得到。其中等值面呈现片状，绿色和蓝色分别表示较弱和较强的吸引作用，红色表示排斥作用。以一个基于 π-堆叠而组织起来的三聚体为例(图 3.26)，可见芳环间存在大片绿色的等值面区域，结合几何构型中芳环平行排列的事实，可以清晰地知道 π-堆叠作用的存在性。此外，一些 O—H 附近存在蓝色的等值面，结合几何构型符合氢键的特点，可知存在较强的氢键作用。在苯环中心等处存在许多红色的等值面，提示排斥作用，这是由于各片段内部受到分子骨架限制有许多原子靠近，与所感兴趣的问题无关。

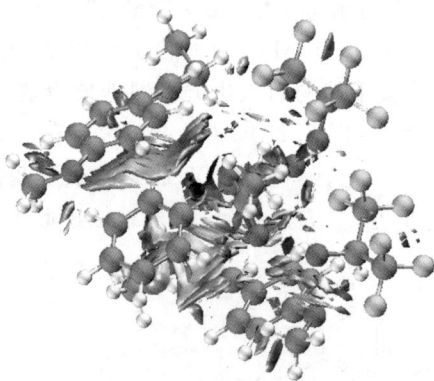

图 3.26　一个复杂三聚体分子的 RDG 等值面填色图　　彩图效果

RDG 可以体现出弱相互作用的空间分布，但有着等值面过于琐碎的缺点，并且不单单体现了片段间的作用，许多不感兴趣的片段内作用也被展示了出来，上文提到的环中心排斥作用就是一例。IGM 分析与 RDG 含义非常类似，但在得到 IGM 等值面的过程中，需要指定如何划分片段，随后可以只展示给定片段间的相互作用，使得最终图像更加清晰。针对上文中的三聚体，恰当选定片段后，通过 IGM 即可清晰地展示出特定两个苯环之间的 π-堆

叠作用(图 3.27)。

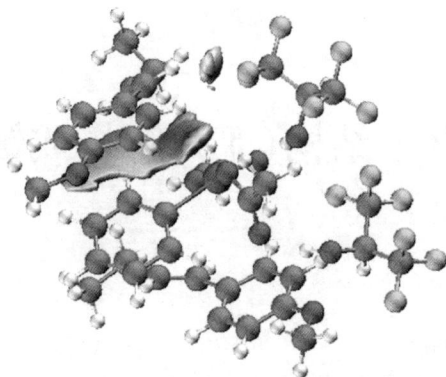

图 3.27   一个复杂三聚体分子中特定片段间的 IGM 等值面填色图   彩图效果

　　需要注意的是,RDG、IGM 等可视化手段,终究是用于验证弱相互作用存在性的辅助手段,想要判断某种弱相互作用是否存在,最关键的仍然是对几何结构和化合物性质的认识。观察几何结构是否符合弱相互作用的要求,是判断弱相互作用存在性的第一步和最重要一步,只有在几何结构符合相关相互作用的定义的基础上,后续讨论才有价值,切莫犯因为不了解弱相互作用的化学本质和几何要求而将一种弱相互作用当作另一种的错误。

第4章 电子结构(Ⅱ):解析成键的本质

4.1 NBO 及其他轨道定域化手段

在前一章中,我们探讨了许多研究共价与非共价相互作用的手段,由此可以定性或半定量地考察分子中的相互作用。然而在许多情况下,我们不会满足于此,而是希望进一步揭示其中的电子结构本质。例如,通过几何优化,我们能知道两个原子间的键长如何;通过键级计算,又可以知道它们形成了几重键,但我们又会进一步想要知道,其中成键的本质如何,比如有几根 σ 键、有几根 π 键、分别通过哪些轨道形成、各自的强度又是多少等。为了解答这些问题,就需要进行进一步的电子结构分析。

轨道定域化是研究轨道相互作用的有力手段。直接计算得到的分子轨道,又叫"正则分子轨道"(canonical orbital,CO 或 canonical molecular orbital,CMO),属于离域分子轨道,大多数轨道都弥散在整个分子上,而化学家最习惯考虑的轨道图像是定域在原子之间的。轨道定域化就是建立在正则分子轨道与我们更熟悉的基于路易斯结构式的图像之间的桥梁。轨道定域化有多种手段,原理各有不同,其中最知名的莫过于自然键轨道(natural bond orbital,NBO)。

NBO 是威斯康星大学的 Weinhold 等人发展出的一整套波函数分析的方法[20,21],其最主要目的是将分子的电子结构归纳为更接近经验上的路易斯结构式的形式。NBO 本身非常复杂,有单独的程序(https://nbo6.chem.wisc.edu/,属于商业软件),其中基础功能被整合在了 Gaussian 中,我们通常使用 Gaussian 内置的简化版 NBO 即可满足大多数需求。

NBO 的实现原理颇为复杂,大致可以看作是通过对密度矩阵进行分块对角化而得到一组比较局域化的基函数,再进一步处理得到定域化轨道。NBO 轨道被分为 4 类:内核轨道,记作 CR;键轨道,记作 BD,相应的有反键轨道 BD*;孤对电子,记作 LP;里德堡轨道,记作 RY。前三者有较强的化学意义。里德堡轨道在字面上指的是某些距离原子核很远、能级很高的高度弥散的轨道,而在 NBO 的处理过程中,实际上是将所有被 NBO 程序判断为不属于前三类的轨道统一合并成了里德堡轨道,可以视为轨道分类的"垃圾桶"。对于绝大多数化学问题,我们关心的都是 BD、BD* 以及 LP 轨道。

在图 4.1 中,以 M06-2X/def2-TZVP 水平下的乙醛为例,使用 Gaussian 16 内置的 NBO,展示了几个代表性的 NBO 轨道。其中,图(a)为占据轨道,图(b)为空轨道。可以明显发现,NBO 轨道的特点是高度定域,很容易跟关于化学键的直观感觉对应起来。

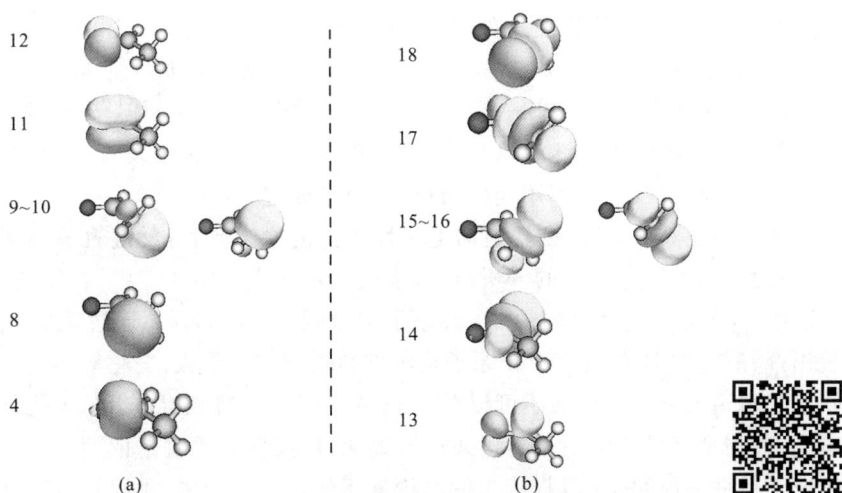

图 4.1　乙醛的部分 NBO 轨道等值面　　　彩图效果

图 4.1 中,轨道 8~10 为 C—H 键的成键轨道,被称为 BD(C—H);轨道 11 为 BD(C—O),而轨道 12 对应氧上的孤对电子,属于 LP(O)。从轨道 13 开始为反键轨道,分别是 BD*(C—O),共计 4 个 BD*(C—H)和 1 个 BD*(C—C)。轨道形状也非常直观地与我们关于化学键的想象契合。通过观察 NBO 轨道,可以容易地知道,乙醛中的羰基 C—O 由一根 σ 键和一根 π 键构成,两者对应的成键轨道分别为轨道 4 和轨道 11,分别填充 2 个电子,而反键轨道都是空的,从而形成一根双键。

识别出定域化轨道的存在只是 NBO 分析的第一步,在此基础上还可以得到许多其他信息。例如,乙醛里的羰基碳原子上连接了 3 个不同的基团,必然发生不等性杂化,那么这个碳原子与每个基团成键时使用的分别是什么杂化轨道? 以上述结构为例,在输出文件中,可以找到如图 4.2 所示段落,描述了每个 NBO 轨道由哪些原子轨道组成。

```
    (Occupancy)   Bond orbital/ Coefficients/ Hybrids

  1. (1.99885) BD ( 1) C  1 - O  2
     ( 35.34%)   0.5945* C  1 s( 33.88%)p 1.95( 66.01%)d 0.00(  0.11%)
                             0.0000 -0.5772 -0.0754  0.0029 -0.0010
                             0.6593  0.0654  0.0027  0.4691  0.0309
                            -0.0032  0.0049 -0.0000  0.0001 -0.0287
                            -0.0003  0.0000 -0.0089  0.0141
     ( 64.66%)   0.8041* O  2 s( 39.04%)p 1.56( 60.81%)d 0.00(  0.15%)
                            -0.0000 -0.6241  0.0295 -0.0025 -0.0000
                            -0.6234  0.0193  0.0032 -0.4677  0.0143
                             0.0010  0.0046 -0.0002  0.0000 -0.0331
                             0.0001  0.0001 -0.0109  0.0168
  2. (1.99432) BD ( 2) C  1 - O  2
     ( 33.76%)   0.5810* C  1 s(  0.00%)p 1.00( 99.65%)d 0.00(  0.35%)
                             0.0000  0.0022  0.0006 -0.0007 -0.0000
                            -0.0007 -0.0010  0.0007 -0.0064 -0.0006
                             0.0010  0.9975 -0.0313  0.0191  0.0003
                            -0.0478 -0.0351 -0.0002 -0.0002
     ( 66.24%)   0.8139* O  2 s(  0.00%)p 1.00( 99.84%)d 0.00(  0.16%)
                             0.0000  0.0037  0.0003 -0.0005  0.0000
                             0.0076  0.0000 -0.0004 -0.0052 -0.0001
                            -0.0000  0.9992 -0.0010 -0.0038 -0.0000
                             0.0321  0.0233  0.0004 -0.0001
```

图 4.2　乙醛的 C—O NBO 轨道成分

其中第 1 和第 2 个轨道(值得注意的是,此处显示的顺序与能量顺序并不相同,要加以甄别)分别是羰基碳氧键的 σ 和 π 成键轨道。在轨道 1 中,羰基碳原子采取 $sp^{1.95}$ 杂化轨道与氧原子的 $sp^{1.56}$ 杂化轨道组合形成 σ 键。在轨道 2 中,羰基碳原子贡献了 33.76%,利用纯 p 轨道与氧原子的 p 轨道形成 π 键。类似地,可以在后续输出文件中发现,这个羰基碳原子利用 $sp^{2.20}$ 轨道与氢原子成键,又利用 $sp^{1.83}$ 轨道与甲基成键。

羰基 C—O 键具备极性,其成键轨道向电负性较强的原子倾斜,反键轨道则主要由电负性较弱的原子贡献,通过原子贡献的分析,也容易验证这一点。图 4.2 中,在轨道 1 中,碳原子贡献了 35.34%,而对应的反键轨道中,碳原子则贡献了 64.66%。通过观察轨道形状也可以直观看出,碳氧键的 BD* 轨道中碳原子贡献的轨道瓣明显更大。

除了轨道及轨道成分外,NBO 还可以分析轨道之间的二阶相互作用,这是研究超共轭的利器。事实上,物理有机化学中关于超共轭的观念,很大程度上就是依赖于以 Houk 等人为代表的研究者借助 NBO 的工具提炼出的结论。仍然以乙醛为例,我们知道乙醛中存在多组超共轭作用,其中比较重要的是 α-C—H 对 π^*(C—O)的超共轭,以及氧原子孤对电子对 σ^*(C—H)的超共轭,如图 4.3 所示。

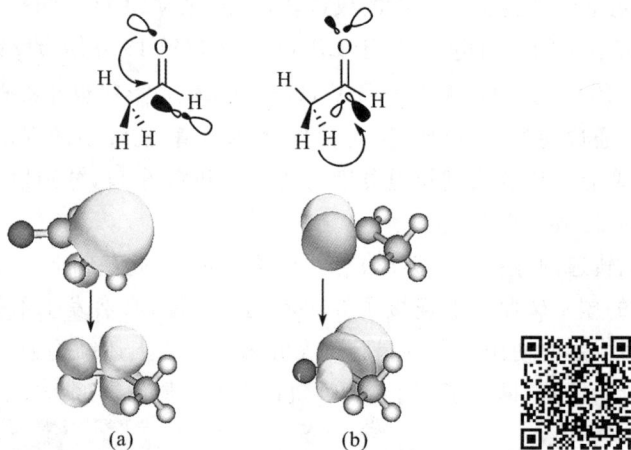

图 4.3 乙醛分子中存在的部分超共轭作用

彩图效果

通过对 NBO 轨道的可视化,容易看到参与超共轭的轨道在空间上的反向共平面关系;在输出文件中,$E(2)$ 部分记录了相应的超共轭作用的能量贡献,如图 4.4 所示。在这里记录了庞大的超共轭作用的列表,从中识别出感兴趣的轨道,可以发现上述绘制出的 LP(O) → BD*(C—H) 和 BD(C—H) → BD*(C—O) 两组超共轭分别贡献了 1.00 kcal/mol 和 6.23 kcal/mol 的稳定化能。图 4.4 中的最后两列,$E(j)-E(i)$ 以及 $F(i, j)$ 则分别对应参与超共轭的两个轨道的能量差和空间重叠程度,F 的数值越大,意味着空间重叠越好。关于超共轭能量的定量对比是研究许多化学问题的重要工具,哈佛大学的 Kwan 在其序号为 Chem106 的讲义中(https://ekwan.github.io/notes.html#experimental-organic-chemistry),广泛运用 NBO 手段定量讨论各种相互作用对化学现象的影响,非常值得一读。

第 4 章 电子结构(Ⅱ):解析成键的本质

```
           Donor NBO (i)                  Acceptor NBO (j)           E(2)    E(j)-E(i) F(i,j)
                                                                    kcal/mol   a.u.    a.u.

within unit 1
   1. BD ( 1) C  1 - O  2    / 13. RY*( 1) C  1                      1.21      2.15    0.046
   2. BD ( 2) C  1 - O  2    / 79. BD*( 1) C  4 - H  5               0.78      0.89    0.024
   2. BD ( 2) C  1 - O  2    / 80. BD*( 1) C  4 - H  6               1.73      0.89    0.035
   3. BD ( 1) C  1 - H  3    / 27. RY*( 1) O  2                      1.61      1.42    0.043
   3. BD ( 1) C  1 - H  3    / 46. RY*( 1) C  4                      1.03      1.63    0.037
   3. BD ( 1) C  1 - H  3    / 78. BD*( 1) C  1 - C  4               1.06      0.99    0.029
   3. BD ( 1) C  1 - H  3    / 81. BD*( 1) C  4 - H  7               1.60      1.07    0.037
   4. BD ( 1) C  1 - C  4    / 27. RY*( 1) O  2                      1.29      1.50    0.039
   5. BD ( 1) C  4 - H  5    / 15. RY*( 3) C  1                      0.58      2.23    0.032
   5. BD ( 1) C  4 - H  5    / 75. BD*( 1) C  1 - O  2               2.62      1.24    0.051
   5. BD ( 1) C  4 - H  5    / 76. BD*( 2) C  1 - O  2               2.45      0.66    0.036
   6. BD ( 1) C  4 - H  6    / 76. BD*( 2) C  1 - O  2               6.23      0.66    0.057
   7. BD ( 1) C  4 - H  7    / 75. BD*( 1) C  1 - O  2               0.53      1.24    0.023
   7. BD ( 1) C  4 - H  7    / 76. BD*( 1) C  1 - O  2               0.79      0.65    0.020
   7. BD ( 1) C  4 - H  7    / 77. BD*( 1) C  1 - H  3               2.32      0.97    0.043
   8. CR ( 1) C  1           / 30. RY*( 4) O  2                      0.66     11.45    0.078
   9. CR ( 1) O  2           / 13. RY*( 1) C  1                      5.90     20.33    0.310
  10. CR ( 1) C  4           / 17. RY*( 5) C  1                      0.51     12.19    0.070
  10. CR ( 1) C  4           / 61. RY*( 2) H  5                      0.53     11.90    0.071
  11. LP ( 1) O  2           / 13. RY*( 1) C  1                     15.99      1.82    0.152
  11. LP ( 1) O  2           / 28. RY*( 2) O  2                      0.70      2.10    0.034
  11. LP ( 1) O  2           / 77. BD*( 1) C  1 - H  3               1.00      1.21    0.031
  11. LP ( 1) O  2           / 78. BD*( 1) C  1 - C  4               1.52      1.20    0.039
  12. LP ( 2) O  2           / 14. RY*( 1) C  1                      3.00      2.43    0.078
  12. LP ( 2) O  2           / 17. RY*( 5) C  1                      0.65      2.15    0.034
  12. LP ( 2) O  2           / 77. BD*( 1) C  1 - H  3              26.01      0.73    0.124
  12. LP ( 2) O  2           / 78. BD*( 1) C  1 - C  4              22.63      0.72    0.116
```

图 4.4　Gaussian 输出文件中与乙醛分子超共轭相关的部分

除 NBO 外,还有许多其他轨道定域化手段。Multiwfn 程序支持基于主流的量子化学程序输出的波函数文件进行轨道定域化,支持 Pipek-Mezey 和 Foster-Boys 两种方法。它们的原理与 NBO 不同,是基于对正则分子轨道的直接线性组合,不会将轨道进行分类,也无法直接得到超共轭能量等数值。

与 NBO 相比,它们的优点有两个:一是方便,不需要调用 NBO 程序,基于任何波函数文件即可进行;二是普适性较强。NBO 方法存在的最主要局限在于其对于轨道进行分类、搜索的算法相当复杂,对于许多电子结构怪异或电子离域性很强(如新奇的过渡金属配合物、不能用通常路易斯结构式描述的新颖化合物等)的场合并不适用,而恰恰正是在这种情况下人们更需要通过定域化轨道的方法窥探成键的本质。这种情况下,基于 Pipek-Mezey 或 Foster-Boys 方法的轨道定域化要普适得多。至于轨道的形状,这些算法得到的结果与 NBO 轨道类似,都呈现出与我们对于化学键经典认识相契合的成键、反键轨道或孤对电子的形状,不必单独阐述。在 Catal. Sci. Technol., 2022,12:880-893 中,作者就通过 Pipek-Mezey 方法对 Os(Ⅷ)促进的烯烃双羟基化反应过程中 Os—O 键的演变情况进行了深入研究,阐明了其中 Os—O 多重键中每一重共价作用的轨道本质以及在反应过程中的变化规律。

4.2　ETS-NOCV 与 CDA

ETS-NOCV(extended transition state-natural orbitals for chemical valence)是 Ziegler 等人[22]提出的电子结构分析手段。它可以用于分析两个片段的轨道相互作用,将其分解为若干轨道对,每个轨道对中的两个轨道来源于同一组轨道作用,与成键和反键轨道的意义相仿。

乍看起来,ETS-NOCV 将轨道作用分解为一系列轨道对的效果与 NBO 相似,但事实上两者有着本质的不同。NBO 是先得到分子整体的 LP、BD、BD* 等轨道,再研究这些轨道之间的超共轭作用,是基于分子整体的电子结构再分解到原子之间,并非直接分解到两个片段之间。此外,Gaussian 自带的 NBO 分析并不能得到每一组 BD、BD* 等所贡献的能量;如果在 NBO 中想得到某一组轨道作用的相互作用能量,最直接相关的是超共轭分析,而这是将超共轭作为微扰进行处理;既然是微扰,其尺度就不能太大,对应 $E(2)$ 的尺度在几个 kcal/mol 量级时比较可靠,而一旦输出内容中给出几十个 kcal/mol 或更大的能量,往往意味着这组相互作用不适合用NBO 分析。而 ETS-NOCV 则没有该顾虑,它非常适合研究化学成键等能量尺度很大的场合。

以下用图 4.5 中 NHC-AgCl 配合物为例子,来展示 ETS-NOCV 的基本过程和结果。

在 PBE0-D3BJ/def2-SVP 水平下,对 NHC-AgCl 进行构型优化。整个分子为闭壳层单重态,Ag 呈现直线二配位构型。Ag—C 键长为 2.070 Å,Mayer 键级为 0.73,可见成键不是很强。接下来我们希望知道 NHC 与 Ag 之间成键的本质。NHC 的碳原子上有一对 sp^2 孤对电子可以作为给体,与此同时环上的 π^* 轨道可能与 Ag 存在反馈作用,除此之外也不排除其他相互作用。我们希望探究这些轨道作用对于整体成键的贡献究竟孰轻孰重。

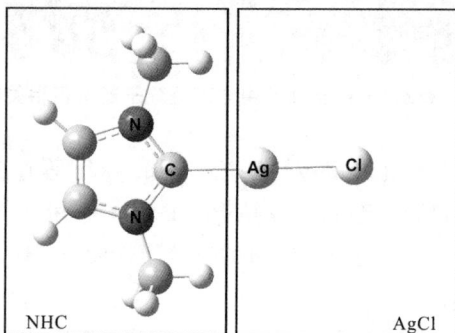

图 4.5　一个 NHC-Ag 配合物的几何结构及片段划分

在进行 ETS-NOCV 之前,作为上一节的补充,我们先来观察这个分子的 NBO 轨道情况。图 4.6 展示了 NBO 得到的一些与 C—Ag 键有关的定域化轨道,容易发现轨道的形状与上一节介绍的轨道有明显不同,它们不再像标准的 NBO 轨道那样定域在两个原子之间了。而且相关轨道的数量也很多,如果武断地说有如下 4 种不同类型的 BD 轨道,C—Ag 之间就存在 4 组轨道相互作用,乃至形成了四重键,显然是不合理的。这体现出了上一节提到的 NBO 对于以过渡金属配合物为代表的电子结构复杂、离域性较强的体系的局限性。

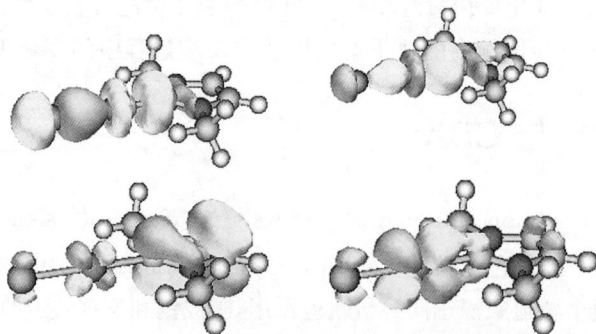

图 4.6　NHC-Ag 配合物的部分 NBO 轨道

彩图效果

接下来我们转而用 ETS-NOCV 进行分析。将分子分为 NHC 和 AgCl 两个片段。ETS-NOCV 需要基于整体和各片段在合适计算水平下的单点计算所产生的 fchk 文件,通过 Multiwfn 处理得到。对两个片段进行单点计算后,载入 Multiwfn,即可生成一系列 NOCV 信息(节选),如图 4.7 所示。

Pair	Energy		Orbital	Eigenvalue	Energy		Orbital	Eigenvalue	Energy
1	-35.52		1	0.44013	-42.42		187	-0.44013	38.29
2	-5.62		2	0.22760	-105.87		186	-0.22760	-81.18
3	-7.27		3	0.15367	40.77		185	-0.15367	88.04
4	-2.89		4	0.12274	-32.88		184	-0.12274	-9.37

图 4.7　NHC-Ag 配合物的 ETS-NOCV 输出信息(部分)

其中的本征值可近似看作在轨道组合时转移的电子数,在第一个轨道对中,标号为 1 的 NOCV 轨道对贡献了 -35.52 kcal/mol 的结合能,由第 1 个和第 187 个 NOCV 轨道组成。我们将标号为 1~3 的 NOCV 轨道对涉及的轨道进行可视化,如图 4.8 所示。

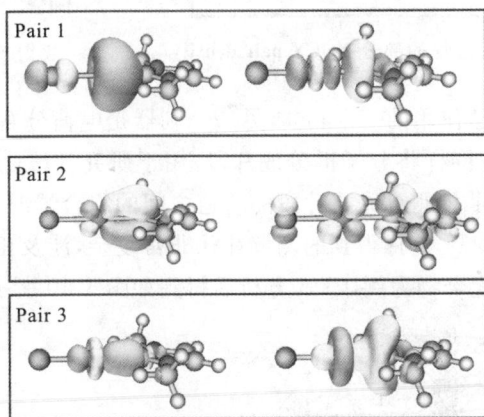

图 4.8　NHC-Ag 配合物的几组主要 NOCV 轨道　　彩图效果

容易发现,轨道对 1~3 分别对应了 Ag 与 NHC 之间形成的 2 种 σ 键和 1 种 π 键。其中 Pair 1 由 Ag 的 sp 杂化轨道与 NHC 的 sp^2 孤对电子构成,Pair 3 则主要由 Ag 的 d_{z2} 轨道贡献,而 Pair 2 则对应 Ag 的 d 轨道与配体 π^* 构成的反馈 π 键。虽然有三组相互作用,但三者的强度相差悬殊,Pair 1 的能量贡献占据了绝大多数,Pair 2 和 Pair 3 的能量贡献加起来也只有 Pair 1 的 1/3 左右,因此可以知道,在这个 NHC 配合物中,Ag 和配体主要形成 σ 键,反馈作用比较微弱,这也和较弱的键级相符合。

除了对轨道进行可视化之外,还可以得到每个 NOCV 轨道对带来的电子密度改变,即 NOCV pair density。它反映了这组轨道作用形成过程中电子的转移情况。在图 4.9 中,蓝色和绿色等值面分别表示失去和得到电子。可以清晰地看出,Pair 1 中配体作为 σ 给体将电子转移给 Ag,而 Pair 2 和 Pair 3 均表现出 Ag 向 NHC 的反馈。有趣的是,Pair 3 的反馈与通常的反馈 π 键不同,综合轨道形状判断,可以看作是一种新奇的 d(Ag)到 σ^* (C—N)的反馈 σ 键。前述 NOCV 轨道的本征值可近似看作电子转移的数量,因此这三组轨道作用分别导致了 Ag 得到 0.44 个电子,又失去 0.23 个和 0.15 个电子。事实上,这类反馈 σ 键正是 Hii 等人借助 ETS-NOCV 工具在 2015 年报道的[23]。

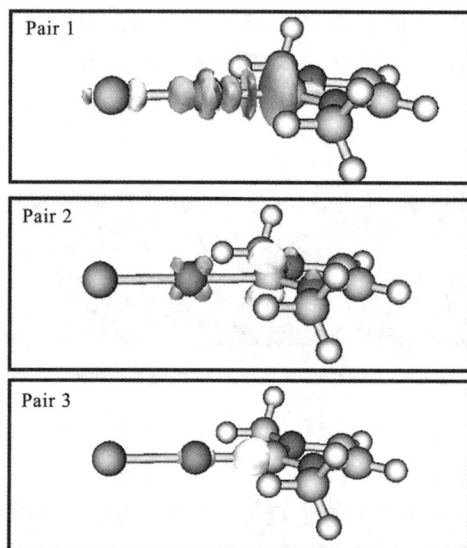

图 4.9 NHC-Ag 配合物的部分 NOCV pair density   彩图效果

ETS-NOCV 是分析片段间轨道作用的一个利器，另一个利器是电荷分解分析（charge decomposition analysis，CDA）[24]。它同样将分子拆分成片段，用于研究片段之间的轨道相互作用，但它的效果与 ETS-NOCV 不同，能得到来自片段的轨道之间的组合情况，在特定的情况下可以得到轨道作用的图解。但事实上，这样得到的图解往往非常复杂，涉及相当多的轨道相互作用，很难辨认。仍以上述 NHC 配合物为例，CDA 分析后得到如图 4.10 所示轨道作用图解。

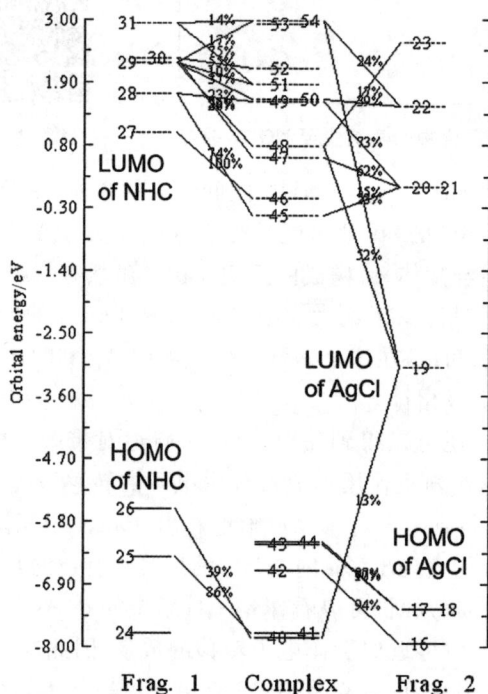

图 4.10 NHC-Ag 配合物的 CDA 分析结果（部分）   彩图效果

其中存在大量轨道相互作用,并非所有的都能与人们熟悉的化学观念对应。例如,其中存在许多占据轨道之间或空轨道之间的相互作用,它们对化学成键贡献不大,但密密麻麻,极大地稀释了人们的注意力。因此,虽然 CDA 可以得到轨道图解,但绝不能替代对分子轨道理论的掌握。绝大多数情况下,分子轨道图解都是可以通过定性分子轨道理论的知识徒手画出来的,能通过 CDA 直接得到的例子并不多。

CDA 分析很重要的意义是可以用于得到片段间的电子转移,这与 ETS-NOCV 类似。对于上述 NHC 配合物,CDA 分析得到 NHC 向 Ag 转移(donate)了 0.2729 个电子,而 Ag 向 NHC 反馈(back-donate)了 0.0411 个电子,总体上存在 NHC 向 Ag 的净电荷转移,数量为 0.2318 个。由于 CDA 与 ETS-NOCV 遵循不同的原理,而电荷转移的数量,特别是 donate 与 back-donate 的划分,实际上是为了贴合化学家关于配位键与反馈键的观念而人为确定的,因此不同的分析手段得到的电荷转移数量也不同,而人们讨论这一点,大多数情况下是为了对比一系列配体作为给体和受体的能力,基于不同方法,往往能得到定性一致、互相佐证的结论。

4.3　芳香性

芳香性[25, 26]是一个古老又现代、基础又复杂的概念。最早人们发现煤焦油中蒸馏出来的部分碳氢化合物有独特的气味,故将其称为芳香化合物。又随着它们独特反应性的陆续发现,而将它们的性质冠以了芳香性的名字。时至今日,芳香性已经成为涵盖能量、几何结构、磁学性质、光电性质、电子结构等诸多方面的多维度的概念。这些维度上的性质可能均表现出芳香性,也可能只在部分维度上表现出芳香性。芳香性的概念早已超越了最早平面共轭分子的限制,衍生出 Baird 芳香性、Mobius 芳香性、金属芳香性、三维芳香性等诸多蓬勃发展的新领域。

芳香性最原始的含义来自能量尺度。与相同大小的链状共轭烯烃相比,以苯为代表的特定环状共轭芳烃表现出额外的稳定性,例如格外难以被氢化、格外低的燃烧热等。人们将其归纳为"芳香稳定化能",即由于满足特定的条件而带来的、与同类非芳香的共轭多烯相比的额外稳定化能,并且设计了许多方法来从热力学上探讨芳香性带来的能量影响,将其与其他因素剥离开。例如,考察如图 4.11 所示的等键反应的焓变,并将其作为芳香性稳定化能。

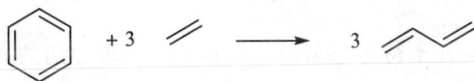

图 4.11　通过乙烯和丁二烯定义的用于衡量苯芳香性的等键反应

在这个反应中,左右两侧都有 12 个 sp^2 杂化的碳原子,可以视为苯中的环状共轭体系向丁二烯中的开链共轭体系转化的焓变,一定程度上可以反映苯因环状共轭结构而额外带来的稳定化能。

显然,能量尺度的性质非常容易测量和计算。只要对苯、乙烯、丁二烯进行构型优化和频率计算,即可得到上述定义下的芳香稳定化能。这种做法的局限性也显而易见,它高度依赖于设计合适的等键反应或热力学循环,而对于稍微复杂的体系,这都是不现实的。因此上述能量角度虽然在历史上对于建立芳香性概念起到了重要作用，但现实研究中很难加以考察。

芳香性分子在几何结构上往往有典型的特征。与普通共轭体系相比，芳香性体系呈现出更加明显的键长平均化和分子平面化，因此通过考察几何结构特别是键长，可以对芳香性带来直观的认识。以 M06-2X/def2-TZVP 水平下环丁二烯和苯的结构为例（图 4.12），可以明显发现两者键长交替的情况大有不同，前者为反芳香性，后者为芳香性。

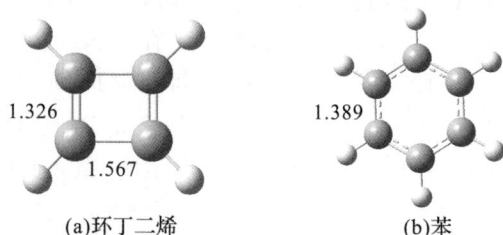

(a)环丁二烯   (b)苯

图 4.12　环丁二烯和苯的几何结构

通过 HOMA(harmonic oscillator measure of aromaticity)方法，可以将键长平均化的程度定量化。HOMA 的定义如下：

$$HOMA = 1 - \frac{\alpha}{n} \sum (R_{opt} - R_i)^2 \tag{4-1}$$

其中，R_i 为某类化学键的实际键长；R_{opt}、α 均为原作者对同类化学键确定好的固定数值；n 为该化学键的个数[27]。HOMA 只依赖于几何结构，只需将不论任何手段得到的键长代入即可；数值越偏离 1，意味着键长交替的程度越大，即芳香性越弱。HOMA 的优点是方便快捷。其缺点也很明显：其一原作者只给少数化学键确定了参数；其二它只反映几何结构的信息，无法包含芳香性的诸多内涵。

现代对芳香性的最主要认识来自磁学性质。芳香化合物在核磁共振谱图中呈现鲜明的屏蔽区和去屏蔽区，很容易识别出来，因此对核磁的研究成为人们获得对芳香性认识的重要手段。显然，通过对化合物中芳环周边氢原子核磁化学位移的计算，可以获得对芳香性的认识。然而，特定原子的化学位移容易受到除芳香性之外因素的干扰；为了将芳香性的影响尽可能分离出来，人们发展出了核独立化学位移（nuclei independent chemical shift，NICS）方法[28]。

NICS 的定义是某个被置于待考察环中心的原子所感受到的磁屏蔽数值的相反数。由于其定义明确、考察方便，NICS 成为当前研究芳香性的最重要和最标准的方法之一。由于没有任何化合物能有原子出现在环的正中心，NICS 必须通过计算得到。具体过程为：在感兴趣的位置放置虚拟原子，进行核磁共振计算，从而得到该虚拟原子处的磁屏蔽张量和各向同性磁屏蔽数值。

对于芳香环，NICS 表现为负值，并且一定程度上绝对值的大小与芳香性强弱呈现相关（但也不完全，特别是当几个芳环的富电子程度相差悬殊时，NICS 容易受到环上电子密度因素的干扰）。而对于非方向性和反芳香性体系，NICS 分别为接近 0 的数值和正值。NICS 规定了作为探针的原子要放在待考察的环的中心，而至于沿着垂直于环平面的方向的位置，则

可以视情况选择。人们一般取 NICS(1),即使得探针原子距离环平面 1 Å。在 M06-2X/
def2-TZVP 水平下,苯和环丁二烯的 NICS(1)分别为 -10.3 ppm 和 20.3 ppm,芳香性和反
芳香性的分野可见一斑。

通过改变探针原子的位置,可以通过 NICS 依次考察不同环的芳香性。以苯并环丁二
烯为例(图 4.13),在 M06-2X/def2-TZVP 水平下,苯和环丁二烯处的 NICS(1)分别为
-2.9 ppm 和 14.3 ppm,说明苯环的芳香性被削弱了,而环丁二烯处则呈现出反芳香性。图
4.13 中作为探针的虚拟原子,位于两个环的正中心。

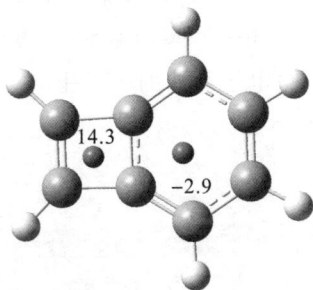

图 4.13 苯并环丁二烯两个环处的 NICS

除 NICS 外,Geuenich 等提出的 AICD(anisotropy of the induced current density)也是
较为流行的通过磁学性质研究芳香性的方法[29]。芳香性与反芳香性分子在外加磁场下分
别产生抗磁环流和顺磁环流,AICD 定义了一组反映感应电流方向和大小的函数。通常
AICD 的结果用等值面加箭头的方向展示,等值面表示了磁感应电流的大小,等值面越大的
位置感应电流密度越大,反映了电子有较强的离域性;而箭头标识了磁感应电流的方向。
AICD 等值面需要基于 Gaussian 的核磁共振计算结果,结合单独的 AICD 程序处理得到。
仍以苯并环丁二烯为例,在 M06-2X/def2-TZVP 水平下得到的 AICD 等值面如图 4.14
所示。

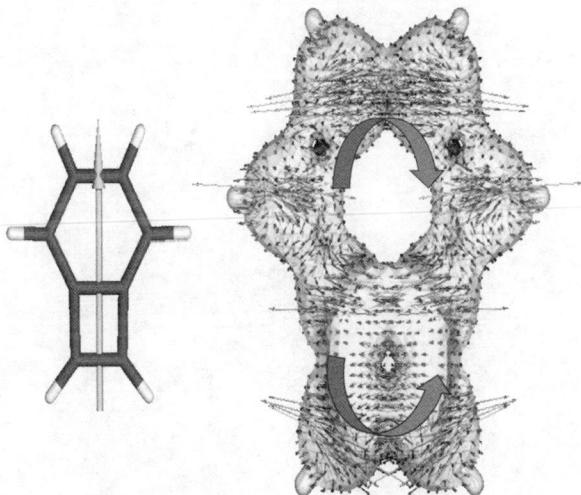

图 4.14 苯并环丁二烯的 AICD 等值面

彩图效果

其中外加磁场的方向垂直于环平面向上。抗磁环流的方向遵循左手定则，让磁场方向通过左手大拇指，四指的方向即表示抗磁环流的方向。可以明显发现，苯和环丁二烯处的磁环流方向不同，前者遵循左手定则，可知苯和环丁二烯分别为芳香性和反芳香性的。

除了上述介绍的几种经典的用于研究芳香性的手段外，由于芳香性本质上来源于电子的离域，也可以借助键级、ELF 等方法来辅助研究。利用键级进行研究，本质上与借助几何结构进行判断异曲同工；而如想通过 ELF 来研究，则最主要是观察沿着环是否有连续的 ELF 分布，如有，则意味着电子倾向于聚集到这个区域，并且在该区域内呈现出较大的离域性，而不容易出现在该区域之外，这与芳香性所对应的电子离域相吻合。此外，还有同样基于磁学效应的 ICSS[30] 等多种办法。由于芳香性多维度、多角度、多内涵的特性，各种分析手段可以综合运用，从而获得关于体系电子结构的尽可能丰富的信息。

第5章 量子化学计算对光谱的处理

5.1 振动光谱:红外与拉曼光谱

红外和拉曼都是振动光谱,其谱峰位置对应了一系列振动能级。其中根据振动模式的不同,总体上可分为伸缩振动和弯曲振动两类。前者表现为原子沿着键轴方向的移动,后者对应键角、二面角等围绕着平衡位置的运动。

人们理解红外光谱时借助的最重要模型是谐振子模型。它认为每个振动模式都服从能量规律 $E=0.5kx^2$(即相当于经典力学中的胡克定律),其中 k 与 x 分别为力常数和偏离平衡位置的距离。容易知道,力常数即为能量对于位置的二阶偏导。量子化学计算得到能量后,对实空间坐标求二阶偏导,即可得到与振动有关的信息。

宏观世界中的谐振子的最典型例子是我们所熟悉的弹簧。弹簧的长度可以连续取值,但在微观世界中,服从量子力学规律的谐振子的能量只能取到特定的本征值。这一系列本征值对应了每个振动模式的振动能级。当分子处于能量恰好与振动能级之差对应的辐射时(共振条件),分子便会吸收辐射并发生振动能级跃迁。振动能级的能量对应红外波段,因此振动能级之前的跃迁构成了红外和拉曼光谱的基础。

对于频率为 ω 的振动模式,其振动能级本征值为:

$$E=n+\frac{1}{2}\hbar\omega \tag{5-1}$$

其中,n 为自然数;$\hbar$ 为约化普朗克常数。因此两个相邻振动能级的能量差恰好等于 $\hbar\omega$,只与振动频率相关。因此,通过红外光谱测量得到的某个振动模式所对应的红外吸收,就反映了该振动模式的频率。

通常的量子化学程序对分子振动的处理均基于谐振子近似。首先经过结构优化,得到势能面上的极值点结构,随后在频率计算过程中,通过对能量求二阶偏导,得到各振动模式的力常数,再结合其有效质量,得到振动模式的频率。当获得所有振动模式的频率后,就可以知道红外光谱中每个谱峰的位置了。

在已知谱峰位置的基础上,要得到谱图,还需要对其进行适当展宽。在所有的光谱中,共振条件都决定了谱峰的位置,但实际观测到的往往是连续光谱,意味着不满足共振条件的波长处同样会存在一定的吸收,并且吸收强度随着偏离共振条件的程度呈现峰形递降。这是由于分子存在热运动带来的多普勒效应、溶液中还有分子间相互作用带来的能量交换途径，这些因素都导致分子的能级范围变得宽松，从而使得谱峰加宽。谱峰的展宽效应随着体系的性质、光谱测定的条件、仪器结构等而不同，也远不是分子自身的性质所能决定的。因此，如果想要通过计算化学的手段得到分子的光谱，均需在谱峰位置的基础上进行人为展宽，展宽的大小可以任意指定。典型的展宽方式有 Gauss 型展宽和 Lorentz 型展宽两种，前者即为常见的正态分布曲线，后者相对而言更为尖锐。计算得到的所有光谱图都是从一组谱峰位置数据的基础上展宽得到的。

通过观察频率计算的输出文件，可以找到各组振动模式的信息。以第四章讨论过的 NHC-Ag 配合物为例，在频率计算的输出文件中列出了各组振动模式的频率、有效质量、力常数、红外强度等，随后是各振动模式中原子的位移向量（图 5.1）。

```
                        1                    2                    3
                        A                    A                    A
Frequencies --     50.9440              55.8574              80.5133
Red. masses --      9.0575               7.1056               1.0740
Frc consts  --      0.0138               0.0131               0.0041
IR Inten    --      1.8216               0.6543               0.1652
Atom AN      X       Y      Z       X       Y      Z       X       Y
Z
   1  6    -0.08    0.05  -0.04    0.02   -0.03  -0.12    0.00    0.00
0.01
   2  6     0.05   -0.11   0.08   -0.01    0.05   0.22   -0.00    0.00
0.04
```

图 5.1　NHC-Ag 配合物的 Gaussian 输出文件里频率分析的输出内容（部分）

使用 GaussView 打开输出文件，右键 Results→Vibrations，可以对各振动模式进行可视化，既可以观看动画，也可以用箭头标识出各原子的振动方向，如图 5.2 所示。

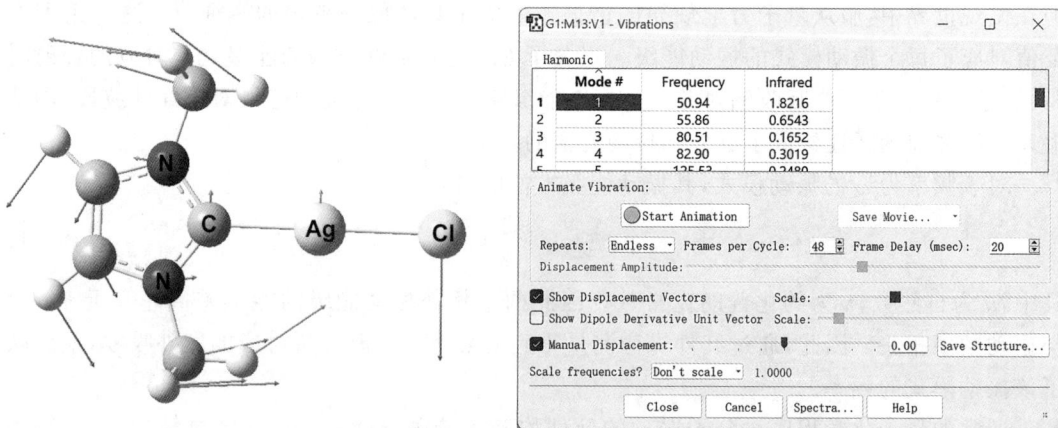

图 5.2　GaussView 查看 NHC-Ag 配合物振动模式的可视化窗口

由此可以知道，这个频率为 50.94 cm^{-1} 的振动模式对应于骨架的弯曲振动。用类似的方式，可以对各振动模式进行归属。点击 Spectra 按钮，可以显示红外光谱，其中各谱峰位置与振动波数一一对应，如图 5.3 所示。

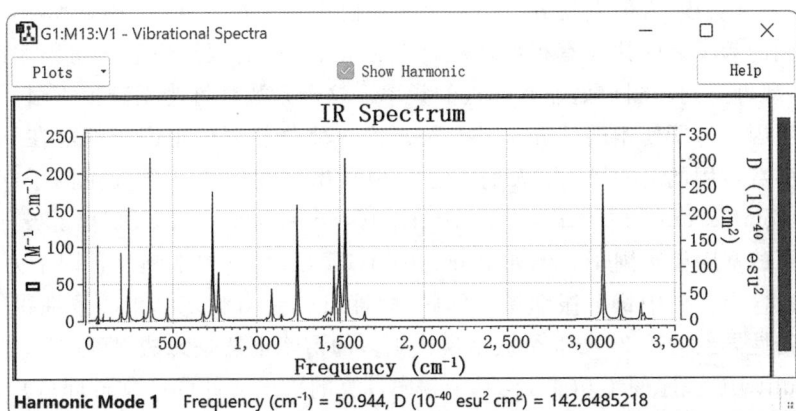

图 5.3　GaussView 显示的 NHC-Ag 配合物的红外吸收谱图

拉曼光谱与红外光谱的原理相同而选律不同,使得分子偶极矩变化的振动模式表现出红外活性,而使得分子可极化性变化的振动模式表现出拉曼活性。如果想得到拉曼光谱,在频率计算时写上 freq＝raman 关键字即可。

虽然使用 Gaussian 计算红外和拉曼光谱非常简单,但为了得到准确的红外光谱结果,还有一点提请注意:分子的非谐性。

在之前的讨论中,将各振动模式均认为服从谐振子模型。根据这一模型,随着偏离平衡位置的距离增大,能量以二次函数的形式上升至正无穷,而分子中显然不满足这一规律。随着结构偏离平衡位置,能量应逐渐过渡到平缓。这使得分子的能量-位置曲线呈现出如图 5.4(b)所示的形状。

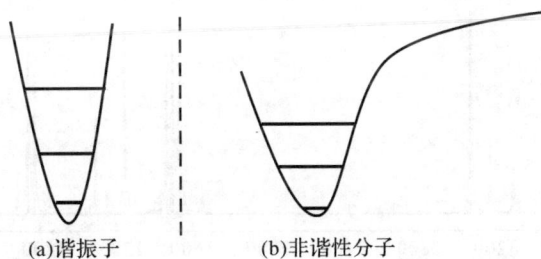

(a)谐振子　　　　(b)非谐性分子

图 5.4　谐振子与非谐性分子的势能面和振动能级

能量曲线向平缓过渡带来的结果,可以看作是随着位置偏离平衡状态,能量曲线的"开口宽度"增加得比谐振子模型更快。而较大的井口宽度对应较小的力常数和较低的频率,因此真实分子的振动频率总是比谐振子模型下得到的振动频率低。也正是由于分子偏离谐振子模型的性质,导致真实测定出来的红外谱图非常复杂,峰的数目远多于计算得到的(对于非线性分子,如果有 N 个原子,则有 $3N-6$ 个振动模式。显然,真实测定的红外光谱中峰的数量要更多)。

在量子化学计算中,虽然可以考虑非谐性进行频率计算,但耗时比普通频率计算高出若干个数量级,只能对于几个到十几个原子的小体系进行;并且许多情况下效果并不好。而幸运的是，经过大量实践，人们发现分子中某个振动模式的真实红外/拉曼吸收峰，与谐振子模型下计算得到的频率之间往往有很好的线性关系，只要在谐振子模型所得频率的基础上乘以一个系数，即可得到与测定值非常接近的频率。这个系数被称为基频校正因子。

基频校正因子与所使用的计算水平有关。绝大部分基频校正因子都落在 $0.9 \sim 1.0$ 之间。对于大多数常用的计算水平，人们都已经拟合出了相应的基频校正因子。在 http://bbs. keinsci. com/forum. php？mod＝viewthread&tid＝3805 中，有人整理了各种来源的、大量计算水平下的基频校正因子。例如 PBE0/6-31G(d)水平下的基频校正因子为 0.9726，则直接将其乘以输出文件中每个振动模式的频率，即可得到与测定结果一致性很好的红外光谱（当然，非谐性导致的比 $3N-6$ 个振动模式更多的谱峰仍然是无法得到的）。

借助 Multiwfn 程序的主功能 11，基于频率计算的输出文件（log 文件即可），也可以绘制红外或拉曼谱图。在这个过程中，可以输入校正因子，绘制出来的就是乘过校正因子的图形。与此同时，还可以调整展宽方式和大小。图 5.5 展示了上述 NHC-Ag 配合物用 Multiwfn 绘制出的红外谱图的效果。

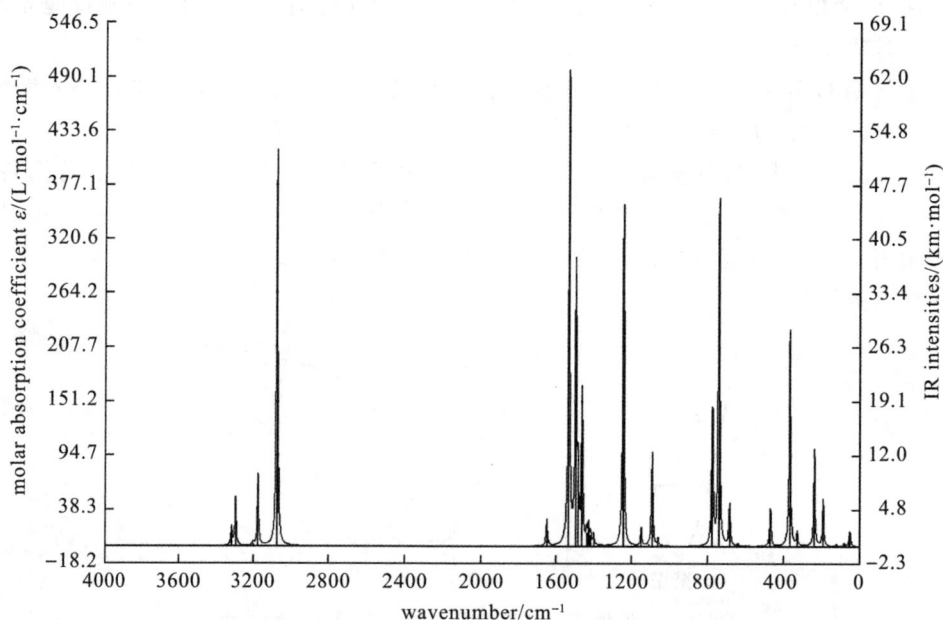

图 5.5　利用 Multiwfn 绘制的 NHC-Ag 配合物的红外吸收光谱

由于红外光谱很容易计算，结合校正因子后准确度颇高，通过计算值与实验值对比，是确定化合物结构的重要方法。这种手段在基质分离等领域尤其重要。在基质分离研究中，人们通过光化学等方法原位制备一些反应活性极高的不稳定中间体，并迅速将其冷却到低温基质上。由于基质分离得到的活性物种稳定性差，难以被其他手段表征，验证其结构指认是否正确的最重要方法即为对于红外光谱的测定和计算；当测定结果与计算结果一致时，通常即可认为对结构的指认正确。

5.2　电子光谱:紫外-可见吸收光谱

光子的能量随频率遵循 $E=h\nu$ 的关系。红外、拉曼等振动光谱的波数范围在几百到几千个 cm^{-1},通常不超过零点几个 eV。相比之下,紫外-可见吸收光谱中光子的能量高很多,其波长在几百个 nm 范围,光子能量达到了几个 eV 的量级,落在了电子激发态的能量区间。

理解电子激发态的电子结构的最浅显方式是在分子轨道的图像下将某些电子移动到高能轨道上(图 5.6)。在基态下,所有电子填充在能量较低的轨道中;而将部分电子移动到未占据轨道后,将制造一系列能量较高的状态。视被激发的电子数量不同,可能有单电子激发、双电子激发等;激发后体系中存在多个成单电子,还可能有不同自旋多重度的激发态。

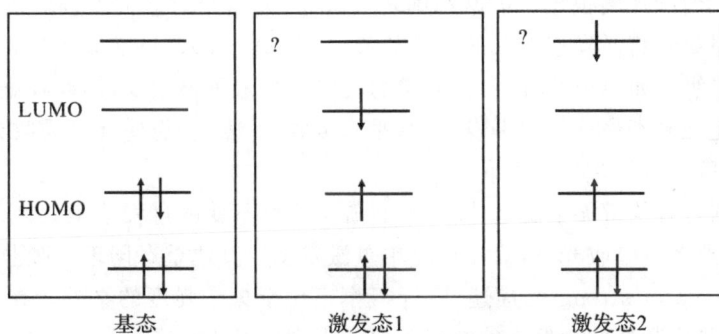

图 5.6　基于轨道占据而得到的激发态图像

这种对激发态电子结构的想当然描述虽然便于理解,但存在很大的缺陷:

(1)在这个过程中,假设基态和激发态的轨道不变,只是电子的排布发生了变化。然而电子排布变化势必导致电子间相互作用的改变,因此基态和激发态的“轨道”(如果轨道的概念仍然存在的话)应当是不同的。

(2)从第三章的介绍中我们已经知道,轨道本身就是单电子近似的产物,只有 HF 和 DFT 中存在轨道。真实分子的波函数也绝不是轨道函数的乘积。因此上述借助分子轨道理解激发态的方式完全依赖于单电子近似。与基态相比,激发态的电子结构更加复杂,单电子近似往往面临很大的挑战。事实上,各种主流激发态的计算方法都不再使用单电子近似来描述激发态,更不存在“轨道”的概念。某些文献中报道“激发态的轨道”,其实是激发态构型下的基态轨道。

此外,上述想当然的描述还容易给初学者带来一种错觉:如果基态和激发态的区别在于电子填充方式,那么两者的能量差是否等于电子填充情况发生改变的轨道之间的能量差?这个问题的答案明确是否定的。一方面轨道激发的图像并不正确,另一方面即使激发态完全是因为同一套轨道上电子在填充方式上的改变,但受电子间交换作用的影响,基态和激发态的能量差也不等于轨道的能量差。事实上,即使是在 HF 框架下,一个多电子体系的能量也不等于各占据轨道的能量之和。基态与激发态间的能量差与轨道能量差的差异被称为激子结合能(exciton binding energy)。一种常见的错误想法是,对于 HOMO-LUMO 激发,有人会试图通过HOMO-LUMO能级差推算激发能的数值甚至写出某些定量关系。由于激子结合能的存在，这些做法都是完全错误的。

综上所述，激发态的电子结构非常复杂。想要正确理解激发态的电子结构，并得到激发能及其他性质，必须针对激发态进行计算。对于绝大多数体系的尺度，TD-DFT（time-dependent DFT）是最主流的计算手段。

传统的 DFT 只能处理基态性质。TD-DFT 在基态电子密度的基础上，可以得到激发态的能量和电子密度。Gaussian 支持在 TD-DFT 水平下进行激发态的构型优化、频率和单点计算，对于给定结构，通过 TD-DFT 可以一次性求解任意个（只要计算资源足够）不同自旋多重度的激发态。显然，激发态计算比基态计算"昂贵"，通常其耗时比基态多一个数量级，并且考虑的激发态数量越多，消耗的计算资源就越多。接下来我们将分两节来介绍 TD-DFT 计算紫外-可见光谱的基本情况。在本节中，我们聚焦于吸收光谱。

吸收过程的时间尺度很短。根据不确定度关系，能量与时间的不确定度乘积与普朗克常数在同一数量级。将激发态能级的典型数值（几个 eV）代入，可知吸收过程的时间尺度在阿秒（10^{-18} s）量级。如此短的时间内，分子的几何结构来不及改变，因此在绝大多数情况下认为吸收过程是在基态最优结构下发生的（垂直吸收）。因此，想要计算吸收光谱，只需在基态结构下进行 TD-DFT 单点计算即可。

吸收和发射过程均遵循自旋选律，只有自旋多重度不变的过程才是允许的。因此，对于单重态分子，想要考察吸收光谱，只需计算单重激发态。其他重态同理。吸收过程的强度使用振子强度（oscillator strength）描述，跃迁概率正比于振子强度的平方。在 TD-DFT 计算完成后，会输出指定数量的激发态的能级和振子强度。以所对应的光子波长为峰中心，通过振子强度得到峰高，进行展宽即可得到吸收光谱。

以 4-二甲氨基苯基二氯三嗪为例，在 TD-wB97xD/6-311G(d,p) 水平下，对基态优化结构进行单点计算，将 log 文件用 GaussView 打开，右键 Results→UV-Vis，可以得到吸收光谱（图 5.7）。

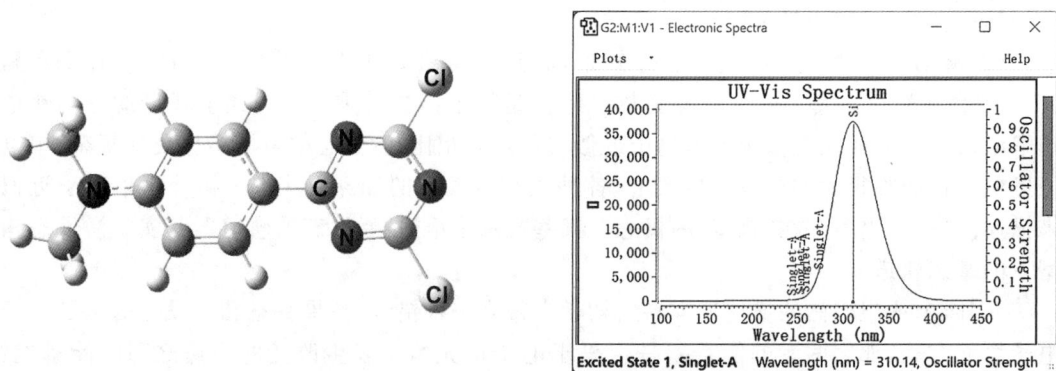

图 5.7 使用 GaussView 可视化得到的紫外-可见吸收光谱计算结果

输出文件中，关于激发态的信息如下所示：

```
Excited State   1:      Singlet-A   3.9977 eV   310.14 nm  f＝0.9225＜S＊＊2＞＝0.000
    73 —＞ 74       0.00096
    73 —＞ 79      -0.00020
    73 —＞ 86      -0.00062
    73 —＞ 89       0.00174
    73 —＞ 91      -0.00061
（省略）
```

其含义为,该分子的第一个单重激发态的激发能为 3.9977 eV,相当于 310.14 nm 的光,振子强度为 0.9225。随后的部分是轨道跃迁的组态系数,可以看到想要正确描述激发态,需要远远不止一对轨道激发。可以当作是大量不同的单电子近似框架下的单电子激发"成分"进行混合,才能正确描述一个激发态的性质。借助这些组态系数,可以近似得到某些轨道激发的成分占比,例如识别出"73—＞74"为 HOMO/LUMO 激发,其组态系数的平方除以全部电子激发组态系数的平方和,可以近似当作是 HOMO/LUMO 激发所占的比例。

在上述例子中,计算了 5 个单重激发态,其中 S1 有很高的振子强度,其余振子强度均为 0,没有表现在吸收光谱中。S5 态的波长大约为 250 nm,因此如果关心该分子在更短波长处的吸收行为,需要计算更多激发态,直到这些激发态囊括了感兴趣的波长。

在进行 TD-DFT 计算时,有如下几个问题是务必要注意的:

(1)务必关心分子结构是否正确。特别是某些分子在溶液中有多种存在形式,如不同的电离形态等,这些将显著影响分子的激发态性质,必须高度关注,绝不能想当然。如果这个分子在溶液中的主要存在形式是电离形态,而采用原始的未电离分子结构去计算,则结果势必南辕北辙。

(2)TD-DFT 得到的激发态能级与泛函有关。总体上,泛函的 HF 成分越高,所得的波长越短。一些常用泛函的 HF 成分如表 5.1 所示。

表 5.1　常用泛函中 HF 的占比情况

常用泛函	泛函中 HF 占比
B3LYP	20％
PBE0	25％
M06-2X	54％
wB97xD	22.2％～100％ （近程和远程的 HF 成分不同,属于范围分离泛函）
cam-B3LYP	19％～65％
M11	42.8％～100％

当一种泛函得到的结果与测定值偏差较大时,在确保结构正确的前提下,可以根据 HF 成分更换其他的泛函。需要注意的是,这种更换仍然要以泛函能够尽可能正确描述这类体系为准,不能为了凑一个接近测定值的波长数据而选择某些本身表现较差的泛函。通常也建议在上述主流的、普适性较强的泛函中进行选择。不含 HF 成分的纯泛函非常不适合用于 TD-DFT 计算。

（3）激发态的电子结构比基态更容易受到外界环境影响，因此对于溶液中的行为，应当尽可能考虑溶剂化。有的溶剂分子可以与待考察分子形成氢键等直接结合的，也应该在结构中予以适当的考虑。此时，可以对比原始结构以及与溶剂或体系中其他组分结合的结构，通过自由能计算得到相对含量，再对其光谱进行平均。

（4）HOMO-LUMO 能级差与吸收波长无任何定量联系！这一点在之前已经介绍过了。除此之外，从普遍意义上来看，两者之间连定性关系也没有。只有当对比一些结构和激发态特征都比较相似的分子时，可以推断 HOMO-LUMO 能级差与激发态能级存在一定的联系，而如果实际结果表明两者不一致，也非常正常。只有直接进行激发态计算，才是判断激发态能量、结构、性质的可靠方法。

除了紫外-可见吸收光谱外，通过 TD-DFT 计算也可以得到电子圆二色谱（electronic circular dichroism，ECD）。电子圆二色谱是手性分子特有的性质，将圆二色谱的测定值与计算值进行对比，是确定手性分子绝对构型的重要方法。通过 td＝ecd 关键字，可以让 Gaussian 输出给定结构的电子圆二色谱。圆二色谱呈现出上下波动的曲线状，对映体的圆二色谱严格呈现镜像，因此想要通过圆二色谱区分对映体时，主要关注曲线上下波动的趋势。与其他各种光谱相同，计算得到的圆二色谱同样是从峰中心位置人为任意展宽得到，因此可以调整展宽大小，以使得形状与测定值匹配。此外，也可以对谱图进行适当的平移和缩放，以便与测定结果对比。与吸收光谱相比，圆二色谱的一个重要特点是对构象非常敏感，因此大多数情况下需要计算多种构象，按照含量进行平均。这将在第 7 章进行介绍。

5.3 荧光、磷光光谱与激发态电子结构分析

荧光和磷光同样对应于电子激发态的性质。发射是吸收的逆过程，本身的时间尺度与吸收相仿，因此同样可以认为发射过程为垂直发射，在放出光子的事件发生过程中几何结构维持在发射事件开始时的状态。而从吸收到荧光发射之间的时间尺度在 ns 量级，在这段时间内，激发态分子有充分的时间发生弛豫。这一弛豫包含了两种：其一是过剩的振动能级转化为分子热运动的动能，使得分子回到振动基态；其二是几何结构发生改变，使得分子转化为激发态势能面上的极小值点。更进一步地，大多数分子如果在激发过程中达到的是较高激发态，在这段时间内往往有充分的机会发生内转换而来到第一激发态（由于多数情况下研究的都是基态为闭壳层的分子，以下均记作 S1 态），因此最终荧光发射均是从 S1 势能面上的极小值点结构出发进行垂直发射得来的（Kasha 规则）。这带来了如下结果：

（1）与吸收光谱中根据光子能量可以抵达不同激发态而带来多个吸收峰相反，大多数分子的发射光谱只有一个峰，对应 S1→S0 的发射。某些化合物可以观测到多个峰发射的，往往是由于有多种能发出荧光的型体共存。

（2）想要计算荧光发射光谱，只需得到这唯一一个荧光发射波长和振子强度，随后进行任意展宽。为了得到这组数据，只需对 S1 激发态进行构型优化，得到极小值点构型下 S0→S1 激发能即可。

这个过程需要对激发态进行构型优化，其耗时比基态构型优化高一个数量级。

以下为 TD-M06-2X/6-31＋G(d,p)水平下对苯酚阴离子进行 S1 构型优化后用 Gauss-

View 的 UV-Vis 窗口读取出的"光谱"(图 5.8)。其中有 2 个态的振子强度不为 0,波长分别在 366 nm(S1)和 322 nm 处。显然这不是荧光光谱。为了得到荧光光谱,应当只将 366 nm 处的峰挑出来。它既可以通过 Excel 等绘制一个以 366 nm 为中心、任意展宽的 Gauss 函数来实现,也可以通过 Multiwfn 来实现。

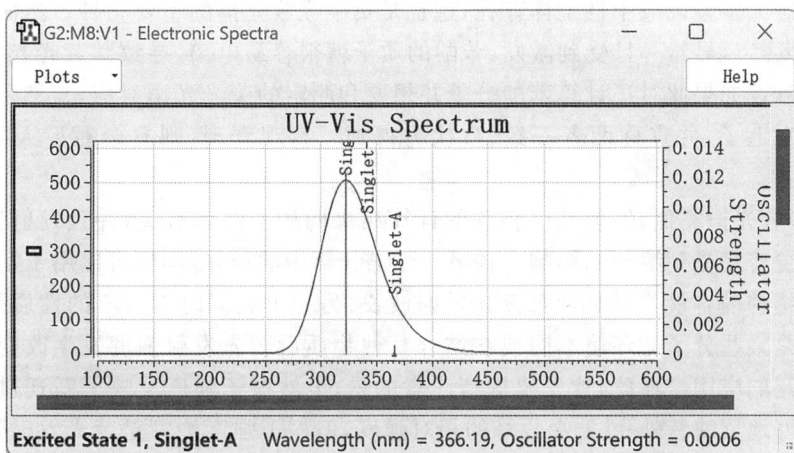

图 5.8　使用 GaussView 可视化得到的苯酚阴离子的荧光发射峰

使用 Multiwfn 载入 log 文件,进入主功能 11→3 的 UV-Vis 绘制模块,选择 20 修改振子强度,再将除了 S1 外所有激发态的振子强度都修改为 0,此时就只剩下了 S1→S0 的峰。也就是说,通过使用 Multiwfn 得到了苯酚阴离子的荧光发射峰(图 5.9)。

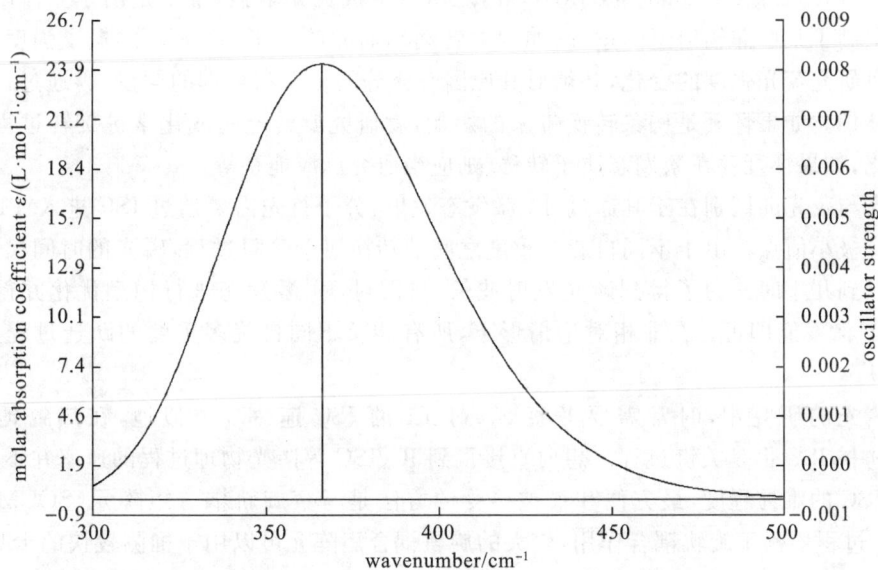

图 5.9　使用 Multiwfn 绘制的苯酚阴离子的荧光发射光谱

在计算荧光时,需要格外注意以下几点:

(1)务必正确拟定发射型体的结构! 由于荧光发射的时间尺度较长,激发态反应活性又很高,很多激发态反应足以在这段时间内发生。而且激发态的电子结构与基态相差很大,酸碱性往往都比基态强,经常出现产生发射的物种是某些未曾预料到的型体的情况。因此,在进行荧光相关研究时,必须对物质结构和相关性质有清晰的认识。

一个经典的例子是苯酚:众所周知,苯酚基态酸性很弱($pK_a = 9.99^{[31]}$),因此在中性水溶液中苯酚绝大多数以电中性型体存在,这也是贡献吸收光谱的主要物种。然而其 S1 态的 pK_a 足有 $3.62^{[32]}$,显然一旦受到激发,苯酚的质子就很容易电离,导致其荧光光谱主要由苯酚负离子贡献。如果此时还计算苯酚分子并想要和测定的荧光光谱对应,自然是南辕北辙;而如果碰巧对上了,并宣称两者一致、自认为得到了客观真理,则只会对后人起到误导的作用。

(2)与吸收光谱类似,发射光谱相关的计算结果同样与泛函有关,并且发射光谱的性质比吸收光谱更容易受到溶剂的影响。在吸收光谱计算中的规律,同样可以用于发射光谱。

以上介绍的内容最主要是针对荧光发射波长;另一个人们时常关心的性质是荧光发射强度。特别是某些分子随环境不同或在结合其他物质后荧光发射强度发生改变,从而在诸多领域有广泛的应用。在此,首先要提请注意的是,虽然振子强度反映了跃迁过程的概率,并且能比较好地反映紫外-可见吸收峰的相对强度,但振子强度绝不是荧光发射强度的唯一决定性因素!这是由于与吸收过程可以从基态通过垂直吸收直接实现相反,荧光过程要与其他多种非辐射退降过程竞争,荧光发射强度取决于激发态在其命运中有多少发生了荧光、又有多少通过系间跨越(intersystem crossing, ISC)、向基态的内转换甚至激发态化学反应等各种过程非辐射地转换为了其他状态。振子强度与荧光速率相关,而与其他竞争过程的速率完全无关。很多情况下,如聚集诱导发光(aggregation-induced emission, AIE)、离子探针分析(ion microprobe analysis, IMA)等,之所以造成荧光增强,常常是由于立体因素或其他原因限制了某些非辐射退降过程(如构象转动),而非改变了 S1→S0 的振子强度。因此,如果想要研究荧光强度的变化,必须对其原因有充分的认识和合理的假设,再通过计算加以证明或证伪。如果怀疑是构象转换带来的影响,就研究旋转能垒或化学键旋转过程的振子强度变化;如果怀疑存在激发态质子转移,则应当研究反应能垒等。

磷光与荧光的区别在于其通过 T1 激发态发射,分子首先需要通过 ISC 进入 T1 态并弛豫到相应极小值点。由于不同自旋多重度之间的转换属于禁阻过程,磷光的时间尺度很长,最长可以到几小时。为了得到磷光发射波长,只需对 T1 激发态进行构型优化并得到其与 S0 的垂直激发能即可。在非相对论情形下,所有涉及不同自旋多重度的跃迁过程,振子强度都是 0。

在磷光的研究中,时常需要考察 S1 到 T1 的 ISC 速率。类似地,在热致延迟荧光(TADF)中,ISC 也是关键过程。想要直接得到 IC、ISC 等诸光物理过程的速率并不容易,为了考察 ISC 的难易程度,最方便和最被接受的方法是考察旋轨耦合矩阵元(SOCME)的大小。ISC 过程依赖于旋轨耦合作用,较大的旋轨耦合矩阵元可以用于推测较快的 ISC。旋轨耦合矩阵元需要通过 ORCA 得到。在其输出文件中的相应部分,给出了每两个态之间的旋轨耦合矩阵元:

CALCULATED SOCME BETWEEN TRIPLETS AND SINGLETS

Root		$<T|HSO|S>$	(Re, Im) cm-1	
T	S	Z	X	Y
1	0	(0.00, -1.61)	(0.00, -0.46)	(-0.00, 2.69)
1	1	(0.00, -0.00)	(0.00, -0.08)	(-0.00, 0.19)
1	2	(0.00, 0.89)	(0.00, 1.12)	(-0.00, 0.65)
1	3	(0.00, 3.25)	(0.00, 3.77)	(-0.00, 2.33)
2	0	(0.00, 0.73)	(0.00, 0.41)	(-0.00, -0.27)
2	1	(0.00, 0.02)	(0.00, -0.31)	(-0.00, 0.63)
2	2	(0.00, 0.11)	(0.00, 1.16)	(-0.00, -0.78)
2	3	(0.00, -5.07)	(0.00, -6.48)	(-0.00, -3.99)

其中输出的旋轨耦合矩阵元是 3 个复数构成的向量,最终报道时,只需取这个向量的模。由此可知 T1 与 S1 的旋轨耦合矩阵元约为 3.2 cm^{-1}。纯有机分子的旋轨耦合矩阵元大多很小(零点几到几个 cm^{-1}),上述旋轨耦合矩阵元数值表明该分子的 ISC 不太容易。当分子中存在重原子时,旋轨耦合加强,可以到几十个 cm^{-1} 或更多,此时可以认为会相当容易发生 ISC。

在得到激发态能量的基础上,为了进一步认识激发态电子结构,可以借助多种手段进行电子结构分析,其中最重要的是自然跃迁轨道(NTO)分析和空穴-电子分析。这两种方法都可以借助 Multiwfn 对 TD-DFT 计算得到的 fchk 和 log 文件进行处理而实现。

NTO 可以视作是最适合用来描述跃迁过程电子转移的一组轨道。与正则分子轨道相比,只用很少几对 NTO 之间的电子跃迁,就能对激发态电子结构进行正确的描述,因此是最适合用于贴合"关于单电子跃迁的轨道理解"的方法。以苯酚阴离子的 S1 最优结构为例,Multiwfn 中载入 fchk 文件,通过主功能 18→6 进入 NTO 分析模块,选择要分析的激发态后,即可输出如下信息:

The highest 10 eigenvalues of NTO pairs:
　0.996255　0.002001　0.001865　0.000060　0.000053
　　0.000031　0.000027　0.000008　0.000007　0.000003

代表每对 NTO 对整体激发的贡献。随后可以将 NTO 保存成单独的 fchk 文件并进行可视化,其中第一对轨道叫作 NTO-HOMO 和 NTO-LUMO。从轨道对的贡献来看,第一对 NTO 贡献了绝大多数,可以认为激发过程中电子从 NTO-HOMO 激发到了 NTO-LUMO。这对轨道的形状如图 5.10 所示。

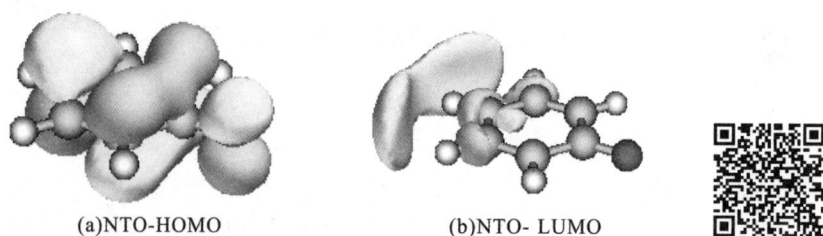

(a)NTO-HOMO   (b)NTO- LUMO

图 5.10 苯酚阴离子的 S1 激发态 NTO-HOMO 和 NTO-LUMO   彩图效果

可见它是一个里德堡激发，电子从分子的价层被激发到了空间中的弥散区域，形成类似于电子化合物的电子结构。

除了 NTO 分析外，空穴-电子分析也是认识激发态电子结构的利器。它直接给出了激发过程所产生的电子和空穴分布，可以认为电子是从"空穴"的位置被激发到了"电子"的位置。图 5.11 为将空穴和电子同时展示叠加在一起的图形，可见与 NTO 分析所得结论完全相同。

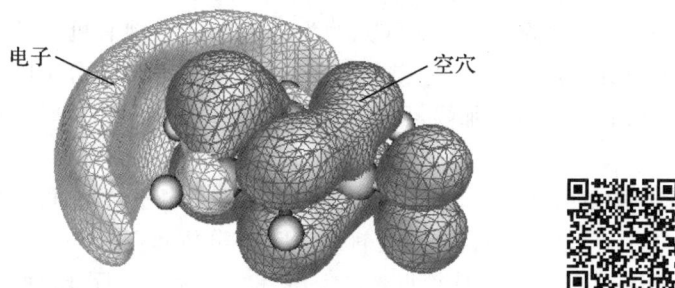

图 5.11 苯酚阴离子的电子-空穴等值面图形   彩图效果

除了得到空穴-电子分布外，空穴-电子分析还可以进一步得到两者的重叠情况、空间距离、激子结合能等。对上述分子，得到的激子结合能为 4.29 eV；在空穴-电子分析过程中输出的一大串信息中，可以得到电子和空穴的中心位置的空间坐标、两者距离（D index）、衡量重叠程度的 Sr 指数等各种信息。

Integral of hole：0.998484

Integral of electron：0.967311

Integral of transition density：−0.000078

Transition dipole moment in X/Y/Z：−0.004085 0.000772 −0.082059 a. u.

Sm index (integral of Sm function)：0.09562 a. u.

Sr index (integral of Sr function)：0.26846 a. u.

Centroid of hole in X/Y/Z：0.056088 −0.000096 −0.000413 angstrom

Centroid of electron in X/Y/Z：−2.423416 −0.001295 −0.005571 angstrom

D_x：2.480 D_y：0.001 D_z：0.005 D index：2.480 angstrom

Variation of dipole moment with respect to ground state：

X：4.605449 Y：0.002226 Z：0.009582 Norm：4.605460 a. u.

RMSD of hole in X/Y/Z：1.642 0.920 0.813 Norm：2.050 angstrom

RMSD of electron in X/Y/Z：1.746　2.627　1.366　Norm：3.438 angstrom

Difference between RMSD of hole and electron（delta σ）：

X：0.105　Y：1.707　Z：0.553　Overall：1.387 angstrom

H_x：1.694　H_y：1.774　H_z：1.089　H_CT：1.694　H index：2.744 angstrom

t index：0.785 Angstrom

Hole delocalization index（HDI）：　10.61

Electron delocalization index（EDI）：2.63

Ghost-hunter index：-0.416 eV，1st term：5.391 eV，2nd term：5.807 eV

Excitation energy of this state：3.386 eV

上述性质对于讨论如下几类问题比较重要：

（1）判断激发态的成分，是局域激发还是电荷转移激发。电荷转移激发的特点是电子和空穴位于较远的位置，因此通过其空间分布等值面直观观察，或是通过两者中心距离等都可以加以判断。

（2）用于研究光致电子转移（photoinduced electron transfer，PET）现象，其特征之一就是电子在激发过程中被转移到了不同的片段上。

（3）衡量电子-空穴空间分离程度，这对于讨论某些光催化剂的性能很有意义。

5.4　核磁共振波谱

核磁共振波谱是认识物质结构，特别是溶液中物质结构的最重要手段之一。通过对核磁的指认，可以鉴定化合物的几何结构；通过对化学位移的研究，可以加深对电子结构的认识。许多情况下，靠经验对核磁进行指认面临许多不确定性，人们会期望通过计算的手段协助对谱峰进行归属。

在 Gaussian 中，通过 NMR 关键字进行单点计算，可以得到给定结构中各原子核的磁屏蔽数值，与参比物质的磁屏蔽数值进行对照，即可得到化学位移。以氯仿为例，在 M06-2X/def2-TZVP 水平下进行构型优化，再在该水平下进行 NMR 单点计算，输出文件用 GaussView 打开，右键 Results→NMR，即可查看"核磁谱图"，如图 5.12 所示。

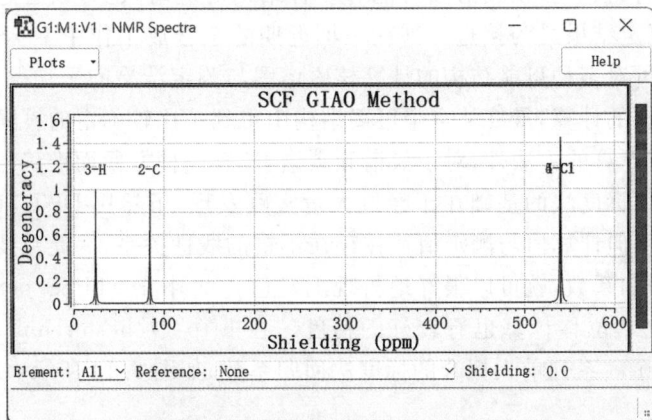

图 5.12　GaussView 的氯仿的核磁共振计算结果可视化窗口

此处的横坐标是各向同性磁屏蔽数值，并未与参比物质对照，不是化学位移。想要快速得到化学位移，可以点击界面下方选择元素，GaussView 内置了一些特定计算水平下的结果可以进行参比。如对于氢谱，选择以 B3LYP/6-311＋G(2d,p) 水平下的四甲基硅烷(tetramethylsilane, TMS)为标准(GaussView 还内置了 HF 水平下得到的磁屏蔽数值，这种数据质量太差，就不要选择了)，立刻显示出了以化学位移为横坐标的谱图。此时得到氯仿中 H 的化学位移为 7.45 ppm(图 5.13)。类似地，可以得到基于 GaussView 内置的参比数据，氯仿中碳原子的碳谱化学位移为 97.8 ppm。

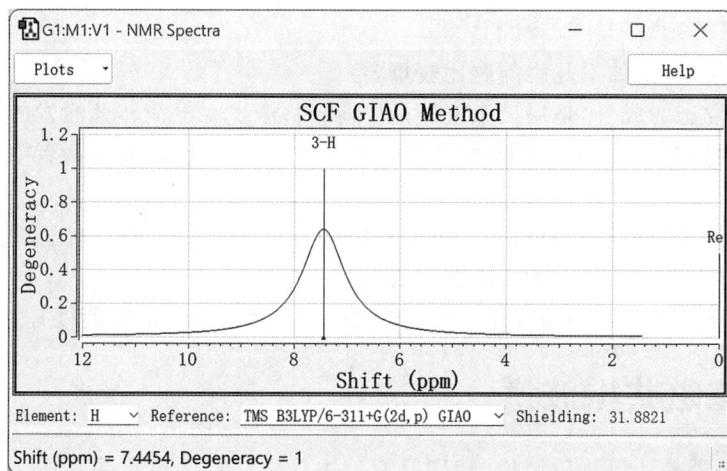

图 5.13　GaussView 展示的氯仿的氢谱

众所周知，氯仿溶剂中残余氢的化学位移为 7.26 ppm。自然而然地，我们会想，如果在相同计算水平下去算一遍 TMS 的磁屏蔽数值来作为参比，是否会有更好的结果？遗憾的是，事实上并没有更好，以 M06-2X/def2-TZVP 水平下的 TMS 的磁屏蔽数值为参比，氯仿中 H 的化学位移变成了 7.54 ppm。因此，通过一般的 DFT 计算想要将核磁化学位移算准并不容易，一般用于比较不同化合物之间或同一化合物不同磁性核之间化学位移的变化情况较为合适；同时，当一张核磁谱图可能与多种结构对应时，也可以通过计算比较哪个结构的计算结果与测定结果最为接近。如在一项近期的全合成工作中[33]，Suenaga 等人即采取了这种做法，通过对多种可能结构的计算核磁谱图与测定结果的平均偏差进行对比，再结合 ECD 等其他光谱的计算，最终从多个可疑结构中得到了比较确定的答案。

除了上述直接计算的方法外，对于氢谱和碳谱，还有一种方便而准确的方法可用于得到化学位移：标度法。标度法的基础在于经过大量实践发现，虽然用 DFT 直接得到准确的核磁化学位移有难度，但计算值与测定值往往存在不错的线性关系，因此只要对于固定的计算水平拟定好一套回归系数，就可以很好地再现测定值。此外，revTPSS/pcSeg-1 水平对于常见化合物的核磁化学位移计算也有较好的精度。在 http://cheshirenmr.info/ScalingFactors.htm 上，汇总了一系列前人拟合的标度法回归系数，如图 5.14 所示。

G03/G09 Methods		Scaling Factors		Performance (RMSD = root mean square deviation (ppm))			
Geometry (opt & freq)	NMR (nmr=method)*	¹H	¹³C	¹H Test Set	¹H Probe Set	¹³C Test Set	¹³C Probe Set
B3LYP/6-31G(d) (gas phase)	B3LYP/6-31G(d) (giao, gas phase)	slope: -0.9957 intercept: 32.2884	slope: -0.9269 intercept: 187.4743	RMSD: 0.1870 R^2: 0.9944	RMSD: 0.1974	RMSD: 2.3581 R^2: 0.9983	RMSD: 3.6561

图 5.14　标度法回归系数（部分）

　　如果要使用标度法，则需要在其中注明的计算水平下进行构型优化和 NMR 单点计算，再将得到的磁屏蔽数值代入线性回归公式。对于常见化合物，此法的准确度往往高于直接计算。

第 6 章　能量与机理

6.1　过渡态与 IRC

在第 1 章中,已经介绍了化学反应的速率理论。通过对反应过程中的中间体和过渡态进行寻找,即可得到各基元反应的热力学和动力学信息,进而研究反应机理。

在势能面上,过渡态是沿着反应坐标方向的能量极大值点,而在垂直于反应坐标的各方向上都是能量极小值点,即势能面上的一阶鞍点。在量子化学程序中,想要寻找过渡态,最普遍的方法是 Berny 算法。在这个算法中,需要输入足够接近过渡态的初始结构,随后程序会试图寻找与其结构接近的某个过渡态。过渡态的收敛范围通常比基态(在本节中,"基态"指的是势能面上的极小值点)窄得多,这意味着只有当初始构型与真正的过渡态非常接近时,才能成功收敛到所寻找的过渡态结构。这既要求计算化学工作者对物质结构和反应性有深入的理解,其工作量也比基态结构优化大出不少。即使是经验非常丰富的研究者,在寻找过渡态时也时常碰到难以收敛到感兴趣的过渡态的情况,往往需要大量尝试和艰苦的努力。

一个结构是过渡态的必要条件是有且只有一个虚频,因此进行过渡态搜索后总要进行频率计算,以验证是否正确找到了过渡态。虚频的方向对应了过渡态作为能量极大值点的方向,即与反应坐标相同。在大多数情况下,通过观察虚频振动模式,即可判断过渡态是否对应了所感兴趣的反应。

借助在上一章中介绍过的方法,可以使用 GaussView 方便地查看虚频振动模式。以氟离子与氯甲烷的 S_N2 反应过渡态为例,频率计算得到一个显示为 -637.68 cm^{-1} 的振动模式,是该结构的唯一虚频。观察该振动模式的动画(如图 6.1 所示,振动模式以箭头方式表现),可知该虚频模式中碳原子在 F 和 Cl 之间转移,从而可以判断该过渡态对应于 S_N2 反应。需要注意的是,虽然 GaussView 将虚频的振动频率显示为 -637.68 cm^{-1},但这一表示方法的实际含义为 637.68i cm^{-1},在报道虚频频率时务必写作包含虚数单位的形式。

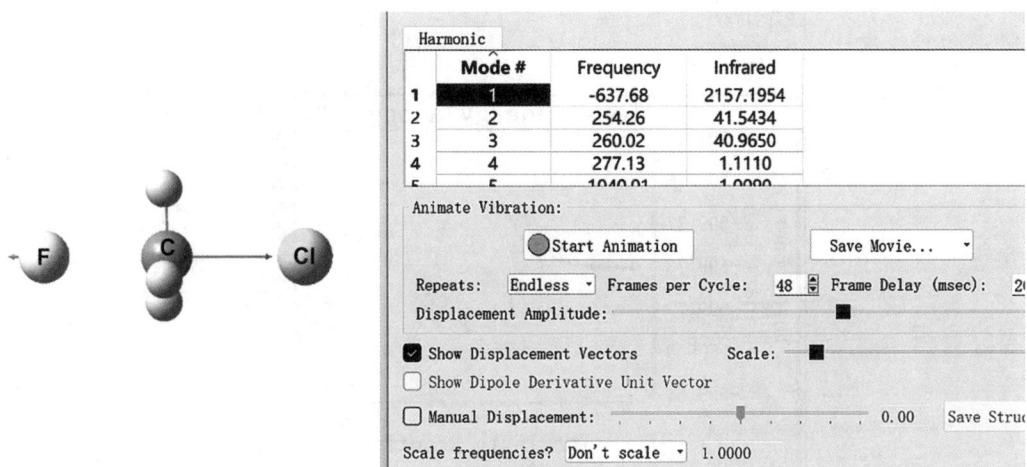

图 6.1　氟离子与氯甲烷的 S_N2 反应过渡态及其虚频

　　过渡态虚频的大小和红外强度的含义与普通的红外光谱相同。其数值大小反映了该振动模式的力常数和有效质量,而红外强度反映了该振动模式中偶极矩的变化。因此,以氢原子转移为代表的反应中,有效质量很小,虚频振动频率数值很大,可以达到几千个 cm^{-1};而诸如骨架构象旋转、重原子转移等有效质量很大的反应,其过渡态虚频则很小,可能只有几十个 cm^{-1}。与此同时,力常数则反映了势能面对于几何结构的二阶导数,因此当过渡态处势能面非常平缓时,力常数很小,相应地,虚频频率也就很低;而如果过渡态处能量变化尖锐,则虚频频率也就较高。

　　过渡态与基态一样,可以进行各种电子结构分析。通过标准的频率计算和单点计算,可以得到过渡态的自由能,进而用于求算反应能垒。

　　通过观察虚频振动模式,可以判断过渡态是否对应于所感兴趣的反应。而很多情况下,我们还希望知道在过渡态所对应的反应过程中几何结构沿着反应坐标是如何连续变化的,这就需要 IRC(intrinsic reaction coordinate)计算。

　　在 IRC 计算中,从优化好的过渡态结构出发,在与过渡态几何优化相同的计算水平下,程序尝试寻找势能面上通过过渡态的能量最低路径,即为该过渡态所连接的反应路径。在反应路径上,从过渡态结构出发不断走步,能量不断下降,当能量趋于不变或上升时,即认为达到了过渡态所通往的极小值点。通过这种方法,可以知道过渡态是连接哪两个极小值点的,也可以知道在整个反应坐标上结构、能量及其他各种性质是如何变化的。

　　IRC 计算的时间成本比构型优化多得多。这是由于为了得到准确的 IRC 路径,需要每隔特定步数就通过频率计算得到当前点上的精确力常数。为了得到完整的 IRC 路径往往需要走几十上百步,可能会进行几十次频率计算,耗时相当高。因此,如果只是希望知道过渡态是否找对,通常通过虚频振动模式判断即可;即使要进行 IRC 计算,通常也只需走到能看出所连接的极小值点的大致形状即可,不必追求把反应曲线跑完。只有当虚频振动模式比较模糊、令人难以下定论,或者希望对反应过程中几何和电子结构的变化进行更加深入的研究时,才会进行 IRC 计算。

　　图 6.2 中展示了上文提到的 S_N2 反应过渡态的 IRC 能量曲线。

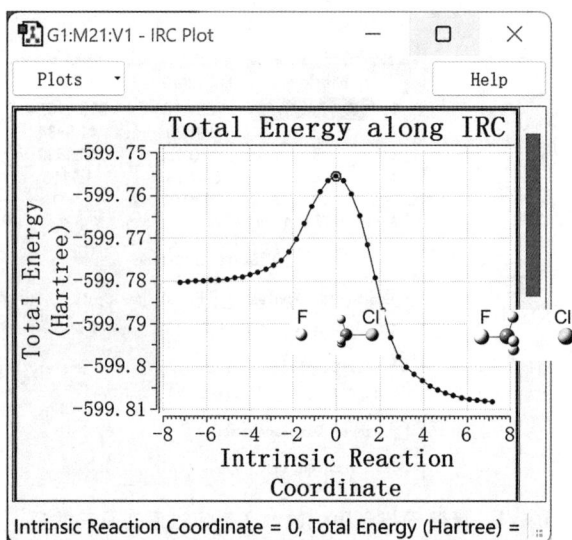

图 6.2 氟离子与氯甲烷的 S_N2 反应过渡态的 IRC 及其两端几何结构

其中过渡态被定为原点，左右方向任意，分别对应其连接的两个结构，即两种卤代烃与卤离子的复合物。随着反应的进行，能量曲线呈现出平滑的先升后降趋势。需要注意的是，量子化学程序进行构型优化、IRC 计算等时，都是在电子能量构成的势能面上进行的，因此 IRC 曲线的高度与反应能垒的含义完全不同，切不可从 IRC 曲线中"量取"能垒。

大多数简单反应的 IRC 曲线都与上述 S_N2 类似，比较简单，但对于某些涉及多根化学键断裂/生成的反应，IRC 曲线的形状会比较复杂。例如图 6.3 的 IRC 曲线中，在后过渡态区域先呈现出平缓的趋势，随后能量又突然下落。这对应了反应过程中多根化学键的变化并不是同步的。在过渡态中，只有 C—Ag 键发生了断裂，而在后过渡态区域的平坦位置，骨架开始发生重排，一根 C—C 键开始断裂；随后随着新的 C—C 键的形成，能量开始急剧下降。这类特征被称为协同非同步特性，在多键反应中很重要，而对 IRC 的研究则是最重要的研究方法。

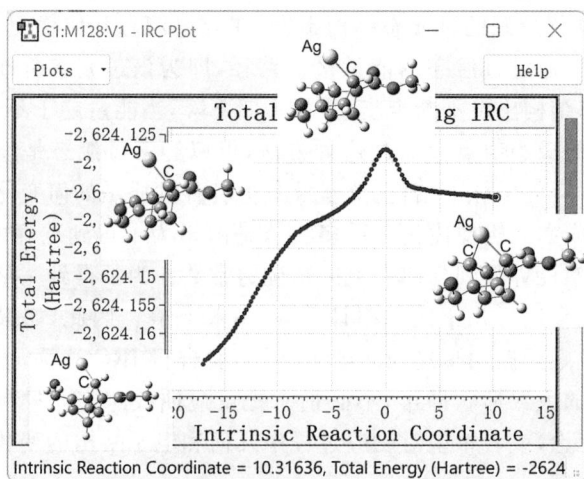

图 6.3 一个多键反应过渡态的 IRC 及其中部分结构

在对反应过程中的每个中间体和过渡态进行构型优化、频率和单点计算并得到自由能后,即可绘制出反应的自由能面。通常,习惯用"int""im"等缩写命名中间体,"ts"命名过渡态。在这一部分,我们介绍如下几个方面来使得读者能清晰地认识自由能面。

首先介绍通过复杂反应的自由能面得到表观能垒的方法。

想要得到整个反应的能垒,即表观能垒,可以遵从如下步骤:

(1)将反应过程分阶段,每当遇到一个中间体能量低于前一个阶段的最低点时,就认为在此处进入一个新的阶段。

(2)在每个阶段内,取能量最低的中间体和能量最高的过渡态的自由能之差。

(3)在各阶段中,取上述差值最大者,即为该反应的表观能垒。

以图 6.4 中展示的自由能面为例,在 Int3H 处划分出了一个新阶段,两个阶段中能量最低和最高点之差分别为 16.1 kcal/mol 和 20.5 kcal/mol,因此后者为本反应的表观能垒。这一反应的表观能垒由 Int3H 和 TS3 决定。

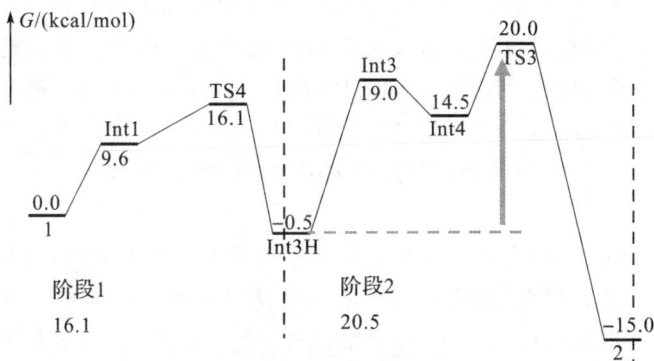

图 6.4　一个复杂反应势能面

随后介绍几个重要的概念。

1. resting state

当反应过程中存在某些低能中间体决定了能垒时,它们被称为 resting states。图 6.4 中的 Int3H 就是一个 resting state。其越稳定,该反应的能垒就越高。从这个意义上来看,resting state 对于高活性反应的开发是有害的。当计算结果告诉我们反应过程中存在 resting state 时,在后续反应的改良过程中,往往需要设法避免 resting state 的生成。

2. 决速态(rate-determining state)

由上述例子可以知道,习惯上常说的"决速步"的概念并不总是存在。在上述势能面中,没有任何一个单一基元步骤的能垒决定了表观能垒。在这种情形下,比较适宜的说法是 TS3 是一个决速态。

3. 预活化复合物(pre-activation complex)

在展示势能面时,我们总是以单独存在的各反应物作为自由能的零点。而在反应过程中,各反应物需要首先从无穷远处接近,往往能够形成一些复合物,它们被称为预活化复合物。在前文展示的 S_N2 反应中,卤代烃与卤离子形成的复合物就是典型的预活化复合物。

由于结合过程面临不利的熵，在绝大多数情况下，预活化复合物相对于分立底物的自由能都是正的，因此不会对表观能垒进行影响，人们不会特意加以研究。而当预活化复合物构成一个 resting state 时（图 6.5(b)），则需要将其找到，从而得到正确的表观能垒。

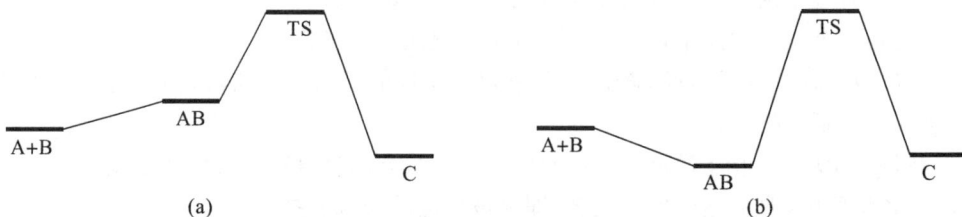

图 6.5　预活化复合物在势能面上的两种情形

4. 无能垒反应和没有过渡态的反应

并非所有反应都存在过渡态。不存在过渡态的反应有如下两种类型：

（1）从原理上就不存在过渡态。这类反应的代表是电子转移反应。电子转移反应不遵从过渡态理论，其速率可通过 Marcus 理论加以描述。Marcus 理论虽然可以描述电子转移反应的速率，但无法对反应过程中的结构变化带来信息，并且其中需要的重组能也不容易计算。加之大部分热力学允许的电子转移反应都比较快，很多情况下，对于电子转移反应，为了方便人们只研究热力学。

（2）反应过程中能量单调变化。过渡态是反应坐标上的极大值点，过渡态前后能量分别上升和下降。要让过渡态存在，反应过程中必然会同时存在能让能量上升的因素和能让能量降低的因素。在一些反应中，其中一种因素比另一种大得多，使得能量随着反应坐标发展而单调变化。这类反应的代表是正负离子结合、自由基结合等，在这些过程中只有化学键的生成这一使得能量下降的因素，而没有使得能量上升的因素。同理，作为其逆反应的化学键异裂和均裂等也没有过渡态。一些质子转移反应、激发态的反应等也经常是无能垒的。这些反应被统称为无能垒（barrierless）反应。对于放热的无能垒反应，可以认为反应速率受到扩散控制，反应物一经接近立刻反应；而对于吸热的无能垒反应，可以将其自由能变等价为能垒。

5. 过渡态的自由能低于底物或产物的现象

对于某些反应，会发现过渡态的自由能低于底物或产物。根据其定义，过渡态是反应坐标上能量的极大值点，由于只有自由能有实际意义，此处的"能量"所指的同样是自由能。当实际结果发现过渡态能量低于底物时，有两种可能：

（1）存在预活化复合物。

（2）在构型优化过程中，实际上寻找的是电子能量势能面上的鞍点，随后通过频率计算得到的自由能校正量得到自由能。对于某些能垒极低的反应，这一项足以导致电子能量面和自由能面形状不同（这一项最主要的贡献者是熵，即这类反应的能垒主要由活化熵而非活化焓贡献），导致过渡态虽然是电子能量面上的鞍点，却不再是自由能面上的鞍点。这种情况下，此类反应可以当作无能垒。

6.2　通过量子化学计算确定机理

机理研究是一项繁重、艰苦且细致的工作。对于给定反应,想要确定机理,一般遵循如下步骤:

(1)明确反应物、产物的信息,并尽可能明确其他副产物的详细信息。

(2)测定反应的动力学,从而明确决速步中各物质的当量。

(3)通过各种手段如中间体捕获分离、光谱表征等,来尽可能探明反应体系中存在哪些物质可能起到了中间体的作用。

(4)通过对比实验、测定动力学同位素效应(kinetic isotope effect,KIE)、测定取代基效应等手段,洞悉反应过程中各部分结构分别扮演了什么角色。

(5)对各种反应条件,设计对比实验并综合运用上述各种手段,搞清楚所有外界条件分别发挥了什么作用。

基于这些信息,人们可以拟定出反应机理。

遗憾的是,尽管人们拟定出的反应机理可能可以与当前观察到的各种实验现象吻合,但永远没有人能相信将来不会出现新的、反对这一机理的实验现象。因此,想要通过实验手段证明一条机理的正确性是不可能的。但计算化学可以直接检验一条机理的能量变化历程是否合理,是证明或证伪反应机理的重要手段。

作为验证和证伪机理假设的手段,基于计算化学的机理研究遵循如下步骤:

(1)基于各种实验观察,拟定出一个形式上合理的反应机理。

(2)对其中涉及的每一步基元反应,其中间体和过渡态(如果存在)进行构型优化、频率和单点计算,得到特定条件下的自由能,进而构成该机理的完整自由能面。

(3)通过对自由能面的观察,判断该机理能量是否合理。对于可能存在多种竞争途径的,观察哪种反应途径是最优的。如果能量合理,可以进一步对反应选择性、KIE 等其他指标进行计算,观察是否能与实验现象吻合。如果一切吻合良好,则表明该机理可以被采纳。否则,该机理被否决,应当重新对机理进行拟定。

以下以 Gribble 等在 2020 年报道的关于铜催化吡啶官能团化反应的机理研究为例(图 6.6),介绍这一过程[34]。

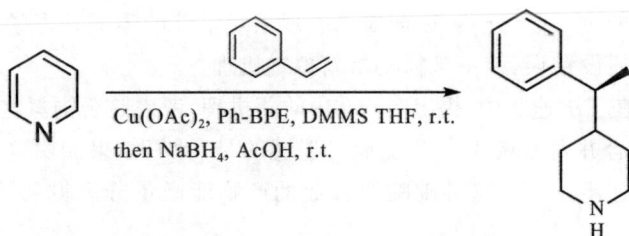

图 6.6　Gribble 等研究的反应式

Gribble 等发现了在催化量的醋酸铜、配体和硅烷 DMMS 存在下,吡啶与苯乙烯可反应生成哌啶产物。为了确定该反应的机理,首先收集到了若干信息:在吡啶不存在时,烯烃在反应体系中可以发生铜氢化,该中间体可以被分离出来。对比实验证明了反应为动力学控制。在动力学方面,反应对铜盐和吡啶均表现为一级,对 DMMS 表现为零级。通过这些观察,Gribble 等拟定出了图 6.7 所示机理。

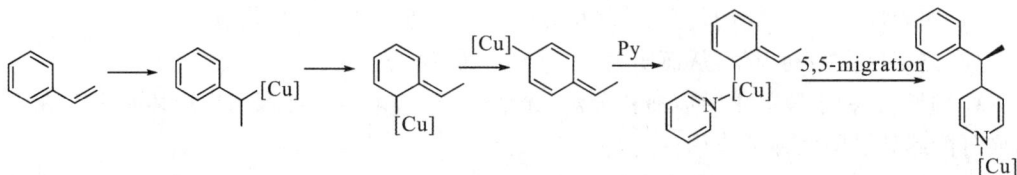

图 6.7 Gribble 等最初拟定的反应机理

在这一机理中,烯烃首先与原位生成的氢化亚铜发生铜氢化,随后 1,3-Cu 迁移后与吡啶配位,C—Cu 键再发生 5,5-迁移得到产物。该物种经过随后硼氢化钠还原即可得到最终的哌啶产物。实验结果已经证明了第一步可以发生(但人们并不知道这一步究竟是主反应的一部分还是某些副反应);如果将反应过程中的最后一步作为决速步,就可以解释观察到的对吡啶和铜为一级动力学的事实。虽然其中两步的 σ 迁移反应条件较为苛刻,但至少这一机理在形式上是合理的。

随后 Gribble 等进行计算研究,发现计算得到的势能面不支持上述机理(图 6.8)。

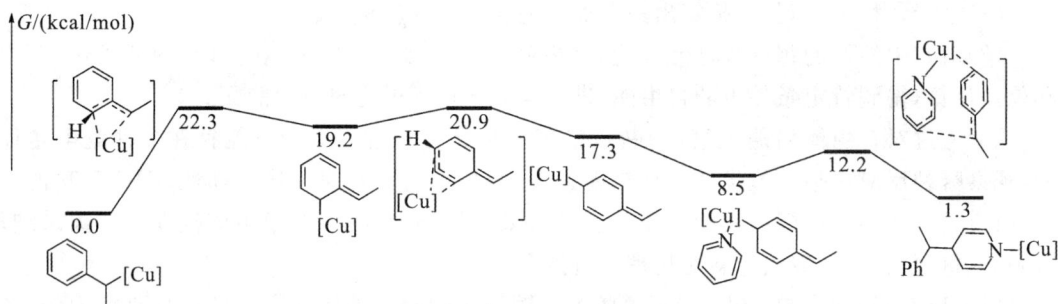

图 6.8 Gribble 等最初拟定的反应机理所对应的势能面

根据计算结果,整个反应表观能垒为 22.3 kcal/mol,在室温下容易发生。然而其决速步为铜氢化中间体的 1,3-Cu 迁移,因而应当表现出对吡啶的零级动力学,与实验结果不符,因此判断上述机理假设错误,接下来需要重新拟定机理。

由于吡啶出现在了决速步中,提出图 6.9 中的新机理,考虑是否铜氢化中间体发生 1,3-迁移后直接与吡啶结合并对吡啶发生 2-加成。遗憾的是,计算结果表明这条机理中吡啶参与的步骤同样不是决速步。不过这种吡啶 2-加成的产物能微量分离得到,因此似乎这对应了一种副反应的机理。

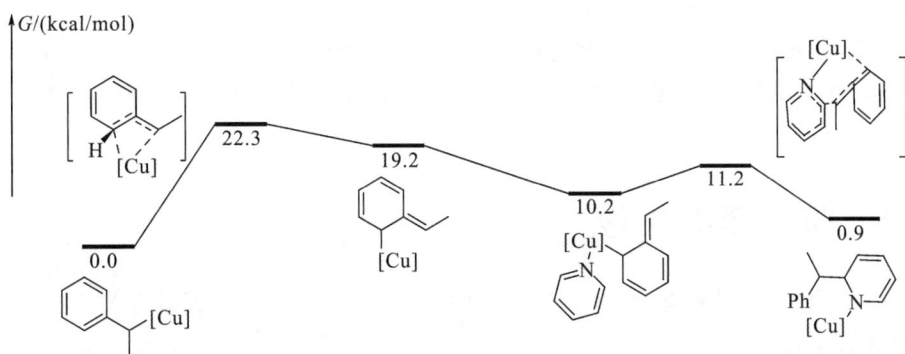

图 6.9　Gribble 等第二次拟定的反应机理所对应的势能面

　　经过许多机理假设，提出的想法均被计算结果否决，这时就应该再次回到实验结果，收集更多证据以便提出新的假设。随后 Gribble 等补充研究了吡啶上的取代基效应，发现当吡啶存在吸电子取代基时反应速率增加，表明吡啶起到了亲电试剂的作用。Gribble 等受此启发，怀疑是否吡啶从一开始就被去芳构化，进而提出了图 6.10 所示的新机理。

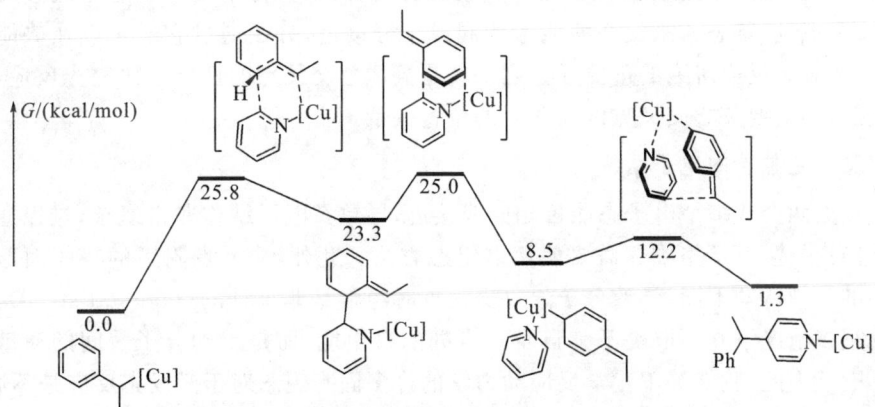

图 6.10　Gribble 等最终拟定的反应机理

　　经过计算检验，该机理果然可行！其中铜氢化中间体对吡啶的 2-加成为决速步，能垒为 25.8 kcal/mol，随后经过快速的消除反应恢复吡啶结构，并实现了表观上[Cu]向苯乙烯 4 位的迁移。接着再对吡啶发生 4-加成，即可得到可以通往最终产物的关键中间体。到此为止，这条机理可以解释全部实验现象，并且经受得住计算结果的检验。在未来发现新的与之矛盾的现象之前，这条机理可以被采纳。

　　由此可以见得，机理研究是庞大而系统的工作。需要实验工作者首先结合各种机理实验的证据提出机理假设，随后使用计算手段对其假设正确与否进行检验。单凭有限的实验证据，可能拟定出多种形式上正确的机理，而究竟其中何者正确、又或是都不正确，需要用计算的手段加以检验，随后在计算结果的指导下不断迭代，直到找到正确的机理。透过实验观察到的各种表象和它们所反映出的间接证据，直接研究化学反应过程的能量变化，正是计算化学用于机理研究的独特魅力。

在机理拟定和检验的过程中，需要特别注意反应操作过程的细节，包括所有的添加剂、催化剂、溶剂、温度乃至气氛、后处理方法等，各种外加条件都有可能对机理产生重要影响。因此，在进行机理研究时，务必将整个反应的完整反应条件烂熟于心，方能对机理有正确的把握。

6.3　激发态的反应

与基态反应相比，激发态的反应有显著的复杂性，这与如下几个因素有关。

1. 反应的本性

在光化学反应中，分子受到激发进入激发态，发生系列反应，最终回到基态并生成产物。在这个过程中，必须搞清楚的问题是分子是从什么时候、以何种方式回到基态的。是经过第一个基元步骤就回到了基态，还是在激发态下发生了许多转化，才在某个中间体附近回到了基态？它又是在反应坐标的什么位置回到了基态？如果它回到基态的位置位于过渡态之后，意味着它要先经过激发态势能面上的过渡态；而如果这个位置在过渡态之前，那么它不需要经过过渡态就能落到基态产物上。一般而言，我们认为分子落回基态是通过交叉点完成的；在交叉点处，基态和激发态的能量相同或十分接近，分子通过它时可以在势能面间穿梭。因此，激发态反应研究的重要任务之一就是搞清楚交叉点的性质。研究光反应，不仅要关心过渡态，还需要关心交叉点以及两者的位置关系。

2. 交叉点处独特的电子结构

交叉点处两个或多个电子态能量相同或接近，导致其电子结构非常复杂，难以通过通常的 DFT 计算描述，其严格描述需要使用多组态方法。此外，交叉点附近的势能面形状往往也与人们的常规认知不同，导致分子通过交叉点时经常是非统计的（non-statistical），最终导向的产物很多情况下并不取决于其自身一点处的自由能，而是受到分子瞬间的动量和振动模式的影响。因此，我们关于化学反应动力学的许多固有观念对于激发态反应是不适用的。

3. 激发态计算自身的困难

我们之前已经提到过，对于激发态计算，最常用的是 TD-DFT 方法，而其结果受到泛函影响较大。由于激发态电子结构比基态难以描述得多，通过 TD-DFT 研究激发态反应面临很大的挑战，而且对于相同的分子，激发态的构型优化、频率和单点计算等都比基态计算慢得多。

这些因素导致了人们目前对激发态的反应机理认识十分有限，且难以用常规计算方法研究。能够进行比较好的研究主要集中在一些步骤较少的反应上，例如激发态下的几何结构旋转、质子转移等。

由于激发态质子转移有重要的实际意义，以下举一个通过 TD-DFT 对其进行研究的例子。Fang 和 Durbeej 曾报道了对靛蓝的激发态分子内质子转移的研究[35]，反应如图 6.11 所示。反应两端的化合物在下文分别记作酮和烯醇。

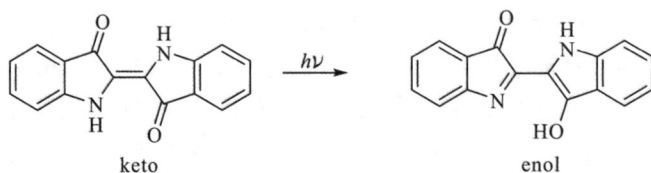

图 6.11　Fang 等报道的互变异构反应式

在很多激发态分子内,质子转移是无过渡态的。由于基态和激发态的电子结构显著不同,经常出现质子在某些位置的结构只能在基态或激发态势能面之一上存在的情况。在 wB97xD/6-31G(d,p)水平下,对 O—H 距离进行扫描,可以直观看到质子转移过程的能量变化(图 6.12)。可见基态与激发态下势能面的形状有明显差异;针对这个例子,基态和激发态势能面上两种结构都能存在,但相对能量不同,在基态下酮式有利,而激发态下烯醇式则被显著稳定化了。

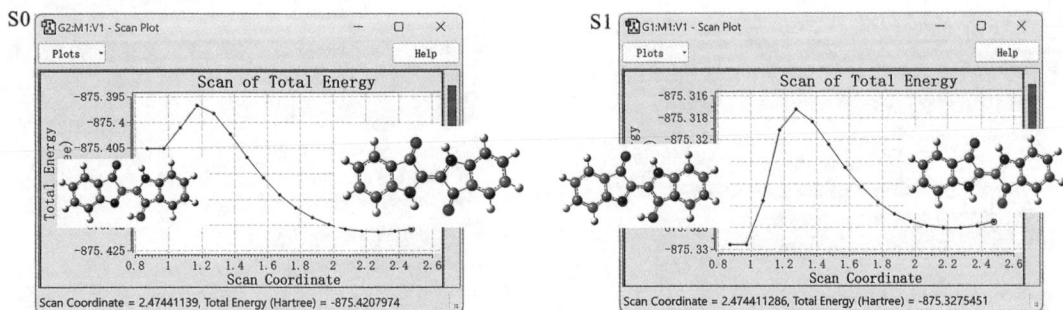

图 6.12　靛蓝 S0 和 S1 势能面上的 O—H 距离扫描过程中的能量曲线

接下来,通过对各种极小值点和过渡态的结构进行优化和频率计算,即可得到反应过程的自由能面(图 6.13)。上述能量扫描对于研究反应不是必需的,只要能判断清楚存在哪些极小值点和过渡态即可,最终以计算得到的自由能面为准。

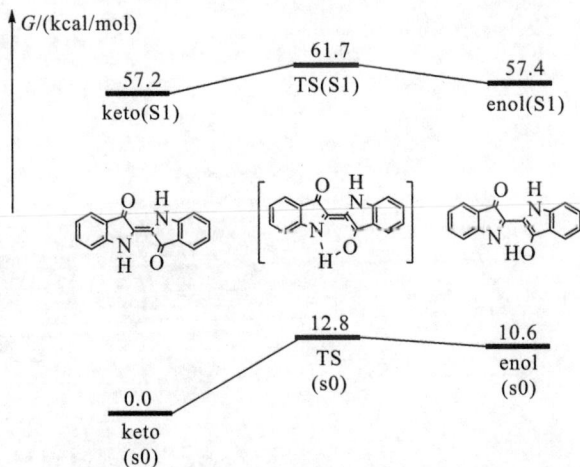

图 6.13　靛蓝 S0 和 S1 状态下质子转移反应的势能面

从上述自由能面可知，基态下质子转移需要 12.8 kcal/mol 的能垒，烯醇式高度不利 (10.6 kcal/mol)。而一旦被激发到 S1 态，质子转移只需要 4.5 kcal/mol 的能垒，并且烯醇式的自由能只比酮式高 0.2 kcal/mol，在激发态下有将近一半的分子转化为烯醇式。通过基于 TD-DFT 的激发态计算，可以清晰地看出该分子存在十分有利的激发态质子转移途径。

第7章 其他对计算结果产生影响的因素

7.1 构象

构象是描述分子三维结构的关键概念。它指的是能通过化学键的旋转而互相转化的一系列结构;除了某些非常刚性的分子外,大部分分子都具有多种构象。我们已经知道了,量子化学计算需要基于确定的结构,因此不可避免地会涉及构象的问题。同一个分子的不同构象是否具有不同的性质、对于构象会对分子性质产生影响的场合应该采取何种构象、如何充分地对不同构象进行采样,都是值得考虑的问题。

凡是涉及可以自由旋转的化学键,都存在不同构象。首先我们需要对构象转化的能量尺度有一定认识。以 1-丁烯为例(图 7.1),随着碳碳双键与 α-碳原子形成的 C—C 单键的连续旋转,可以形成无数种构象,其中有两个构象是势能面上的极小值点,分别是甲基和氢原子与碳碳双键形成重叠式。借助量子化学计算的手段,我们可以很容易地得到能量曲线,可知优势构象中甲基与碳碳双键形成重叠,其能量比氢原子与碳碳双键重叠的低大约 1 kcal/mol。两个构象之间的转化需要克服 3.5 kcal/mol 左右的能垒。这也代表了大多数碳碳单键旋转的情况。这些旋转通常只有极低的能垒,在室温下构象间可以快速转换;一些分子可能存在许多能量接近的构象,特别是带有长碳链或其他柔性结构的分子,构象可能非常复杂。

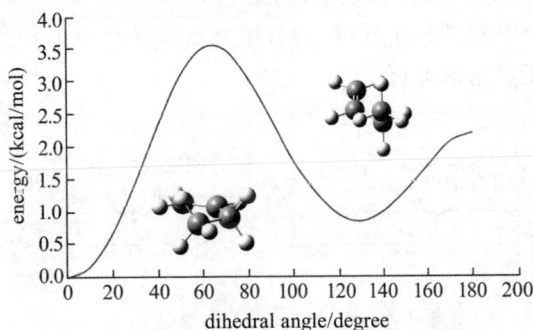

图 7.1 1-丁烯中碳碳单键旋转过程的势能曲线

量子化学计算中的结构优化,可以从任意结构出发,得到一个对应势能面极小值点的结构。虽然不同优化算法在细节上有差异,但其共同特点是最终收敛到的结构与初始结构相关,往往会收敛到与初始结构相近的构象。以 1-丁烯为例，将初始构型中双键与 C-Me 形成的二面角建立为 10°，经过构型优化会收敛到二面角为 0°的构象；而如果将初始构型中的二面角建立为 120°，则将收敛到二面角为 135°的构象。显然，我们希望尽可能收敛到众多构象中能量最低者，以求计算结果从构象的角度上有较好的代表性。许多常见结构，如烯烃、环烷烃、羰基化合物、羧酸及衍生物等的优势构象在有机化学教科书中皆有详细讨论，此处不再赘述。对于许多结构相对刚性的分子，经验丰富的化学工作者可以容易地判断其最优构象。

构象对计算结果的影响可大可小，随分子结构种类、所关心的性质等的不同而有显著差异。在大多数情况下，会造成构象不确定性的最主要是分子中的柔性饱和碳链，而它们往往不是我们关心的部分，其采取何种构象对我们感兴趣的性质影响很小，此时只需任选一个较为合理的构象即可。以图 7.2 中所示分子为例，长链烷基的构象将相当复杂，图中任意展示了 3 种，事实上可能的构象要远远更多。由于烷基链之间的色散作用以及熵效应，长链烷基不会采取直线型构象，其优势构象往往会卷缩成团，真实采取何种构象无法通过直觉判断。然而假如研究目的是得到单个分子的 HOMO/LUMO、紫外-可见光谱等，显然这些性质由分子中央的共轭体系决定，不受侧链烷基构象的影响，因此完全可以采取直线型结构；图中展示的 3 个构象对应的这些性质也是几乎相同的。在这个例子中，甚至可以将这些不属于感兴趣区域的结构简化，如用两个乙基代表十二烷基。

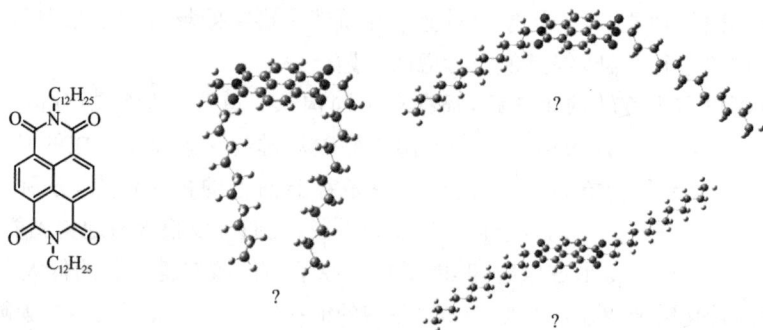

图 7.2　长链分子的若干可能构象

再例如，如果要计算图 7.3 所示反应的能垒，两个甲氧基处 C—O 键的旋转将带来多种构象，而显然反应中心与甲氧基相距甚远，而且甲氧基旋转产生的构象之间的能量也极为接近，对于这些构象只需任意选取即可。

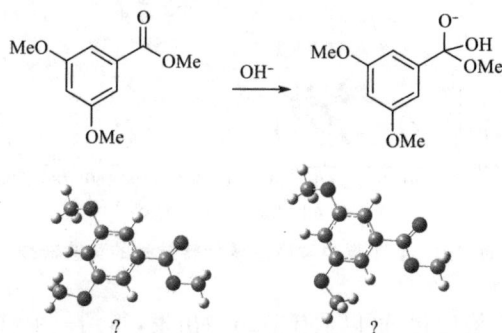

图 7.3　3,5-二甲氧基甲酸甲酯水解反应

与此同时,在一些特定的场合下,需要考虑以至于充分考虑构象带来的影响。一般有如下几种场合:

(1)需要非常精确的能量。例如,考察化学反应的对映选择性,需要对比两个过渡态的能量差,而且能量往往非常接近,与不同构象带来的能量差异的尺度相近。此时必须充分考虑构象的影响,对于每个过渡态都尽可能找到能量最低的构象。

(2)存在不同构象的部分与所感兴趣的内容直接相关的。例如,在 Diels-Alder 反应中,双烯有 *s-cis* 和 *s-trans* 两种构象,大多数双烯首先要从 *s-trans* 转化为 *s-cis*,再发生反应,因此在绘制势能面时,应该以 *s-trans* 为能量零点,而过渡态中双烯一定是 *s-cis* 的。

(3)所研究的特定问题对于构象高度敏感,特别是电子圆二色谱(ECD)或振动圆二色谱(VCD)。其他一些光谱也可能对构象敏感,其中又以核磁比较多见。

在上述场合,正确考虑构象就十分关键,有时还需要考虑多种构象。特别是圆二色谱的计算,同一个分子的不同构象即使只相差一点,都可能表现出非常不同的光谱,因此必须对多种构象分别计算,再根据相对含量取平均。很多情况下,手动列举可能的构象并依次优化是不现实的,因此人们发展出了多种手段来自动化地探索构象空间,以求尽可能以较少的人力成本得到尽可能有代表性的构象。这些方法被称为构象搜索。

构象搜索往往需要专门的程序,其中较为代表性的有 molclus、ABCluster、crest 等。它们的原理各有不同,接下来我们以 molclus 为例介绍构象搜索的原理和过程。

moclus 的构象搜索有多种模式,其中比较常用的是基于 xtb 程序进行分子动力学的方法。从初始结构出发,首先调用 Grimme 等人开发的 xtb 程序进行分子动力学计算。xtb 程序及同名方法基于紧束缚模型,是对于 DFT 的一种近似,可以看作属于半经验方法。对于一两百个原子的体系,xtb 进行一次 SCF 的耗时在几秒钟的量级,因此可以粗略而快速地处理大量体系。在这段分子动力学计算中,从初始结构出发,令分子随着模拟时长而不断弛豫,借助热运动而跨越构象转换的能垒,从而尽可能经历一个又一个的构象。理想情况下,当模拟时长为无限长时,分子将充分越过所有构象构成的构象空间,并且在自由能最低的构象处停留时间最长。现实中,模拟时长一般在几个 ps 的量级,为了尽可能增强分子在有限时间内遍历不同构象的能力,有时选择在较高温度下运行这段模拟。

分子动力学轨迹记录了这段时间内几何结构的演化。在得到分子动力学轨迹后,即可抽取轨迹中记录的每个结构,分别在低耗时的水平(通常仍然是 xtb)下进行构型优化。其中许多结构经过优化后可能会得到相同的构象;对全部结构进行优化后,程序可自动对优化结构进行分类,并按照能量从低到高排序,从而确定一组能量较低的构象。随后根据实际需要,选出能量较低的若干个构象,再在 DFT 水平下进行构型优化、频率和单点计算,得到每个构象的自由能,最终确定最优构象。

由于 ECD、VCD 对构象非常敏感,凡是稍有柔性的分子,相关计算都需要进行构象搜索,并对不同构象的光谱按照其在特定温度下的含量进行平均。对于 NMR 等,当分子相对简单、刚性时,可以不进行构象搜索,而对于柔性分子特别是当关心柔性部分的光谱性质时,构象搜索和构象平均就显得格外重要。

除了圆二色谱计算外,构象搜索还有一类非常重要的用途:对于弱相互作用体系,当结合方式难以人工列举时,可以通过构象搜索确定。以图 7.4 所示结合过程为例:该分子有多种氢键位点,既可以通过两个羟基以及羧基作为氢键给体,又可以通过这些氧原子以及二苯醚和羰基的氧原子作为氢键受体,与乙醇形成氢键的可能性极多。在这种情况下,与人工列举并进行构型优化相比,构象搜索的方法有显著的优势,使得人们可以通过自动化的流程筛选出最佳结合方式。

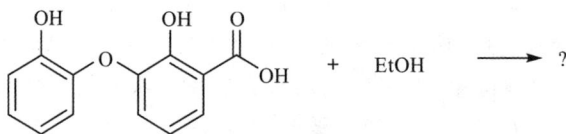

图 7.4 多位点结合过程示例

在诸多优点之外,构象搜索的方法有两点局限性:

(1)构象搜索虽然避免了人工列举,减少了人工成本,也比人工列举要周全得多,但消耗的计算资源也多得多。这是由于需要通过分子动力学或其他手段自动化地考虑大量构象,随后依次对其进行优化。

(2)基于分子动力学的构象搜索手段依赖于分子热运动来跨过构象转换的能垒,因此当构象或结构之间的转换能垒很高时将不再奏效。对于仅涉及构象问题的场合,由于构象转换往往都很快,这一点局限性通常体现不出来;但如果想通过构象搜索来寻找结合位点,对于共价结合等结合力较强的场合,基于分子动力学的构象搜索将不再适用。在计算化学的研究中,必须非常清楚各种研究手段的特点,并有针对性地进行选择,方能得到有意义的结果。

7.2 温度、压强、同位素与浓度

通过到目前为止的介绍,我们已经知道了,通过频率计算可以求得热力学量,并且热力学量和活化参数分别在探讨化学反应的热力学和动力学上起到了核心作用。而所有的热力学量都是温度、压强、浓度等的函数,因此在此处必须问一个问题:频率计算得到的热力学量是在何种温度、压强、浓度下得到的? 当改变这些条件时,计算结果又将发生什么改变?

在频率计算中,基于振动能级,量子化学程序可以写出特定条件下的配分函数。而配分函数及后续得到热力学量的过程均依赖于温度和压强。在这个过程中,已经内禀性地带来了温度和压强的影响。Gaussian 默认的温度和压强分别是 298.15 K 和 1 atm,通过频率计算得到的热力学量即对应 298.15 K、1 atm 的理想气体的性质。在输出文件的频率计算部分,清楚地写明了这些条件:

```
———————————————————————————

 -Thermochemistry-
———————————————————————————

 Temperature   298.150 Kelvin.   Pressure   1.00000 atm.
```

在随后的部分,进一步给出了恒容热容和熵:

	E(Thermal)	CV	S
	KCal/Mol	Cal/Mol-Kelvin	Cal/Mol-Kelvin
Total	88.857	35.306	106.924

如果想更改输出的热力学量所在的温度和压强,在 Gaussian 输入文件中可以使用 temperature 和 pressure 关键字,此时输出的热力学量即为在这些关键字规定的(单位分别为 K 和 atm)条件下得到的。以氢气分子为例,通过 temperature 关键字设置温度在 $100\sim300$ K 之间变化时,M06-2X/def2-TZVP 水平下输出的焓和自由能变化情况如图 7.5 所示。

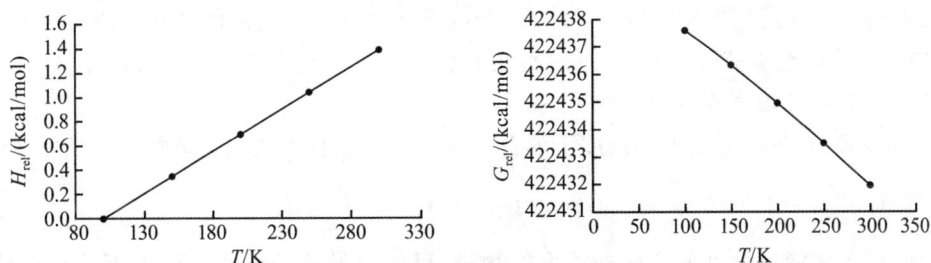

图 7.5　氢气分子的焓和自由能随温度的变化

如果已经有频率计算得到的输出文件,又不希望修改关键字重新计算,则可以使用 Goodvibes 或 Shermo 程序。这两个程序都可以读取频率计算的 log 文件,从中得到振动频率信息后,重新计算配分函数并得到特定温度和压强下的热力学量。这些程序对频率的处理过程与 Gaussian 不同:Gaussian 直接通过频率计算得到的振动频率得到配分函数,称为 RRHO 方法(https://gaussian.com/wp-content/uploads/dl/thermo.pdf);而 Shermo 和 Goodvibes 等则可以使用 Grimme 提出的 quasi-RRHO 方法[36],对于低频振动进行插值处理,可以提高所得热力学量的精度。quasi-RRHO 几乎不需要额外的计算耗时,非常推荐使用。

除热力学量本征地受到温度、压强的影响外,其他各种分子性质,如几何和电子结构、给定结构的光谱等均不受温度影响。

(1)几何结构。虽然随着温度升高原子振动加剧,使得实际几何结构瞬间偏离极小值点的平均时间增加,但在 RRHO 框架下,感兴趣的几何结构是电子能量构成的势能面上的极值点,而温度、压强等则出现在热力学量校正中,不会影响电子能量势能面的形状,因此极值点的几何结构不会随着温度、压强而改变。这意味着在 RRHO 的图像下,无论温度如何,分子始终围绕着固定的最优构型振动,只是振幅发生变化。

在绝大多数情况下,上述图像都是充分成立的。唯独一种情况例外:当势能面非常平坦,以至于其上各点自由能校正的差异已经与电子能量的差异落在同一数量级上时,自由能校正可能会导致自由能面与势能面的形状不同。由于真实分子应当处于自由能面的极值点,此时 RRHO 的图像就失效了。这种情况通常出现在很高温度(如几千 K)的场合或某些特殊的具有高度平坦势能面的反应中。在这些情况下,需要通过分子动力学的手段直接获得自由能面上极值点的结构信息。

(2)电子结构。对于特定几何结构,电子的行为遵循波动方程的规律,而波动方程中均不含温度、压强等，因此对于同一种几何结构，各种电子结构信息均不受温度、压强的影响。

（3）光谱。在 RRHO 框架下，对于确定的几何结构，电子结构确定，振动能级、电子激发态能级、各原子核的磁屏蔽等信息同样确定，因而其光谱均不受各项外部条件影响。

然而通过上一节的介绍，我们知道了许多光谱需要进行构象平均，而不同构象的相对自由能及其相对含量等均与温度相关，因而对于构象平均的光谱，温度、压强等通过改变参与平均的各构象的比例的方式改变光谱的形状。

除了温度和压强外，浓度也是一类常见的外部条件。对于气体，与浓度等效的概念是压强，这已经在前一部分介绍过；而对于溶液中的物种，即使采用了溶剂化，直接输出的热力学量仍然对应 1 atm 理想气体。因此，要首先在隐式溶剂化下的自由能基础上增加从 1 atm 理想气体向 1 M 理想溶液转化的自由能变，在室温、1 atm 下是 1.89 kcal/mol。此时得到的即为溶质分子在标准浓度下的自由能。

理想溶液中，各组分在不同浓度下的自由能与其标准自由能通过范特霍夫项联系起来：

$$G(c) = G(c_0) + RT\ln\frac{c}{c_0} \tag{7-1}$$

因而对于溶液中浓度偏离标准浓度的物种，可以容易地求得实际浓度下的自由能。当某些物种的浓度显著偏离标准浓度时，有必要加入浓度项。最典型的例子莫过于质子和氢氧根；如当 pH＝7 时，室温下质子浓度项 $RT\ln[H^+]$ 足有 -9.5 kcal/mol，对化学反应的能量变化将产生不可估量的影响。

与温度、压强相同，浓度也不改变电子势能面，不影响几何结构、给定结构的电子结构性质、给定结构的光谱等。

需要注意的是，虽然温度、压强、浓度不影响给定结构的大多数性质，也不影响特定分子的几何结构，但有时会引起体系成分的变化。此时务必对体系的结构和性质有充分的理解和把握。

【例 7.1】 pH＝7 时苯酚水溶液的紫外-可见吸收光谱与 pH＝14 时的情况有显著不同。

虽然质子浓度不会影响苯酚分子的紫外-可见吸收光谱，但 pH＝14 时溶液中占据主导的已经不是苯酚，而是苯氧负离子了。为了研究两种情况下的吸收光谱，应分别计算苯酚和苯氧负离子。

【例 7.2】 聚集诱导发光（AIE）效应。

AIE 效应的产生是由于随着浓度不同或溶剂改变，分子的聚集形态发生了变化。某些分子在单体存在时有快速的能量耗散途径，导致无法发出荧光；而在聚集状态下激发态性质发生改变或是能量耗散途径被封锁，导致发光能力增强。显然，随着浓度升高，分子从单体转化为了聚集体，在计算时应当考虑当前浓度下分子以何种形式存在。

除了上述讨论的外加条件外，有时也需要考察同位素的影响。同位素有相同的核电荷数，差异仅在于原子质量。因此不同同位素构成的分子的电子结构和 RRHO 框架下的几何结构完全相同，不同之处仅在于各振动模式的频率以及振动对热力学量的贡献。这导致了如下规律：

（1）不同同位素存在时红外和拉曼光谱不同，较重同位素对应的各振动能级波数较小。

振动频率正比于 $\sqrt{\dfrac{k}{m}}$，其中 k、m 分别为力常数和有效质量。力常数通过能量随位移的二阶导得到，在 RRHO 框架下与同位素无关。

(2)不同同位素存在时热力学的校正量略有不同。其中又以零点能占大头：

$$E = 0.5hc\nu \tag{7-2}$$

式中，h 与 c 分别是普朗克常数和光速。

后者对于 H/D/T 尤为明显，并且是动力学同位素效应(KIE)的起源。较重的同位素涉及的化学键的伸缩振动频率偏低，并带来了较低的振动能。而如果这根化学键在过渡态中断裂，则这种能量降低效应在过渡态中消失，从而使得能垒升高，即为正常的一级同位素效应。出于相似的原理，存在反常的一级同位素效应，以及正常和反常的二级同位素效应。它们均是由于同位素对热力学校正量的影响而带来的。氢原子同位素效应通常使得速率变化百分之几十到几倍。有的 KIE 数值很大，可达几百到几千，往往是由于存在隧穿效应，此时已经超出了 RRHO 框架的内容。为了考虑隧穿效应，也有许多可行的计算方法，如 Wigner 方法、Eckart 方法等。

对于重原子，同位素取代导致的质量变化幅度不大，同位素效应小得多。其中，碳原子 KIE 研究较多，通常数量级在一点零几左右。某些重原子同位素效应在同位素分离领域起到重要作用。

在 Gaussian 计算时，可以给每个原子指定采用何种同位素。如在 gjf 文件中如下定义氢气的几何坐标，即对应 HD：

```
H              0.73248848    −1.00230413      0.00000000
H(Iso＝2)          0.13248848    −1.00230413      0.00000000
```

在 M06-2X/def2-TZVP 水平下，300 K 时，H_2 和 HD 的自由能校正量分别为 −0.001378 a. u. 和 −0.003592 a. u. ，伸缩振动频率分别为 4474 cm^{-1} 和 3875 cm^{-1}。读者可以结合上面提到的频率和零点能的公式自行验证这些数据。Physics always works!

7.3 溶剂化效应

绝大多数反应都在溶剂中发生，溶剂对于反应性的调控至关重要。在化学反应的开发过程中，溶剂的筛选也是决定产率和选择性的重要因素。显然，只有正确处理溶剂化作用，才能得到正确的计算结果。

想要引入溶剂的影响，最直接的思路是研究感兴趣的分子与若干溶剂分子形成的复合物，这被称为显式溶剂化，即考察待研究分子与溶剂分子构成的团簇结构。这一方法虽然直观，但存在许多限制。显然，这一团簇结构在空间尺度上远远小于宏观溶液体系。受到量子化学处理尺度的限制，引入几十个溶剂分子往往已经使得体系非常庞大，此时团簇直径也只有十几个埃米左右。这实际上相当于将分子置于溶剂构成的微小液滴中。事实上，近年来已经有不少报道，证明小液滴中的化学现象与宏观溶液中存在显著区别。因此，显式溶剂化并非总能正确描述溶液中的行为。

此外，当引入大量溶剂分子后，溶质-溶剂团簇的几何结构将无法人为确定，必须通过分子动力学的手段得到。这使得处理过程非常复杂，无法用一般的基于 RRHO 框架的量子化学计算手段处理。

由于上述限制，显式溶剂化不是人们处理溶剂化问题的第一选择。在量子化学计算中，引入溶剂化的最重要方法是使用隐式溶剂化模型。

在隐式溶剂化模型中，溶剂不再以分子的形式直接出现在待考察结构中。取而代之的是溶剂被当作一个连续介质，对于溶质分子起到极化作用。溶质分子在溶剂中产生一个腔室，通过腔室边缘（即分子表面）与带有一定介电常数和其他属性的连续溶剂介质发生相互作用，这种相互作用出现在 SCF 过程中，从而改变了分子的电子结构和能量，同时也改变了势能面的形状，进而对分子的几何结构产生影响。隐式溶剂化和显式溶剂化的思想如图 7.6 所示。

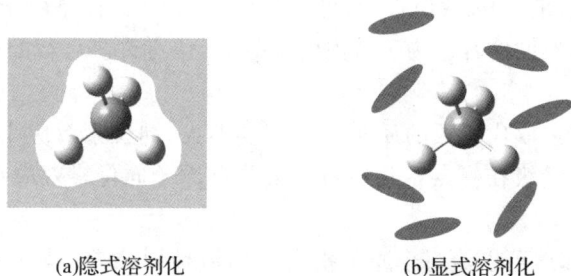

(a)隐式溶剂化   (b)显式溶剂化

图 7.6　隐式溶剂化和显式溶剂化原理

隐式溶剂化有多种溶剂化模型，各自对于溶质-溶剂相互作用的处理方式不同。在隐式溶剂化模型的发展早期，COSMO 因形式简单，被多种程序支持，而现今早已被淘汰；随后 PCM 逐渐发展，其中又以 IEFPCM 为最佳，其他各种 PCM 形式目前均没有了使用价值。Truhlar 等在 2008 年提出的 SMD 溶剂化模型[37]是目前主流量子化学程序支持的方法中总体表现最好的。

隐式溶剂化模型描述的溶质-溶剂相互作用可分为极性部分和非极性部分，其中又以前者为主。极性部分描述了溶剂环境对溶质分子的极化和其他静电相互作用；非极性部分则包括溶解熵、一定程度的氢键和卤键、一些色散作用等其他相互作用。

想要在隐式溶剂化模型中定义一个溶剂，最主要的是给出静态和动态介电常数两个性质。静态介电常数主要决定了极性部分的大小。动态介电常数则影响频率计算和激发态性质。SMD 还有许多与非极性部分相关的参数，如氢键酸性、氢键碱性、含卤素指数等。主流量子化学程序都内置了许多常见溶剂；对于没有内置的情况，则需要指定这些溶剂参数。动态介电常数可以取折光率的平方。混合溶剂的溶剂参数可近似为纯溶剂的溶剂参数的加权平均值。

如前所述，溶剂化对计算结果有全方位的影响，会改变几何结构、各项电子结构、振动能级、电子能量和热力学量、各种光谱等方方面面的性质，因此对于溶液中发生的过程，能考虑溶剂化的，均应考虑溶剂化。特别是对于某些静电作用十分重要的问题。根据库仑定律，静电相互作用的能量 $E = \dfrac{Qq}{\varepsilon r}$，随着介电常数 ε 的改变，相互作用能量将成倍变化。因此，在这些情况下溶剂化作用绝对不可忽视。

【例 7.3】　NMe_4Cl 在气相和乙腈下的几何结构和结合能。

NMe_4Cl 以离子对形式存在,阴阳离子间的相互作用显然受到溶剂化的强烈影响。在 M06-2X/6-31＋G(d)水平下,气相与结合 SMD(MeCN)隐式溶剂化的优化结构如图 7.7 所示,可见有明显的差异。在溶液中,静电作用被削弱,阴阳离子之间的距离明显拉长了。同时阴阳离子的结合自由能也从气相的 -87.9 kcal/mol 变化为了乙腈溶液中的 $+3.4$ kcal/mol。事实上,我们知道季铵盐在许多有机溶剂中是强电解质,表明在溶液环境中阴阳离子是会自发解离的。

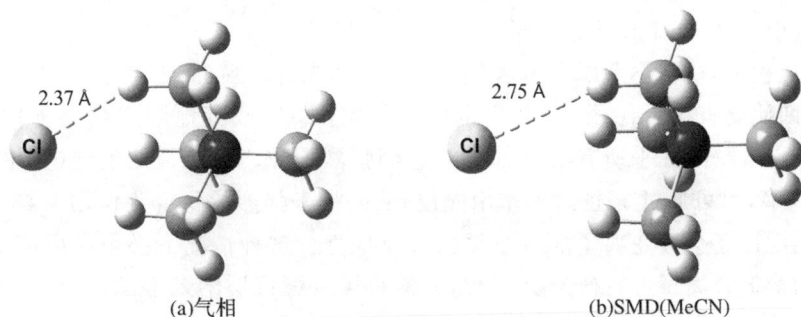

(a)气相　　　　　　　　　　　(b)SMD(MeCN)

图 7.7　气相和隐式溶剂化下四甲基氯化铵离子对的几何结构

除了结构和能量外,溶剂化也将显著影响光谱。由于激发态的电子结构通常比基态复杂、更容易受到外界环境影响,激发态的结构和性质对溶剂化比基态更为敏感。我们经常见到溶剂极性会显著影响某些分子的颜色、吸收光谱、荧光发射波长等,就是出于此原因。因此,涉及激发态的计算,如果所对应的过程是在溶液中发生的,一定要尽可能考虑溶剂化。

虽然隐式溶剂化是处理溶剂化问题的最重要工具,但其仍然存在一些局限性,使得特定场合下需要在隐式溶剂化的基础上引入有限的几个溶剂分子,以引入显式溶剂化的优势。只要了解其原理即可知道,隐式溶剂化模型只能用于处理"普通"的溶剂化问题,也就是溶质与溶剂通过分子表面的互相极化来起作用的场合。而在许多情况下,溶剂与溶质有直接的相互作用,例如形成氢键、与溶质配位等,此时定然是不可能仅用隐式溶剂化模型就能正确描述的。以下分别列举。

7.3.1　质子和金属离子的溶剂化

溶剂化作用中很大一部分来源于溶质与溶剂的静电作用,带电荷量越多、体积越小的溶质,其受到的溶剂化就越强烈。常见溶剂化模型尽管在拟合时考虑了许多带电粒子,仍然呈现出"所带电荷越多,溶剂化能表现越差"的特点。而这一特点发展到极致的便是质子。

表 7.1 列出了用不同方法得到的溶剂化能(kcal/mol;各自由能均在 M06-2X/def2-TZ-VP 水平下得到。标注 SMD 的化合物采用 SMD(water)隐式溶剂化模型考虑水的溶剂化)。

表 7.1 不同方法得到的质子溶剂化自由能

定义方法	溶剂化自由能/(kcal/mol)
$H^+(gas) \longrightarrow H^+(SMD)$	−135.0
$H^+(gas) + 2H_2O(l) \longrightarrow H_5O_2^+(SMD)$	−264.6
$H^+(gas) + 4H_2O(l) \longrightarrow H_9O_4^+(SMD)$	−268.4
standard	−265.9

　　直接采用隐式溶剂化模型处理裸露的质子，其溶剂化自由能被低估了 130 kcal/mol 之多，这是由于水合质子中质子与溶剂强烈的直接作用被完全忽略了。要正确描述质子的溶剂化能，需要引入 2~4 个显式水分子。

　　在实际过程中，通常不考虑大量水分子与质子构成的团簇，而是直接查到质子溶剂化能的标准值。即使要直接考虑质子，至少也应该使用 H_3O^+ 或其他溶剂化质子作为其结构。对金属离子也是同样，几乎所有溶剂都会与它们强烈配位。即使是低极性（如甲苯）和配位能力弱（如 K^+），也可通过 π-正离子作用配位，从而带来强烈的稳定化作用。除了导致能量变化外，溶剂配位还会改变离子的电子结构和反应性。这种情况下必须考虑溶剂与金属的配位壳层，用溶剂合离子进行研究。通常，只需将第一配位层纳入考虑，即可得到非常好的结果。

　　而与此同时，将溶液中的金属离子当作裸露的带电粒子的做法是绝对错误的，溶液中根本不存在裸露的金属离子，以此出发得到的各种性质都没有意义。

7.3.2　溶剂参与的一般酸碱催化

　　根据参与反应的酸碱的种类来分类，可以将酸碱催化反应分为特殊酸碱催化（special acid/base catalysis，SAC/SBC）和一般酸碱催化（general acid/base catalysis，GAC/GBC）。拉平效应的存在，导致任何溶剂中不存在比溶剂的共轭酸碱更强的酸碱，因而它们有着十分"特殊"的地位，质子合溶剂或溶剂的共轭酸碱就被称为特殊酸碱，而除此之外的所有质子给体或受体都被称为一般酸碱。很多反应都涉及质子转移，例如亲核试剂对羰基的加成，羰基的氧原子上最终要接受一个质子，那么就涉及质子转移发生在什么时候的问题。以羰基和亲核试剂 Nu 的反应为例，至少有图 7.8 中的三种可能。

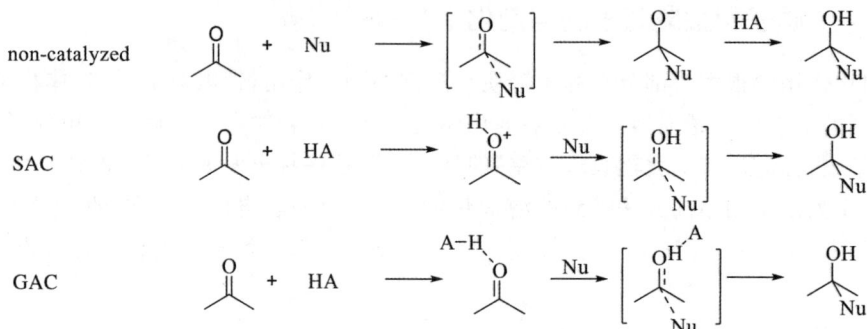

图 7.8　羰基亲核加成的三种可能机理

羰基自身和 Nu 直接反应生成烷氧负离子,随后被酸(可能是一般酸也可能是特殊酸)质子化。由于决速步在于亲核加成,酸碱没有出现在该反应决速步中,是为无催化反应。在 SAC 过程中,底物首先被酸质子化,再接受亲核试剂的加成。虽然这里的 HA 可以是一般酸,底物被质子化后相当于在过渡态结构中起作用的仍然是"质子"这一特殊酸,因而习惯上也叫作特殊酸催化。与之相对应,在 GAC 过程中,一个一般酸 HA 首先与底物形成氢键复合物(而不是将底物质子化),然后在加成过程中协同地发生质子转移。显然,GAC/GBC 与 SAC/SBC 最明显的区别就在于过渡态结构中是否会出现一般酸碱。

自然界中电荷分离是不利的。在气相下,带电荷物种的能量几乎总是比相同组成的电中性物种高;而在溶液中,溶剂化作用对带电荷物种提供了一部分稳定化,但很多情况下生成诸如上述无催化过程中的烷氧基负离子那样带有明显电荷分离的物质的过程,仍然是相当不利的。正因如此,大部分涉及质子转移过程都需要酸碱辅助,其中又以 GAC/GBC 为多(大多数情况下反应体系中都不存在强酸/强碱,而只有在酸碱足够强的情况下才能生成足够的特殊酸碱)。很多初学者在处理这类过程时缺乏考虑一般酸碱的意识,从而将很多功夫花费在了寻找无催化过程的过渡态上,其能量可能非常高,甚至很多情况下这类过渡态根本不存在,例如丙酮和氨气加成生成亚胺,如果不考虑一般酸碱,直接去找氨气和丙酮两分子反应的过渡态,就会发现随着 C—N 距离缩短,能量单调上升,不存在过渡态。这就是自然界厌恶电荷分离的规律导致的,反应中生成的电荷只有在存在酸碱时才能得以稳定。仍以丙酮和氨气的加成为例,倘若是发生在水中,则至少可能存在图 7.9 中的几种过渡态结构。

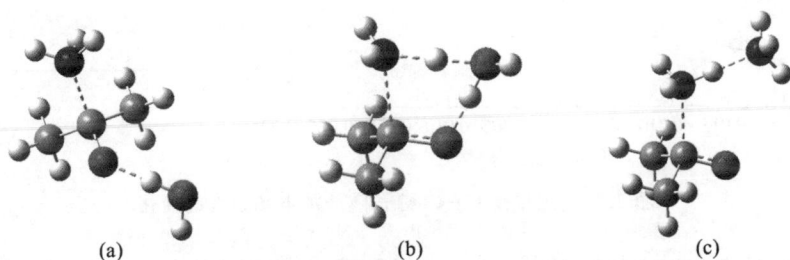

(a)　　　　　　　(b)　　　　　　　(c)

图 7.9　丙酮与氨气加成的三种可能过渡态的几何结构

图 7.9 中的三种过渡态结构分别为:水作为一般酸催化剂;水在作为一般酸催化剂促进羰基质子化的同时,又作为一般碱催化剂促进氨气的去质子化,或者叫作 proton shuttle 型过渡态;另一分子氨作为一般碱促进亲核试剂的去质子化(当然也可以考虑水的类似过程,只不过水的碱性较弱,也可以考虑另一分子氨参与的 proton shuttle)。从这个例子可以看出,涉及质子转移的反应是非常复杂的,特别是在质子溶剂中,溶剂可能扮演若干种角色,应当依次检查来确定真正的机理。实际上对这类加成反应结论是已知的,通常 proton shuttle 型能量最低。

以上是一般酸碱催化最常见的情况,也就是当反应中存在质子转移时,几乎总是要有一般酸碱催化才能顺利发生,而溶剂则是最常见的一般酸碱。有一些反应即使没有质子转移,也可能会涉及一般酸碱催化,多见于氢键溶剂中,例如,溶剂可能会通过氢键作用促进某些基团的离去。又例如,很多氢键溶剂中一些化合物的 UV-Vis 或荧光光谱会发生显著变化,通常认为也是与溶剂形成氢键所致。在这些情况下，都需要正确地拟定机理和结构，确定溶剂分子的参与方式，用隐式溶剂化和显式溶剂化相结合的方式来正确考虑溶剂化作用。

7.4 外场的影响

电场在一些化学反应中可以发挥独特的作用。电极表面存在电场，可能影响了电极附近物种的化学行为；有的反应可能在定向电场中发生；液体表面或液滴中也存在电场，可能诱发独特的反应性。在 Gaussian 中，可以通过 field 关键字添加匀强电场，方向沿着三个坐标轴中的任意一个。在匀强电场存在下，可以进行标准的构型优化及各项性质计算。图 7.10 展示了氯甲烷在沿着 C—Cl 键轴的匀强电场存在下 C—Cl 键长的变化。可见随着从甲基一侧（此处电场方向标记为从负电区域指向正电区域。注意不同地方、不同报道中描述电场方向的习惯不同，有的人习惯从负指向正，有人习惯相反，在报道和阅读时务必注意）指向氯原子一侧的电场增强，C—Cl 键被显著拉伸。

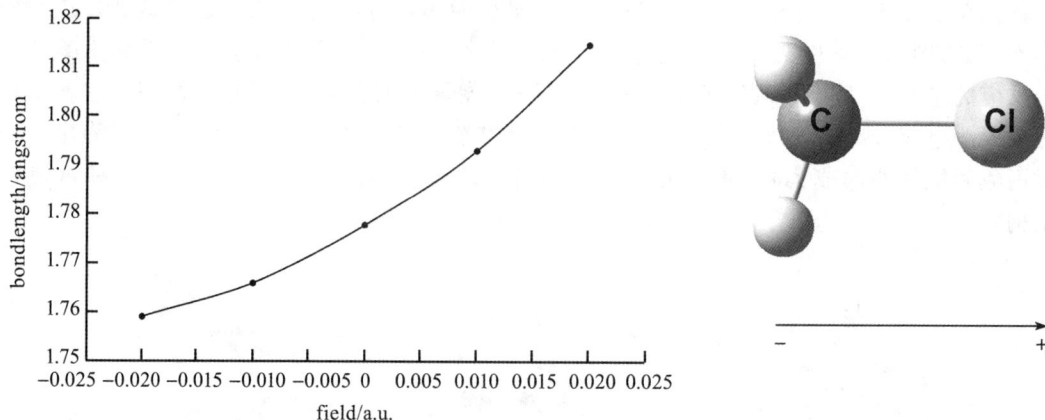

图 7.10　氯甲烷 C—Cl 键长随外加电场强度的变化

量子化学计算可以方便地引入定向电场，因此与如何引入电场相比，更值得考虑的是为什么要引入电场，以及何时引入电场。首先需要注意的是，上述施加的电场是很大的。电场的原子单位可以通过元电荷（电荷量的原子单位）和玻尔半径（长度的原子单位）导出，1 a.u. = 5.14×10^{11} V/m。如此强的电场在宏观尺度下通常是无法达到的。从图 7.10 中曲线可以看到，想让 C—Cl 键长变化 1%，都需要 10^9 V/m 量级的电场，因此外场若要对分子结构或电子性质产生影响，其强度必须达到很高的量级。这也使得仅通过在宏观装置上加入通常尺度的电场来调节化学反应的例子极为罕见。只有在诸如尖端放电等特殊场合，才有条件产生足够强的电场。

在更多的例子中，电场都是借助某些微观机制产生的，例如在分子尺度存在一些定向排列的电荷，它们在周围几个埃尺度的空间内产生一定的电场。这也构成了物理有机化学中场效应或极化效应的基础。其本质仍然是分子和原子之间的静电作用，只需正确建立分子结构即可研究，不需也不应当成外加的匀强电场。

另一个与电场相关的是电极反应。固然，在宏观尺度，带有特定电流密度的电极周围存在电场,并且可能会对传质造成影响,阻碍或加速溶液中的粒子向电极表面的扩散。但这种传质效应并非在分子水平上起作用,不属于量子化学计算的研究范畴。在分子水平上,化学家关心的是溶液中的粒子与电极之间的电子转移,其中最为重要的是相关物种的氧化还原电势,而这是纯粹的热力学问题。电子转移之所以发生,是由于电极处电子的化学势与分子不相等,并非由于电极表面的定向电场。因此在绝大多数电极反应的场合,都不需要引入外加电场,只需考察相关化学过程即可。

【例 7.4】 在一个电位为 -5 V(versus SHE)的电极表面,氯甲烷能否发生 C—Cl 键裂解?

为了研究这一问题,只需考察电极反应 $MeCl + e^- \longrightarrow Me^\cdot + Cl^-$ 能否在当前电势下发生,即考察该半反应的电势。通过对 $Me^\cdot$、Cl^-、$MeCl$ 进行频率和单点计算,即可得到该半反应的电势数值,只要其高于 -5 V,即意味着这一反应在电极上可以发生。在整个过程中,完全不需要引入外加电场,更不应该去电解池中测量阴阳极的距离、再换算出一个尺度在几个到几十个 V/m 数量级的"匀强电场"用于计算。即使这样做,也不会观察到反应的自发发生。

除电场外,磁场也是一个对化学反应造成潜在影响的因素。由于磁相互作用的强度与电相互作用的比例等于精细作用常数,大约为 1/137,因此与电场相比,磁场对化学反应造成的影响微乎其微。经过历史上多年的发展,目前人们已经达成了统一认识,绝大多数化学反应都不会受到磁场的影响。主流量子化学程序也均不支持引入外加磁场。

只有本身可被磁化、自旋态可能被磁场改变的分子,才适合引入外加磁场进行研究。此时应当通过细致的实验表征和理论分析确定磁场引发了分子状态的何种改变,再针对此改变建立合适的模型,而非盲目通过"设置磁场"来幻想用一个黑箱式的方法囫囵吞枣般地解决问题。

第8章 表面的结构

8.1 晶体结构简介与获取方法

8.1.1 晶体结构简介

晶体是指微观粒子(原子、分子、离子)在三维空间呈周期性的重复排列,即存在长程有序。而非晶体是微观粒子在三维空间呈无规则的堆积。

晶体结构就是指晶体的微观结构,是指晶体中实际质点(原子、离子、分子)的具体排列情况。人们通常使用晶胞来描述晶体结构。晶胞(unit cell)是通过周期性重复来构成晶体的单位,其取法并不唯一。其中,最小重复单元称为原胞(primitive cell),而很多晶体有较大的惯用晶胞(conventional cell)。从一种晶胞出发,可以进行形状变换,所得到的相当于按照不同取法而取出的新晶胞。以石墨为例(图 8.1),既可以取出沿着 c 方向看去是平行四边形的晶胞,也可以取出沿着 c 方向看去是矩形的晶胞,两者对于描述石墨的晶体结构完全等价。

在很多情况下,原胞或者惯用晶胞无法满足计算需要的晶胞大小,这个时候,我们需要选择超晶胞,简称超胞(supercell)。超胞是对原胞扩展形成的新的重复单元。这个扩展的过程,我们称之为扩胞,即从一个晶胞出发,将其扩大特定倍数,如图 8.1 所示。由于晶胞在各方向无限重复的特性,晶胞内上下左右完全等同,一个原子出现在晶胞的顶部、底部等都对应完全相同的结构。

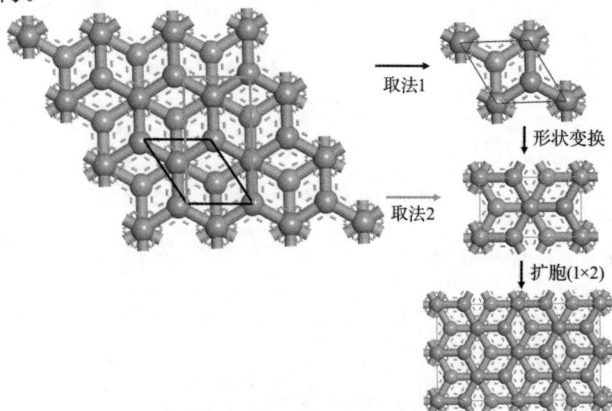

图 8.1 石墨晶胞的不同取法

晶格参数是在晶体学中描述晶胞大小的六个三维向量,具体包括晶胞的 3 组棱长(即晶体的轴长)a、b、c 和 3 组棱相互间的夹角(即晶体的轴角)α、β、γ。根据晶体的晶格常数,可以将晶体分为 7 大晶系。进一步进行宏观对称操作后,可以构成 32 种点群。32 种点群经过微观对称操作后,又扩展构成 230 个空间群。这里不对相关内容进行阐述,感兴趣的读者可以参阅晶体学相关书籍进行详细了解。

同一个物质可以有多种相,分别对应不同晶型的晶体结构。大多数情况下,各相具有不同的对称性,可以用不同的空间群描述。以 Cu 单质为例,至少有 2 种立方相($\mathrm{Fm\bar{3}m}$ 和 $\mathrm{Im\bar{3}m}$),以及一种六方相($\mathrm{P6\_3/mmc}$)。不同的相具有不同的性质,在研究固体结构时,必须将晶型搞清楚。

研究晶相的最重要工具是 X 射线衍射(XRD),通过将衍射峰与标准卡片对比,可以用于判断样品中晶相的种类。对于无定形样品,往往峰很弱或不出峰。除了 XRD 外,高分辨透射电子显微镜(HR-TEM)、低能电子衍射(LEED)等也是判断晶体结构的重要手段。

由于很多情况下需要研究表面的性质和反应,经常需要判断固体暴露出了何种晶面,并选择在所研究问题中起到关键作用的晶面来加以考察。许多人会简单化地采用 XRD 衍射峰最高的晶面,这种做法非常粗糙:其一,XRD 的峰高度不仅取决于晶面的含量,还取决于其取向均一程度等,而且也不完全反映表面的性质;其二,即使某晶面含量最高也无法证明其起到了关键作用。对 HR-TEM 的分析是比较重要的判断暴露晶面的方法。很多情况下,对暴露晶面的分析并非易事,需要对多种表征结果进行综合分析。例如,2022 年李灿等人对 TiO_2 的暴露晶面如何判断的问题进行了探讨[38],很有启发价值。

不同晶面的反应性往往有显著的差异,正确指认物相和晶面是正确理解实验结果并在此基础上进行正确计算的基础,务必结合多种表征手段进行仔细斟酌和分析。

8.1.2　晶体结构的获取

在这一部分,介绍一些常用的获取晶体结构文件的方法。

1. 数据库获取

大多数已知的晶体结构都收录到了许多在线数据库中。主要有如下几个:

(1)Materials Project (https://legacy.materialsproject.org/)。该数据库为免费的开放数据库,收录了大约 14 万个无机物的晶体结构,以及能带、DOS、磁性等性质计算结果。不仅可以用于搜索结构,对于快速查阅相关物质性质也是很好的工具。

(2)Crystallography Open Database(http://www.crystallography.net/cod/)。该数据库也为开放数据库,收录了大量文献报道的晶体结构文件。

(3)ICSD(https://icsd.fiz-karlsruhe.de/search/index.xhtml)。该数据库为收费数据库,几乎是最权威的无机物晶体数据库。

(4)CCDC(https://www.ccdc.cam.ac.uk/structures)。该数据库是收费数据库,几乎是最权威的有机物晶体数据库。

以 Materials Project 为例,简述获取晶体结构的方法。

第一步,登录 Materials Project 网页,点击 Materials Explorer,进入图 8.2 所示界面。

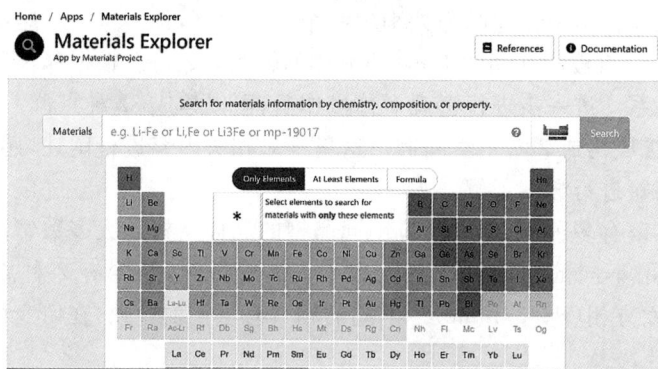

图 8.2　Materials Project 的界面

第二步，输入目标结构——SiO_2，得到不同空间群的 SiO_2，选择合适的空间群（图 8.3），点击进入结构详情页（图 8.4）。

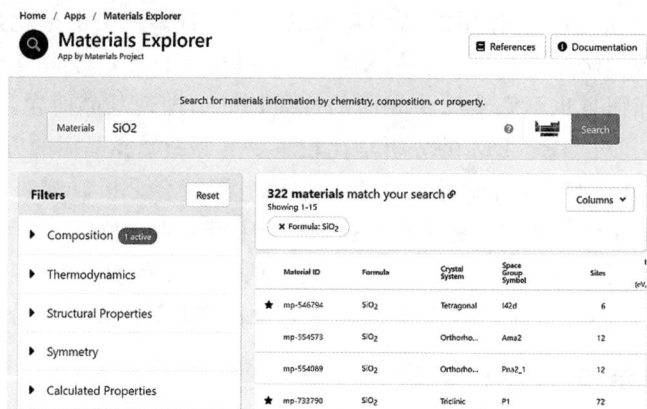

图 8.3　Materials Project 上关于 SiO_2 的结构列表

第三步，如图 8.4 所示，点击 Export 图标下的"CIF"输出结构，之后导入 VESTA 软件进行查看。

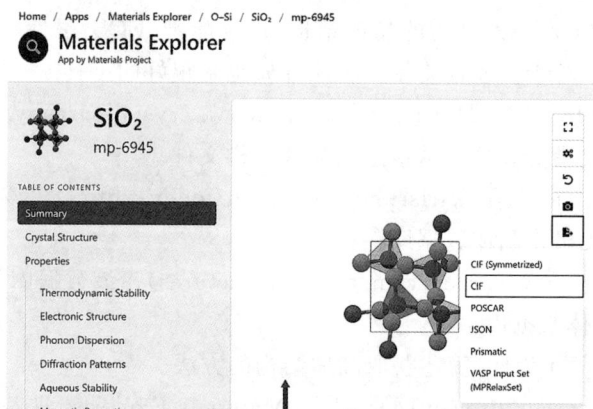

图 8.4　从 Materials Project 中导出 cif 文件

2. Materials Studio 自带结构数据库

Materials Studio 软件中自带了一些常见化合物的结构,但远没有在线数据库全面。以获取石墨结构为例,在 Materials Studio 中点击 File→Import→Structures→ceramics→graphite,即可得到石墨的晶体结构。其过程如图 8.5 所示。

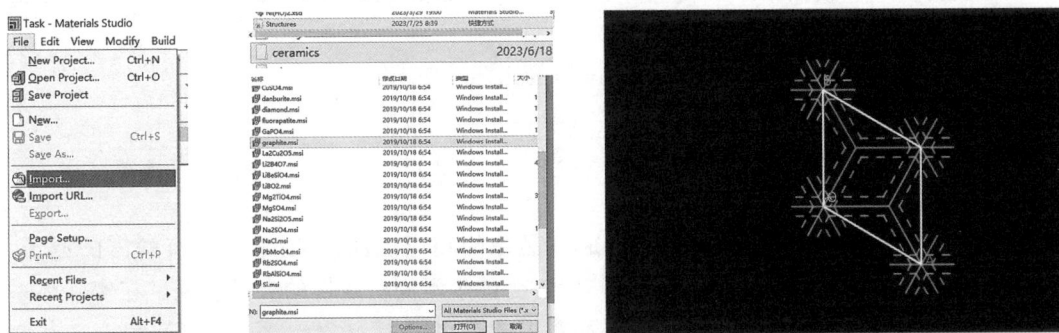

图 8.5　在 Materials Studio 中导入自带的晶体结构文件

3. 通过文献获取

一些文献会给出晶体的晶格参数、空间群以及晶胞内原子坐标信息,据此可以使用 Materials Studio 建立晶胞结构。此外,也可以通过文献作者获取相关信息。

除了晶体结构外,人们还经常需要查询一些化合物的力学、电学、能量等各项性质,以下在线数据库也是很好的工具:

(1)形成能、电子结构、力学、压电数据库:Materials Project(https://www.materialsproject.org)。

(2)拓扑材料数据库:

①Materiae(http://materiae.iphy.ac.cn/#/);

②Topological Materials Arsenal(https://ccmp.nju.edu.cn);

③Topological Materials Database(http://topologicalquantumchemistry.org/#/)。

(3)二维材料数据库:

①Materials Cloud(https://www.materialscloud.org/discover/2dstructures/dashboard/ptable);

②2D Materials(https://materialsweb.org/twodmaterials);

③2D Materials Encyclopedia(http://www.2dmatpedia.org);

④Computational 2D Materials Database(https://cmr.fysik.dtu.dk/c2db/c2db.html#c2db);

⑤JARVIS-DFT(https://www.ctcms.nist.gov/~knc6/JVASP.html);

⑥Structure map of AB2 type 2D materials(http://www.openmx-square.org/2d-ab2/?tdsourcetag=spcqqaiomsg)。

(4)超导材料数据库:

①第 I 类超导体(http://www.superconductors.org/Type1.htm);

②第Ⅱ类超导体（http://www.superconductors.org/Type2.htm）；

③磁结构数据库（http://webbdcrista1.ehu.es/magndata/index.php?show_db=1）。

（5）声子谱数据库（http://phonondb.mtl.kyoto-u.ac.jp/index.html）。

（6）功函数据库（http://crystalium.materialsvirtuallab.org/）。

（7）剑桥大学团簇数据库（https://www-wales.ch.cam.ac.uk/CCD.html?tdsourcetag=spcqqaiomsg）。

（8）催化数据库（https://www.catalysis-hub.org/）。

8.2 晶面与暴露原子

晶体在根据需要进行切面后就会形成该晶体的相应表面，同时表面会有暴露的原子。切面的相对位置不同，会暴露不同的原子，同时会产生不同稳定性的表面模型。在实际体系中，不同晶面以及暴露不同原子的同一晶面都可能存在。

一种反应物在同一条件下，向多个产物方向转化生成不同产物——平行反应，如果反应还未达成平衡前就分离产物，利用各种产物的生成速率差异来控制产物分布，称为动力学控制反应。如果反应体系达成平衡后再分离产物，利用各种产物的热稳定性差异来控制产物分布，称为热力学控制反应。当材料合成过程为热力学控制时，表面以比较稳定的方式暴露原子，产生的晶面为热力学控制晶面。而当材料合成过程无法达到热力学平衡或通过特殊技术对特定晶面进行诱导时，则可以调控使得其他晶面占据主导。随着合成条件不同，所得到的各种晶面的含量千差万别。此外，晶面的含量多少与含量是否在所研究的现象中起到了主导作用，也并无必然联系。因此在理解表面的性质时，必须通过充分的实验表征，探明究竟是何种晶面起到了主导作用，又是哪些元素充当了关键角色。

虽然晶面及暴露原子的稳定性与其是否起到关键作用之间并无直接联系，但由于很多实验表征手段无法精确探明真正的暴露原子信息，在建立模型时，仍需对模型的稳定性加以考虑，避免在没有其他证据支持的情况下贸然采用能量很高的表面结构。对于表面的稳定性，可以通过悬挂键的数量加以简单判断，悬挂键多，则不稳定。在许多研究工作中，由于难以通过实验确定活性表面以及活性暴露方式，人们经常不得不简单性地认为能量最低的表面含量最高，且占据主导性角色，从而对比一系列不同表面或同种表面不同暴露方式的表面能，取能量最低者进行后续计算。

以 TiO_2(001)面为例，根据切面位置不同，可以产生三种暴露方式，如图8.6所示。

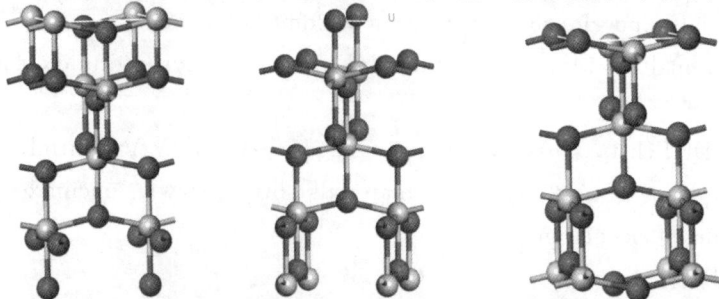

图8.6 TiO_2(001)的三种暴露原子方式

这三个表面分别暴露三配位 Ti 原子、一配位 O 原子以及二配位 O-五配位 Ti 原子对。一方面，TiO_2 体相中 Ti 为六配位，在表面上大量凸出的三配位 Ti 存在大量悬挂键，因此通过简单观察即可知道，暴露二配位 O-五配位 Ti 原子对的表面应当具有最高的稳定性。另一方面，其他两种表面则通常会发生重构，以减少表面的悬挂键数量。

除了晶面自身的原子外，表面还经常受到外界环境的影响，如在实际环境中表面往往会被其他物质覆盖，并产生新的封端。试想我们在高真空中将一片石墨烯从平面中间拉断，C—C 键断裂后，将产生悬挂键。这些 sp^2-C 上的不饱和价键显然高度不稳定，一旦接触到空气、水或其他物质，就将立刻与之发生反应，从而被氢、羟基等饱和。类似地，过渡金属氧化物在水溶液中很容易形成水合层，特别是当具有较多悬挂键的金属原子暴露时，经常与水反应并导致金属被羟基覆盖。在电催化反应中，如果表面与中间体的相互作用很强，则中间体很可能被覆盖在表面而无法脱附，从而只留下少数几个活性位点，这些都将显著影响表面的结构和反应性。为了探究这些现象，充分的实验表征分析特别是原位表征，以及翔实的计算数据都是必不可少的信息。

8.3　掺杂与缺陷

掺杂与缺陷是调控固体性能的常用手段。在一个相中引入掺杂原子后，掺杂原子可能有多种存在形式。当掺杂原子与本体中的某些原子性质相似时，可能将其替换，形成取代掺杂；而当本体结构中有较大空隙，足以容纳掺杂原子时，掺杂原子也可能插入其中，形成间隙掺杂。对于取代掺杂，如果掺杂原子的价态与被取代原子不同，可能同时引发其他原子的空位。间隙掺杂同样可能伴随着空位的生成，此时空位的引入是为了保持整个体系的电荷平衡。第一性原理计算目前以中性体系为主，带电体系的计算还在不断地探索和更新中。

掺杂对结构会产生多种影响。对于半导体，掺杂会导致其能带结构和态密度发生改变，往往导致新的杂质能级的产生，并导致带隙降低。一般半导体中有施主掺杂和受主掺杂两种掺杂类型。施主掺杂的杂质在带隙中提供带有电子的能级，含此类杂质的半导体主要依靠电子导电，称为 N 型半导体；另一种称为受主掺杂，引入的杂质在带隙中提供空的能级，含此类杂质的半导体主要依靠空穴导电，称为 P 型半导体。还有一种杂质称为等电子杂质，它是与基质晶体原子具有同数量价电子的杂质原子，替代了同族原子后，基本仍是电中性的。但是由于共价半径和电负性不同，它们能俘获某种载流子而成为带电中心。带电中心称为等电子陷阱。比如 N 取代 GaP 中的 P 成为负电中心。总体来说，对于催化剂，掺杂原子可以通过电子转移、空间扭曲等多种方式影响表面活性位的性质，或是自身成为活性位，从而对催化剂活性产生影响。

此外，缺陷对材料的很多物理现象和性质同样有很大影响，比如晶体的生长、扩散、相变、强度、变形、断裂等。当然，如果缺陷数量控制在允许范围内，则可以对材料性能产生有益的影响。例如，金属的延展性、半导体的电子传输能力等，均可以通过构建适当数量的缺陷得到改善。

在晶体中，可能存在多种可被掺杂的位点。可以通过对比其能量（如形成能、掺杂能等）来探讨掺杂原子出现在各位点的热力学倾向性。

以 H 原子掺杂 NiAl 晶胞为例。H 原子半径很小，经常在金属单质中形成间隙掺杂。NiAl 晶胞有多种间隙，如 $Al_4 Ni_2$ 八面体中心、$Ni_4 Al_2$ 八面体中心、$Ni_2 Al_2$ 四面体中心等，为了探究 H 原子倾向于出现在何处，可以依次对不同位置掺杂的结构进行构型优化，并比较能量。初始构型如图 8.7 所示。

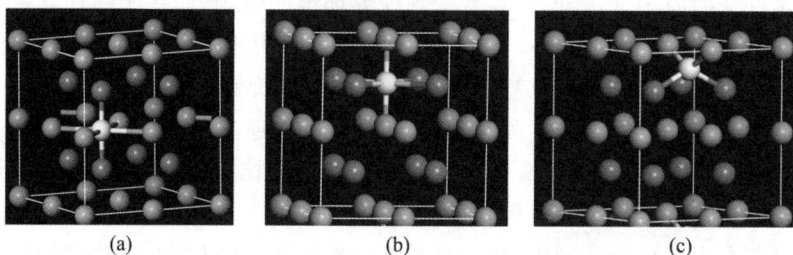

图 8.7　H 原子在 NiAl 中间隙掺杂的三种可能方式所对应的初始构型

基于上述初始构型，进行构型优化，发现只得到了两种构型（图 8.8）。对于 H 位于四面体中心的情况，经过构型优化发现这一结构并不存在，H 将自发移动到八面体中心处。进一步地，可以定义杂质形成能 $E_{formation} = E_{NiAlH} - E_{NiAl} - E_H$，如表 8.1 所示。由此可知，H 位于 $Al_4 Ni_2$ 八面体和 $Ni_4 Al_2$ 八面体处的杂质形成能分别为 -2.37 eV 和 -2.02 eV，因此 H 在热力学上倾向于位于 $Al_4 Ni_2$ 八面体处。

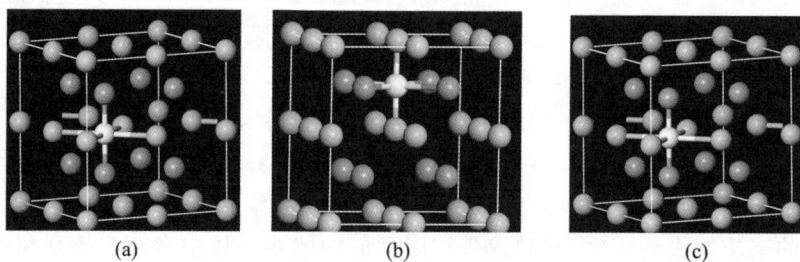

图 8.8　H 原子在 NiAl 中间隙掺杂的三种初始构型优化后的结构（(a)和(c)优化后结构相同）

表 8.1　图 8.7 H 原子在 NiAl 中间隙掺杂的三种可能方式及其杂质形成能

掺杂位置		杂质形成能
优化前	优化后	$E_{formation}$/eV
$Al_4 Ni_2$ 八面体	$Al_4 Ni_2$ 八面体	-2.37
$Ni_4 Al_2$ 八面体	$Ni_4 Al_2$ 八面体	-2.02
$Ni_2 Al_2$ 四面体	$Al_4 Ni_2$ 八面体	-2.37

同理，对于取代掺杂，也可以比较取代不同原子后的杂质形成能，从而判断取代位置的热力学倾向性。以 Mg 在 $CuInO_2$ 中的取代掺杂为例（图 8.9），为了判断 Mg 优先取代 In 还是 Cu，分别对两种方式的结构进行构型优化，得到两者的杂质形成能分别为 -1.59 eV 和 -2.58 eV，可知 Mg 在热力学上倾向于取代 Cu。

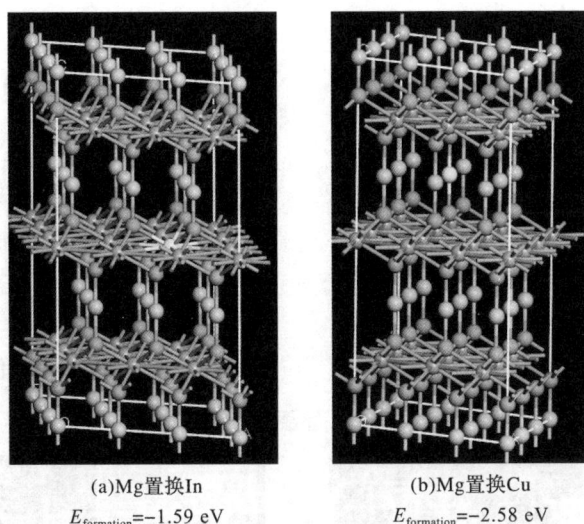

(a)Mg置换In
$E_{formation}=-1.59\ eV$

(b)Mg置换Cu
$E_{formation}=-2.58\ eV$

图 8.9　Mg 分别取代掺杂 $CuInO_2$ 中的 In 和 Cu 的结构和形成能

对于结构更为复杂的晶体或表面,可能存在更多潜在掺杂位点。当掺杂原子数量多于 1 个时,这些位点的排列组合又会导致可能的构型迅速上升,很多情况下逐一尝试并不现实,此时往往不得不对掺杂位置进行随机选取,带有很强的任意性。而很多情况下,不同的掺杂原子可能是分别起到各自的作用,甚至在空间上也彼此分隔,此时不妨分别建立单一掺杂的模型。因此,在建立模型时,并不是实验中加了什么元素、按照什么比例,就一定要建立一模一样的结构。科学研究的思想是控制变量,应当将各种影响因素尽可能地分离,而非将其全部堆积在同一个模型中。此外,掺杂原子的浓度通常很低,如果要满足该浓度,将使得晶体或表面尺寸甚大,不利于计算的开展,此时往往需要建立掺杂浓度较高的模型(使得掺杂浓度在百分之几以上),无法追求与实验浓度完全相同。

8.4　建立表面模型的过程

对于固体表面,通常可以建立周期性模型和团簇模型两类。对于大多数表面,通常尽可能建立周期性模型,有的晶胞尺寸过大(特别是共价有机框架结构(covalent organic framework,COF)、金属有机框架结构(metal organic framework,MOF)等材料),难以建立周期性模型、又有比较鲜明的重复单元的,则可以抽取团簇进行处理。以下分别以 TiO_2 表面和一个 MOF 为例,展示建立两类模型的过程。

8.4.1　TiO_2(001)周期性表面

在 Materials Studio 中,载入 TiO_2 晶体结构,打开表面切割窗口,即可对切表面的方式进行设置。其中包括晶面 hkl 指数、厚度、切表面的位置(通过 top 设置)等。

图 8.10 为 TiO_2(001)面切割时的设置页面和表面模型。在没有调整暴露面的情况下,此结构表面为不稳定的三配位 Ti。为了得到稳定表面,修改 top 的取值,使得表面暴露 Ti-O 原子对,如图 8.11～图 8.12 所示。

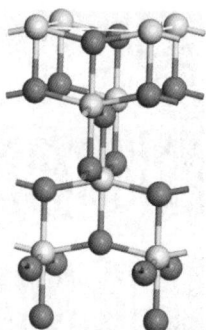

图 8.10　切 TiO_2(001)表面时的设置窗口

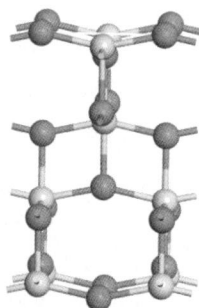

图 8.11　修改 top 取值后的表面结构

随着 top 取值不同，可以清晰地看到表面暴露的原子发生变化，见图 8.12。

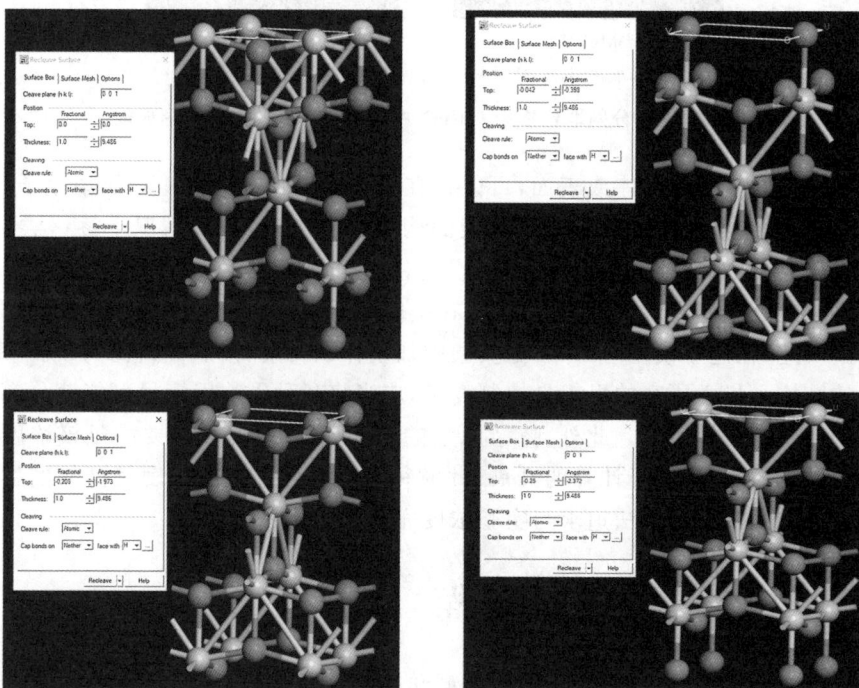

图 8.12　不同 top 取值下的表面结构

　　在建立表面模型时，需要考虑模型在 a、b 方向的尺寸以及在 c 方向的厚度。当仅研究表面自身性质（如能带、态密度等）时，只需模型能够反映表面结构特征即可，a、b 方向不需额外扩大。而对于吸附结构，需要使得 a、b 方向至少比吸附质大一圈。a、b 方向的大小直接影响了吸附质在表面上的覆盖度，进而影响吸附能，无论是在进行数值对比，还是对结果进行报道时，都需要对表面大小加以留意。

　　对于表面厚度，像石墨烯、MoS_2 等二维材料，如果不特意关心层间相互作用带来的影响，通常建立单层模型即可；而对于 TiO_2 等从体相切出的晶面，原则上需要建立足够厚的表面，如上述例子中可认为包含 4 个原子层。对于专门的理论性研究工作，要求比较严格，时常需要对表面厚度进行测试，观察各种性质随表面厚度增加何时趋于收敛，并以此作为表面厚度的选择标准。对于以实验为主的工作，通常习惯性地选取包含约 3 个原子层的表面。

此外,对于此类表面,通常固定底部 1~2 层原子的位置,使得其反映晶体体相的性质。

受到计算量所限,a、b 方向的大小一般不超过 25 Å,整个晶胞中的原子数不要超过 300 个。对于包含稀土元素、大量过渡金属元素等体系,计算速度比其他体系更慢,要格外注意体系大小,设法进一步将其缩小。当体系很大、超过此限度时,应当设法对模型进行简化。为了追求表面厚度等而使得模型超过能处理的限度,无异于捡了芝麻而丢了西瓜。

8.4.2　MET-3 的原胞模型

MOF 的晶体结构往往十分庞大,如果要在此结构基础上进行催化反应计算(如 CO_2 RR、OER 等),会非常困难。以 MET-3 结构为例(图 8.13),当前结构的体量对多数第一性原理软件无法进行计算,需要进行简化。

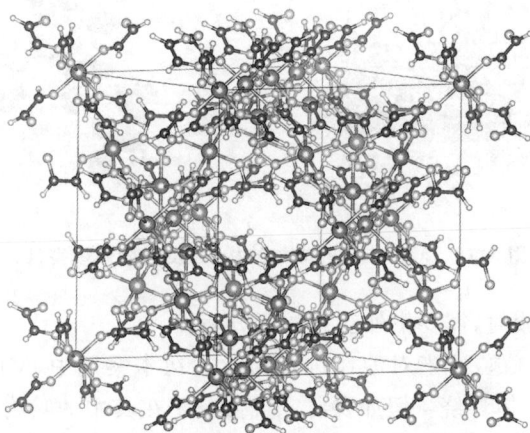

图 8.13　MET-3 的惯用晶胞结构

MOF 结构最重要的简化方法是抽取团簇。而在本案例中,假如需要研究 MET-3 中小分子在空腔的吸附,我们希望尽可能保留其晶体结构,抽取团簇的方法有其局限性。所幸,MET-3 的惯用晶胞存在对称性,可以抽取原胞,结构如图 8.14 所示。该原胞中包含约 100 个原子,原子数极大减少,计算量大幅下降。为了得到气体分子在其中的吸附能,可将气体分子置于原胞的孔道内进行构型优化。

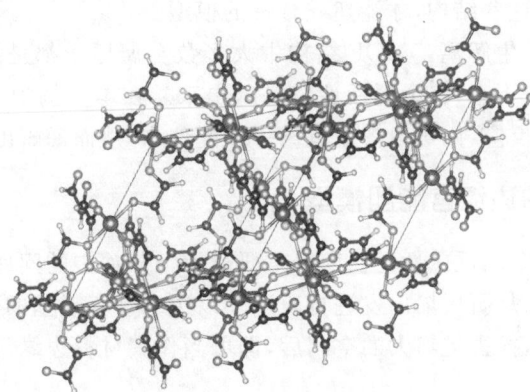

图 8.14　MET-3 的原胞结构

8.4.3 MIL-100 的团簇模型

MIL-100 有令人生畏的巨大晶体结构(图8.15)，但经过仔细观察就会发现，这个庞大的晶体结构是由 Fe_3 单元通过均苯三甲酸配体连接而成的，因此可以提取出包含 Fe_3 单元的团簇。

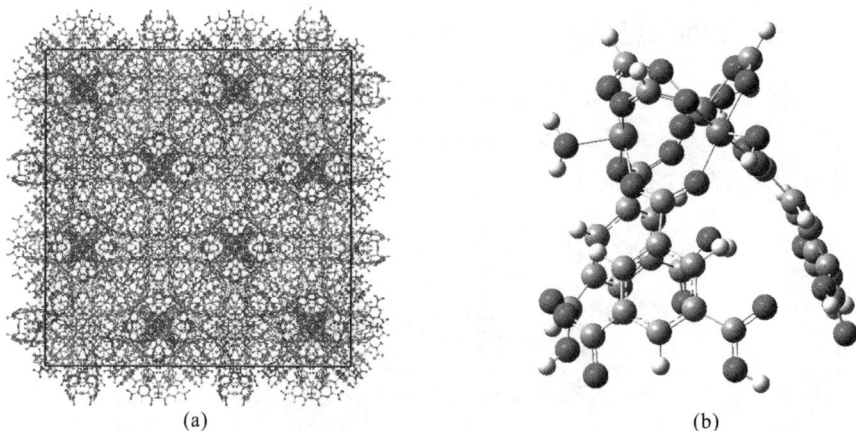

(a)　　　　　　　　　　　　(b)

图 8.15　MIL-100 的晶体结构(a)及其团簇模型(b)

在对 MOF 提取团簇时，需要格外注意如下方面：

(1)根据所研究的问题，适当对配体进行简化。在本案例中，MIL-100 的结构单元中，Fe_3 由 6 个均苯三甲酸配体环绕。假如要研究气体分子在其中的吸附，则可以保留其中 3 个配体形成与小分子作用的碗状结构，而远离小分子的 3 个则简化为甲酸。

(2)所有被截断的位置都必须进行适当的饱和。如均苯三甲酸的游离羧基必须用 H 饱和。

(3)由于晶体结构中经常缺少氢，故必须正确计算各元素的价态，并适当对配体进行处理。如本案例中每个 Fe_3 团簇周围有 6 个羧酸阴离子，中心有 1 个氧原子，而在晶体结构中每个 Fe 又伸出了 1 个末端氧原子。显然，这 3 个氧原子要么都是水(此时团簇中包含 2 个 Fe(Ⅲ)和 1 个 Fe(Ⅱ))，要么有 2 个是水而有 1 个是羟基(此时团簇中包含 3 个 Fe(Ⅲ))，只有正确计算价态并处理这些结构，才能建立合理的模型。

(4)部分配体需要发生解离。MOF 结构中大多数金属原子都是配位饱和的，在催化反应中，部分配体必须解离下来，将金属活性位暴露出来。在本案例中，如果 MIL-100 要用于催化水溶液中的电化学反应，则可以考虑解离一个配位水，从而暴露出一个 Fe 原子。

8.4.4 碳材料的边缘官能团模型

官能团化的碳材料上的反应性是长期以来研究者十分关心的问题。为了研究碳材料边缘处官能团的反应，可以从石墨烯出发进行改造。以边缘带有羟基的碳材料为例，首先建立大小合适的石墨烯平面，挖去足够大的空间后，即可当作碳材料边缘，随后安放官能团，如图 8.16 所示。

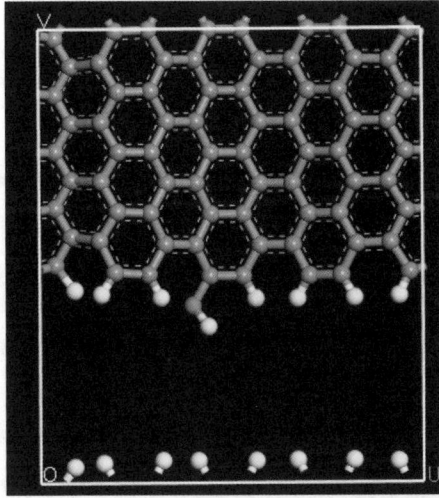

图 8.16　边缘羟基化的碳材料模型

　　需要注意的是,边缘碳原子必须进行合适的饱和。此外,在与羟基相对的另一侧,虽然在真实体系中这部分对应于碳平面内部,但在模型结构中也必须进行饱和以满足价键规则。如不进行饱和,边缘将存在大量空余价键,事实上不可能存在这样的构型,使用这种结构计算,也将导致电子结构、反应性等产生严重的谬误。

第9章　固体和表面的基本性质

9.1　磁性

磁性是物质的一种基本属性。在化学世界中,物质的磁性主要来自电子磁矩,反映了物质结构中未成对电子的特征。

在原子中,电子绕原子核运动时产生轨道磁矩,而电子本身具有自旋磁矩,二者相互作用产生原子整体的磁矩。如果把分子或原子视作一个整体,分子或原子中各个电子对外界所产生磁效应的总和,可用一个等效的圆电流表示,统称为分子电流。这种分子电流具有一定的磁矩,称为分子磁矩。分子电流使每一个物质微粒成为微小的磁体。在未被磁化前,分子电流一般杂乱无章地排列,物质整体不呈现磁性。只有在磁场的作用下,分子电流沿磁场方向规则排列,磁矩作用方向一致,从而呈现磁性。原子核本身同样也有磁矩,但是磁矩很小,对物质磁性的贡献可以忽略不计。观测原子核磁性需要外加非常强的磁场才能观测到其信号。主要应用场景是核磁共振。

按照磁性状态分类,物质可大致分为抗磁性、顺磁性、铁磁性、反铁磁性和亚铁磁性物质。

1. 抗磁性(diamagnetism,在第一性原理计算中又叫非磁性)

抗磁性物质中电子完全配对,电子磁矩互相抵消,不具备永久磁矩。当抗磁性物质被放入外磁场中时,将感生一个与外磁场方向相反的磁矩,表现为抗磁性。所有不具备自由基特征的分子以及大部分没有成单电子的固体材料都呈现抗磁性。常见的抗磁性金属有 Bi、Cu、Ag、Au 等。

2. 顺磁性(paramagnetism)

顺磁性物质存在未成对电子,自身带有磁矩。在无外加磁场时,顺磁物质的原子做无规则的热运动,磁矩的取向无序,整体不表现磁性。在外加磁场作用下,每个原子磁矩比较规则地取向,物质显示极弱的磁性。磁化强度与外磁场方向一致。绝大部分自由基、具备成单电子的过渡金属化合物等都呈现顺磁性。

3. 铁磁性与亚铁磁性

常见的铁磁性物质主要有 Fe、Co、Ni 等金属。铁磁性物质即使在较弱的磁场内,也可得到极高的磁化强度,但当外场增大时,磁化强度将达到饱和。同顺磁性物质一样,在铁磁性物质中有很多未配对电子。由于交换作用,这些未配对电子的自旋呈相同方向。铁磁性物质与顺磁性物质的差异主要是其内部具有很多磁畴。磁畴内部原子(大约 1000 个)的磁矩沿同一方向排列。磁畴与磁畴之间,磁矩的方向与大小都不相同。所以,未被磁化的铁磁性物质,其净磁矩与磁化矢量都等于零。当存在外加磁场时,磁畴的存在能够使得物质自发磁化(磁畴的自旋方向趋于一致),但是顺磁性物质不能被自发磁化。铁磁体的铁磁性只在某一温度以下才表现出来,超过这一温度,由于物质内部热运动破坏电子自旋磁矩的平行取向,铁磁性消失。这一温度称为居里点。在居里点以上,材料表现为强顺磁性。磁化强度与外磁场的曲线形成了磁滞回线。

亚铁磁性是指晶格内部磁矩方向存在部分抵消的情况,整个晶体仍然带有剩余磁矩。

4. 反铁磁性

当不同自旋中心的净自旋方向反向平行排列时,称为反铁磁耦合。反铁磁性的物质中,虽然存在大量自旋中心,但自旋中心彼此反铁磁耦合,导致呈现出较低的剩余磁矩。Co_3O_4、FeO 等物质具备反铁磁性。

由此可见,物质的磁性对应了其微观结构的不同特征,十分复杂。在第一性原理计算中,谈到"磁性"时,指的都是其背后的电子自旋分布情况。与量子化学计算不同,在第一性原理计算中习惯上较少谈论自旋多重度,而以磁性来指代。显然,磁性之于第一性原理计算,就如同自旋多重度之于量化计算,只有正确设置磁性、得到了正确的自旋态,才能得到有意义的结果。

在以 VASP 为代表的主流第一性原理计算程序中,需要根据实际的需求和结构评估,选择是否采取自旋极化(spin-polarized)计算。只有开启自旋极化,才有可能处理单电子的行为。对于非磁性物质,自旋极化与非极化的计算结果完全相同。

在自旋极化计算中,默认情况下软件会给所有原子都赋予一个较小的,且铁磁耦合的磁矩。为了更好地控制计算过程,在输入文件中往往需要手动对每个原子设置初始磁矩。特别是反铁磁耦合的情况,必须手动进行设置,否则只会收敛到铁磁状态。初始磁矩的设定,根据收敛过程加以干预,从而得到正确的自旋态,是第一性原理计算的关键。为此,我们需要知道所研究的目标物质中各带有单电子的原子分别呈现多少磁矩,以及各自旋中心之间是铁磁还是反铁磁耦合。

对于新的化合物,通过磁滞回线明确材料整体的磁性性质,是计算模拟的重要依据。如果缺少磁滞回线数据,仍然可以通过部分化学原理对材料的磁性进行猜测,通过比较,选择目标结果。根据配位场理论,强场配体结合的过渡金属元素往往会表现为低自旋,如普鲁士蓝中氰基结合的 Fe(Ⅱ)以及硫化物(如 FeS、Ni_2CoS_4)等材料往往是低自旋状态。弱场配体(如常规的 O 和 OH)结合的化合物如 Fe_2O_3 等,Fe(Ⅲ)中心表现为高自旋。至于材料整体的磁性性质表现,则需要进一步考虑晶体结构的影响,相当复杂,甚至相同化合物的不同晶型也可能呈现不同的磁性状态。

在 Materials Project 上,通过高通量计算,收录了大量化合物的磁性状态。以 $Ni(OH)_2$ 为例,其中记录了其磁性状态为反铁磁,总磁矩为 0(图 9.1)。Materials Project 上的记录对于计算的开展是很有意义的参考,但也需注意两点:①其中的性质是通过高通量计算得到的，这些计算不一定精准，高精度计算时可能会带来不同的结论；②其中只记录了体相信息，表面的磁性状态可能与之不同。例如，由于表面具有悬挂键，一些体相呈现抗磁性的物质，在表面状态下将呈现磁性（如一些贵金属纳米带，ZnO、TiO_2纳米颗粒等，就会因为表面态的存在而带有磁性）。

Energy Above Hull	0.028 eV/atom
Space Group	R3̄m
Band Gap	0.00 eV
Predicted Formation Energy	-1.226 eV/atom
Magnetic Ordering	Antiferromagnetic
Total Magnetization	0.00 µB/f.u.
Experimentally Observed	No

Description (Auto-generated)

Description has not yet been pre-generated for this material. Use the robocrystallographer tool to generate a description manually.

图 9.1　Materials Project 中对 $Ni(OH)_2$ 的记录

对于自旋极化计算，第一性原理计算的输出文件中会给出磁矩数值，也可以处理得到自旋密度等与自旋相关的结果。此外，磁性材料的态密度会呈现自旋上下分布不对称的特点，这一点可以参考第 9.3 节态密度计算相关内容。VASP 的 OSZICAR 中，会在每个离子步末尾输出此时晶胞的总磁矩（图 9.2），单位是玻尔磁子。电子的两个自旋方向地位完全相同，磁矩为 -1.0337 与 $+1.0337$ 的含义也完全相同。

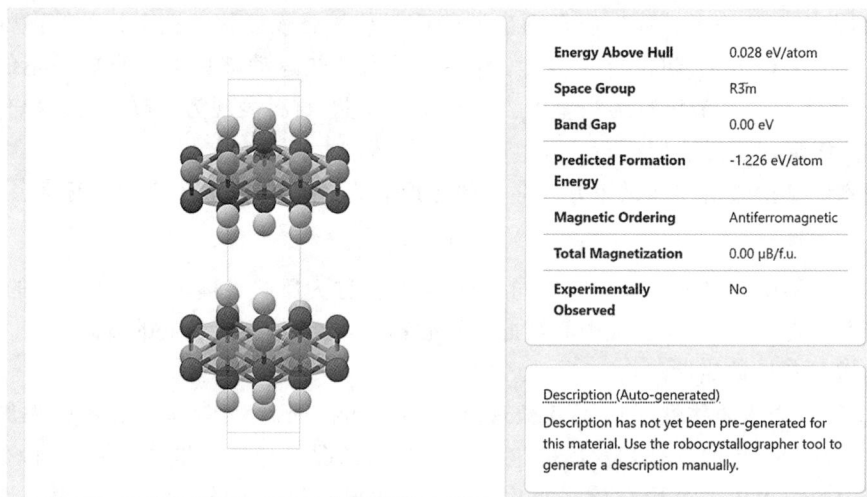

```
DAV:  14    -0.531538242062E+03   -0.36319E-04   -0.96278E-07   472   0.191E-03
03
DAV:  15    -0.531538263382E+03   -0.21320E-04   -0.63715E-07   464   0.145E-03
03
DAV:  16    -0.531538291170E+03   -0.27788E-04   -0.95366E-07   464   0.153E-03
03
DAV:  17    -0.531538307080E+03   -0.15910E-04   -0.67773E-07   480   0.138E-03
04
DAV:  18    -0.531538316369E+03   -0.92892E-05   -0.46839E-07   472   0.107E-03
     51 F= -.53590239E+03 E0= -.53590033E+03  d E =-.333343E-01  mag=    -1.0337
```

图 9.2　一个自旋极化计算的 OSZICAR 文件

图 9.3 展示了一个氢氧化物双层的自旋密度等值面。由此可知，该物质中单电子集中在金属原子上，且呈现反铁磁性，层内、层间均为反铁磁耦合。

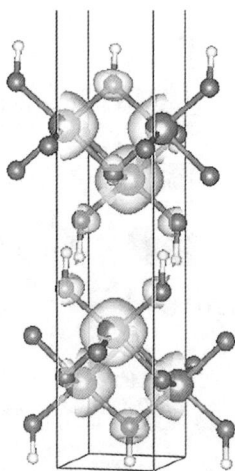

图 9.3　一个氢氧化物双层的自旋密度等值面(0.01 a.u.)　　　彩图效果

9.2　能带

能带是第一性原理计算中最基础的概念,是诸多后续概念,诸如价带顶(valance band maximum,VBM)、导带底(conduction band minimum,CBM)、有效质量(m^*)、态密度(density of states,DOS)、晶体轨道哈密顿布居(crystal orbital Hamilton population,COHP)的基石。尽管在实际工作中,往往不一定真正需要能带计算这部分数据,但是其涉及的基本概念仍然需要掌握,进而掌握电子结构分析的知识框架。

9.2.1　基础概念

我们已经知道分子轨道理论用于描述分子结构的基本原理。第一性原理计算研究的是晶体物质,与分子一样,晶体也是由原子组成的,所以由原子轨道形成晶体轨道(crystal orbital,CO)的逻辑和原子形成分子轨道的逻辑是完全一致的。但是二者之间存在两点很重要的差异性:①晶体可以认为是具有无限延展特性的"分子",沿着任意方向上都可以认为有无限多个原子按照某种方式排列;②晶体具有周期性特征,晶体中的任何一个原子除了类似于分子中的从属地位以外,其性质会受到整体周期场的影响。这最终导致晶体不再呈现分立的轨道,其中的能级以能带的形式各向异性地分布。

1.基于多烯模型理解能带概念

从原子之间的成键行为(bond)的理解扩展到能带结构(band)的理解,多烯烃分子的电子结构是很好的助力。多烯烃分子,无论是线性多烯还是环状多烯,其最基本的键合特征是垂直于分子链的 p 轨道形成的共轭 π 键体系。即使不使用量子化学计算方法,在掌握结构化学基础知识以后,使用最简单的 Hückel 方法也能够容易地得到这些体系的分子轨道波函数的表达式和能级的具体分布情况。以丁二烯为例,其 π 轨道能级分布特征如图 9.4 所示。

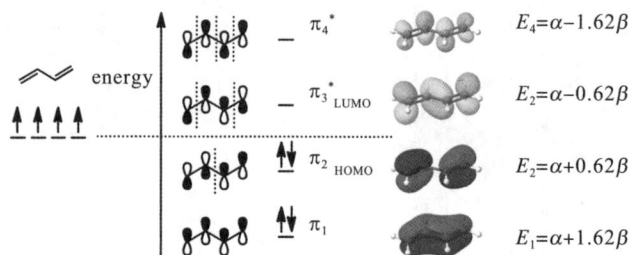

图 9.4　丁二烯的分子轨道能级和图形　　　　　　彩图效果

可以看到，该分子呈现出对称化分布的能级特征，其中一半形成成键轨道，另一半形成反键轨道。随着多烯烃碳原子数目 N 的增多，能级分布可以写为：

$$E_n = \alpha + 2\beta \cos \frac{n\pi}{N+1}\tag{9-1}$$

当 N 分别取奇数和偶数时，能级分布情况略有差异。但是，随着 N 的增大，原本分立的能级逐渐变得稠密。对于分子而言，N 的数值一般总是有限的，即使是高分子，也最多为 10^8 数量级。我们只能描述为其能级分布比较稠密，电子跃迁到未占据轨道上的概率随着 HOMO 和 LUMO 之间能隙的减小，变得越来越大，分子表现出越来越强的导电性。

晶体中原子的无限性导致的直接结果，就是形成的晶体轨道的能级排布具有致密性的特点。对于晶体而言，沿着晶体的任意方向，原子排布数量往往能够达到 10^{23} 的数量级。在这种稠密程度下，原本能级之间逐渐变小的间隙完全可以忽略不计，此时从成键轨道最低的能级位置到反键轨道最高的能级位置，可以认为能量是一个连续分布的整体，称为能带。被电子完全填充的能带，称为满带；未被电子填充的能带，称为空带。有时某些原子轨道形成的能带往往是部分填充的状态，表现出金属性。

基于上述多烯烃案例，我们明确了能带能够形成的缘由。其核心因素是参与成键的原子数量异常巨大，可以视为无穷大的模型。此时，能带边界会收敛到特定值，被称为带边的位置。需要注意到能带理论的核心要素除了原子数量多造成能级分布稠密化的特征以外，还需要考虑到晶体具有周期性的特征，晶体中的任何一个原子除了类似于分子中的从属地位以外，其性质会受到整体周期场的影响。那么应该如何描述周期势场对单个原子的影响，以及如何描述晶体轨道波函数呢？这就必须引入固体物理学中能带构造理论最基础的概念——布洛赫定理。

2. 布洛赫定理与 k 点的概念

布洛赫（Bloch）定理是说电子在周期势场中的运动规律可以用布洛赫波（函数）来描述。布洛赫波的概念由菲利克斯·布洛赫在 1928 年研究晶态固体的导电性时首次提出。布洛赫波是晶体中运动的电子的基本性质。该波函数必须满足如下关系：

$$\varphi(\boldsymbol{r} + \boldsymbol{R}_n) = e^{i\boldsymbol{k} \cdot \boldsymbol{R}_n} \varphi(\boldsymbol{r})\tag{9-2}$$

其中，$\boldsymbol{r}$ 表示晶体中的任意位置，$\varphi(\boldsymbol{r})$ 是该位置的波函数，$\boldsymbol{R}_n$ 是指定的具体平移向量（可以整数分解到晶格的三个基向量方向），$\varphi(\boldsymbol{r} + \boldsymbol{R}_n)$ 是平移后所在位置的波函数。布洛赫定理描述的是在晶格中的两个位置的波函数之间的关系，这种关系不依赖于初始位置的选择而仅仅与相对位置有关,这样就能保证布洛赫波具有平移对称性。指数项涉及一个新引入的向量 k 与 $\boldsymbol{R}_\mathrm{n}$ 做内积。该指数项的意义在于只是改变了原来波函数的相位,但不改变其他振幅和频率等性质。布洛赫本人对该定理的说法是"晶体中电子波函数的相位受到周期势场的调制"。

　　晶体中处于等价位置的波函数相位不同,要理解这一点比较困难。晶体中原子的势能函数是周期性分布的,平移任意晶格向量,势能函数是不变的。这很容易被默认为波函数也满足类似的关系。但是实际情况是除了波函数相位以外,其他性质保持不变。我们将 r 定位在某个原子上,如果波函数的形式一成不变,那么体系就是按照这种相位特征组成的一个轨道。相当于上述分子案例中的四个相同相位的 p 轨道组成了丁二烯的第一个 π 轨道,或者苯环中的第一个 π 轨道。某个相同能级无限叠加并不能形成能带。在共轭分子中,某个原子在形成不同分子轨道时,利用的 p 轨道相位也有差别,更何况是在晶体这样更复杂的体系中。在小分子中,波函数的相位组合方式可以采用穷举的方法,排除重复即可满足所需要的组合情况。考虑到晶体的对称性,相位组合方式必然不可能是随机组合的模式。即使是原子数量很多,组合方式也远低于原子数。波函数相位组合如何安排由 k 向量决定。每一个 k 向量确定唯一一种特定的组合方式。最简单的能带理论模型是一维氢原子链。尽管这一结构在实际中并不存在,但是由于氢原子只有一个 1s 轨道,能够简化我们对能带形成的理解。

　　对于一维氢原子链而言,1s 轨道不同相位条件组合能够展开形成 1s 能带。每个氢原子的 1s 轨道具有两种常见的相位组成方式。图 9.5 展示了这一模型的结构,其中颜色相同(代表相位一致)的氢原子,相邻时形成成键轨道;颜色不同(代表相位不同)的相邻氢原子之间形成反键轨道。不同相位的氢原子组合形成能带的过程中,由于晶体具有平移对称性,不是随机的相位组合形成能带,而是有规律的相位排布方式的那些组合形成能带。比如,第一种排布方式周期为 a,第二种排布方式周期为 $2a$,第三种排布方式周期为 $3a$ 等,依次类推。间隔有限周期,波函数的相位形式会开始重复循环。这种循环方式写成数学语言就是波恩-卡曼边界条件。通过该边界条件以及晶体的势函数满足平移对称性条件就能得到 k 向量的一般形式 $k = k_x e_x^* + k_y e_y^* + k_z e_z^*$。$k$ 向量的基向量(e_x^*, e_y^*, e_z^*),与晶体模型基向量(e_x, e_y, e_z)之间满足 $e_x \cdot e_x^* = 2\pi$(相同为 2π)、$e_x \cdot e_y^* = 0$(相异为 0)的正交关系。一般,称晶体所在的三维空间为实空间,向量 k 所在的空间为倒易空间。

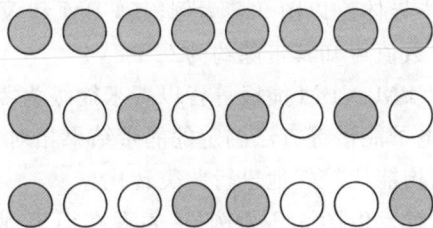

图 9.5　一维氢原子链

3. 色散关系

对于一维氢原子链模型,很容易写出两个处于极端情况下的波函数表达形式。当 $k=0$ 时,所有氢原子相位相同,组成完全的成键轨道,能量最低;当 $k=\pi/a$ 时,相邻氢原子相位完全相反,形成完全的反键轨道,能量最高。这一情况与我们在多烯烃模型中的观察是一致的。

一般地,我们将每个 k 点处对应的各个能量本征值 $E(k)$ 沿着特定的 k 点路径方向绘制 $E(k)$-k 关系图像。通过 $E(k)$-k 关系,能够明确在该 k 点路径方向上能带的最大值、最小值以及单调性变化情况。将一系列不同的 k 点路径组合在一起就是通常所见到的能带图像。$E(k)$-k 的函数关系称为色散关系。对于一维氢原子链,其说明的问题是沿着 k_x 正方向上,$E(k)$ 能量逐渐升高,呈现出两端平缓增长、中间陡峭增长的规律。$E(k)$ 的最小值到最大值的范围的系列能级形成 1s 能带(图 9.6)。

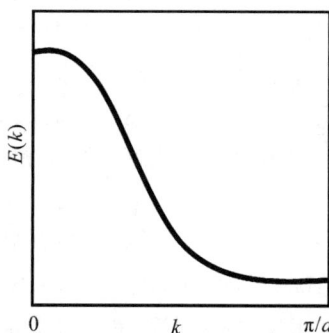

图 9.6　色散关系:能量沿着 k 方向的曲线

能带理论从一维扩展到更高维度的处理也并不复杂,只需要将不同的维度独立处理即可。为了描述能量随位置的关系,需要将体系中比较关键的几个 k 点标注出来。为了尽可能多地展现不同 k 点路径下的能带色散关系,k 点路径一般会被设定为一条闭合的回路,这样就能尽量保证每个点与相邻特征 k 点之间的关系都能得到考察。这也是一般情况下设计能带计算中 k 点路径的原则。这些被选中的、关键的、在倒易空间中具有特殊位置的 k 点,被称为高对称点。

4. 能带的识别与分析

经过上文的讨论,已经知道了能带图的横坐标的含义,即高对称点及沿着高对称点的路径。这些高对称点的取法取决于晶胞的对称性。能带图展示了沿着 k 点路径各能级的能量变化情况。通常,人们在绘制能带图时以费米能级为零点。当存在带隙时,高于费米能级的第一条能带的最低点叫作导带底(CBM),低于费米能级的第一条能带的最高点称为价带顶(VBM),两者之间的能量差为带隙。当 VBM 和 CBM 处于同一 k 点时,称该物质为直接带隙半导体,否则为间接带隙半导体。以图 9.7 为例,其 CBM 和 VBM 位置高亮标出,可见为直接带隙半导体。读取能量数值可知其带隙约为 0.4 eV。

需要注意的是,此处的 CBM、VBM 能级等皆以费米能级为零点。如要得到以真空能级为零点的能级数值,并与光电子能谱等方法测定的能带结果相对照,必须通过功函数等方法进行转化。通常只有表面结构能比较好地进行此类转化。

高对称点路径可以不连续。以图 9.7 为例,这表现在横坐标中 A|L 等处,表明该点左极限为 A 点,右极限为 L 点。相应地,这也会导致能带曲线出现断点。这都是为了更好地展现晶体各处的能带特征。

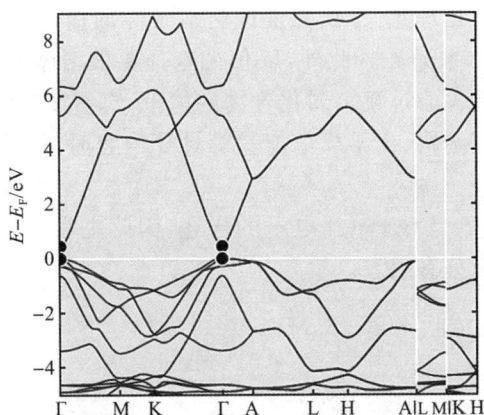

图 9.7　一种 ZnO 的能带结构

只有带隙存在时,才有 CBM、VBM 的概念。以图 9.8 中的 Fe 为例,能带穿过费米能级,表明是一种导体,不存在带隙。由于 Fe 具有磁性,需采取自旋极化计算,此时能带结构分为两个自旋方向,分别以实线和虚线标注。

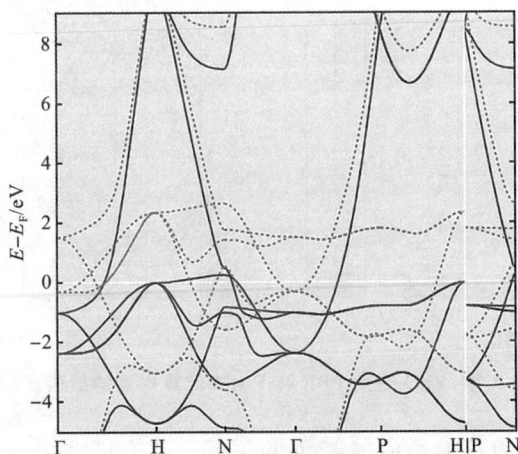

图 9.8　一种 Fe 的能带结构

5. 带隙与泛函的关系

在第一性原理计算中,PBE 泛函是 GGA 泛函中的一种经典代表,符合物理学描述,其突出特点是显著低估带隙,往往使得半导体被指认为金属或虽然有带隙,但比实验值低估数个 eV 的体系。杂化泛函可以减轻对带隙的低估,但耗时比 GGA-PBE 泛函高出 3 个数量级。在 VASP 程序中,当前建议只对十几个原子以下的晶胞采用。近年来以 CP2K、PWmat 等为代表的新程序扩大了杂化泛函的使用范围,但大体系的杂化泛函计算仍有相当大的挑战性。

除了杂化泛函外,修正 GGA-PBE 泛函对带隙的描述的另一方法是 DFT+U。在采取DFT+U 方法的过程中,需要给特定原子的特定轨道电子相互作用增加一个经验性的修正项,其中需要对各轨道分别指定 U 值。随着 U 值增大,得到的带隙将连续增大。DFT+U的耗时总体上与 GGA-PBE 泛函处于相同的数量级,因此使用较为广泛。但由于这一修正项是基于经验进行的，缺乏物理意义，虽然能改善对带隙的描述，但对其他性质的描述是会带来改善或是恶化，则因体系而异。此外，U 值的选择要根据体系——测试确定，也导致其任意性很大。通常，当着重关心过渡金属化合物的能带、态密度等特征时，采用 DFT＋U 有必要，而如果着重关注几何结构、化学反应能量等计算内容时，DFT＋U 是否有必要甚至是否有好处就值得商榷了。

DFT＋U 最主要改善的是对于 d、f 电子的描述，因此主族元素通常不采取该方法。即使采取，对能带的影响也十分有限。

9.2.2 能带计算实例

1. 能带色散关系

【例 9.1】 图 9.9 展示了一种 ZnO 的能带色散关系。计算模型为 ZnO 的晶胞，泛函分别使用普通泛函 PBE 和杂化泛函 PBE0。从图中观察可以得到，ZnO 使用不同泛函计算得到的能带色散关系的走势是基本一致的。杂化泛函对能带色散关系最主要的修正是带隙。PBE 计算得到的带隙是 0.78 eV，而 PBE0 计算得到的结果是 3.37 eV。可见相比于杂化泛函，PBE 等 GGA 泛函对带隙有巨大的低估。

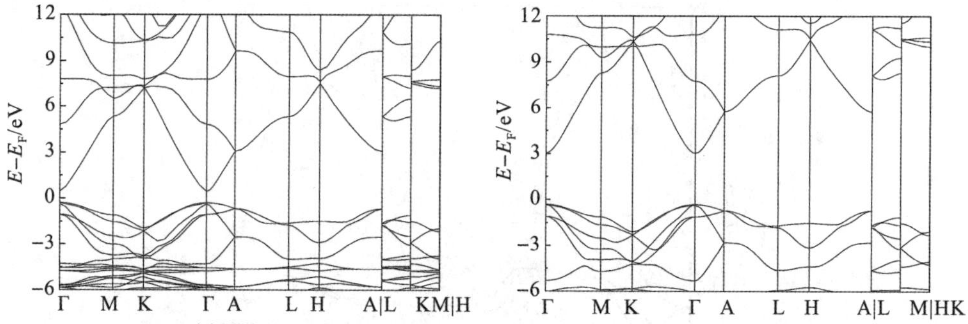

图 9.9 ZnO 使用 PBE 和 PBE0 计算得到的能带结构

【例 9.2】 图 9.10 为石墨烯的能带色散关系。计算模型为石墨烯的晶胞，泛函使用 PBE。该计算结果复现了石墨烯能带结构中特殊的狄拉克锥结构，表明石墨烯是一种特殊的零带隙材料，仅仅在 K 对称点处，价带和导带重叠，其余能带处于分离状态。

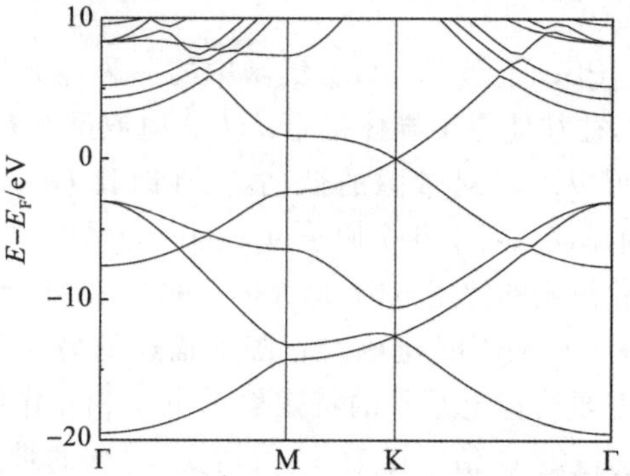

图 9.10 石墨烯的能带色散关系

2. 有效质量的计算

晶体中电子的有效质量是一个张量,是波矢 k 的函数。导带底附近,有效质量是正的;价带顶附近,有效质量是负的。这是由于导带底或价带顶分别对应色散关系函数的极小值或极大值,具有正的或者负的二阶微商。一般而言,对于宽的能带,能量随波矢 k 的变化剧烈,有效质量小;而对于窄的能带,有效质量大。有效质量的计算公式如下:

$$\frac{1}{m} = \frac{1}{\hbar^2}\frac{\partial^2 E(k)}{\partial k^2} \tag{9-3}$$

一般情况下,有效质量可以通过二次函数 $y = A + Bx + Cx^2$ 拟合法得到或者对式(9-3)中的二阶微商项进行二阶求导得到。

3. VBM 和 CBM 分析

价带顶(VBM)和导带底(CBM)是材料前线轨道的关键分析要点。图 9.11 为体相 ZnO 的 VBM 和 CBM 结果。

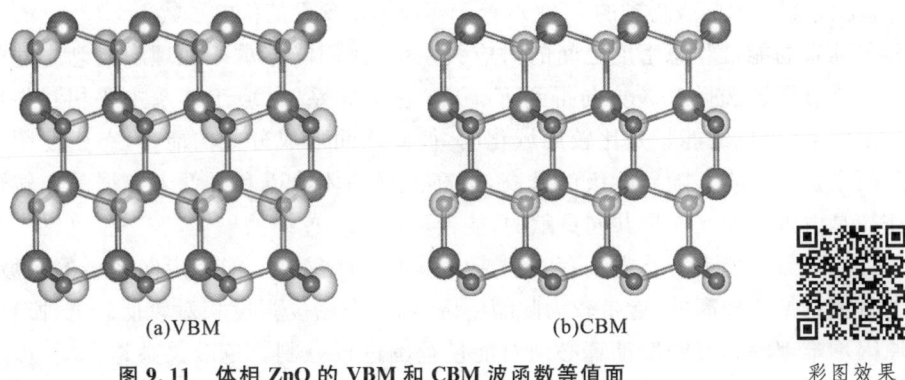

(a)VBM　　　　　　　　(b)CBM

图 9.11　体相 ZnO 的 VBM 和 CBM 波函数等值面　　　彩图效果

从图 9.11 中可以看出,ZnO 的 VBM 主要由 O 的 2p 轨道组成,CBM 主要由 O 的 2s 轨道组成。

9.3　态密度

态密度计算是目前第一性原理电子结构性质类计算中最广泛的计算内容。尤其是对于吸附和催化体系来说,态密度计算的重要性高于能带,因为态密度能够从全局的角度反映出轨道的变化以及电子重排列的信息。对于催化来说,化学键断裂和生成的过程是核心内容。对化学键的分析在分子轨道理论框架下需要考察对比体系的轨道的相互作用方式以及电子分布特征的变化。相比于能带而言,态密度能够更加简单清晰地展示这些信息。

9.3.1　基础概念

1. k 空间的等能面与态密度的概念

在能带和 k 空间概念基础上,我们再引入态密度的概念。能带色散关系只能反映在特定路径上不同 k 点的能级分布。不同的 k 点或许会对应能量相同的情况,也就是说,这些能级位置是大量简并的。尽管 k 点选取不同,但是比较固定的原子轨道组合形式是大部分情况下相互作用的来源。因此对于能级或者能带的分析聚焦于这些 k 点对应的主要相互作用形式有哪些，占比情况如何，那么就需要选择某个固定能量对 k 点数量按照指定标准进行统计。在三维的 k 空间中，将能量相同的这些 k 点连接起来形成一个 k 点的等能面。选择某个能级位置 E 附近一个极小的范围 $(E, E+dE)$，在该范围内会包含若干 k 点。等能面中包含的 k 点数目（电子态数 N）为 dk。可以明确电子态数变化量 dN 与 dE 之间存在函数关系（分布函数），具体数学形式因体系而异。对单位体积的 dN 可以将其定义为 $D(E)$，称为态密度（density of states，DOS），用于描述体系每个能级处的 k 点密度大小。态密度函数的积分结果（ITDOS）对应于当前模型一个晶胞单位计算的能级数目，包括占据轨道和部分未占据轨道。占据轨道的电子填充数目等于当前模型预设的价电子数。根据费米-狄拉克定律，费米能级是电子的最高占据能级，往往介于最高占据晶体轨道（HOCO）和最低未占据晶体轨道（LUCO）之间。电子在填充能级范围内，总是从低能到高能进行填充。电子的填充在 k 空间最终形成一个球，称为费米球。费米球的表面把占据态和未占据态分开，称为费米面。态密度一直积分到费米能级得到的 ITDOS 等于当前模型预设的价电子数。

从简单体系的能带和态密度之间的对应关系中，我们能够更好地理解概念之间的联系和差别。一维分子链选择 Γ-X 方向得到 $E(k)$-k 色散关系，对应于体系主要相互作用的方向。在该方向上，较低的能带是比较局域化的，彼此之间形成分立的能带，态密度图上表现出来的是两个独立的峰。随着能级的升高，最高占据晶体轨道和最低未占据晶体轨道附近的能带往往是由多种相互作用共同贡献的，能带形成一个连续的整体，在态密度图上也是一个连续的分布函数。能带与态密度存在对应关系，一般情况下，能带走向平缓的区域，对应的态密度数值总是比较高的；能带较为陡峭的区域，其态密度强度相对较低。这种对应关系呈现的原因不难理解。态密度计算必须对能量范围进行分割。色散关系越平缓，可以纳入 $(E, E+dE)$ 范围内的状态越多，态密度就越大。同时需要注意到态密度的边缘位置和能带会有微小的差别，其原因是态密度函数同样需要遵循费米-狄拉克定律，密度函数对能量存在展宽，使其边缘超出能带边缘少许。态密度在 k 空间中均匀撒点，能带只选择了几个代表性的 k 点，从样本覆盖程度而言肯定是态密度更大（k 点密度确实足够），可能包含有能带计算时遗漏的 k 点。如果发现能带和态密度存在能级缺失现象，这时需要同时考察能带 k 点路径是否全面、态密度的 k 点是否取得足够高。

2. 分子/晶体的态密度

不同维度的体系，态密度的分布规律是不同的。分子或者孤立体系的态密度分布呈现离散的条带状。对应的能带图也是比较平的线，说明这些能带是比较局域化的，基本上由各个分子轨道在晶胞调制下相互作用产生。晶体的态密度往往表现出大范围的连续分布。

3. PDOS

投影态密度（projected DOS，PDOS）是将 DFT 计算得到的本征波函数投影到一组相互正交的基函数上。基函数的选择可以是原子，也可以是原子轨道。这样就能得到原子或者原子轨道上所分摊的态密度。从整体和局部划分角度而言，也有称其为 partial DOS 的。但是需要注意到投影态密度实际的操作是对波函数进行投影算符的数学处理，而不是对原有的 DOS 进行简单的分拆。这一投影过程并不一一对应，因此各个组分的 PDOS 之和并不等于整体的 TDOS，一般是加和结果略小于 TDOS。如果恰好等于加和结果，则可能需要思考计算是否存在很明显的错误。

态密度（包含投影态密度）分析在第一性原理计算中应用非常广泛，主要用于研究吸附分子与基底模型之间的相互作用，研究缺陷态的电子结构（缺陷态的能级分布位置及其对带边的影响），研究表面态（由半导体表面存在不饱和配位原子产生，在四配位材料体系中非常显著）等。态密度分析往往不是孤立存在的，有时候需要结合能带、能带分解波函数、原子电荷、电子密度分析以及后文所述的 COHP 等综合分析，以求全面把握体系的电子结构特征。

==================【Q&A】==================

Q1：除了态密度以外，还有什么方法能够辅助分析组分间的相互作用？

答：常见的分析组分间相互作用的方法除了态密度以外还有差分电荷密度（建议结合原子电荷，如 Bader 电荷分析）以及晶体轨道哈密顿布居（COHP）。

Q2：什么是 COHP？与态密度分析有何什么关系？

答：晶体轨道哈密顿布居（COHP）[39,40]主要用于描述第一性原理计算中局部化学键的强度。在第一性原理计算以及比较复杂的分子结构的量子化学计算中，计算键能是一件非常困难的事。因为这些体系中原子往往处于非常复杂的配位环境中，并不是对应于很简单的价键结构。这种情况下研究键能没有可行性。在第一性原理计算中，处理的方法是重新定义一个评价定域化学键的指标。沿用分子轨道理论中重叠积分和重叠布居的概念，将重叠布居乘以态密度得到重叠布居权重的态密度，也就是晶体轨道重叠布居（COOP）。更精确一些的处理方法目前发展成为晶体轨道哈密顿布居（COHP），以用于化学键分析。

COHP 在态密度研究基础上得到指定两个原子之间在不同能级位置处对应的成键和反键特征以及强度分布。对费米能级以下的 COHP 曲线进行积分可以得到 ICOHP 积分值。ICOHP 作为特定价键强度的一种度量，能够弥补第一性原理无法计算键能的不足。在键长相近的情况下，ICOHP 如果呈现差异，此时能够从相互作用方式不同的角度剖析成键强度不同的原因。COHP 的计算结果一般包含 COHP 图像（建议结合态密度图分析）、ICOHP 数值（成键强度的度量）以及 pCOHP 结果（类似于 DOS 和 PDOS 的关系，取决于研究需求）。

==

9.3.2　案例——FeN₄ 吸附 CO

单原子的吸附和催化是当前研究的热点问题，下面以 FeN₄ 单原子催化剂为例，简要阐述 CO 的吸附行为与 FeN₄ 单原子催化剂之间的相互作用机制。图 9.12 是吸附前 CO 和 FeN₄ 材料的态密度图，以及吸附后 FeN₄-CO 整体的态密度图。很明显，CO 是孤立体系，呈现出离散的能带结构。而 FeN₄ 带隙很窄，具有类金属性，体现出较好的电子传输性能。另外 FeN₄ 是自旋极化体系，自旋上下的态密度分布有差异，尤其是在费米能级附近，能级分布差异尤其巨大。但是当 CO 吸附后，FeN₄-CO 不同自旋的态密度分布呈现对称的特点，意味着 FeN₄ 部分转变为自旋非极化状态，Fe 中心从高自旋转变为低自旋的状态。这是因为 CO 是强场配体，与 Fe 中心发生强烈相互作用，导致晶体场分裂能增大，此时电子成对能小于晶体场分裂能，于是总自旋减小。计算结果是净自旋为零的状态。由于 FeN₄ 中原子数量较多且存在大量无关组分，干扰了对 CO 和基底轨道相互作用的分析，因此需要分离出 CO 的

PDOS 成分以及 Fe 位点的 PDOS 成分后再进行分析，于是便有图 9.13 的结果。

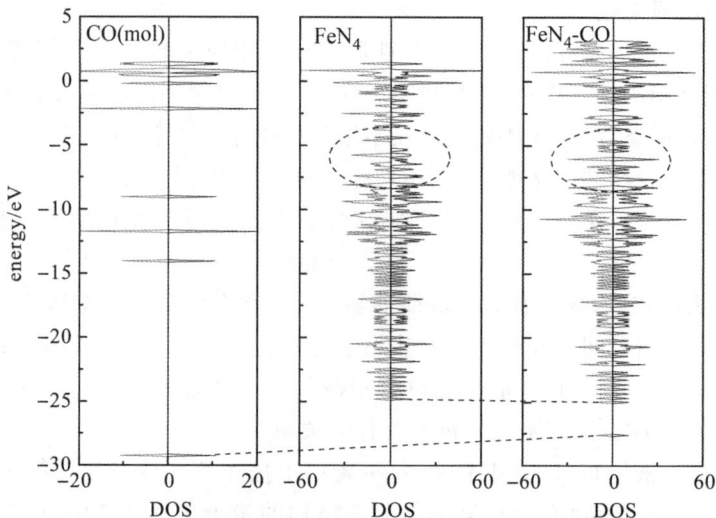

图 9.12　FeN₄ 吸附 CO 前后的 TDOS 图

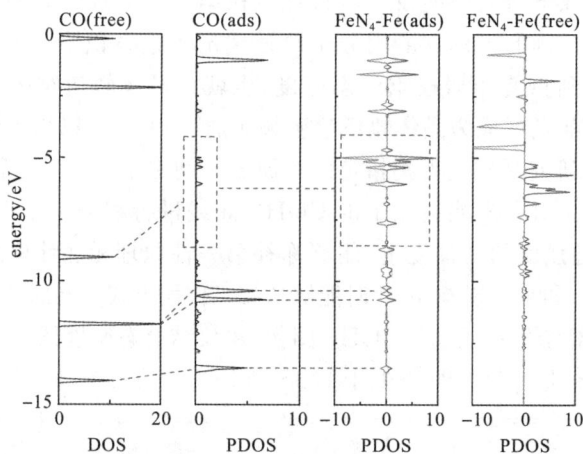

图 9.13　FeN₄ 吸附 CO 前后分解到不同片段的 PDOS 图

从图 9.13 中能够大致判断 FeN_4 吸附 CO 前后的轨道能级之间的对应关系。这种关系能够通过波函数分析得到印证。FeN_4-CO 的主要相互作用来源于 CO 的占据轨道与自旋向上的 Fe 的空轨道之间的相互作用，CO 的 HOCO 分裂为一系列轨道。CO 的 π^* 轨道与 FeN_4 的占据轨道成分相互作用形成反馈 π^* 键，在某种程度上也在削弱 Fe-CO 之间的相互作用，使二者不至于距离太近。

除了正常配位和反馈 π^* 键外，还存在占据轨道之间的相互作用以及未占据轨道之间的相互作用。后面两种作用一般不稳定，但是在以下两种情况下是可能存在的：当占据轨道之间形成的反键轨道能级高于材料本身的费米能级时，反键轨道电子很容易从反键轨道转移回材料本身，从而形成稳定相互作用；或者当未占据轨道之间形成的成键轨道作用低于材料本身的费米能级时，该成键轨道能够承接材料本身转移而来的电子从而形成成键作用。

9.4　功函数

功函数(work function)是指电子从固体表面逸出到表面附近的真空中所需的最小能量,通常以电子伏特为单位。其中,"表面附近的真空",是指在微观上距离表面足够远,从而摆脱表面原子的束缚,而在宏观上又距离表面足够近。据此定义显然可知功函数是表面的性质,只有明确表面的具体情况后才能确定功函数。物质种类、晶面、表面暴露的原子、缺陷、表面上吸附的物种以及表面受污染程度等都会对功函数产生影响。功函数反映了表面失去电子的难易程度,可看作是表面对电子的吸引能力,因此可通过功函数对比来辅助判断两个界面接触时的电子流向。如果界面处没有较大的结构重组等其他因素,电子往往从功函数较小的一相流向功函数较大的一相。

功函数 W 的计算公式为 $W = E(\text{vac}) - E_F$,其中 $E(\text{vac})$ 指的是表面附近真空中的静电势(又称为真空能级),E_F 指的是费米能级。第一性原理程序直接输出的费米能级数值不固定,不能与以真空能级为零点的实验测试得到的费米能级直接进行对应,因此需要将计算得到的费米能级以真空能级为零点进行校正。为了实现这一过程,需要针对给定表面进行构型优化,随后进行静电势计算,从而得到该表面的费米能级以及所对应的真空能级。

静电势计算是计算功函数过程中必不可少的一步,其结果通常以平面平均静电势曲线呈现。在表面模型中,真空层通常沿着 c 方向(或称 z 方向)延伸,我们将晶胞在 ab 平面上的静电势进行平均,随后绘制出平面平均静电势-z 方向坐标的曲线,如图 9.14 所示。在有原子存在的位置,静电势剧烈波动,而进入到真空层后,静电势变化逐渐平缓,直到基本达到确定的数值,此处的静电势即为真空能级。随后从输出文件中读取出费米能级,与真空能级相减,即可得到静电势。在本案例中,真空能级与费米能级分别为 2.31 eV 和 -5.56 eV,从而可知该表面功函数为 7.87 eV。

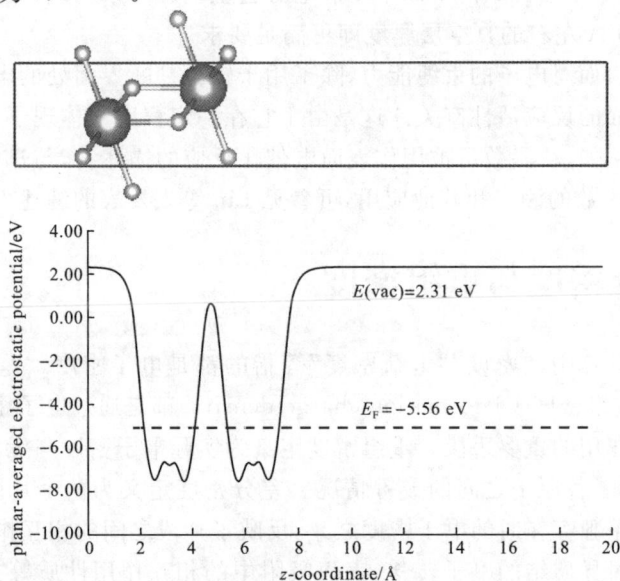

图 9.14　CaF$_2$(111)表面的几何结构及平面平均静电势曲线

对于不对称表面，上下两侧附近的真空能级并不相等，使得平面平均静电势呈现出台阶形。在图 9.15 中，$CaF_2(100)$ 表面上下分别暴露 F 与 Ca 原子，导致两侧真空能级显著不同，分别为 5.62 eV 和 -1.25 eV，结合输出文件中读取到的费米能级 -3.93 eV，从而可以计算得到表面两侧的功函数分别为 9.55 eV 和 2.68 eV。

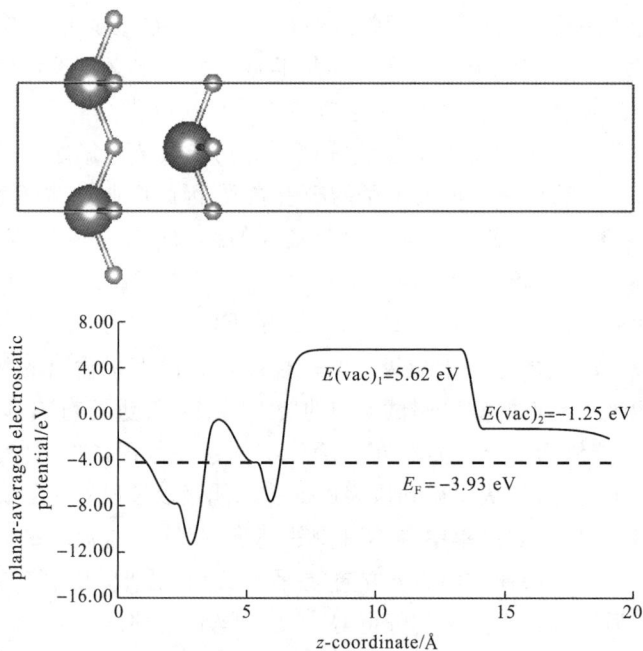

图 9.15　$CaF_2(100)$ 表面的几何结构及平面平均静电势曲线

功函数计算时，为了得到正确的真空能级，需要设置足够的真空层，并进行偶极校正。如不进行偶极校正，真空层区域的平面平均静电势会呈现出一条斜线，无法确切读出真空能级。多数情况下，15 Å 左右的真空层厚度即可满足要求。

功函数反映了表面对电子的束缚能力，除了用于辅助判断界面处的电子转移方向外，在一些情况下也与表面的反应活性有关。这是由于它在一定程度上体现了表面与吸附质发生电荷转移的能力。例如，功函数可被用作表面电催化反应的描述符，与过电势呈现出火山形关系[41,42]。关于功函数的测定和其他应用，可参见 Lin 等人发表的综述[43]。

9.5　差分密度与重组密度

在第一性原理计算中，"密度""电荷密度"等指的都是电子密度。差分密度（difference charge density）与重组密度（deformation charge density）都是通过电子密度做差来定义的，是讨论片段间相互作用的重要手段。重组密度定义为实际电子密度与无相互作用的各原子电荷密度之差，反映了各原子之间的成键情况。差分密度定义为两个片段形成复合物后总电子密度与各片段单独存在时的电子密度之差，反映了片段之间的相互作用。

差分密度在探讨异质结的电子转移、表面吸附中的相互作用性质等方面非常有用。以 Pt(111) 面吸附 O_2 为例，通过差分密度可以观察表面与氧气分子之间的电荷转移。为了得

到差分密度,需要进行如下步骤:

(1)优化 Pt(111)面吸附 O_2 结构,得到整体结构的电子密度。

(2)根据(1)中所得结构,分别提取 O_2 和 Pt 表面的部分,进行单点计算,获得这两部分单独存在时的电子密度。

(3)借助后处理程序,将整体与片段的电子密度进行相减,随后以等值面的形式呈现。

差分密度通常以等值面形式呈现,其颜色没有明确规定,在阅读和报道差分密度等值面时,要格外注意图中颜色的含义。图 9.16 中,黄色和蓝色分别表示电子的积累和损失。由此可知,沿着 Pt—O 键轴方向,Pt 原子附近区域表现出电子损失,而在键轴靠近 O 的位置呈现出电子积累,这是极性共价键的典型特征。Pt 原子核附近有一部分比较杂乱的电荷积累和散失的区域,空间分布呈现出纺锤形,提示 Pt 的 d 电子发生了一些重组。对于氧气,在 O—O 键轴靠近末端氧原子附近,有明显的电荷积累,体现出吸附后氧气发生了一定程度的极化,并接受了来自表面的电子。

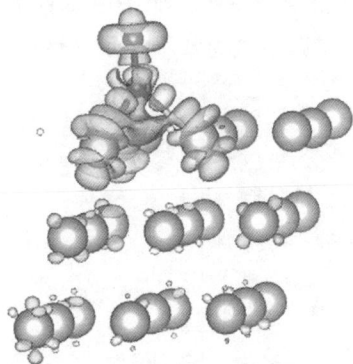

彩图效果

图 9.16 Pt(111)表面吸附氧气的差分密度等值面

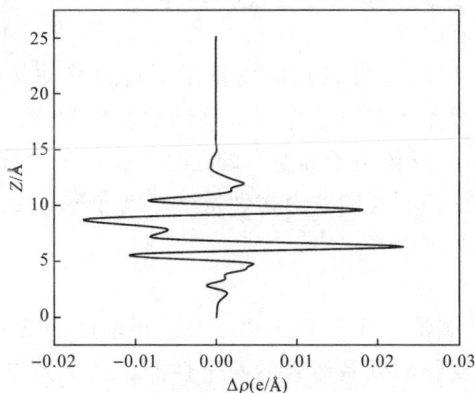

除了用于分析吸附过程的电子转移,差分密度对于异质结电子流向的判断也是十分重要的工具。在图 9.17 中,展示了 $MoS_2/MoSe_2$ 异质结的差分密度等值面、平面平均差分密度曲线。其中 MoS_2 位于图片中的下层,黄色和蓝色分别表示电子的积累和损失。从等值面可以发现,两层内部 S 原子处均有电荷重组,总体上在界面处,在靠近 $MoSe_2$ 的一层呈现电荷损失,而在靠近 MoS_2 的 S 原子处有一定电荷积累的等值面,提示电子从 $MoSe_2$ 向 MoS_2 转移。

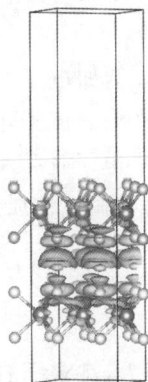

(a)差分密度等值面   (b)平面平均差分密度曲线

图 9.17 Pt(111) $MoS_2/MoSe_2$ 异质结的差分密度等值面和平面平均差分密度曲线

彩图效果

　　差分密度展示出了电子得失的空间分布特征，其优点是直观，而缺点则是不够定量。许多情况下电子得失区域交错分布，难以直观识别总体电子流动方向。在这种情况下，可以综合运用原子电荷等其他分析手段或对差分密度进行平面平均和积分，以得到定量化的结果。仍以图 9.17 为例，该曲线实际表示为在一个选定的方向——c 方向上，将三维空间中的电荷密度数据投影到二维平面上，并对该平面上的差分电荷密度取平均值。若以界面两侧 S 和 Se 原子坐标的中点来作为两相的分界线，分别对分界线上下部分进行积分，可知 $MoSe_2$ 一侧积分值约为 $-0.005e$，提示其向 MoS_2 转移了大约 0.005 个电子。

　　与差分密度不同，重组密度是总密度与各原子密度之差，反映了所有原子之间的成键情况。对于共价键，在成键区域存在电子密度积累；对于离子键，则参与成键两原子有明显的电子得失，因此观察重组密度对于分辨成键的本性有一定帮助。图 9.18 展示了石墨氮掺杂石墨烯的重组密度，其中黄色表示电子积累，所有 C—C 或 C—N 成键区域的电子积累清晰可见，易知这些原子间形成了典型的共价键。虽然氮原子电负性大，但 C—N 成键区域的电子积累不如 C—C 成键区域明显，这也与石墨氮通常不显示碱性的事实一致。

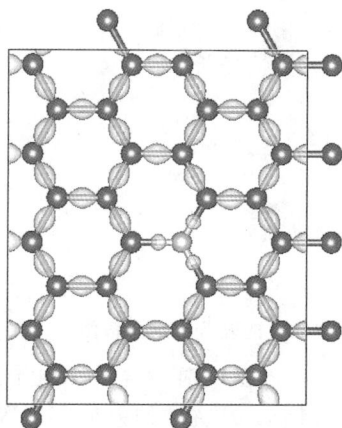

图 9.18　石墨氮掺杂石墨烯的重组密度等值面

彩图效果

9.6　载流子迁移率与电导率

　　载流子即电流的载体，指可以在电场作用下自由移动的带电微粒，例如电子、离子等。载流子迁移率反映了载流子在电场作用下移动的快慢程度。在半导体中，载流子也有可能指空穴。通常情况下，半导体电子和空穴的迁移率在同一个数量级，其中电子迁移率要大一些。与载流子迁移率密切相关的一个物理量——电导率 σ，也是重要的电输运性质，它与载流子迁移率之间的关系可以表述为：

$$\sigma = nq\mu \tag{9-4}$$

其中，σ 为电导率；μ 为载流子迁移率；n 表示载流子浓度；q 表示元电荷。

　　载流子迁移率主要影响到晶体管的两个性能。其一是电流承载能力：载流子迁移率和载流子浓度决定半导体材料的电导率，迁移率越大，电导率越大，通过相同电流时，功耗越小，电流承载能力越大。其二是器件的工作频率和渡越时间。少数载流子的渡越时间是衡量双极晶体管频率响应的主要标准。迁移率越大,需要的渡越时间越短。晶体管的截止频率与基区材料的迁移率成正比,因此提高迁移率,可以降低功耗,提高器件的电流承载能力,同时提高晶体管的开关转换速度。

载流子迁移率的计算方法主要有形变势理论和玻尔兹曼输运理论两种。前者相对简单,但由于没有考虑电子和声子以及电子与电子之间的相互作用等因素,计算结果存在一定的误差,计算结果与实验值只能在数量级上吻合。而后者考虑了电子-声子的相互作用,可以基于第一性原理计算和最大局域化 Wannier 函数插值方法,在 Quantum Espresso 和 EPW 软件中实现。该方法的缺点是计算量很大,通常难以实现。

由于玻尔兹曼输运理论的复杂性,通常实际计算中仍然使用形变势理论。形变势理论主要基于 Bardeen 和 Shockley 在 2008 年总结的方法[44]。二维材料的载流子迁移率可以根据下式计算:

$$\mu_{2D} = \frac{e\hbar^3 C_{2D}}{k_B T m^* m_d E_1^2} \tag{9-5}$$

其中,m^* 为传输方向上的有效质量;T 为温度;k_B 为玻尔兹曼常数;E_1 表示沿着传输方向上位于价带顶(VBM)的空穴或聚于导带底(CBM)的电子的形变势常数,由公式

$$E_1 = \frac{\Delta E}{\Delta l/l_0} \tag{9-6}$$

确定,ΔE 为在压缩或拉伸应变下 CBM 或 VBM 的能量变化,l_0 是传输方向上的晶格常数,Δl 是 l_0 的变形量;m_d 为载流子的平均有效质量,由公式

$$m_d = \sqrt{m_x^* m_y^*} \tag{9-7}$$

定义;C_{2D} 为均匀变形晶体的弹性模量,对于二维材料,弹性模量可以通过公式

$$C_{2D} = 2\frac{\partial^2 E}{\partial(\Delta l/l_0)^2}\frac{1}{S_0} \tag{9-8}$$

来计算,其中 E 是总能量,S_0 是优化后的面积。

因此,为了计算载流子迁移率,需要首先进行能带和有效质量的计算,并计算形变势常数 E_1 和弹性模量 C_{2D},最终得到载流子迁移率 μ_{2D}。

9.7　相稳定性、声子谱与形成能

从物理本质上来说,相稳定性由相的成分组成、结构特征和能量状态决定。一般通过研究相变来研究相稳定性。相变和相稳定性构成了固体物理和化学研究的重要课题,人们需要设法判断一个相在特定条件下是否稳定,如果不稳定会以怎样的相变过程转化为其他相。为了判断一个相的稳定性,可以考察声子谱和形成能。

声子是为了描述晶格振动而定义的一种准粒子。我们把晶格振动的简正模能量量子称为声子,声子谱关注晶格振动的行为和性质。声子谱是声子的色散关系,与能带作为电子的色散关系的含义类似,它反映了晶体的晶格振动相关性质。声子振动模式可分为低频的声学支和高频的光学支,两者对应的振动方式不同,但都反映了物质的热力学和力学性质。

声子谱可以用来计算材料的比热、内能、自由能、熵、热膨胀系数、力学性能随温度的变化等信息。其中最常用的,是通过声子谱来判断相稳定性:当声子谱无虚频时,表明该相在

势能面上处于极小值点。而一旦存在虚频，则意味着物质会沿着虚频方向发生转化，并取得更低的能量。

声子谱的计算主要有两种方法，一种是直接法，另一种是微扰密度泛函方法（DFPT）。

直接法，是通过在优化后的平衡结构中引入原子位移，计算作用在原子上的 Hellmann-Feynman 力，进而由动力学矩阵算出声子色散曲线。这种方法要求声子波矢与原胞边界正交，或者原胞足够大使得 Hellmann-Feynman 力在原胞外可以忽略不计。这使得对于复杂系统，如对称性高的晶体、合金、超晶格等材料需要采用超胞。超胞的采用使计算量急剧增加，极大地限制了该方法的使用。因此该方法适合小体系。

密度泛函微扰法（density functional perturbation theory，DFPT）方法：1987 年，Baroni、Giannozzi 和 Testa 提出了 DFPT 方法[45]。DFPT 通过计算系统能量对外场微扰的响应来求出晶格的动力学性质。该方法最大的优势在于它不限定微扰的波矢与原胞边界正交，不需要超胞也可以对任意波矢求解。CASTEP、VASP 等采用此方法直接计算出原子的移动而导致的势场变化，再进一步构造出动力学矩阵，进而计算出声子谱。此方法适合稍大的体系。

声子计算通常需要结合使用 VASP 与 Phonopy 程序，或使用 Quantum Espresso 程序。图 9.19 中展示了 Al 和 $Mg_3Al_8FeSi_6$ 的声子谱。其中 Al 晶体所有的振动模式频率均为正实数，而 $Mg_3Al_8FeSi_6$ 则出现了频率为负的模式，这对应了虚频的存在，表明后者并非一个稳定的相。

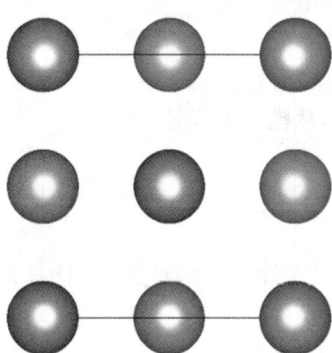

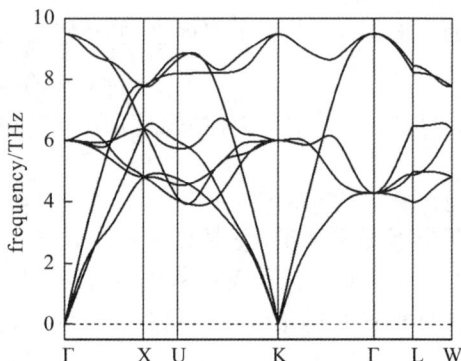

(a)Al的晶胞结构和声子谱

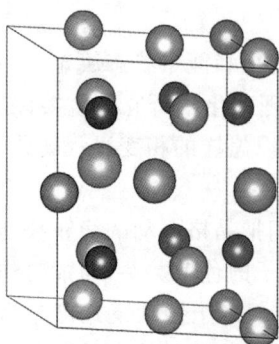

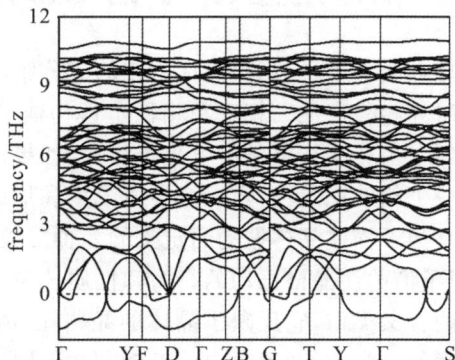

(b)$Mg_3Al_8FeSi_6$的晶胞结构和声子谱

图 9.19　晶胞结构和声子谱

在声子谱计算中,前期需要进行极高精度的晶胞优化,以避免因为计算精度不足而产生虚假的虚频,因此声子谱对计算资源要求很高。并且后续计算声子谱时涉及结构扩胞和对称性的问题,如果晶胞结构过大,内部对称性不高,将会极大增加后续计算量。有时,物质本身的虚频和因计算精度不足而产生的虚频难以区分。作为经验之谈,如果计算完的声子谱仅在 Γ 点处有虚频,那么有可能是由于优化精度不足,进一步提高优化的精度可将其消除。对于二维材料,如果在 Γ 点处出现很小的虚频,基本可以认为这个材料是稳定的,大部分二维材料都会有此现象;尤其是 VASP 结合 Phonopy 计算二维材料的声子谱在 Γ 点处更是容易出现虚频;使用 Quantum Espresso 的 PWSCF 和 PH 模块计算声子谱对于内存的需求较小一些,且对于二维材料的声子谱计算更友好一些。

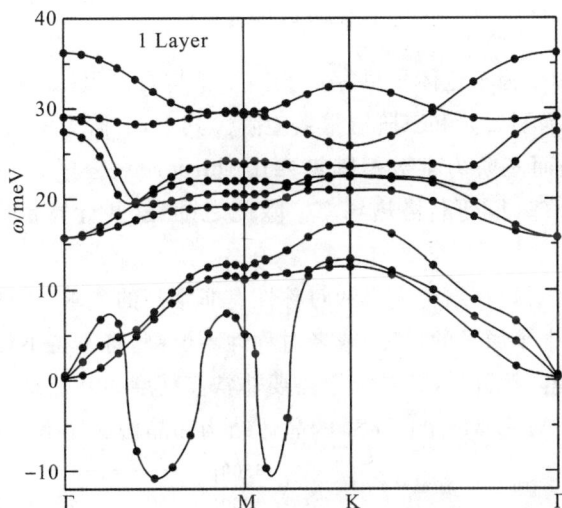

图 9.20　一个带有虚频的声子谱

有些情况下,我们可以利用虚频信息使不稳定的材料变得稳定。如图 9.20 所示,声子谱的一条声学支存在虚频,主要位于 Γ 点和 M 点之间 1/2 处(对应倒格矢的 1/4 位置)。倒格矢的 1/4,对应晶格长度的 4 倍。我们可能需要将原胞沿上述倒格矢方向扩大 4 倍,进一步优化原子位置,才可能得到比较稳定的晶胞。

声子谱可以确认一个相是不是势能面上的极小值点,而形成能则可用于对比一系列相的热力学稳定性。形成能是指由相应单质合成化合物所释放的能量。对于二元化合物 A_xB_y,其形成能可表示为:

$$E_f = \frac{E(A_xB_y) - xE(A) - yE(B)}{x+y} \tag{9-9}$$

其中,$E(A)$ 和 $E(B)$ 分别为对应单质 A 和 B 归一化后的能量。形成能反映了化合物相对于单质的稳定性,如果形成能为正,则提示它在热力学上可能倾向于分解为单质。当然,形成能为负不意味着该物质在热力学上就是最稳定的,它可能会倾向于分解成其他物质,或转变为其他相。为了排除这种可能,需要对各种可能的其他相的形成能进行对比,从而确定热力学上哪个相最为稳定。

当用能量判断某一材料的稳定性时，选择形成能可能更符合实际。因为实验合成某一材料的时候，我们一般使用其组成单质进行合成。如果想进一步判断该材料是处于稳态还是亚稳态，那么需要用凸包图（convex hull）进行稳定型描述[46]，详情请参阅文献，此处不展开阐述。

9.8 热导率

高温区域的分子运动到低温区域时，通过碰撞，把平均动能传给其他分子；反过来也一样，这样的能量传递宏观上就表现为热传导，其定义为：

$$\kappa = \frac{1}{3} C_v \lambda v_p \tag{9-10}$$

其中，κ 为晶格热导率；C_v 为单位体积热容；λ 为声子平均自由程；v_p 为声子速度。

为了得到热导率，需要二阶和三阶力常数矩阵。其中，二阶力常数矩阵可以用 Phonopy 结合 VASP 计算得到，而三阶力常数矩阵需要用 thirdorder 程序。在此基础上，可以使用 ShengBTE 程序进行处理，得到晶格热导率。除此之外，这些计算也可以使用 VASP 结合 phono3py 程序进行。

晶格热导率的计算对模型结构大小和对称性有非常高的要求，比计算声子谱要求更高。如果晶胞过大（超过几十个原子的尺度）或者对称性不够高，将不得不计算成千上万个单点，从而导致耗时不可承受。此外，这些计算也需要非常高精度的几何结构优化，非常考验计算资源。图 9.21 展示了 Al 和 $Mg_3Al_8FeSi_6$ 的晶体结构和晶格热导率随温度变化的曲线。

(a)Al的晶胞结构和晶格热导率

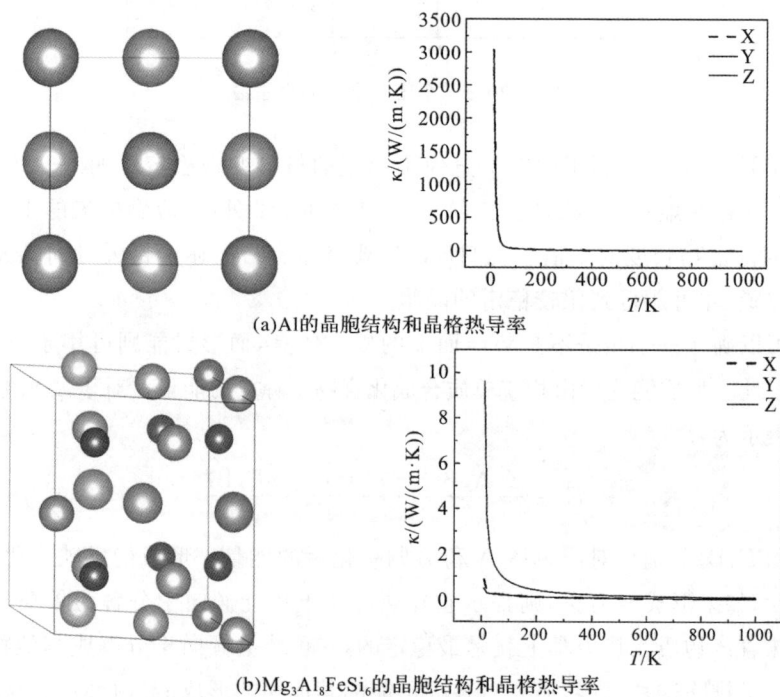

(b)$Mg_3Al_8FeSi_6$的晶胞结构和晶格热导率

图 9.21　晶胞结构和晶格热导率

第 10 章 吸附现象

吸附(adsorption)是一种十分常见的物理或化学现象,其定义为:在相界面处,某一相(吸附质,adsorbate)被另一相(吸附基底,adsorption substrate)吸引,使得吸附质在吸附基底表面聚集,导致吸附质在吸附界面处浓度大于体相的一种现象。其中,吸附质和吸附基底可以是气相、液相或固相的任意一种,因此广义的吸附过程也包含了吸收过程。对于第一性原理的计算来说,计算对象为周期性体系;其中,吸附质常为原子或者分子,而吸附基底常为固体表面,因此,这里讨论的吸附现象主要是指固体表面的吸附现象。

当分子或者原子靠近固体表面时,可能存在两种吸附模式,即物理吸附(physical adsorption)和化学吸附(chemical adsorption)。

物理吸附是指吸附质分子在被固体表面吸附时,本身的性质不会发生改变的过程,与固体表面的作用主要是范德华力。这种吸附作用较弱,改变环境条件,例如升高温度,被吸附的分子就很容易从固体表面脱附。一个典型的例子是 N_2 这种惰性气体在绝大部分固体表面的吸附过程都是物理吸附过程,这一过程被广泛应用于比表面积测定或者孔分析测试。

化学吸附是指吸附质分子被固体表面吸附时,与固体表面发生电子的转移、交换或者共有,从而形成吸附化学键的过程。化学吸附的作用力远大于物理吸附,且对吸附质的种类、吸附位点、吸附构型等具有很强的选择性,一般发生化学吸附之后,吸附质分子不易再脱附。把吸附过程中体系的能量变化定义为吸附能(adsorption energy),以此来描述吸附过程的强弱,定义式为:

$$E_{ads} = E_{total} - E_{substrate} - E_{adsorbate} \tag{10-1}$$

其中,E_{ads} 为吸附能;E_{total} 为吸附后整个体系的能量;$E_{substrate}$ 为吸附基底的能量;$E_{adsorbate}$ 为吸附质的能量。吸附能通常为负值,表示吸附之后体系能量降低,其绝对值越大,则吸附能越大,吸附越强。对于单一位点之间的吸附作用而言,物理吸附和化学吸附的吸附能阈值一般为 0.5 eV(大约 50 kJ/mol)。但是不可机械套用吸附能对吸附过程进行简单判断,要综合吸附距离和电子转移等因素进行考虑。

最常见的固体表面的化学吸附现象,发生在多相催化过程中。多相催化过程的起始步骤即是从化学吸附开始的,而且对很多催化反应来说,催化剂对关键物种的化学吸附过程决定了催化剂的性能高低,因此也可以说化学吸附是多相催化过程的基石。了解固体表面的化学吸附过程对理解催化过程十分重要,本章将从常见的固体表面吸附模型入手,站在第一性原理计算的角度上,带大家理解固体表面的化学吸附现象。

10.1　单个原子在金属表面的吸附

先考虑最简单的吸附结构——吸附质是单个原子,吸附基底为纯金属表面。对单个原子来说,不需要考虑自身的几何结构,其在金属表面的吸附仅存在一个问题:单个原子应该吸附在表面的哪个位置?或者说吸附位点该如何选择?对于简单的固体表面来说,吸附位点有顶位(top site)、桥位(bridge site)和洞位(hollow site)。这三种吸附位点分别指在原子的正上方、在两个原子之间,以及在几个原子组成的三角形、正方形或六边形正中心的上方。上述提到,吸附能是判断吸附强弱的依据,通过理论计算可以得到原子在不同吸附位点的吸附能,以此来判定原子在不同吸附位点的稳定性。以 H 原子在 Pt(111)面上的吸附为例(图10.1),可以发现 H 原子在顶位和两个洞位(fcc 位和 hcp 位)的吸附能分别为-0.50 eV、-0.55 eV 和-0.50 eV,在 fcc 位的 hollow 位的吸附能最大,这意味着 H 原子在 Pt(111)面上总是趋向于吸附在这个位点。当然,这种吸附位点是以我们的化学直觉来确定的,并不是每一种吸附位点都存在。例如在 Cu(111)表面,只有 hollow 位是吸附势能的极小值点,其他的吸附位点并不存在(其他吸附位点的模型总是会自发优化到 hollow 位)。

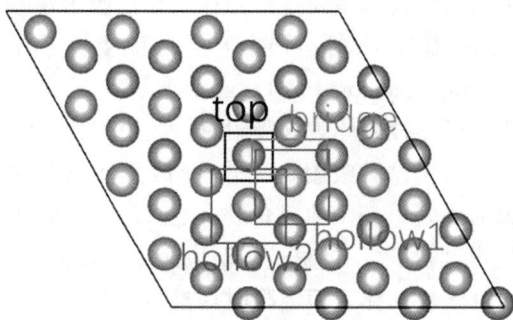

图 10.1　H 原子在 Pt(111)面上的几种吸附位点

H 原子吸附在金属表面的这种模型常常出现在加氢反应中,很多有关理论计算的文章中常常直接把表面吸附的 H 原子作为活性物种。事实上,一些金属表面吸附 H_2 时,会发生解离吸附,即吸附质分子发生分解,例如在 Pt、Pd、Ni、Cu 等金属表面时。

解离吸附是化学吸附的一种形式,某些吸附基底对吸附质的活化能力很强,吸附质靠近表面之后很容易发生分解,且分解后产生的新吸附质能够稳定地吸附于表面。相对于非解离吸附,解离吸附一般具有一定的反应能垒,能垒高低因吸附分子而异。H_2 的解离吸附能垒不大,所以在常见的一些热催化加氢反应中,如 CO 还原或者 CO_2 还原反应,反应物为H_2,但是这类反应的温度和压力都较高,在这样的反应条件下,氢气会发生解离,以 H 原子形式吸附于催化剂表面,因此可以直接将 H 原子作为吸附的活性物种。

另一种相似的模型是 O 原子吸附在金属表面,这种模型常常出现在氧化反应中。虽然表面吸附的活性氧是氧化反应中的一种关键活性物种,但是 O_2 的解离吸附能垒比 H_2 的高,通过氧气分解获得表面上吸附的 O 原子并不容易。因此在氧化反应中,很少直接采用表面吸附的 O 原子作为反应物。这种情况下需要考察氧气分解或者通过其他路径转化为 O

原子的反应过程。

依旧以金属 Pt 为例,氧气在其表面的解离吸附能为 0.34 eV,其构型如图 10.2 所示。假设对于一些对 O_2 吸附活化能力不强的材料,在某些氧化反应中,O_2 的解离吸附过程可能是整个反应的决速步,因此,通常不可直接跳过 O_2 而直接去计算 O 原子的吸附。

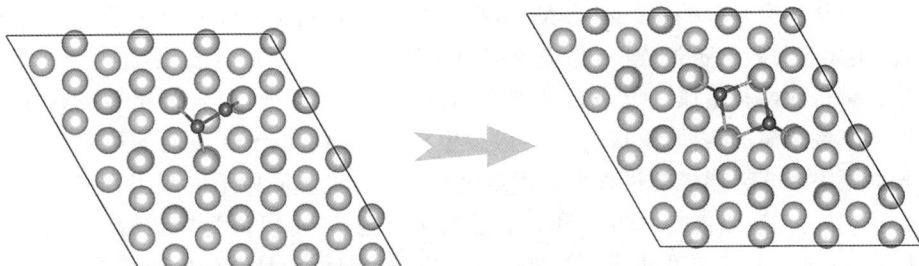

图 10.2　O_2 在 Pt(111)表面裂解

除了要考虑实际体系中是否可以存在单个原子吸附于表面的这一问题外,还需要注意的另一个问题是这些吸附的原子在表面各个位点的吸附是否绝对稳定。在上述的讨论中已经提到,不同吸附位点吸附原子之后的稳定性是不同的,吸附能有大有小,那么原子是否能在表面自由迁移呢? 换句话说,在计算化学反应过程中时,这些吸附位点该怎么选择,一定是吸附在最稳定的吸附位点吗?

在很多理论计算的研究中,尤其是计算反应路径的研究中,原子或者小分子有时并不是吸附在全局最稳定的吸附位点,而是吸附在局域最小值点,这么做是合理的,原因有两点:一方面,计算过程中常常只考虑单个吸附质,而在实际的体系中,吸附质浓度较高,各个位点都可以达到饱和吸附;另一方面,某些原子在每个吸附位点的吸附能差不多,且表面的迁移能垒很低,很容易在表面发生迁移。但是,假如体系中存在的吸附位点对吸附质的吸附能力差距很大,那么吸附质总是容易在这些位点聚集。一个很典型的例子是某些金属混合物表面的氢溢流现象(图 10.3)。我们设想一下两种物质对 H 原子的吸附能力差距很大,而对 H 原子吸附能力更强的物质表面对另一种反应物的吸附能力也很强,那么在加氢反应过程中,在吸附能力较弱的物质表面所吸附的 H 将源源不断地流向另一种物质的表面,进而促进加氢反应过程。吸附虽然是一个热力学过程,但是通过巧妙的设计,也可以对动力学产生影响,这种现象在金属氧化物负载贵金属颗粒的体系中较为常见。

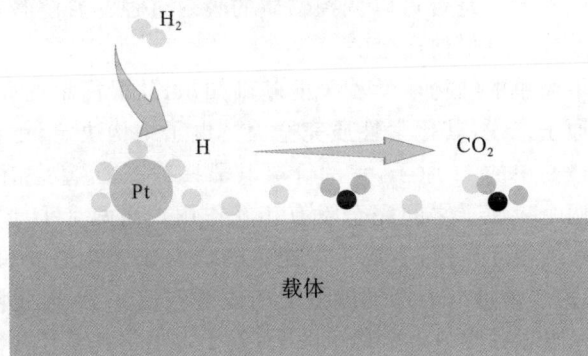

图 10.3　氢溢流

上述模型中讨论的吸附质都是较轻的原子,常作为反应物出现,而吸附质也可以是较重的原子,例如金属原子,这一模型便是常见的单原子催化剂模型。单原子在金属表面吸附时同样存在表面吸附位点的选择,该过程与上述讨论的 H 原子类似,其存在的一个常见问题是:金属原子之间在金属表面是否容易团聚? 为了提高有效成分的原子利用率,我们总是希望表面的单原子不会发生团聚。但事实上,吸附在纯金属表面的金属原子总是趋向于团聚在一起,在实际的材料制备过程中,晶格类似的两种金属要么混溶合金化,生成新的物质(图10.4);要么偏析成两种金属。但是在某种金属浓度较低的情况下,合金化后吸附质金属原子能够留在基底金属的表面,形成特殊的掺杂模型。这种单原子在表面的掺杂也可以认为是一种表面吸附形式。形成的过程可以拆解为掺杂位点处基底原子的脱附和掺杂原子的吸附两个过程,其总的吸附能为两者之和。若总吸附能为负,可以认为掺杂后体系能量降低,体系更稳定,这种表面掺杂型的催化剂可以制备得到;相反,若是总的吸附能为正,那么说明体系不稳定,表面掺杂型的催化剂不容易得到,吸附于表面的金属原子更趋向于团聚成颗粒。

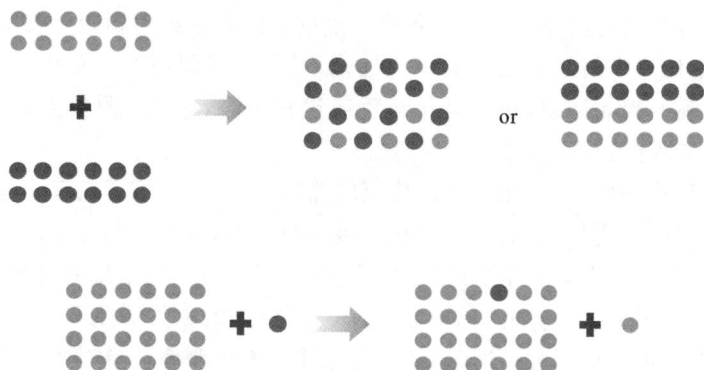

图 10.4　金属混溶

10.2　d 带中心理论

在了解简单的单个原子在表面的吸附过程之后,我们自然会产生一些问题:吸附是如何产生的? 为何吸附有强有弱? 是否可以调控物质的吸附过程? 要解答这些问题,需要了解物质之间的(化学)相互作用是如何产生的。

让我们先回顾一下简单的结构化学相关的基础知识,从最简单的原子之间的化学相互作用入手。对于一个原子来说,其化学性质完全由其电子结构决定,更精确地说,由其价层电子结构决定。例如最简单的 H 原子,它的价层电子只有一个,基态时处于能量最低的 1s 轨道。相距无限远的两个氢原子之间完全没有相互作用。当两个 H 原子靠近至一定距离时,各自的 1s 轨道会发生相互作用,生成一个能量降低的成键轨道 σ 和一个能量上升的反键轨道 σ^*。原本各自的一个价电子占据能量低的成键轨道 σ 上,能量降低,体系变得更稳定,两个 H 原子相互作用之后变为一个稳定的 H_2 分子。化学相互作用过程,本质上就是原子或者分子的轨道之间相互作用以及价层电子重新排列的过程。类似地,我们可以知道,

H_2O 中 H 原子和 O 原子之间如何通过 s 轨道和 p 轨道相互作用成键；O_2 中两个 O 原子如何通过 p 轨道相互作用成键等。前述提到，化学吸附是指吸附质分子被固体表面吸附时，与固体表面发生电子的转移、交换或者共有，从而形成吸附化学键的过程。因此，化学吸附过程本质上是吸附质的轨道与吸附基底轨道之间的相互作用过程。这种相互作用本质上和原子与原子之间的相互作用类似，可以采用类比的方法来进行研究。

先讨论最简单的吸附基底，即金属表面。对于单个金属原子，例如过渡金属原子，其价电子为 d 电子（或者 d 电子和 s 电子）。基底原子之间首先会存在相互作用，形成有固定结构的晶体，或者说形成固定结构的周期性体系。这种周期性体系的不同的轨道对应了不同的能量，即不同的能级。某一类型的能级（如 d 轨道）的组合就形成了能带。对于金属原子，价层电子是 d 电子，基态时占据了 d 轨道，相互作用形成周期性结构之后，这些 d 轨道相互作用形成 d 带，价层电子就占据在 d 带上。前面已经提到，轨道相互作用之后会得到能量降低的成键轨道和能量上升的反键轨道，因此金属基底的 d 带能量会基于单个原子原本的 d 轨道对应的能量，发生一定的拓展，且通常作用越强，这种能量拓展越明显，这也是为什么我们可以从态密度上看到金属的 d 带总是一个大宽峰。

对于金属来说，电子在整个周期性体系中是自由流动的，因此，金属的 d 带也是连续的。虽然金属基底在吸附吸附质时，作用位点可能仅涉及 1 个或者少数几个金属原子，但是可以把整个基底的轨道看成一个整体，因此可以认为，基底轨道相互作用导致对应的能量发生变化之后，电子可以毫无阻碍地迁移到能量最低的轨道上。这样，在研究金属基底吸附单个原子时，问题将变得非常简单。

类比原子之间的相互作用过程我们可以知道，金属基底吸附单个原子的过程，就是金属的 d 带与吸附质原子轨道的相互作用过程。以吸附质原子为参考对象，与基底的 d 带相互作用之后，一部分轨道的能量下降（成键轨道），一部分轨道的能量上升（反键轨道）。以金属价电子占据的能量最高的能级（费米能级）为参考，这些轨道对应的能量有些在费米能级以上，有些在费米能级以下。低于费米能级时，电子会占据这些轨道，使得体系能量下降，对应基底的 d 电子将流向这些轨道；反之，高于费米能级时，基底的 d 电子则不会流向这些轨道。上述所描述的是吸附质原子原本未占据的轨道的情况。类似地，也可以得到原本占据电子轨道的相互作用。只不过，这次我们关心的是最终高于费米能级的轨道，原本占据的电子就会流向金属基底的 d 带，而那些低于费米能级的轨道，因为原本就占据电子，所以不会发生电荷的转移。这些轨道作用以及电荷重新排布会使得整个体系的能量发生变化，变化的这部分能量便是吸附能。轨道作用的强弱以及作用方式（占据轨道作用或者非占据轨道作用）就是吸附作用强弱的本质原因。我们可以把金属基底看成一个积蓄电荷的池子，而吸附质原子就是一个封闭的箱子。这个箱子可以是空的（非占据轨道），也可以是满的（占据轨道）。吸附过程就是两者打通的过程，打通过程中，箱子最终的位置可能有高有低，高低的标准就是池子的表面（费米能级），电子总是要流向能量更低的地方，从而使得整个体系的能量下降，达到最稳定的状态。几种典型的相互作用如图 10.5 所示，其中竖长方形为吸附基底的轨道分布（对于金属通常是 d 轨道，或者说 d 带），单个小横长方形为参与作用的轨道能级。填充部分为占据轨道，未填充部分为空轨道。

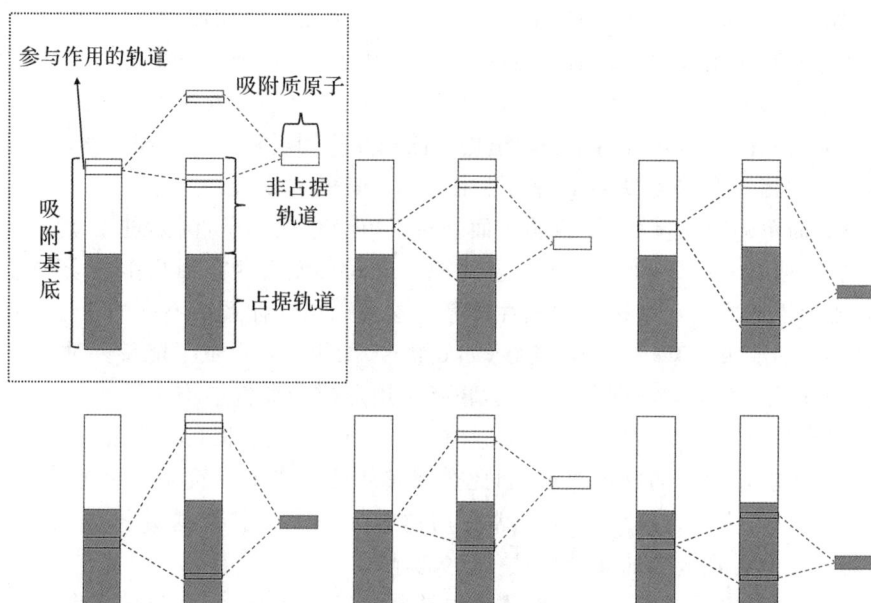

图 10.5　吸附基底与吸附质轨道之间相互作用

　　虽然可以把金属基底看成一个整体,但是其 d 带总是存在一个较大的能量范围的。我们无法直接判断一个大能量范围的能带与某一个能量的能级是怎么作用的,尤其是这个能级在费米能级附近时,它作用之后究竟应该在哪? 一个简单的处理方法是求出这个能带的平均能级,用平均能级来代替整个能带,这样问题就简化成了最简单的两个轨道相互作用的问题了。把金属 d 带取平均能级来代替整个 d 带进行探究就是 d 带中心理论,由 Norskov 提出。研究简化后的 d 带与吸附原子轨道之间的相互作用强弱与作用方式,即可判断金属表面吸附原子的强弱。d 带中心理论的核心是这个中心获取的方式,通常通过态密度(通常是投影态密度)对能量取权重平均获得:

$$\varepsilon_d = \frac{\int_{-\infty}^{\infty} n_d(\varepsilon)\varepsilon d\varepsilon}{\int_{-\infty}^{\infty} n_d(\varepsilon) d\varepsilon} \tag{10-2}$$

　　这个公式的含义是分别求出能带中所有能级的能量之和以及能级的数量,再相除得到权重平均的能量。

　　以 Pt(111)表面为例,其 DOS 分布如图 10.6(a)所示,计算得到的 d 带中心为 -2.22 eV。假如我们将各种金属的 d 带中心与对 H 原子的吸附能相关联,可以发现两者近似成线性关系。通过计算 d 带中心,我们几乎可以直接给出其吸附 H 原子的吸附能的大致大小,而不用去真的计算吸附能。注意,d 带中心是材料本身的性质,无论是否吸附 H 原子,d 带中心都是存在的,因此,这里是直接通过材料的本征性质预测其对某个原子的吸附性能。换句话说,通过一个指标(电子结构指标)来判断材料的性能(吸附性能),这一指标称为描述符。d 带中心是最简单的电子描述符,但是,其适用范围较窄,仅能较好地描述金属对单个原子的吸附过程。假如吸附质换成其他分子,或者吸附基底换成非金属,d 带中心理论很可能并不适用,需要进一步修正得到更为复杂的电子描述符。

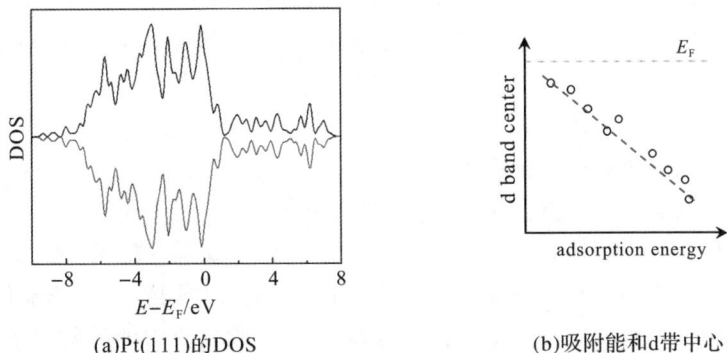

(a)Pt(111)的DOS   (b)吸附能和d带中心

图 10.6 Pt(111)面的 DOS 以及吸附能和 d 带中心的关系

10.3 分子在表面的吸附

前述讨论的模型均为最简单的吸附模型,事实上,我们研究的实际体系往往不会是这么简单的体系,无论是吸附质还是吸附基底,都往往是较为复杂的结构。现在,让我们以上述最简单的吸附模型为基础,慢慢把体系变复杂。

先讨论吸附质不为单个原子的情况,例如常见的气体 O_2、CO、CO_2 等线性分子,或者是 H_2O、H_2S 等"V"形分子,甚至是带有各种官能团的有机碳链分子。对于一个有形状的吸附质来说,我们首先需要判断的是吸附位点,即在吸附质分子中哪些原子能被吸附? 化学吸附过程是化学键生成过程,那么以我们的化学直觉来说,总是需要有原子失电子,有原子得电子(实际上生成的往往是共价键,准确地说是共用电子),因此一个简单的判断标准是看这个原子是否可以提供电子或者接收电子。例如 H_2O 分子,H 原子与 O 原子形成共价键之后,H 原子的 1s 轨道已满,而 O 原子的 4 个 sp^3 轨道中两个轨道与 H 的 1s 轨道作用,剩余两个轨道由孤对电子填满。显然 O 原子可以作为电子供体,而 H 原子无法接收或者提供电子。因此,基底对 H_2O 的化学吸附往往是以 O 原子作为吸附位点的。再例如 CH_4 分子,所有的原子均无法再提供或者接收电子,那么这是一个较为惰性的分子,在大部分基底上都无法发生化学吸附。吸附质中常见的可作为吸附位点的原子通常都是ⅤA 族和ⅥA 族的非金属元素,如 O、N、S 等。

随后应当根据化学原理选择分子的吸附原子所对应的基底上的吸附位点。假如吸附基底也不再是纯金属,而是金属氧化物、金属硫化物、多元素化合物等,除了前面描述的几何上的吸附位点(顶位、桥位、洞位等),还需要考虑吸附位点的原子的电子结构特征。通常表面的金属原子的 d 轨道或者 f 轨道都是未全部占满的(表面的原子配位不饱和),既可接收也可提供电子,常常作为吸附位点的首选。另外,非金属元素如 O 或者 S 等也可以作为吸附位点,一般用于吸附 H 原子或者金属阳离子部分。

吸附基底变复杂之后带来的问题是:表面到底应该裸露什么原子? 对于金属来说,晶体中原子的排列方式较为简单,切出的表面往往比较规整,金属原子之间紧密排列,一般会被选择为暴露面。当然有些研究由于特殊需要会考察一些不平整的表面结构。对于非金属，例如金属氧化物来说，表面往往具有一定的几何结构，从体相中某一个平面截断出的表面所裸露出的原子往往高低不平，且存在很多不饱和配位的情况，即有很多悬挂键。一个较为简单的做法是切一个上下对称，且尽可能存在较少悬挂键的表面，这可能是一个较为稳定的表面（注意，这里是说可能，具体的讨论在后续章节会提到，但通常这种做法是对的）。假如表面结构稳定，那么其与体相结构的差距不会特别大，原子排列方式会与体相一致；假如表面不是特别稳定，那么表面原子会发生一定的重排（通常是向着悬挂键减少的方向发展）。

对于金属氧化物来说，体相的金属原子通常是四配位或者六配位的。表面的不饱和的金属原子在吸附吸附质时，其吸附是有一定取向的，一般容易朝着体相的配位结构去发展。例如，裸露的金属位点截断后是一个顶位的悬挂键，那么吸附质中的吸附原子总是趋向于顶位吸附在该金属位点上。若是金属位点截断后存在两个方向的悬挂键，那么这两个方向都有可能去吸附吸附质中的原子。除了金属位点外，表面氧也常常是吸附位点，尤其是吸附质分子中含有 H 原子时，表面的氧常常与 H 形成表面氢键。当然，表面氧位点的吸附情况与金属位点也是类似的，通常有一定的取向，也是朝着体相中 O 的配位结构（通常是三配位或者四配位）发展。可以想象，对于有几何结构的吸附质分子，假如吸附在基底表面上之后，吸附位点能够完美匹配体相的配位结构，那么这种吸附将会很强。台阶位点或者拐角位点往往具有多变的几何结构，这是其作为吸附位点的一大优势。

吸附质除了可以是一些小分子外，还可以是一些较为复杂的体系，例如颗粒（金属或者非金属）。常见的负载型催化剂便是颗粒在基底上的吸附过程（在固固体系中，这种吸附能常被叫作结合能）。颗粒具有一定的大小以及几何形状，假如颗粒很小或者结晶度不高，呈团簇状，往往可以用一定的多面体来表示；假如颗粒较大，且有一定的结晶度，那么要考虑颗粒在每一个方向上的截断情况。事实上，对于 DFT 计算来说，往往只能计算较小的体系，无法构建实际体系大小的负载模型，即使颗粒有一定的大小，也仅会以某一裸露晶面为基础，在原胞中截取某些结构来代替整个颗粒。这种方式着重于研究界面某些吸附位点的性质，包括几何结构以及电子结构。颗粒负载模型的边界往往存在很多化学成键过程，因此假如计算颗粒在某一界面的吸附能，总是可以得到一个较大的负值。这个值并不能表示颗粒负载的难易程度，因为这个值的大小和所建的模型大小有很大的关系，模型越大成键数量越多，该值越大。虽然一个可行的做法是算出界面成键的平均吸附能，但是颗粒负载过程界面重构往往较为严重，还存在断键过程，因此平均成键的吸附能值也只可作参考而已。

将颗粒继续拓展，假设吸附质为一个晶面，或者说周期性结构，整个吸附体系便变成了两相的复合结构，典型的例子是异质结结构。形成异质结结构有很多必要的条件，并不是任意的两个晶体均可成为异质结。首要的条件是晶格匹配，即晶胞参数匹配。除了晶格匹配外，两个表面原子的相容性也很重要，例如两个截断全是 O 的表面是无法直接结合在一起的。但若一个是裸露氧，另一个是裸露金属，那么这两个表面可以相互结合。其实这与前述的其他吸附过程是一致的，只不过这种吸附是在晶格匹配的基础之上的，只有晶格匹配，才能保证两相能够无限延展生长。当然，两个界面的结合并不一定需要化学成键，通过物理吸附也可以形成异质结结构，这在二维层状材料中尤其常见。这种情况下，满足晶格匹配即可形成异质结。这一过渡过程在图 10.7 中有直观展示。

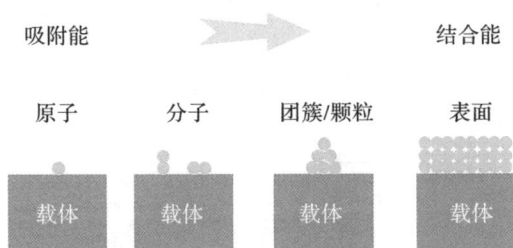

图 10.7 吸附的拓展结构图

10.4 吸附强度与吸附位点电子结构的关系

前述提到了化学吸附的本质是吸附质轨道与吸附基底轨道的相互作用过程,而简单体系的吸附过程可以用 d 带中心描述这一过程。对于复杂的吸附体系来说,我们当然也希望可以有一个如 d 带中心理论那样简单的方法来描述吸附过程,但是前述已提到,d 带中心理论仅适用于导体,对于其他体系往往不适用。因此如何改进 d 带中心理论,来使得其对非导体体系也适用是一个十分重要的研究方向。d 带中心理论的核心是平均能级的选取方式。在导体(如金属)中,电子是可以自由流动的,其总是可以伴随着能量的变化,移动到高能级(接受能量),或者回落到低能级(放出能量),因此在描述整个 d 带性质的时候,不区分带上每个能级各自的性质,即每一个轨道的贡献都是一样的。因此计算公式中能级的总权重仅由能级的数量来决定,积分区间为 d 带分布的所有能量范围。

但是当材料是非导体时,例如半导体,电子不再是自由流动的,这主要体现在两个方面。一是价带顶(VBM)上的电子跃迁至导带底(CBM)时,电子至少需要接收禁带宽度的能量(或者说带隙)才可完成越迁。二是半导体中金属的部分 d 轨道已经与非金属的 p 轨道形成了很强的共价键,大部分电子都定域在这些共价键上,这些已被占满的轨道既无法接收电子也无法给出电子,因此是一部分"无效"的轨道。即使是处于吸附基底表面的轨道,也仅有因表面截断而产生的悬挂轨道可以与吸附质轨道相互作用,其他与次表面或体相成键的轨道对吸附质的影响很小。因此,当材料是非导体时,用整个能量区间,且用带的数量作为总权重得到 d 带中心的方式不再适用。

改进 d 带中心理论的一种合理方式即是将上述两种影响考虑进去,如图 10.8 所示,图中含义参考图 10.5。首先,将价带与导带分开,分别得到各自的能量中心,用两个能带中心来代替整体的 d 带,减少带隙带来的影响。其次,减少甚至可以完全去掉已经与次表面或体相相互作用的"无效"d 轨道的作用,重新计算得到新的能量中心。由于"无效"d 轨道往往是与非金属 p 轨道相互作用的,对于这些"无效"d 轨道的处理还有一种方式,可以用与其相互作用的非金属的 p 轨道来描述这些作用,在计算这种金属的 d 带中心时,把非金属的 p 轨道也考虑进去(可以用非金属 p 带的平均能级来描述,称为 p 带中心),细化求取能量中心的方式。需要注意的是,p 带中心是通过影响 d 带中心的位置来影响吸附过程的,其自身并不具有和 d 带中心类似的性质。这些求取平均能级的方式就是电子描述符构建的过程,上述提到的几种方法仅仅是构建电子描述符所需要考虑的一些方面，若需要得到精准的电子描述符，则要考虑更多的因素。

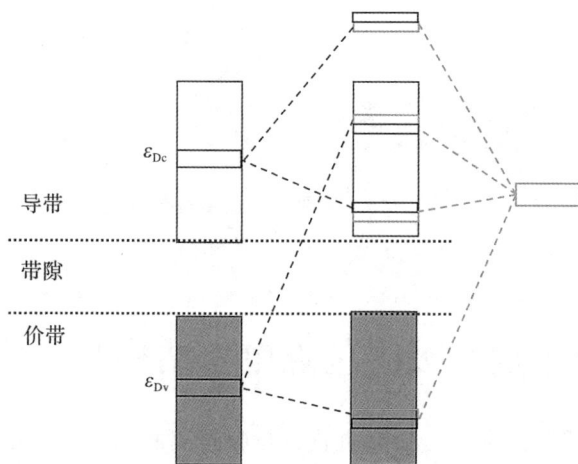

图 10.8　半导体 d 带中心改进方式

　　针对吸附位点的电子结构（合理的平均能级），利用分子轨道理论，很容易知道，吸附基底吸附吸附质之后，会发生一定的电荷转移。转移的这部分电荷大部分会定域到新生成的成键轨道上。对于共价键来说，这部分电子是吸附质和吸附基底两者共有的，当然也可以通过一定的原子电荷（比较常用的是 Bader 电荷）划分各自的占比，进而确定出电荷转移量。如果仅关注吸附质分子，通过相应的分析可以发现，在吸附过程发生之后，吸附质分子原本的某些轨道上电子的占据状态发生了改变。例如，原本分子中某些原子之间的成键轨道电子占据数减少（对应于吸附质转移电荷至吸附基底），或者反键轨道电子数占据变多（对应于吸附基底转移电荷至吸附质），这两种状态都会导致吸附质分子中对应的化学键被削弱，而被削弱的化学键往往是后续化学反应所需要断的键，因此可以说吸附质分子通过吸附作用被活化了。比较经典的一个例子是 CO 在金属表面的吸附，其与金属相互作用时，存在两种作用：一种是 C 原子和金属原子形成的 σ 键，另一种是 C—O 键与金属形成的反馈 π 键。其中反馈 π 键就是吸附后 CO 中的反键轨道能量降低至费米能级以下，使得金属的电子流向这些反键轨道中，进而削弱了 C≡O 键、活化了 CO 分子。

10.5　吸附对固体表面的影响

　　上述吸附过程讨论的都是单分子的吸附过程，这种情况下可以认为，吸附质对吸附基底的影响是很小的。但是在实际的催化反应过程中，催化剂（吸附基底）总是处于一个较高浓度反应物（吸附质）的氛围下，催化剂表面会吸附大量的反应物分子，这种情况下有时会使得催化剂的表面受到影响。前述已提到，对于一个吸附基底表面来说，我们通常会取一个上下表面对称，且尽可能减少不饱和配位键出现的表面截断方式，这种情况下的表面通常是最稳定的，或者说表面能最小。在表面吸附分子后，这些表面的表面能会发生变化，因为吸附分子之后会放出能量，来使得整个体系变得更稳定。假如放出的这部分能量大于截断所需能量的话,那么表面就可能稳定存在。需要注意的是,并不是截断表面上的所有位点都可以吸附反应物分子,这和反应物分子在环境中的化学势(通常和温度以及压力相关)有关,表面的吸附有一定的饱和量,在最大的饱和吸附量下,吸附放出的能量大于截断所需的能量才可能使得某一截断方式成为可能。

根据经验,在常规的化学反应条件下,不需要考虑吸附分子对基底表面截断的影响,但是对于一些强氧化或者强还原氛围下的化学反应,这种考虑是必需的。因为这些情况下活性位点以及反应机理过程往往都会发生改变,不属于常规过程。外界氛围对表面结构的影响在图 10.9 中有直观呈现。

还原表面　　　　　　　　　　　氧化表面

图 10.9　不同氛围对固体表面的影响

10.6　多孔材料的吸附

最后,我们考虑一种特殊的吸附材料——多孔材料,例如金属有机骨架(MOF)、分子筛等。多孔材料的吸附过程除了化学吸附外,还有物理吸附。由于多孔材料的化学吸附位点在孔道中,所以吸附质分子需要先穿越这些孔道,才能到达吸附位点处。而吸附质分子进入孔道,很大程度上是由孔道的大小决定的。例如常见的各种孔道大小不同的分子筛,就对不同大小的分子有很强的筛选作用。

假设吸附质分子可以进入孔道,且被化学吸附到活性位点上,那么后续的作用过程就与前述无异。但是需要注意的是,在孔道内,吸附质分子所处的环境与上述常规表面的分子所处的环境是不同的。由于孔道内具有一定的空间结构,导致吸附过程可能是受限的,尤其是对大分子的吸附,甚至可能导致某些吸附构型无法出现。

另外,除了活性位点处会发生化学吸附外,孔道内的其他结构也可能与吸附质分子存在一定相互作用,例如范德华作用、氢键作用等,这也会使得多孔材料的吸附过程变得更为复杂。

因此,针对多孔材料的吸附过程,我们要先考虑孔结构大小的影响,这对判断一些反应的选择性具有很大影响。一个简单的方式是根据吸附质分子与孔道大小对比进行初步判断。假设吸附质分子的动力学直径大于孔道连通处的最小孔径,那么可以认为,该吸附质分子是无法进入孔道内的,反之则可以。这个初步判断的过程是十分重要的,尤其是对一些耦合/缩合反应。这类反应的反应物都是小分子,可以顺利进入孔道,但是耦合/缩合后的产物为大分子,可能无法通过孔道出去,在孔道内产生的这些少量的大分子产物,可能就会使得其在孔道内的分压极高。如果发生这种情况,实际上是无法得到相应的大分子产物的。所以,即使通过计算和对比吸附能大小,得到这种大分子产物容易从活性位点脱附的结论,也并不代表在实际的反应中该产物是容易产生的。这种情况下，计算得到的吸附能往往不能反映实际情况。

假如通过初步的判断，认为吸附分子都是可以自由进出孔道的，则其吸附过程与普通表面吸附过程是类似的，化学吸附过程本质上依旧是吸附基底与吸附质之间的轨道相互作用占主导。但是由于孔道内的气态物质的压力与裸露表面是不同的，所以孔道环境也可能会对吸附产生影响。

事实上，假如可以通过一些实验手段（如 TPD）证实，某多孔材料仍是化学吸附占主导，那么抽出该材料的主要单元，去掉孔道结构也是一种可行的手段。这种方式意味着仅仅考虑骨架构型对吸附中心电子结构的影响，而去除掉孔道的影响，虽然丢失了部分信息，但是对于理论探究依旧具有一定的价值。然而，这种手段不一定都是有效的，因此，往往只有在实验确定的基础之上进行的简化才是有研究价值的。上述提到的情况强烈依赖于孔道的大小，其往往和吸附分子的动力学直径相当（至少是微孔材料）。而对于很多介孔材料，其孔道远大于吸附分子，且对比最小的周期单元，孔道存在的空间完全可以认为是无限大的，因此其化学吸附过程与普通材料的表面化学吸附过程是没有区别的，在理论计算时也会当作普通的表面处理。这些处理过程在图 10.10 中有直观呈现。

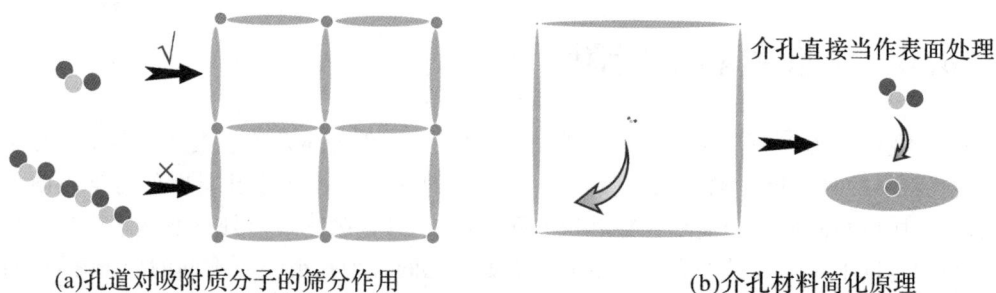

(a)孔道对吸附质分子的筛分作用   (b)介孔材料简化原理

图 10.10　孔道对吸附质分子的筛分作用及介孔材料简化原理

第 11 章　催化反应

11.1　催化反应简介

在催化剂作用下进行的化学反应称为催化反应。在化学反应中,反应分子原有的某些化学键,必须解离并形成新的化学键,这需要一定的活化能。在某些难以发生化学反应的体系中,加入有助于反应分子化学键重排的第三种物质(催化剂),可降低反应的活化能,因而能加速化学反应和控制产物的选择性及立体规整性。

表面上的催化反应可大致分为三类:电催化、光催化、热催化。这三类反应的特点如下:

(1)电催化研究如何通过催化剂,特别是位于电极表面的异相催化剂的设计和改进来促进电化学反应。在电极反应中,外加电子在电极和反应体系之间进行转移,理想情况下,当电极电势等于标准电极电势时,电极反应即可发生。但由于化学反应速率较慢,实际中需要施加额外的电势,这被称为过电势。过电势的存在导致了电能的浪费。降低过电势、改善电流效率、提高选择性是电催化研究的主要目标。

(2)光催化利用催化剂吸收光子后价带上的电子被激发至导带,同时在价带上形成空穴的现象,实现对化学反应的催化。这些电子和空穴(光生载流子)在迁移至催化剂表面时,与物质发生氧化还原反应产生化学转变。

(3)热催化即一般意义的热反应。在热催化过程中,体系升温所获得的能量帮助体系跨越活化能,随后进行相应的反应。

本章主要讨论电催化和光催化反应。电催化和光催化主要有三个不同之处:

(1)能源转化形式不同:电催化是将电能转化为化学能,而光催化是将光能转化为化学能。

(2)催化剂不同:电催化需要有电子作为反应物或产物直接参与反应,即催化性能往往与催化剂的导电性、局部活性位的化学活性密切相关;而光催化需要吸收光子的能量,往往采用具有合适禁带宽度的半导体,其光吸收能力与转移光生电子/空穴的能力直接决定了催化性能的好坏,其中一个核心指标就是价带、导带的带边位置。

(3)化学反应的本质不同:电催化属于基态化学,多数情况下不涉及电子的激发以及激发态寿命问题;而光催化的本质是激发态化学,不是基态化学,反应中电子或空穴是由电子激发过程中的电荷转移所带来的,其性质与基态化合物多有不同。

与此同时,电催化与光催化又有着许多相关性,导致在其理论处理时经常采取相似的方法,这将在本章后面部分进行讨论。

在第一性原理计算中,由 Norskov 在 2004 年建立的计算氢电极方法[47]是当前最重要和最核心的研究范式。该方法将质子溶液中质子-电子对的吉布斯自由能与标准状况下氢气的吉布斯自由能在数值上建立对应关系,进而能够通过电化学基元反应步骤的吉布斯自由能变化判断反应的自发性,并准确预测不同条件下反应的平衡电极电势。计算氢电极方法旨在解决如何处理电极反应中电子和离子的自由能的问题。

原则上,只要能求出电极表面发生某电极反应的自由能变,就能知道这一电极反应是否容易发生。然而,所有电极反应都涉及电子从外电路-电极本体-电极表面-溶液的电子转移过程,在这一过程中电子的自由能无法直接求得。此外溶液中以质子为代表的许多离子,其存在形态极为复杂,也无法使用第一性原理的方法直接求算,这就给其第一性原理计算带来了极大的挑战。为了解决这些挑战,计算氢电极方法应运而生。

在提出计算氢电极方法的过程中,Norskov 注意到了大多数电极反应中电子转移与质子转移都是相伴相生的,我们不需要分别知道电子和质子的自由能,只需知道 $G(H^+ + e^-)$。因此可引入平衡条件:当电极电势与标准氢电极(SHE)达到平衡时(即相对于 SHE 的外加电压 $U = 0$ V),满足 $G(H^+ + e^-) = G(0.5H_2)$。当电极上的实际电势不为 0 V 时,通过给 $G(H^+ + e^-)$ 加上 $-eU$ 项,即可与实际电位实现关联。当质子的浓度偏离标准浓度时,再给 $G(H^+ + e^-)$ 增加 $RT\ln[H^+]$ 项,即可得到各 pH 值下电极反应的自由能变,进而得到其电极电势。通过这种方法,人们得以方便地求算各种表面反应的自由能变。

计算氢电极方法聚焦于表面基元反应的自由能变,这是因为绝大多数电催化过程都遵循单分子吸附反应机理,反应的吉布斯自由能变可以有效体现出反应效果。然而,对于很多反应来说,还存在其他反应机理,例如双分子吸附反应机理、晶格氧反应机理等等。对于这些反应来说,反应物到产物的过程并不是直接转化的,而是需要经历过渡态过程,过渡态理论也是催化领域一个非常重要的基础理论。在一个化学反应过程中,从反应物到产物会经历能量先升高后降低的过程,使得反应进行需要一定量的能垒(活化能),当构型处于反应路径上能量最高的状态时,我们认为化学反应在经历一个过渡态。从微观的角度看,化学构型都存在势能面,而势能面是基于坐标的多元函数。因此在某两个能量极小点之间,存在一个一阶鞍点。两个能量极小点及一阶鞍点,即对应着反应物、产物和过渡态。在势能面下,虽然两点之间存在无数条路径,但化学反应会采取爬坡能垒最小的路径,经历过渡态后到达产物。

VASP 等第一性原理软件基于原子坐标,搜索势能面上的局部极小点(local minimum),确定构型在势能面某个特定范围的能量稳定状态。这种搜索方式即通常所说的构型优化。在讨论势能面的结构时,局部极小点又常被称为基态(注意与讨论激发态时所说的基态区分),是初猜结构在不断地电子步、离子步迭代坐标位置后得到的构型。而为了寻找连接两个局部极小点的过渡态,则需要采取特殊的构型优化方法。基态结构优化和过渡态计算的不同在于,结构优化通过给定的初猜结构,结合合适的能量、力的收敛限,可以较容易地得到局部极小点的构型。而在势能面上连接局部极小点之间的路径有无数多条,其中只有能量最低者才是我们感兴趣的反应路径,这使得过渡态搜索的难度远大于基态构型优化,比如很容易不收敛或定位到并非感兴趣的过渡态的结构。不仅如此,主流的过渡态搜索算法在实现过程中也需要比基态构型优化大得多的计算量,这使得过渡态搜索是一项非常艰苦的工作,其工作量是基态构型优化的数倍乃至数十倍。

　　第一性原理常用的搜索过渡态的方法有爬坡图像弹性带法(climb image nudged elastic band,CI-NEB)和二聚体法(DIMER)。在 CI-NEB 方法中,首先给定初末态结构,随后在两者间插入多个点,并施加特定的弹簧力,使每个点不至于偏移路径,最终逐渐收敛到最佳反应路径上。在搜索过程中,中途插入的每个点都要依次进行迭代,其计算量相当于多个构型优化。其收敛情况受到多种因素影响,比如体系大小、初末态的构型是否稳定、电子态是否一致、设计的初猜路径是否合理等,都会影响插点的收敛情况,所以经常需要反复尝试。此外,初末态的构型也会影响到插点的收敛情况。其中包含两个方面:一是初末态构型可能处于亚稳态,这将导致过渡态优化过程中结构向更稳定的位置偏移,最终难以收敛;二是若初态与末态的几何结构差异过大,使用 CI-NEB 插点的方法处理起来将非常困难。此外,CI-NEB 方法的插点路径通常通过线性插值方法得到,如果反应过程中有构型的扭曲和翻转,线性插点将难以得到合理的初始结构,此时需要人为对初始插点构型进行调整。尽管 CI-NEB 方法的影响因素众多,但它仍然是第一性原理搜索过渡态的主流方法。

　　在展示 CI-NEB 计算结果时,通常不仅会给出过渡态的结构和所对应的反应能垒,还会将插入各点的能量以曲线图的形式展示,这也是 CI-NEB 结果的标志性特点。

　　图 11.1 展示了 Zheng 等人报道的 LaMnO$_3$ 中晶格氧原子迁移的 CI-NEB 能量曲线,可以作为典型的 CI-NEB 结果的示例[48]。如图所示,初态结构和末态结构之间共插 3 个点。随着反应坐标的推移,初态的 O 原子发生移动并抵达一个能量在 0.45 eV 左右的过渡态,随后迁移到末态。

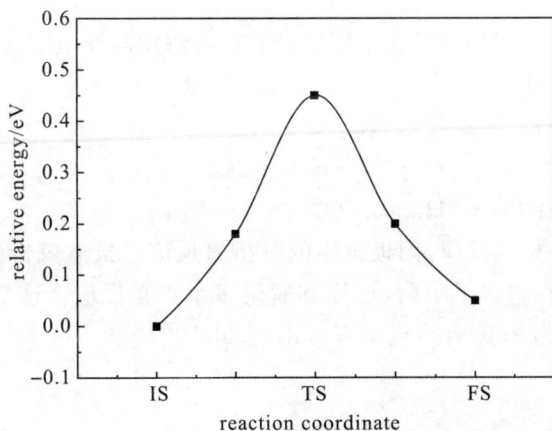

图 11.1　LaMnO$_3$ 中晶格氧原子迁移的 CI-NEB 能量曲线

　　CI-NEB 方法受限于各个点的收敛,只有所有点都达到收敛限,才能认为得到了正确的过渡态和反应路径。这导致实践过程中经常会出现某个点达到收敛限,但是整体还没收敛的情况。此外,CI-NEB 需要对插入的每个点进行计算,导致计算量成倍增加。与之相比,DIMER 方法针对一个特定的初始构型进行过渡态搜索,寻找与之距离最近的过渡态,其效率较 CI-NEB 更高。由于不涉及插点,采用 DIMER 方法也不会得到反应路径曲线图。

　　与量子化学中的构型优化和过渡态搜索一样,DIMER 方法能否顺利找到过渡态,也显著取决于初始结构的质量好坏。为了得到合理的初始结构,通常首先使用 CI-NEB 方法插点进行粗搜索，得到大致的过渡态结构，并通过频率计算验证其虚频满足过渡态所对应的反应模式后，再投入到 DIMER 计算中。如果没有虚频，则需要重新调整精度或路径继续寻找。

需要注意的是，过渡态与基元反应是一一对应的，各种过渡态搜索方法，都只能搜索单个基元反应的过渡态。如果初末态之间包含了多个基元反应，含有一个以上的过渡态，则不能直接投入计算，应当分别针对每个基元反应进行过渡态寻找。

过渡态搜索的目的是定位到过渡态结构，并得到相应反应能垒。为此，可以八仙过海，采用各种方法。只要达到收敛要求，并且过渡态结构正确，CI-NEB、DIMER 以及其他方法没有优劣之分，应当结合实际情况选用效率最高者。

关于 CI-NEB，需要注意如下两个问题：

(1)CI-NEB 的插点数量不是越多越好，也不存在通行的规范。它取决于初末态间几何结构的差异，这可以通过 CI-NEB 作者开发的 dist. pl 脚本所给出的初末态距离衡量。比较合理的插点数约等于初末态距离除以 0.8。例如，当初末态距离为 1.6 时，插入 2 个点是最合理的选择，而插点数过多往往只会空耗计算时间，甚至导致收敛困难。此外，插点数不会影响过渡态结果的正确性，切不可被插点数一叶障目，而忽略了对过渡态结构的认识。

(2)应当将 CI-NEB 得到的各插点能量曲线图与反应过程的自由能折线加以区分。CI-NEB 输出的各点能量均为电子能量，与自由能折线含义不同。如果要将过渡态并入自由能台阶图，需再对搜索出的过渡态进行频率计算，以得到其自由能。

11.2　电催化氢析出反应(HER)

典型的电解水制备氢气的装备包括阴极、阳极、电解质以及电能来源。在阴极和阳极发生的半反应可以分别描述为：

阴极：$\qquad 2H^+ + 2e^- \longrightarrow H_2$

阳极：$\qquad 2OH^- \longrightarrow 0.5O_2 + H_2O + 2e^-$

水分解总反应：$\quad H_2O \longrightarrow H_2 + 0.5O_2$

阴极发生的反应是析氢反应，阳极发生的是析氧反应。虽然氢析出反应(HER)的产物只有氢气，但是这个过程包含了吸附、还原和脱附多个步骤反应。这整个过程，涉及了多种不同的反应机理，其中最为典型的包括 Vomler-Tafel 机理和 Vomler-Heyrovsky 机理。其反应过程如下所示：

Vomler-Tafel：

   Vomler：$\qquad H^+ + e^- + * \longrightarrow H^*$

   Tafel：$\qquad 2H^* \longrightarrow H_2 + *$

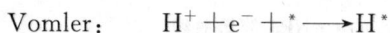

Vomler-Heyrovsky：

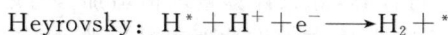

   Vomler：$\qquad H^+ + e^- + * \longrightarrow H^*$

   Heyrovsky：$\ H^* + H^+ + e^- \longrightarrow H_2 + *$

其中，* 表示表面，带有星号标记的物种吸附在表面上。可见其中所有关键步骤中质子与电子的转移都是同时进行的，满足 Norskov 计算氢电极模型的要求。

在上述机理中，表面需要从溶液中得到质子。通常认为，反应介质的 pH 值会影响质子的来源,在酸性条件下,丰富的水合质子可以得到电子并吸附于表面上;在碱性环境下,质子的产生则来源于水分子的解离。这导致了两种反应介质中 HER 机理的区别,如表 11.1 所示。

表 11.1　氢析出反应(HER)典型基元步骤

反应类型	酸性	碱性
总反应	$2H^+ + 2e^- + ^* \longrightarrow H_2 + ^*$	$2H_2O + 2e^- + ^* \longrightarrow H_2 + 2OH^- + ^*$
Volmer	$H^+ + e^- + ^* \longrightarrow H^*$	$H_2O + e^- + ^* \longrightarrow H^* + OH^-$
Tafal	$H^* + H^* \longrightarrow H_2 + ^*$	$H^* + H^* \longrightarrow H_2 + ^*$
Heyrovsky	$H^* + H^+ + e^- \longrightarrow H_2 + ^*$	$H_2O + H^* + e^- \longrightarrow H_2 + OH^- + ^*$

无论是 Vomler-Tafel 还是 Vomler-Heyrovsky 机理,H* 都起到了关键作用,因此在计算氢电极模型的框架下,以 H* 相对于表面、质子和电子的自由能 $\Delta G(H^*)$ 作为 HER 性能的描述符。$\Delta G(H^*)$ 可以表述为:

$$\Delta G(H^*) = \Delta E + \Delta ZPE - T\Delta S \tag{11-1}$$

其中,ΔE 表示产物和反应物 DFT 计算所得的电子能量差;ΔZPE 表示零点振动能的变化;$T\Delta S$ 表示反应过程中熵的变化,这两部分的计算可以通过频率分析并结合热力学方法获得。

pH=0 时,HER 的标准电极电势为 0 V,其总反应自由能变为 0 eV。中间体 H* 的形成及其向 H_2 的转化构成了两个主要步骤。理想的 HER 催化剂应当具备接近于 0 的 $\Delta G(H^*)$。当表面对氢原子的吸附太强时,即 $\Delta G(H^*) < 0$,其难以发生后续转化生成氢气,使得 Tafel 或 Heyrovsky 步骤困难;当吸附太弱时,即 $\Delta G(H^*) > 0$,则会导致 Volmer 步骤变得困难。

以 2019 年报道的酸性 HER 计算研究[49]为例,如图 11.2 所示。文章中比较了 Ni_3S_2(003) 表面上 Ni 和 S 这两个不同位点的 HER 性能。计算结果表明,在 S 位点的活性比 Ni 位点更好。

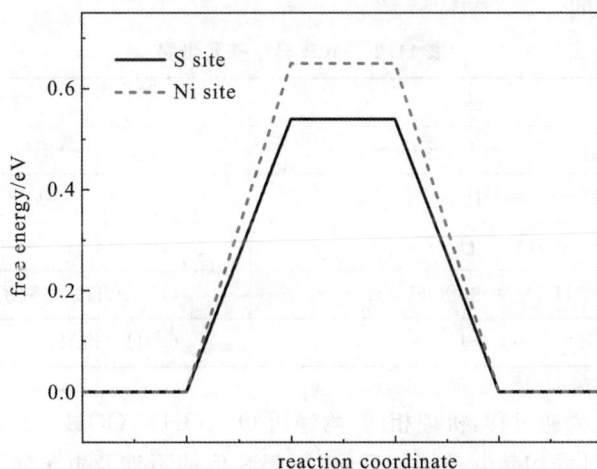

图 11.2　Ni_3S_2(003)表面 Ni 和 S 位点的 HER 自由能折线

在酸性条件下,人们一般以 $\Delta G(\mathrm{H}^*)$ 作为 HER 的单一描述符。在中性或者碱性环境下,由于氢的来源受制于水的分解,人们通常还会考虑表面上水的解离能垒。王定胜课题组采用了此类方法以研究不同比例的 RuCo 合金结构在碱性条件下的 HER 过程[50]。在这一过程中,水分子首先吸附在表面上,各表面吸附能力相仿;随后发生 H—O 键断裂,经由一个过渡态后生成 OH* 和 H*,其中 RuCo 表面水分子裂解能垒最低,提示可能有较好的碱性 HER 活性(图 11.3)。

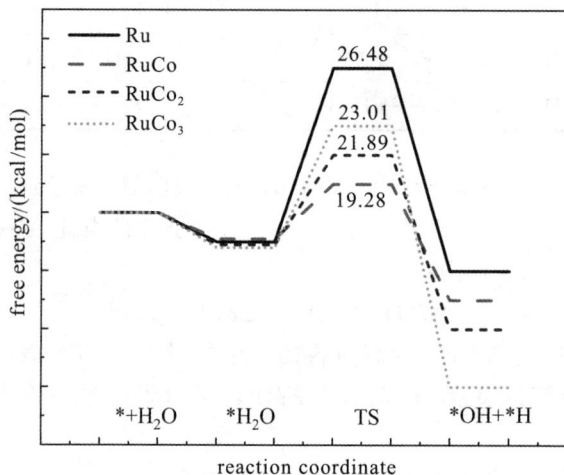

图 11.3　不同比例的 RuCo 合金结构的碱性 HER 自由能折线

11.3　电催化氧析出/还原反应(OER/ORR)

与氢析出反应(HER)相比,氧析出反应(OER)过程更加复杂,其中涉及 4 个电子和 4 个质子的转移。基于反应 pH 条件的不同,通常认为经历如表 11.2 所示的过程。

表 11.2　OER 典型基元步骤

反应类型	酸性	碱性
总反应	$2\mathrm{H_2O} + {}^* \longrightarrow 4\mathrm{H}^+ + \mathrm{O_2} + 4\mathrm{e}^-$	$4\mathrm{OH}^- + {}^* \longrightarrow 2\mathrm{H_2O} + \mathrm{O_2} + 4\mathrm{e}^-$
1	$\mathrm{H_2O} + {}^* \longrightarrow \mathrm{OH}^* + \mathrm{H}^+ + \mathrm{e}^-$	$\mathrm{OH}^- + {}^* \longrightarrow \mathrm{OH}^* + \mathrm{e}^-$
2	$\mathrm{OH}^* \longrightarrow \mathrm{O}^* + \mathrm{H}^+ + \mathrm{e}^-$	$\mathrm{OH}^* + \mathrm{OH}^- \longrightarrow \mathrm{O}^* + \mathrm{H_2O} + \mathrm{e}^-$
3	$\mathrm{O}^* + \mathrm{H_2O} \longrightarrow {}^*\mathrm{OOH} + \mathrm{H}^+ + \mathrm{e}^-$	$\mathrm{O}^* + \mathrm{OH}^- \longrightarrow \mathrm{OOH}^* + \mathrm{e}^-$
4	$\mathrm{OOH}^* \longrightarrow \mathrm{O_2} + \mathrm{H}^+ + \mathrm{e}^-$	$\mathrm{OOH}^* + \mathrm{OH}^- \longrightarrow \mathrm{O_2} + \mathrm{H_2O} + \mathrm{e}^-$

ORR 与 OER 互为逆过程,机理相同,均经历 O^*、OH^*、OOH^* 等几个关键中间体。需要注意的是,上述各过程均是电子转移反应;至于其他的不涉及电子转移的步骤,如氧气的吸附($^* + \mathrm{O_2} \longrightarrow \mathrm{O_2}^*$),不构成过电位的来源,通常不属于人们关心的范围。

在计算氢电极模型下对 OER/ORR 的处理方式与 HER 非常类似,均按照上述机理对各中间体进行构型优化和频率计算,得到 4 个步骤的自由能变。OER 的标准电极电势为 1.23 V,因此标准状态下转移 4 个电子的总反应自由能变固定,对于 OER 为 4.92 eV,对于 ORR 为−4.92 eV。对于理想的电催化剂,各步骤的能量变化绝对值均应为 1.23 eV。实际电催化剂中,各反应自由能变要在绝对值为 4.92 eV 的总反应能量之间进行分配,有的步骤更为放热,有的步骤更为吸热,这些差异成为过电势的来源。

通过计算 OER 的过电位(η^{OER})来评估 OER 的活性,具体表达式为:

$$\eta^{OER} = (\Delta G^{OER}/e) - 1.23 \text{ V} \tag{11-2}$$

$$\Delta G^{OER} = \max(\Delta G_1, \Delta G_2, \Delta G_3, \Delta G_4) \tag{11-3}$$

具体的自由能变的计算和 HER 类似,即

$$\Delta G = \Delta E + \Delta ZPE - T\Delta S \tag{11-4}$$

这里需要特别注意的是,此时得到的过电位(η^{OER})是在 pH=0 的条件下的计算结果。由于 pH 值对每一步基元步骤的影响相同,因此在极酸条件下计算得到的过电位 η^{OER} 与在其他 pH 条件下计算的结果相同。

通过理论计算,中国石油大学阎子峰课题组研究了不同过渡金属改性的石墨烯材料的 OER 性能[51]。如图 11.4 所示,分别计算了 Fe/Co-CN 单金属的酸性 OER,以及 Fe-Co-CN 双金属不同金属位点的酸性 OER。和单金属的结果比对,发现双金属的 OER 性能更好,且在双金属材料中,金属 Co 的活性最佳,具有最小的过电位(η^{OER}=0.28 V),决速步为 O* 向 OOH* 的转化。

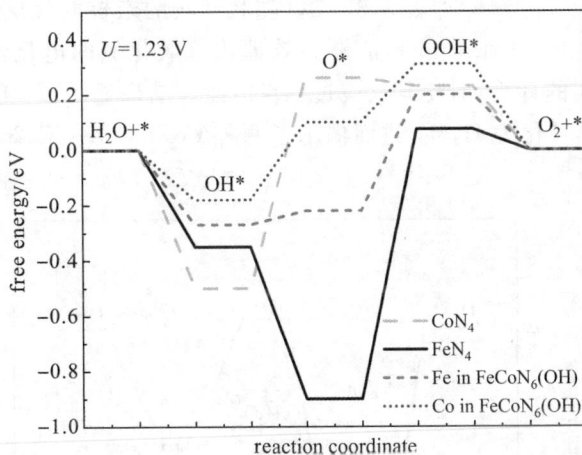

图 11.4　Co/Fe 单金属和 Fe-Co 双金属的 CN 材料的 OER 自由能折线

同时通过描述符 $\Delta G(O^*) - \Delta G(OH^*)$ 亦可评估催化剂 OER 的活性,同样呈现出火山形关系。其结果如图 11.5 所示。

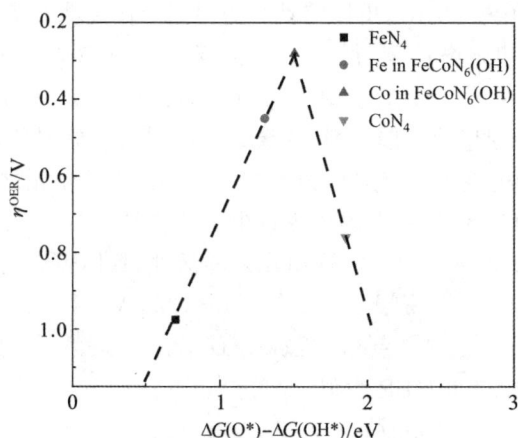

图 11.5 OER 的过电位和 $\Delta G(O^*) - \Delta G(OH^*)$ 描述符的火山图曲线

对于 ORR,需要特别说明的是,其可能存在若干其他机理。有些表面高度倾向于将氧气裂解为两个氧原子,此时可能会经历 $O_2 + ^* \longrightarrow O^* \longrightarrow OH^* \longrightarrow OH_2^*$ 的过程而生成水。也有的情况下,不发生四电子过程生成水,而是发生两电子过程生成过氧化氢:

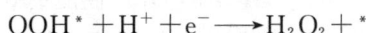

$$O_2 + H^+ + e^- \longrightarrow OOH^*$$

$$OOH^* + H^+ + e^- \longrightarrow H_2O_2 + ^*$$

$$\Delta G^0 = 0.7 \text{ V}$$

两电子 ORR 生成过氧化氢的过程有独特的应用价值。北京科技大学姜建壮等人[52]利用十六氟酞菁钴与 1,2,4,5-苯四胺、3,3'-二氨基联苯胺的亲核取代反应,制备了酞菁钴基 COF(CoPc-COF 和 CoPc-DAB-COF),能够高效催化过氧化氢的电化学生成。通过比对 2 电子和 4 电子的 ORR 的计算,对比其反应过程自由能。结果显示,与 4 电子 ORR 生成 O^* 相比,OOH^* 更倾向于转化为 H_2O_2,进而揭示了两种 CoPc-COFs 对 2 电子 ORR 的选择性(图 11.6)。

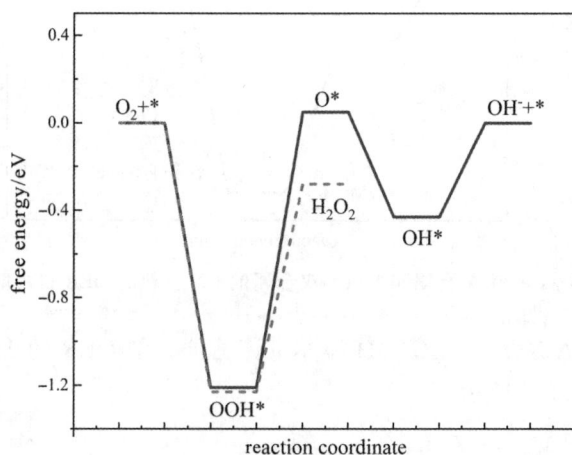

图 11.6 CoPc-COFs 上的 4 电子和 2 电子 ORR 自由能折线

11.4　其他电催化反应

电化学反应种类繁多,但处理过程思想非常类似。在前文介绍的 HER、OER/ORR 基础上,本节进一步介绍电催化二氧化碳还原反应(CO_2RR)和氮气还原反应(NRR)。

在 CO_2RR 过程中,气态的 CO_2 首先溶解到溶液中,在电解质中形成平衡后,向表面转移、吸附,并接受质子耦合电子转移而形成 HCOO* 和 *COOH 两种可能的产物。在绝大多数表面上 CO_2 均为物理吸附,强度很弱,其几何结构也大致维持直线型。而在表面被还原后,形成的 HCOO* 和 *COOH 通常可以与表面形成化学吸附。在多数表面上,HCOO* 或 *COOH 的生成都是吸热的,因此表面对这些中间体的吸附和稳定化能力决定了二氧化碳还原的效率。

通过进一步的质子耦合电子转移反应,HCOO* 一般被还原成甲酸,而 *COOH 既可以还原成甲酸也可以分解转化为 CO。在大多数过渡金属上,生成的 CO 能够形成稳定的吸附,以确保后续反应的进行。通过一系列的质子耦合电子转移的反应,CO 可以转化为甲烷,同时 CO 的耦合还会导致 C—C 键的形成进而产生不同碳数的产物。显然,CO_2RR 的机理非常复杂,涉及诸多基元步骤。对于生成多碳产物的反应,其反应网络错综复杂,并且对于每个表面可能都有所不同。

对于二氧化碳还原至一氧化碳的过程,只经历 *COOH 一个主要中间体,相对比较简单,人们对此多有研究。其中,加拿大滑铁卢大学陈忠伟课题组通过 DFT 计算对比了 NiN_4 和 $NiMN_6$(M=Zn、Co、Cu、Cr、Mn、Ti、V)构型的单原子和双原子催化剂吸附 COOH 和 CO 中间体的效果[53]。图 11.7 中的结果表明,所有 $NiMN_6$ 构型的双原子催化剂上 *COOH 和 *CO 的自由能均低于 NiN_4,其中 $NiMnN_6$ 和 $NiCuN_6$ 反应势垒较低,数值分别为 0.44 eV 和 0.59 eV,决速步为 CO 脱附和 COOH 吸附。

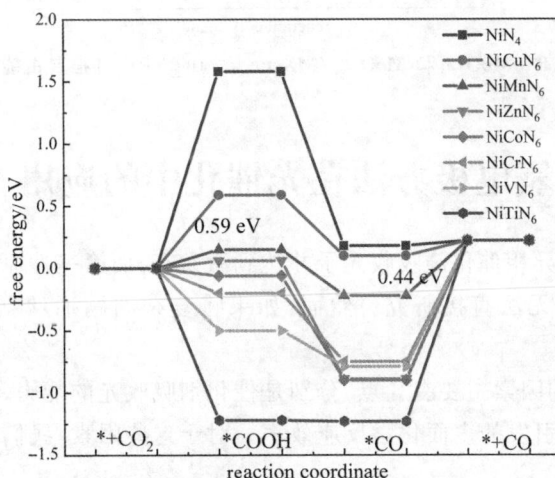

图 11.7　多种单原子和双原子催化剂上的 CO_2RR 自由能折线

除 CO_2RR 外,NRR 也是近年来的研究热点。NRR 涉及 6 个质子和 6 个电子的转移,

总反应为 $N_2 + 6H^+ + 6e^- \longrightarrow 2NH_3$，通常认为包括解离、远端、交替缔合以及酶促等 4 种路径。在解离过程中，N_2 分子吸附后与催化材料表面的两个活性位点结合，其 $N\equiv N$ 完全断裂，之后两个活化的氮原子分别加氢生成 NH_3 分子。在缔合过程中，N_2 分子吸附后与催化材料表面的一个活性位点结合，$N\equiv N$ 不完全断裂。其中，远端反应过程是指远离催化材料表面活性位点的氮原子先加氢生成一个 NH_3 分子逸出，剩下的氮原子再加氢生成另一个 NH_3 分子；交替反应过程是指两个氮原子交替加氢生成两个 NH_3 分子；酶促路径和交替路径相似，仅仅是 N_2 的吸附方式不同：酶促路径中 N_2 分子水平吸附于表面，而交替路径中 N_2 则垂直吸附于表面。由此可见，催化材料吸附 N_2 分子和 $N\equiv N$ 的断裂是电催化 NRR 的重要步骤。采用计算氢电极模型，可以依次考察各种反应机理的自由能变化情况，并对催化剂活性带来定量认识。

兰州交通大学的褚克课题组[54]研究了氧空位和异质结对 MoO_{3-x}/MXene 电催化氮还原的协同作用机理，计算了 MoO_{3-x} 和 MoO_{3-x}/MXene 的自由能台阶图。结果表明，MoO_{3-x}/MXene 中的氧空位为 NRR 活性中心，可有效吸附和活化 N_2 分子，但氧空位对中间体的吸附过强，反而不利于 NH_3 的脱附(图 11.8)。

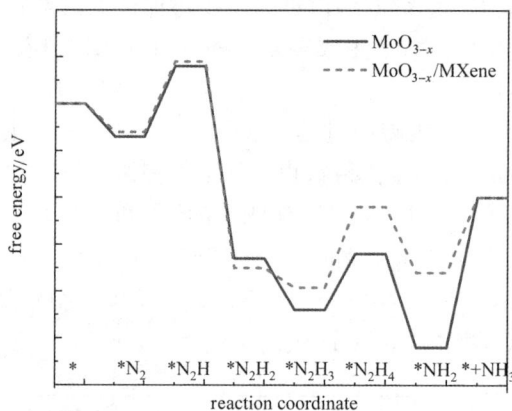

图 11.8　MoO_{3-x} 和 MoO_{3-x}/MXene 结构的 NRR 过程自由能折线

11.5　计算氢电极方法在光催化中的应用

在光催化过程中，异相催化剂吸收光子并达到激发态，而第一性原理计算对激发态的描述十分困难，导致几乎无法直接研究。然而，如果将复杂问题抽丝剥茧，我们仍然能获得方向。

影响光催化效率的因素主要有 3 点，分别是催化剂吸收光的能力、载流子分离及向表面转移效率，以及载流子引发的表面化学反应效率。对于这些因素，我们可以分别设计相应的研究方法。

11.5.1　光催化 HER

光催化 HER 是一种高效且绿色的清洁能源制备技术，有助于解决能源危机和减少环境污染问题,开发高效的光催化剂是制氢领域的重中之重。常见的 HER 光催化剂包括有机分子和无机半导体。半导体经过能量大于禁带宽度的光子照射激发后,形成电子-空穴对,电子被激发到导带,而空穴留在价带。第一性原理计算通过对能带和静电势的计算,可以分析出光吸收和光生载流子的分离和传输特性。然而,分离并且传输到催化剂表面的载流子与吸附物种的直接作用则很难通过第一性原理计算直观研究。

为了研究材料的吸光能力,可以采取态密度计算或者直接计算吸收光谱等方法。Oga-wa 等人报道了一种层状 Sillén-Aurivillius 碘氧化物[55],发现其不仅比相应氯化物和溴化物具有更宽的可见光范围,而且可以作为一种稳定的光催化剂用于高效水分解。此外,高极化的碘氧化物使其载流子寿命更长,从而使其量子效率相比其氯化物和溴化物要高得多。

此外,可以近似认为激发过程中电子从价带被激发到导带,因此可以通过导带底(CBM)和价带顶(VBM)的空间分布来推断载流子的位置。将催化剂的 CBM 和 VBM 的能量值换算成电势值,并将这两个值和吸附在催化剂表面的物质的氧化还原电势进行对比,也可用于判断这个化学反应是否可以发生。

光催化 HER 最终仍然要发生类似于电催化 HER 的表面反应,只不过电子的来源不再是外电路,而是光生电子,因此电催化 HER 的研究方法同样可被用于光催化 HER 中。吕刚教授课题组在 2023 年计算了有机半导体的光催化 HER 过程[56],计算结果如图 11.9 所示。通过对 $\Delta G(H^*)$ 的计算,发现负载了金纳米颗粒的 CoTPyP 具有更接近 0 的 $\Delta G(H^*)$ 数值,提示光生电子生成后在表面更容易促进 HER。

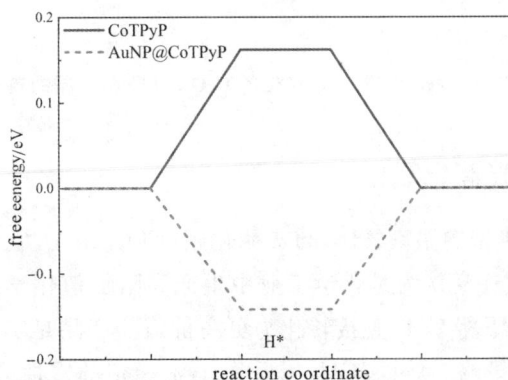

图 11.9 CoTPyP 和 AuNP@CoTPyP 两种材料的 HER 自由能折线

11.5.2 CO₂ 光催化还原

在太阳光驱动下,利用光催化材料在温和的反应条件(常温和常压)下,实现催化转化二氧化碳为可再生碳氢燃料($CO_2 + H_2O \longrightarrow$ 碳氢化合物$+O_2$),以碳氢燃料为能源载体,可以实现碳循环利用,因而是最理想的 CO_2 转化与利用方案。在 CO_2 光催化的过程中,有个很重要的物质——助催化剂。助催化剂是指在催化剂中加入的另一些物质,本身不具活性或活性很小,但能改变催化剂的部分性质,如化学组成、离子价态、酸碱性、表面结构、晶粒大小等,从而使催化剂的活性、选择性、抗毒性或稳定性得以改善。一般而言,在光催化 CO_2 还原中,助催化剂起到五个重要作用:①降低反应激活能或过电势;②促进电荷分离/转移;

③提高 CO_2 还原活性和选择性；④增强光催化剂的稳定性；⑤抑制副反应和逆反应。

光照后，将半导体光催化剂导带上的光生电子转移到还原助催化剂表面，将 CO_2 还原为一系列还原产物，如 CO、HCOOH、HCHO、CH_3OH 和 CH_4。助催化剂与半导体之间形成适宜的异质结有助于促进光生载流子的分离和迁移，而二者之间的界面能级则决定了电子-空穴分离和迁移的方向和效率。目前，对于无机贵金属基助催化剂的相关研究报道比较多，尤其是 Pt、Ag、Pd、Ru、$Rh_{1.32}Cr_{0.66}O_3$、Rh、Au、合金和 Pt/Cu_2O 核壳结构复合物等物质。

孙永福等人通过针对掺杂 Pd 前后的 CeO_2 的 DFT 计算模拟[57]（图 11.10），发现 O 空位附近的 Ce 位点价态最低，对 CO_2 吸附最强。Pd 的加入增加了 CO 脱附的势垒，同时使反应路径从 CH_3OH 转向 CH_4。与此同时，Pd 加入后 H_2O 氧化脱 H（OOH—O_2）的势垒从 1.84 eV 降低到 1.40 eV。说明 Pd 加入后，有助于 H_2O 分解产 H，从而提升 CO_2 还原效率。

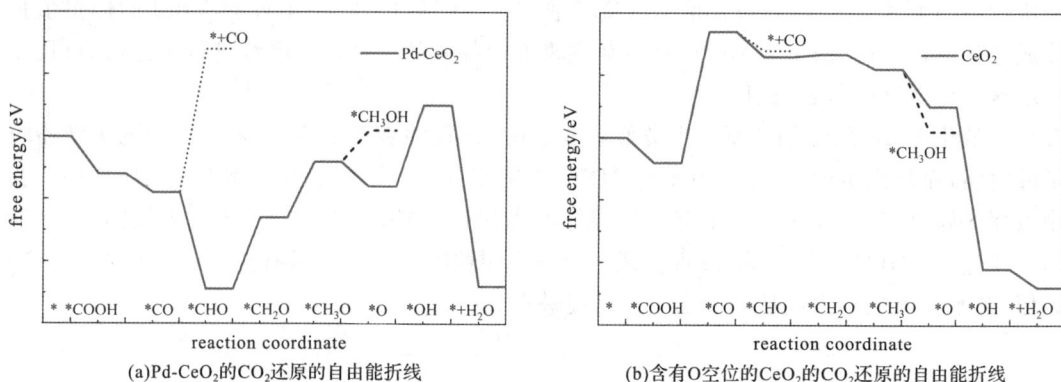

(a)Pd-CeO_2 的 CO_2 还原的自由能折线   (b)含有 O 空位的 CeO_2 的 CO_2 还原的自由能折线

图 11.10　Pd-CeO_2 和含有 O 空位的 CeO_2 的 CO_2 还原的自由能折线

11.5.3　CH_3OH 光催化氧化

甲烷（CH_4）是一种典型的温室气体，与二氧化碳（CO_2）相比，它可能会造成更严重的温室效应。同时，CH_4 也被广泛认为是化学工业中生产高附加值化学品的重要原料。考虑到这一点，在常规环境条件下将 CH_4 直接转化为更高价值的产品是实现碳中和以及最大化利用 CH_4 潜在价值的双赢策略。然而，CH_4 是一种非常稳定的惰性分子，因为它具有可忽略的电子亲和力、极低的极化率和很高的键能。因此，激活 C—H 键通常需要高温和高压，这会大大增加成本和操作风险，并导致环境问题。

光催化是利用光子能代替热能驱动 CH_4 氧化的一种有潜力的方法。在光子激发半导体光催化剂后，在光催化 CH_4 氧化中形成的一系列高活性含氧自由基可以在室温下轻松激活 C—H 键。然而，CH_4 中 C—H 键的活化能远高于产物（CH_3OH）中的活化能。因此，在 CH_4 的第一个 C—H 键被活性自由基活化形成甲基或甲氧基物质后，这些物质比 CH_4 更容易被活化和氧化，最终导致 CH_3OH 过度氧化生成 CO 和 CO_2。特别是对于气相 CH_4 氧化，产物 CH_3OH 很容易吸附到光催化剂表面，并被过度氧化为 CO 和 CO_2。研究表明，CH_3OH 的过度氧化可以部分归因于—OH 自由基的形成。因此，只要光催化 CH_4 氧化中存在 CH_3 和 OH，就很难提高 CH_3OH 的选择性，除非通过合理的催化剂设计引入新的反应

途径来减少 CH_3 和 OH 的形成。

为了克服这一障碍,孙永福课题组设计了由两种不同金属氧化物组成的二维(2D)平面内 Z 型异质结构[58],在室温和常规环境压力下实现了 CH_4 光氧化为 CH_3OH,并且无须添加任何氧化剂。实验结果表明,CH_4 在平面异质结构 ZnO/Fe_2O_3 多孔纳米片上的选择性光氧化可能经历以下几个步骤:首先,CH_4 分子被吸附在 Fe 位点上,H_2O 分子在平面异质结构上解离成 $^*OH$ 自由基和 $^*H$ 自由基。当被吸附的 CH_4 分子与光生成的空穴相互作用时,$^*CH_3$ 自由基中间体会逐渐形成。其次,$^*CH_3$ 自由基与 $^*OH$ 进一步相互作用。为了验证这些推论,还通过第一性原理计算进行了佐证。计算的自由能台阶图如图 11.11 所示,结果表明:相比 ZnO 多孔纳米片,ZnO/Fe_2O_3 多孔纳米片降低了生成 $^*CH_3OH$ 的能垒,并且大大地增加了 $^*CH_3OH$ 进一步氧化为 $^*CH_3O$ 的能垒,从而达到 CH_4 高选择性转化为 CH_3OH 的效果。

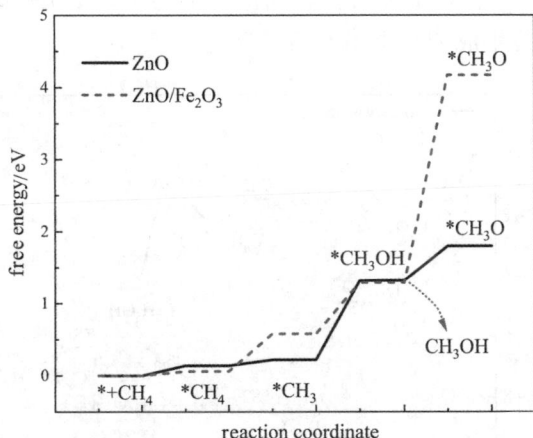

图 11.11　CH_4 在 ZnO/Fe_2O_3 多孔纳米片和 ZnO 多孔纳米片上氧化的自由能折线

11.6　热催化反应

电催化中电子转移或质子-电子转移过程的动力学决定了电化学反应的效率,在 Norskov 计算氢电极模型下,可以通过考察质子-电子转移过程的热力学来近似衡量其反应难易。与之相比,热催化反应种类更多、机理更加复杂,涉及多种化学键的断裂和生成,以及为数众多的基元反应。为了解释热催化反应的机理、效率和选择性,通常需要对反应过程的基元反应进行充分的拟定,并依次寻找过渡态来加以探究。热反应不一定需要加热,凡是通过分子热运动跨过能垒的反应均归为热反应。

热反应数不胜数,以下举几个各领域内热门的反应作为例子。

11.6.1　有机物的加氢、脱氢、氧化

带苯环的芳烃及稠环芳烃是一大类需要重点研究的污染物。由于其高度的致癌性和环境稳定性,芳烃污染物是环境中的一大公害,对其的降解具有高度的现实意义。其中一条重

要途径是对其进行氧化，从而将 C—H 键转化为含氧官能团。Zhu 等人报道了一种蚕丝化学手段，制备了超薄二维多孔 N 掺杂碳纳米片，嵌入了金属单原子 Fe、Co、Ni。以单原子 Co 为例（图 11.12），作者展示了第一性原理计算苯活化到苯酚的能垒。作者认为，在单原子催化剂表面，活性氧物种首先形成吸附态的氧原子（O*）。在 O* 生成后，苯的活化包含了 O* 向芳环碳原子加成以及 H 从碳原子向氧原子转移两步。在 Co 单原子上两步的能垒均为 0.77 eV，低于 Co 团簇上的相应能垒（1.14 eV）。值得注意的是，Co 单原子催化剂把反应能垒的决速步转移到了 H_2O_2 的活化上（0.86 eV），降低了反应的整体难度，也侧面证明了活性氧物种在 C—H 活化中的重要性[59]。势能折线大致如图 11.12 所示。在单原子上和团簇上，反应遵循十分不同的机理。Co 单原子依次活化 2 分子过氧化氢，形成 oxo-物种 2O* 并释放出水，其中每次活化过程经过一个过渡态发生。随后末端氧原子对苯环进行加成，氢原子发生 1,2-迁移生成苯酚。相比之下，Co 团簇对过氧化氢的活化能力强得多，首先无能垒地导致 O—O 断裂，得到 2 个 OH 吸附在金属原子上的物种 2OH*，接着释放出水并得到 O*。重复这一过程，最终生成 2O* 并参与后续反应。

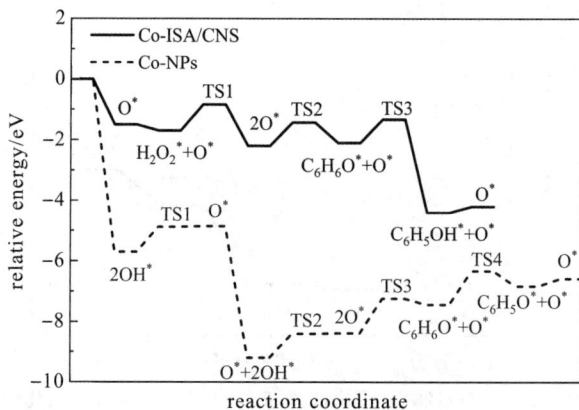

图 11.12　不同结构的单原子 Co 活化苯生成苯酚过程的反应机理图

除了苯环到含氧有机物的转化，有机物的双键加氢也是比较重要的研究热点。在这类反应中，氢气或其他氢源通常首先在催化剂表面裂解为吸附态的氢原子 H*，随后依次转移到有机物的不饱和键上。Zhao 等人制备了单原子 Pd 及 Pd 团簇负载的 g-C_3N_4，利用 DFT 计算了纯净 C_3N_4 以及 g-C_3N_4 分别负载单原子 Pd 及 Pd 团簇三个结构上苯乙烯的加氢能垒[60]，如图 11.13 所示。单原子 Pd 呈现出了较低的能垒（0.13 eV），而随着 Pd 原子数的增加，苯乙烯的加氢活化能垒升高（0.34 eV）。这与前述的 Co 单原子及 Co 团簇的能垒变化趋势一致，证明了金属单原子在有机物加氢过程中的活化作用。需要注意的是，在这篇报道中，通过实验手段证明了 H 的来源是 H_2O，在此基础上，作者认为 H 的产生过程在反应条件下容易发生，从而直接考察 H 原子吸附在表面上后与有机物的反应过程。随着反应物的不同，H 源各不相同。是否考察 H 源在催化剂表面的分解途径、H 源能否被简化，需要根据自己的实验情况进行判断。

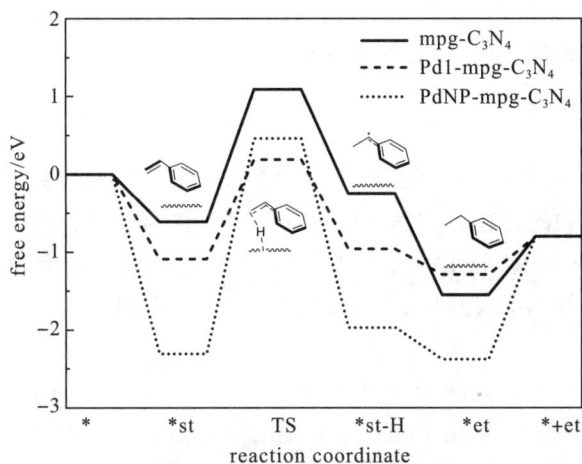

图 11.13　C₃N₄、单原子 Pd 及 Pd 团簇上苯乙烯的加氢过程的自由能折线

在图 11.13 中,st 和 et 分别代表苯乙烯和乙苯。从苯乙烯加氢到中间体的过程中,单原子 Pd 展现出了最小的加氢能垒和最小的脱附能垒,催化性能最好。

糠醛加氢制糠醇是增值生物质的重要工业反应之一。糠醛由于含有醛基,转化到糠醇包含双键加氢及含氧官能团加氢两类反应,每类反应又涉及多步氢原子转移。Liu 等人将 DFT 计算与微动力学建模相结合,研究了在过渡金属表面上糠醛加氢制糠醇的反应机理(图 11.14)[61]。糠醛在 Au(111)、Cu(111) 和 Pt(111) 表面上分别是弱、中、强吸附,决速步分别为 H₂ 活化、FCHOH*/FCH₂O* 加氢以及产物的脱附。在 Au(111) 表面,H₂ 的分解能垒是 1.21 eV,如此高的分解能垒妨碍了糠醛的后续反应。而在 Pt(111) 表面,对产物的强吸附则导致了其脱附成为决速步。

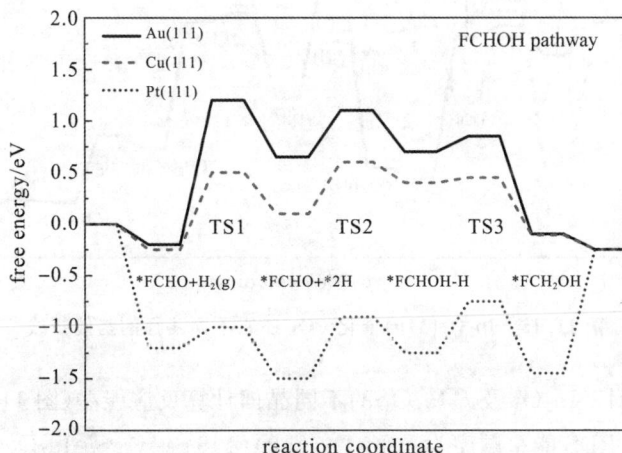

图 11.14　Au(111)、Cu(111) 和 Pt(111) 三种金属表面糠醛加氢反应的自由能折线

在中等吸附的 Cu(111) 表面,作者继续掺杂取代不同比例的金属原子进行糠醛转化的研究。文献表明,Cu∶Ni=3∶1 的 Cu-Ni 合金在吸附能为 −1.2 eV 的条件下,有着最高的转换频率，比纯铜催化剂高了大约1个数量级。在适当的合金比例下，铜基催化剂展现出比铬基催化剂更优越的性能，金属毒害性能更小。

11.6.2 CO₂热还原

CO₂的热还原过程，涉及的产物多、反应路径长，除了CO、CH₃OH、CH₄等产物，还涉及CO偶联到多碳产物的过程。在热还原过程中，H₂作为氢源分解、吸附到表面，最后发生一系列氢转移过程，在加氢、脱水的过程中实现CO₂的还原。由于热反应中还原剂不再是外加电子，而是以氢气为代表的化学还原剂，此过程有别于Norskov的电催化氢吸附模型[62]。

Dang等人报道了富含氧缺陷的不同相的In₂O₃对CO₂还原的催化性能，首先在c-In₂O₃(110)表面研究从CO₂到CH₃OH完整的加氢过程[63]，如图11.15所示。从路径中可以看出，CO₂构型的不同将导致后续产物的不同。在弯折CO₂(*bt_CO₂)构型中，H原子吸附到In位点(*H_In)上，加氢过程经历2个过渡态，生成产物CO。CO还原过程涉及O—H键的生成及C—O键的断裂，O—H键的生成过渡态为决速步($E_a=1.26$ eV)。而线性CO₂(*In_CO₂)构型则会经历5个过渡态生成CH₃OH。在反应过程中H₂解离，两个H原子分别吸附到O位点(*H_O)及In位点(*H_In)上，随后不断还原中间体。加氢过程涉及单齿*CHOO(*mono_CHOO)到双齿*CHOO(*bi_CHOO)的快速转换，随后*CH₂OO经历TS3将O原子填补到氧空位上。在CH₃OH路径的5个过渡态中，决速步体现在*CHOO到*CH₂OO的转化上($E_a=1.54$ eV)。因此，c-In₂O₃(110)体现出了对CO更好的选择性。

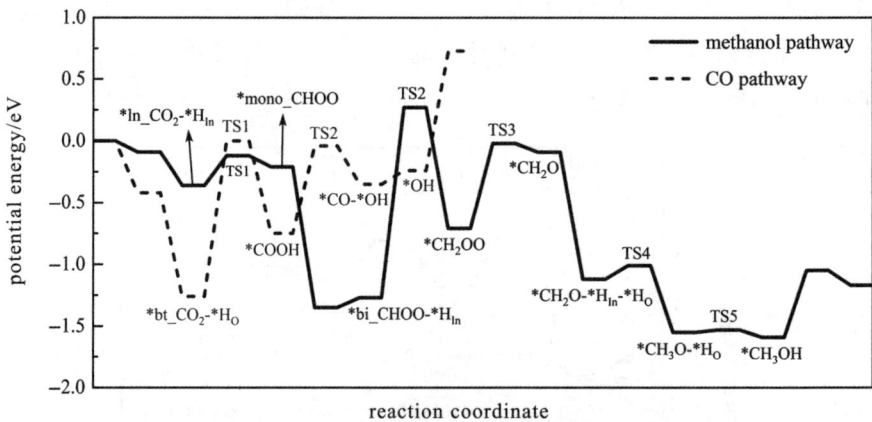

图11.15 In₂O₃(110)催化CO₂还原不同路径的势能折线

作者随后继续对c-In₂O₃及h-In₂O₃的不同晶面计算反应能垒(图11.16)。计算结果表明，CH₃OH形成的RDS能垒顺序为：c-In₂O₃(110)(1.54 eV)＞h-In₂O₃(012)(1.27 eV)＞h-In₂O₃(104)(0.88 eV)＞c-In₂O₃(111)(0.64 eV)。而在*In_CO₂结构中，CO₂的吸附强度顺序为：h-In₂O₃(104)(−0.14 eV)＞c-In₂O₃(110)(−0.09 eV)＞c-In₂O₃(111)(−0.05 eV)≈h-In₂O₃(012)(−0.05 eV)。因此，富缺陷的c-In₂O₃(111)和h-In₂O₃(104)表面在催化活性上最有利于CO₂加氢生成CH₃OH。与此同时，CO生成RDS的能垒顺序为：c-In₂O₃(111)

(1.39 eV)＞h-In$_2$O$_3$(104)(1.29 eV)＞c-In$_2$O$_3$(110)(1.26 eV)＞h-In$_2$O$_3$(012)(0.69 eV)。CO$_2$ 在 bt-CO$_2$* 结构中的吸附强度顺序为:c-In$_2$O$_3$(110)($-$0.42 eV)＞h-In$_2$O$_3$(012)(0.18 eV)＞c-In$_2$O$_3$(111)(0.28 eV)＞h-In$_2$O$_3$(104)(0.69 eV),因此含有缺陷的 c-In$_2$O$_3$(110) 和 h-In$_2$O$_3$(012)表面有利于 CO 的形成,而富缺陷的 h-In$_2$O$_3$(104)和 c-In$_2$O$_3$(111)表面非常不利于 CO 的形成。

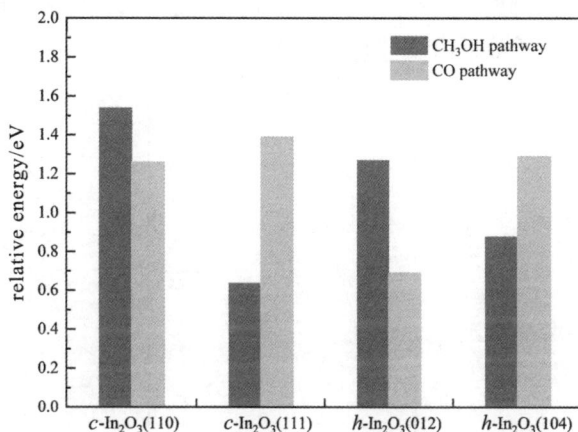

图 11.16　c-In$_2$O$_3$ 不同晶面上的二氧化碳还原能垒

除了不同的相和晶面,作者随后进一步考虑了不同台阶表面的稳定性及其对 CO$_2$ 的还原性能。总的来说,考虑这些台阶表面并没有改变上述结论:只有 c-In$_2$O$_3$(110)台阶表面足够稳定。如图 11.16 所示,作者进一步证明了 c-In$_2$O$_3$(111)和 h-In$_2$O$_3$(104)表面的三重氧空位位点有利于线性 CO$_2$ 物理吸附结构和 HCOO 途径,从而具有较高的 CH$_3$OH 选择性。而 c-In$_2$O$_3$(110)和 h-In$_2$O$_3$(012)表面的双重氧空位位点有利于弯折 CO$_2$ 化学吸附结构和 COOH 途径,从而具有较高的 CO 选择性。由于 h-In$_2$O$_3$(104)表面的热力学稳定性不如 h-In$_2$O$_3$(012)表面,h-In$_2$O$_3$ 相的稳定性不如 c-In$_2$O$_3$ 相,因此必须通过控制合成制备高选择性的 In$_2$O$_3$ 催化剂,以优先暴露 h-In$_2$O$_3$(104)表面,进行 CO$_2$ 加氢到 CH$_3$OH 的反应。相反,主要暴露 c-In$_2$O$_3$(111)表面的稳定的 In$_2$O$_3$ 催化剂可能导致该反应的选择性稍微劣于 h-In$_2$O$_3$(104)表面。

11.7　其他催化反应

11.7.1　过一硫酸盐(PMS)分解

异相催化剂促进的污染物降解也是催化反应应用过渡态较多的研究领域,其中以过一硫酸盐(PMS)分解,生成羟基自由基最为常见。过一硫酸盐在水溶液中电离为过一硫酸根(HSO$_5^-$),具有较强氧化性,是环境领域重要的污染物降解试剂;其中过氧键易断裂,常被用来获取羟基自由基,以进攻并降解各种有机分子。

然而,PMS 的分解路径十分复杂。而且它作为阴离子,第一性原理计算无法正确得到

带电表面的能量，这导致表面上 PMS 的分解过程在第一性原理计算中成为一个较为棘手的课题。在大多数第一性原理计算中，人们会默认将 PMS 当作电中性分子处理。

PMS 最被普遍研究的反应为其吸附在表面上后发生过氧键断裂，随后分解为硫酸根自由基及羟基自由基，这两者可能吸附在表面上，也可能有一个在反应过程中解离到溶液中。Ming 等人在 2022 年报道了石墨状氮化碳上 PMS 的分解过程。初始状态中 PMS 通过羟基氢原子与 C_3N_4 形成氢键，随后经历 1.85 eV 的能垒到达过渡态，最终解离生成硫酸根自由基，以及加成在表面上的羟基自由基（图 11.17）。[64]

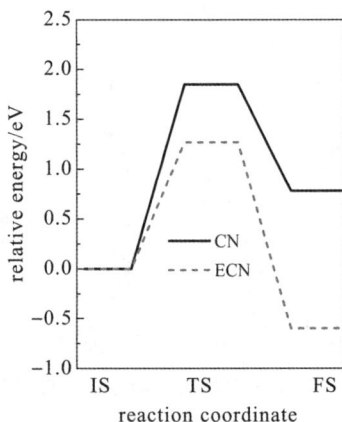

(a)CN、ECN表面PMS分解的反应机理图

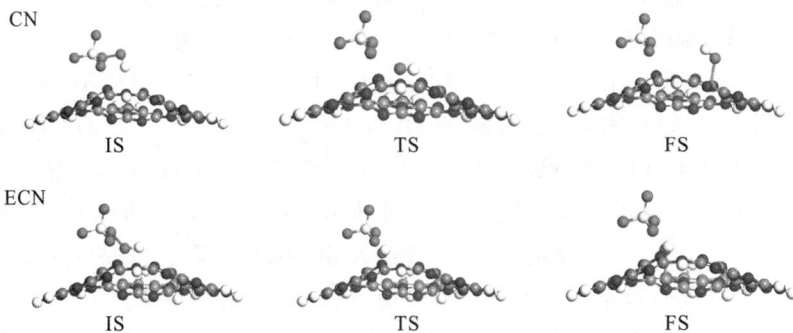

(b)CN、ECN表面PMS分解过程关键物种的结构

图 11.17　CN、ECN 表面 PMS 分解的自由能折线及关键物种的结构

相比于碳材料，表面上的金属原子与 PMS 有更强的吸附作用和电子转移，从而显示出更为出色的催化 PMS 分解的能力。在平面构型的氮掺杂石墨烯上，分散的金属单原子可以使 PMS 形成三种化学吸附，如图 11.18 中的 Type 1、2 及 3 构型[65]。由于 PMS 的负电荷（或作为电中性处理时的自由基）位于 SO_3 处，通常情况下 Type 3 构型是能量较低的吸附方式。它有可能直接分解，也有可能先转化为其他吸附方式后再分解，且从不同吸附方式出发分解后可能生成不同产物。

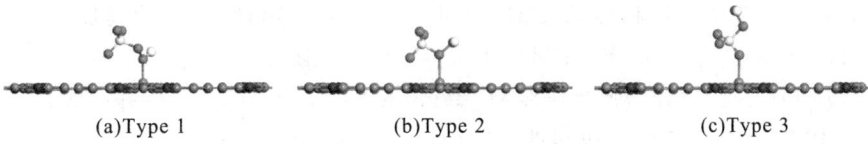

(a)Type 1　　　　　　　(b)Type 2　　　　　　　(c)Type 3

图 11.18　单原子催化剂上 PMS 的 3 种典型吸附模式

在 Yang 等人对 FeN_4 的研究中,形如 SAFe-O_3S-OOH 的 O_α 位吸附,即上述提到的 Type 3 构型在热力学上占优势[66],具有大约 -2 eV 的吸附能。与单纯的物理吸附相比,金属带来的电子转移可以更加有效地促进 PMS 的分解。在 Xue 等人的报道中,O_α 位吸附的 PMS 分解为 OH^- 的能垒为 1.05 eV(图 11.19),相对于未修饰的 CN,单原子催化剂无论是基底构型的稳定性还是对 PMS 的吸附性质都有了明显的改善[67]。与 PMS 类似,过二硫酸根(PDS)也可以吸附在表面上并发生分解。

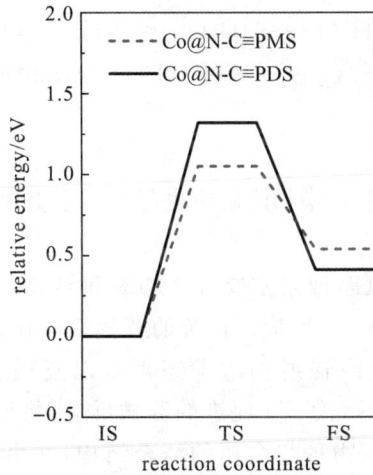

(a)Co原子上PMS和PDS分解过程的反应机理图

CO@C-N≡PMS

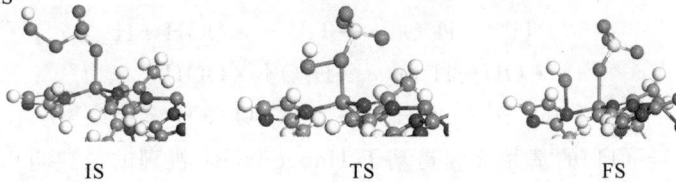

IS　　　　　　　　　TS　　　　　　　　　FS

CO@C-N≡PDS

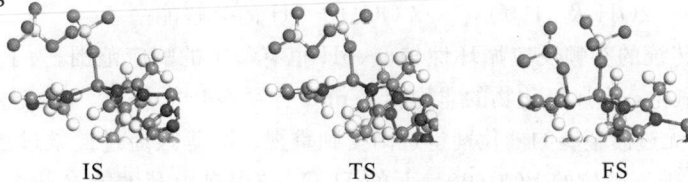

IS　　　　　　　　　TS　　　　　　　　　FS

(b)Co 原子上 PMS 和 PDS 分解过程关键物种的结构

图 11.19　Co 原子上 PMS 和 PDS 分解过程的自由能折线及关键物种的结构

除了直接分解为硫酸根和羟基，PMS 还可以生成其他物种，并为后续反应带来多样的产物。在 He 等人的报道中[68]，PMS 在吸附后脱氢形成$[Fe(III)-O-O-SO_3]^+$。$[Fe(III)-O-O-SO_3]^+$异裂产生吸附氧($\equiv Fe(IV)-O$)和 HSO_4^-。$\equiv Fe(IV)-O$ 与体系中的另一个 PMS 进一步反应生成活性$\equiv Fe(III)-HO_2$。$\equiv Fe(III)-HO_2$ 物质经过快速去质子化过程后形成$\cdot O_2^-$ 自由基。最终，$\cdot O_2^-$ 自由基重新结合，产生大量的$^1O_2$。整个反应过程涉及多个键的断裂和生成，可研究从$[Fe(III)-O-O-SO_3]^+$断裂到($\equiv Fe(IV)-O$)，及($\equiv Fe(IV)-O$)结合一个新的 PMS 的过氧键转移过程。反应方程式如下：

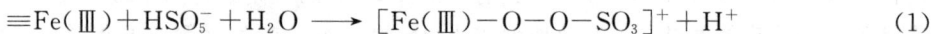

$$\equiv Fe(III) + HSO_5^- + H_2O \longrightarrow [Fe(III)-O-O-SO_3]^+ + H^+ \tag{1}$$

$$[Fe(III)-O-O-SO_3]^+ \longrightarrow \equiv Fe(IV)=O + SO_4^- \cdot \tag{2}$$

$$SO_4^- \cdot + H_2O \longrightarrow HSO_4^- + \cdot OH \tag{3}$$

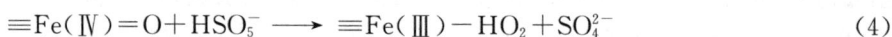

$$\equiv Fe(IV)=O + HSO_5^- \longrightarrow \equiv Fe(III)-HO_2 + SO_4^{2-} \tag{4}$$

$$\equiv Fe(III)-HO_2 \longrightarrow \equiv Fe(III) + \cdot O_2^- + H^+ \tag{5}$$

$$2 \cdot O_2^- + 2H_2O \longrightarrow H_2O_2 + 2OH^- + 2^1O_2 \tag{6}$$

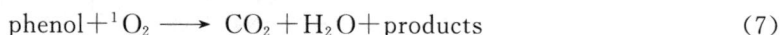

$$phenol + {}^1O_2 \longrightarrow CO_2 + H_2O + products \tag{7}$$

11.7.2　H_2O_2 分解

与 PMS 类似，H_2O_2 的分解在污染物降解中也起到了很重要的作用。相比 PMS，H_2O_2 呈现电中性，处理起来更简单。

在 H_2O_2 分解的课题中，过渡态搜索主要分为均裂和异裂。其中在铁离子的催化下发生的系列反应又被称为芬顿（Fenton）反应。传统的芬顿反应在紫外线的辐射下，包含着一系列复杂的链式反应，而此类光照辐射和激发态都难以复现在第一性原理计算中。以 Zhang 等人的报道为例[69]，作者研究了 Ti 促进的芬顿反应，将反应简化为 $^* H_2O_2 \longrightarrow {}^* + O_2 + 2H^+ + 2e^-$，拟定了若干含氧物种与金属的结合结构，并由此衍生出数条基元反应路径。简要的反应式如下所示。

$$Ti^{3+} + H_2O_2 \longrightarrow Ti^{4+} + OH^- + \cdot OH \tag{8}$$

$$Ti^{4+} + H_2O_2 \longrightarrow Ti^{3+} + \cdot OOH + H^+ \tag{9}$$

$$\cdot OH + H_2O_2 \longrightarrow H_2O + \cdot OOH \tag{10}$$

$$Ti^{4+} + \cdot OOH \longrightarrow Ti^{3+} + O_2 + H^+ \tag{11}$$

以上(8)~(11)的基元反应是基于 Haber-Weiss 机理的经典自由基反应[70,71]。在第一性原理中，考虑到基底材料作为芬顿反应催化剂的影响，一般在获得吸附构型后，搜索 $^* H_2O_2 \longrightarrow {}^* 2OH$ 及 $^* H_2O_2 \longrightarrow {}^* OOH + {}^* H$ 的分解能垒。

由于传统的芬顿反应循环性较低，pH 也有一定的响应范围，为了规避上述缺点，过渡金属或多种氧化态金属氧化物的非均相 Fenton 体系在开发中[72,73]，典型催化剂如 Pd 基底材料。与此同时，无过渡金属的催化剂也逐渐受到重视。Li 等人通过搜索过渡态（图 11.20），发现无过渡金属、带氧空位的 BOC(001)面的 H_2O_2 产生自由基的能垒约为 0.94 eV，并表现出比传统的金属催化更好的催化分解活性[74]。

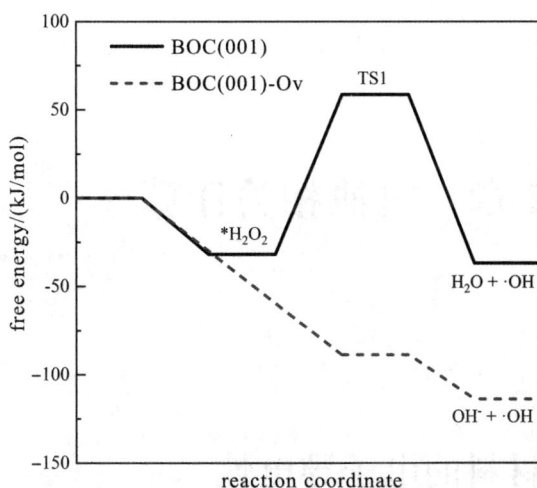

图 11.20　BOC(001)面上的过氧化氢分解过程自由能折线

除了过氧键断裂外，H_2O_2 也可以首先失去一个氢原子，随后生成 $^*OOH$ 中间体并吸附于表面。在水或者水合质子的影响下，$^*OOH$ 可以进一步释放出自由基。对于脱出的氢原子，在表面上可以是与 $^*OOH$ 的共吸附状态，也可以当作游离态处理(通常借助 Norskov 计算氢电极模型，并认为以 $H^+ + e^-$ 的形式离去。虽然这不是电催化反应，但可以视为与表面发生的电子转移)，不同的处理方式将会导致台阶的末态能量有区别。典型的均裂、异裂对照如 Plauck 等人的研究[75]。在该文献中，Pd(111) 和 Pd(100) 的 H_2O_2 分解机制得到了充分的研究。在 H_2O 和 H^+ 的作用下，Pd(111) 和 Pd(100) 上过氧键断裂的能垒都低于氢氧键断裂。作者更引入微动力学模型，从覆盖度的角度说明 H_2O 对 H_2O_2 裂解的作用。

第 12 章　电池相关计算

12.1　电极材料的电子导电性

在锂离子电池中,电极在充放电过程中需要不断发生离子的嵌入、脱出、迁移,同时也需要从电路中接受或向电路中给出电子,因此电极材料需要具备较高的电子和离子电导率。与此同时,电解液则需要较好的离子导电性和较差的电子导电性。因此,我们在研究电极材料时,需要对电极材料的导电性有所了解。后续我们将以磷酸铁锂(LiFePO₄)为例,探讨其导电性。在本节,我们关注电子导电性,这主要通过能带、态密度等加以研究。

目前,在众多的正极材料中,磷酸铁锂(LFP)被公认为安全性比较好的正极材料,它的理论比容量为 170 mA/g,电压平台为 3.7 V,在全充电状态下具有良好的热稳定性、较小的吸湿性和优良的充放电循环性能。此外,磷酸铁锂的原料资源丰富,成本较低。但是,磷酸铁锂类属于橄榄石型结构,结构如图 12.1 所示。材料的结构决定材料的性质,磷酸铁锂属于正交晶系($a \neq b \neq c, \alpha = \beta = \gamma =$

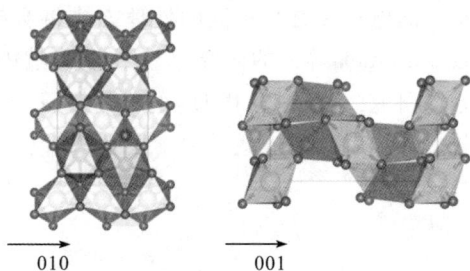

图 12.1　从不同视角展示的磷酸铁锂的结构

90),空间群为 Pnmb,具备稳定的聚阴离子框架结构。磷酸铁锂晶体结构中的氧离子以稍微扭曲的六面体形式进行紧密堆积,铁离子和锂离子均占据八面体中心位置,形成 Fe-O 八面体和 Li-O 八面体,磷离子占据四面体中心位置,形成 P-O 四面体。从 a 轴方向看,交替排列的 Fe-O 八面体、Li-O 八面体和 P-O 四面体形成了一个层状结构。从 bc 面上看,每一个 Fe-O 八面体与周围 4 个 FeO 八面体通过公共顶点连接起来,形成锯齿形的平面层。这个过渡金属层能够传输电子,但由于没有连续的 Fe-O 共边八面体网络,因此不能连续形成电子导电通道,这也是磷酸铁锂的电子电导率较低的原因,只能达到 10^{-9} S/cm 量级。同时,由于八面体之间的 P-O 四面体限制了晶格体积的变化,在锂离子所在的 ac 平面上,P-O 四面体限制了锂离子的移动,使得锂离子在磷酸铁锂中只存在一维的扩散通道,导致了磷酸铁锂材料的离子电导率也不高,表观扩散系数为 $10^{-15} \sim 10^{-10}$ cm²/s。因此,在众多对于磷酸铁锂材料的研究中,提升其离子电导率与电子电导率成为一大重点。

为了提升磷酸铁锂的导电性,目前的思路主要包含三个方面:①对磷酸铁锂材料进行掺杂改性;②对磷酸铁锂材料进行包覆,包含碳材料、金属或金属氧化物材料等;③对磷酸铁锂材料进行纳米化合成,以缩短扩散路径。前两个方面主要是为了提升磷酸铁锂材料的电子导电性,第三个方面主要是为了缩短扩散路径,促进材料中锂离子的传导与扩散。以第一性原理计算为研究手段,对于电子导电性,我们可以对材料进行掺杂、包覆等改性,研究分析材料改性前后所对应的电子态密度和能带结构。这两种分析方法是相辅相成的。下面我们来看一下磷酸铁锂原始材料的能带结构和电子态密度图,如图 12.2 所示。能带图的横坐标对应的是材料的倒空间中的高对称点,纵坐标为能量。从图中我们可以看出,磷酸铁锂的带隙为 3.92 eV,是间接带隙半导体,如此大的带隙也从微观的角度说明了磷酸铁锂导电性差的原因。

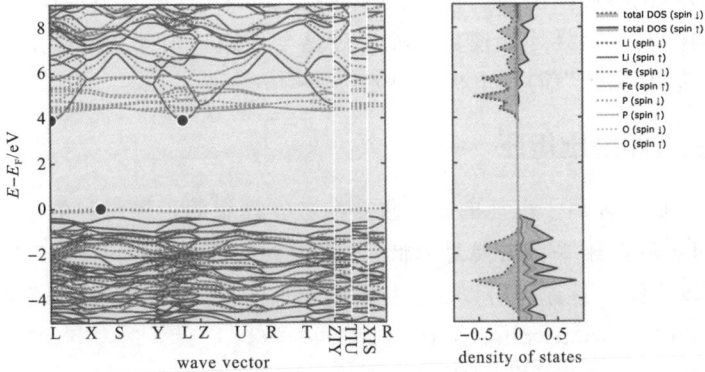

图 12.2　磷酸铁锂的能带结构和电子态密度

对于磷酸铁锂材料的掺杂、包覆等改性,可以有效地调节磷酸铁锂的电子结构,使得复合或者掺杂的结构的带隙变窄,从而提升正极材料的导电性。以磷酸铁锂表面包覆石墨烯和氮掺杂石墨烯为例(图 12.3),当在磷酸铁锂表面引入包覆层时,复合结构的带隙得到了显著的降低。其中,氮掺杂石墨烯的复合结构的带隙更低,使得电子从价带顶跃迁至导带底更加容易,导电性得到了提升。

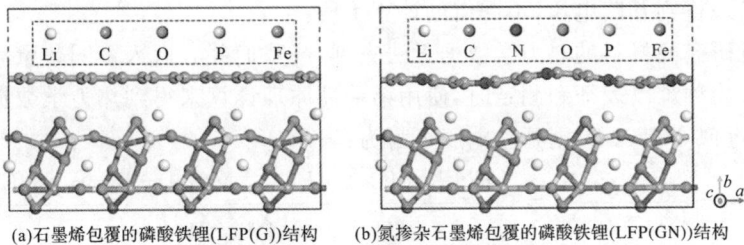

(a)石墨烯包覆的磷酸铁锂(LFP(G))结构　(b)氮掺杂石墨烯包覆的磷酸铁锂(LFP(GN))结构

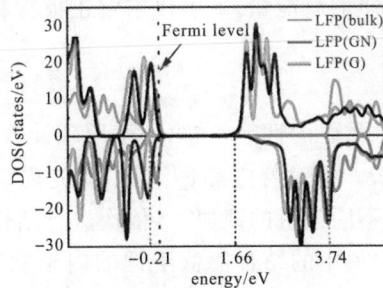

(c)电子态密度

图 12.3　LFP(G)和 LFP(GN)的结构及对应的电子态密度

上述讨论主要是围绕着材料的电子电导性质进行的，而对材料的离子电导率的提升则涉及对离子输运路径和能量的调控，详见第 12.3 节的讨论。

12.2 电池脱嵌过程热力学计算

离子嵌入和脱出是离子电池电极材料上不断发生的重要过程，对这些性质的计算研究主要涉及三类内容：嵌入和脱出电压、理论容量、结构稳定性。

需要注意的是，虽然习惯上人们称"离子"的嵌入和脱出，但在电池反应中，离子转移总是与电子转移相伴，只有这样才能使得电流流过整个环路。因此在电极上发生转移的总是原子。在嵌入和脱出"离子"前后，电极材料始终保持电中性。

12.2.1 嵌入和脱出电压

离子嵌入电压是各种离子电池的一个重要参数。理想的正极材料的电压平台需要足够高，理想的负极材料的电压平台需要足够低，才能得到较高的工作电压，进而为离子电池提供较高的能量密度。第一性原理可以通过计算材料嵌入离子前后的能量来得到平均离子嵌入电压(average intercalation voltage，AIV)。

以锂离子电池为例，考虑电极反应式：

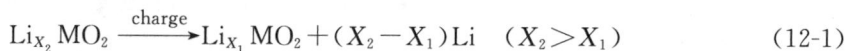

$$\mathrm{Li}_{X_2}\mathrm{MO}_2 \xrightarrow{\text{charge}} \mathrm{Li}_{X_1}\mathrm{MO}_2 + (X_2 - X_1)\mathrm{Li} \quad (X_2 > X_1) \tag{12-1}$$

其开路电压可由如下公式计算所得：

$$V(X) = \frac{\mu_{\mathrm{Li}}^{\text{cathode}} - \mu_{\mathrm{Li}}^{\text{anode}}}{zF} = -\frac{\Delta G}{(X_2 - X_1)F} \tag{12-2}$$

其中，$\mu_{\mathrm{Li}}^{\text{cathode}}$ 和 $\mu_{\mathrm{Li}}^{\text{anode}}$ 分别为锂原子在正、负材料中的化学势；z 为反应过程中转移的电子数；F 为法拉第常数；ΔG 为吉布斯(Gibbs)自由能。如果能查到相关物种的标准生成自由能，即可很容易地得到开路电压，不需借助计算手段。

而有时，所研究的材料的热力学数据无法查到，或我们关心嵌入不同数量离子所对应的电压，部分嵌入物种难以表征和测定时，使用第一性原理计算来得到热力学数据是一种有意义的做法。若近似 $\Delta G \approx \Delta E$，则开路电压可写为：

$$V(X) \approx -\frac{\Delta E}{(X_2 - X_1)F} = -\frac{E(\mathrm{Li}_{X_2}\mathrm{MO}_2) - E(\mathrm{Li}_{X_1}\mathrm{MO}_2) - (X_2 - X_1)E(\mathrm{Li})}{(X_2 - X_1)F} \tag{12-3}$$

因此，只要计算反应前后各物质的总能量，就可以求解正极材料的平均电压。

12.2.2 理论容量

电极材料的容量是电极中非常重要的性能，在第一性原理计算中，可以通过电极材料对锂原子的结合能来进行容量的分析。针对特定晶体结构，首先观察其中存在哪些可以容纳嵌入锂原子的位点，随后依次引入不同数量的锂原子，依次进行结构优化，得到嵌入 $1 \sim n$ 个锂原子的能量变化。当锂原子在材料中的结合能低于锂的内聚能(锂原子结合生成单质 Li 的能量)时，锂原子倾向于形成锂块体，而不再为电池的容量作贡献。也就是说，当我们利用第一性原理计算得到材料的吸附能低于锂块体的内聚能时，此时所对应的储锂容量则为该材料的理论储锂容量。

但是,第一性原理计算在现阶段锂离子电池领域中的应用也有局限性,因为实际电极材料的工作状态是在多种反应共存的条件下进行的,而通过第一性原理计算模拟的材料性能是在理想的平衡态条件下进行的,这可能造成计算值与实验值产生一定的偏差。但是,通过第一性原理计算得到的数值可以定性地帮助实验工作者进行辅助分析,解释实验中存在的一些机理问题,为锂离子电池电极材料的设计提供一定的帮助。

12.2.3　结构稳定性

电极材料的体积膨胀是影响循环性能的重要因素。随着充放电而反复发生的体积变化导致电极材料的机械结构逐渐改变,使得充放电过程可逆性降低。随着吸附离子数的增加和循环次数的增加,电极的体积形变会越来越明显,尤其是杨氏模量低的材料,体积膨胀会引起上述性能的急剧下降。比如硅电极,首次使用的理论容量有 4200 mAh/g,比商用电极材料石墨的理论容量(372 mAh/g)高出很多。但硅的形变会达到 300%,想要实际使用,必须作出改进。

当然,循环过程直接用第一性原理计算是比较困难的,但是可以通过计算杨氏模量、嵌入离子前后体积形变程度等间接预测。对于体积膨胀效应,可以对嵌入特定数量离子后的结构进行晶格常数优化,以观察离子嵌入是否会带来晶胞体积的显著变化。

除了循环性能外,安全性能也是离子电池的重要指标,这影响了电极材料和电解液的选择。为了避免电极材料因其稳定性差、发生分解而产生难以预料的安全隐患,必须选择结构和热稳定性均良好的材料作为离子电池的电极材料。在锂离子电池正极材料充放电循环中,在深度脱锂时,正极材料可能会释放氧气,这不仅会消耗电解液,更会导致爆炸,造成重大安全问题。

利用第一性原理计算,可以通过计算材料缺陷的形成能和能垒,来预测相稳定性。此外,为了考察嵌入和脱出离子过程中各种中间状态的结构稳定性,也可以对材料进行声子谱计算,参见第 9 章。

12.3　离子的迁移

在第 12.1 节中,我们提及电池材料的导电性包含电子电导和离子电导两个方面。因此针对具体材料的研究往往需要分别从这两个角度展开。从离子电导的角度来看,在离子的嵌入和脱出过程中,锂离子需要在电极活性材料、电极/液态电解质接触界面产生的固体电解质层、全固态电池中的固态电解质,以及导电添加剂/黏结剂/活性颗粒形成的固固界面中进行输运过程。一般条件下,固相内部及固相之间的离子传输是电池动力学过程中较为缓慢的过程,因此离子在固体中的传输是锂电池材料研究中十分重要的科学问题。提高电池的实际输出能量密度、倍率特性、能量效率,以及控制自放电率,都需要准确了解和调控离子在固体中的输运特性。

与第 12.2 节类似,虽然习惯上人们将电极材料中原子的迁移称为"离子"的迁移,但实际上电极材料始终保持电中性,发生迁移的始终是原子。

离子在结构体相或表面上能实现某条完整路径的迁移所需跨越的最高能垒,即为该路径的迁移能垒。在完全有序的晶体中，离子是稳定在平衡位置处进行振动的。当晶格位点无序、伴随热力学导致的点缺陷出现，则为离子的输运提供了结构基础。离子在单晶固体中一般通过晶格中的格点空位或者间隙空位进行输运。对于多晶固体，离子既可以在晶格中传输，又可以在晶界或者液固界面及气固界面等传输。离子的输运过程，除了路径的不同，也有输运机制的不同，比如是点对点的单离子输运，或者是多离子位点的协同输运。多离子位点的协同输运通常是快离子导体具备高离子电导率的原因。

在计算迁移能垒时，首先确定所要计算的迁移是在结构的体相迁移，还是在结构的表面迁移，再具体分析结构中可能存在的迁移方式和路径。计算体相结构迁移能垒时，首先判断体相结构中是否存在大的孔洞足以容纳离子的迁移，如果可以，就找出该离子在体相结构中可能存在的迁移路径。若结构本身就含有迁移离子，并且不存在大的孔洞的话，我们可以根据想计算的迁移路径适当构建空位，再计算迁移能垒。计算表面结构迁移能垒时，首先要确认并构建晶面，再判断该晶面上可能存在的迁移路径，确定路径后再计算迁移能垒。理论上讲，要想获得某个结构的最优迁移路径，我们需罗列出该结构中可能存在的所有迁移路径，计算出离子在每条可能路径上的迁移能垒，通过对比不同路径的能垒以确定最容易迁移的路径。能垒越低，迁移越容易。但由于过渡态计算迁移能垒本身计算量大，存在的迁移路径又多，一些比较相近的迁移路径所计算出的能垒可能非常相近。因此，往往会通过结构特性和经验来选择适当的某条路径，以此来计算迁移能垒。

利用第一性原理的计算方法探究材料的离子输运特性和扩散动力学主要包含两种手段。首先是最为常见的迁移过渡态的计算。在第 11 章中，我们已经讨论了寻找过渡态的主要方法。对于离子迁移，CI-NEB 方法最为常用。离子在材料中的迁移由一系列基元步骤组成，在每个基元步骤中，离子都迁移到与之相邻的位点上。不断重复这些迁移步骤，离子方可实现远距离迁移。因此，为了获得远距离迁移结果，一般采取的策略是叠加多条向邻近位迁移的短路径，切不可盲目指定一个包含多种基元步骤的"长路径"。在确认迁移路径后，找到迁移路径最小的重复单元，确定并优化初末态的位置，随后即可进行过渡态的寻找。

图 12.4 展示了用 CI-NEB 方法来计算锂原子在石墨烯上的迁移能垒的结果。锂原子吸附于六元环中心位点，该表面上的迁移路径比较简单，Li 只能向相邻环中心位置移动，且相邻各位点均等价。经过优化后，得到如图 12.4(a)所示的迁移路径；图(b)为该路径下迁移能垒的计算结果。由于初末位点等价，迁移路径能量曲线对称，第 3 个点的能量最高，对应过渡态，迁移能垒为 0.24eV。

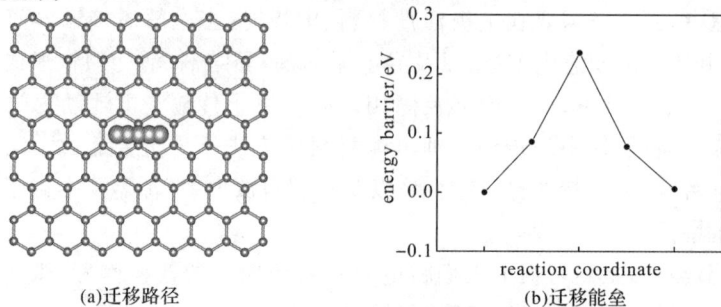

(a)迁移路径

(b)迁移能垒

图 12.4　石墨烯上 Li 的迁移路径和迁移能垒

采用 CI-NEB 方法时首先需要选定迁移路径,当表面结构十分复杂、充斥大量不等价的位点时,对潜在迁移路径的拟定将非常费时费力。与之相对,另外一种可用于研究迁移的方法则利用基于第一性原理的分子动力学(ab initio molecular dynamics, AIMD),这种方法对于材料整体的迁移情况可以进行讨论,得到的是材料中整体迁移过程的平均活化能。AIMD 常用于结构非常复杂或离子输运路径并不清晰的体系,尤其是非晶体系。AIMD 与 CI-NEB 方法最大的区别就是 CI-NEB 是在迁移路径中插入一定数量的点来对比能量差。AIMD 相对来说比较动态,它是从初态或末态结构出发,通过设定限制性条件给予迁移离子一定的方向性。AIMD 可输出轨迹文件,可从中进一步观察材料中离子迁移的方向、概率等信息。图 12.5 展示了使用 AIMD 方法得到的石墨烯上锂原子的迁移能垒。AIMD 没有确定的初态或末态,是结合轨迹文件和曲线结果去找到它的迁移时所需跨过的最高能垒。从图 12.5 中可以看出,在该路径上最高迁移能垒为 0.23 eV,这与我们用 CI-NEB 方法计算出的迁移能垒值非常接近,也证明了这两种方法计算的可靠性和准确性。

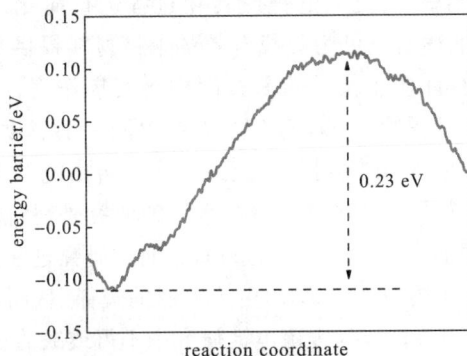

图 12.5　使用 AIMD 方法得到的石墨烯上锂原子迁移过程能量曲线

12.4　锂硫电池表面的转化

锂硫电池相比于目前广泛商用的锂离子电池具有能量密度超高、材料来源广泛、生产成本低、环境友好以及安全性高等优势,是非常有发展潜力的可充放电的新型锂电池。

锂硫电池采用硫作为正极,金属锂作为负极。放电时负极 Li 失去电子氧化为 Li^+,Li^+ 迁移至正极与硫单质及电子反应生成多硫化物。充放电过程中发生多步骤的双电子转移反应。锂硫电池典型的恒流放电曲线由两个平台组成,高电压平台约为 2.3 V,低电压平台约为 2.1 V,对应锂硫电池的两个主要反应阶段。高电压 2.3 V 平台对应 S_8 的初步锂化。反应进程为 $S_8 \longrightarrow Li_2S_8$、$Li_2S_8 \longrightarrow Li_2S_6$、$Li_2S_6 \longrightarrow Li_2S_4$ 三个过程。这三步反应提供比容量的 25% 左右,约为 418 mAh/g。低电压 2.1 V 平台是 $Li_2S_4 \longrightarrow Li_2S_2$、$Li_2S_2 \longrightarrow Li_2S$ 两步相变的结果,约占比容量的 75%,可释放约 1254 mAh/g 容量。

在这一过程中,其中比较典型的问题包括负极金属 Li 的稳定性问题、充放电产物 S 和 Li_2S 的导电性差问题,以及多硫离子的溶解问题和穿梭效应问题。目前主要的技术改进方向包括提升正极材料的导电性、抑制穿梭效应、保护金属锂负极、提升制备工艺等方面。

抑制多硫离子的穿梭效应是锂硫电池中的重要科学问题。正极材料以及电池隔膜对多硫化锂的吸附能力是研究人员关注的重点。以正极材料为例，如果正极材料能够在一定程度上吸附并稳定多硫离子，使得多硫离子更长时间地停留于正极材料，而非溶解释放到电解液中，就能极大减缓甚至抑制穿梭效应。多硫化物与表面的吸附作用不宜太弱，也不宜太强。太弱的相互作用不利于界面电荷的转移，而太强的相互作用也会阻碍材料的进一步氧化还原转化，阻塞后续反应的活性位点。目前报道的最佳结合能介于$-0.8\sim-2.0$ eV之间。

导电型碳材料固然有利于改进正极导电性问题，但是由于碳材料本身只能通过范德华力与锂硫化合物作用，对锂硫化合物的结合能力差，因此对碳材料进行掺杂原子改性（N、O、S、P、B）以及官能团改性就显得尤为重要。存在大量路易斯酸位点的金属氧化物、金属硫化物以及层状双金属氢氧化物等化合物，普遍对锂硫化合物具有高吸附能。这些材料的导电性以及锂硫转化的难易程度有待考察。目前广泛使用的方法是研究硫还原反应（sulfur reduction reaction，SRR）过程的吉布斯自由能变图。在SRR中，S_8吸附在表面后，不断得到Li^++e^-，从而依次被还原为Li_2S_8、Li_2S_6、Li_2S_4、Li_2S_2、Li_2S等。通过明确各步反应的难易程度以及计算需要克服的能垒，对复杂的锂硫转化过程进行简化，把握关键的步骤和性质，从而便于总结规律。基于上述研究可为寻找有效的电极材料提供良好的指导。但需要注意的是，在这些转化过程中，有许多非化学的因素同样会发挥作用。例如通常认为Li_2S_2的进一步还原是反应的决速步，这是由于Li_2S_2在主流电解液中溶解度不佳，在电极表面沉积而拖慢了反应，这一效应并不是热力学步骤，和上述反应的自由能结果可能矛盾。

针对过渡金属化合物，除了上述常规热力学水平的研究外，目前研究表明，过渡金属的d带中心与锂硫化合物的吸附能之间存在一定的关联。通过研究过渡金属的d轨道与锂硫化合物的p轨道之间的d-p相互作用，有望总结出更为普遍的规律，从而指导正极材料的改进。因此，态密度和COHP的研究也逐渐成为锂硫电池研究中不可或缺的重要组成部分。此外，也可以利用多硫离子吸附前后的电子态密度变化，讨论电极材料对多硫离子的相互作用等问题。

以多硫化物在石墨烯上的结合为例，多硫化合物在石墨烯表面的吸附结构和吸附能分别如图12.6和图12.7所示。从吸附能数值上可以看出，多硫化合物是通过物理吸附结合在石墨烯表面上的。在吸附基底的调控下，锂硫化合物会呈现不同的构象。

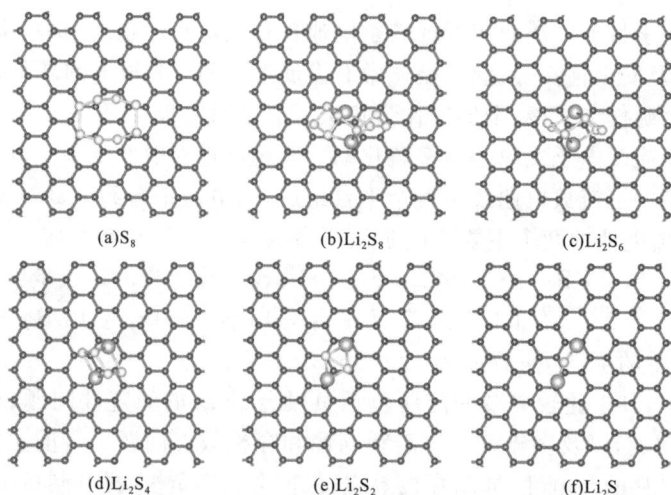

(a)S_8 (b)Li_2S_8 (c)Li_2S_6

(d)Li_2S_4 (e)Li_2S_2 (f)Li_2S

图12.6 多硫化合物在石墨烯表面的吸附结构

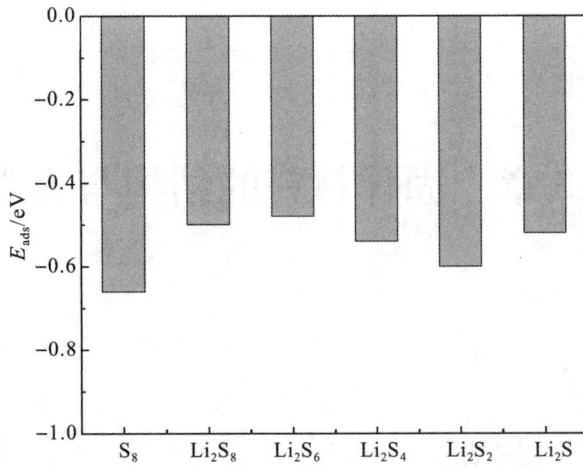

图 12.7　多硫化合物在石墨烯表面的吸附能

此外，人们还时常会探讨 Li_2S 在表面的进一步分解。即对 $Li_2S \longrightarrow LiS + Li$ 这一分解反应的反应能垒进行计算分析，较低的反应活化能预示着这一步可能有较快的反应速率。

第 13 章　固体材料的结构与力学性质

13.1　晶界与相界

13.1.1　概述

界面在晶体材料中广泛存在,其中同一种相的晶粒与晶粒的边界称为晶界,不同相之间的边界称为相界。由于这些界面上的排列存在非连续性,因此从本质上来看,界面也是晶体缺陷,属于面缺陷。与位错和空位一样,各类界面也对实际晶体材料的性能起到重要作用。例如,晶粒细化、增加晶界面积可以改善材料的力学性能,同时提升材料的强度和韧性;又如晶界/相界区域可为扩散及相变过程提供有利位置;此外,界面对材料的制备、加工工艺、显微组织形貌和稳定性都有直接影响。界面研究已成为材料科学当中不可或缺的部分,本节将对晶界和相界的基础知识及其相关性质的计算方法进行概述[76-79]。

在介绍界面研究的纳观和微观计算方法之前,首先对材料科学基础中的相关核心概念进行简要回顾,以理解界面建模和计算的理论依据。对于晶界,可以简单概括为小角度晶界和大角度晶界这两类。当晶界两侧的晶粒位向差很小时,晶界基本上由位错组成。例如,对称倾斜晶界,即晶界两侧的晶粒相对于晶界对称地倾斜了一个小的角度,晶界上大部分原子仍基本处于正常的结点位置,只是相隔一定距离后,正常的结点位置不再能同时满足相邻晶粒的要求,从而产生了一个刃型位错。进一步地,界面中还可能出现螺型位错,产生更为复杂的任意取向差的小角度晶界。

与小角度晶界不同,当晶粒间的位向差增大到一定程度后,位错已难以协调相邻晶粒之间的位向差,所以位错模型不能适用于大角度晶界。但值得注意的是,通常多晶体各晶粒之间的晶界属于大角度晶界,因此该类晶界无论是从实验表征还是从模拟计算的角度,均有重要研究价值。大角度晶界的结构显然比小角度晶界复杂很多,因此在工程研究中通常将大角度晶界简化为两个晶粒之间的过渡层(2~3个原子层),该区域的原子排列相对无序且原子数密度低于晶粒内部。但该种近似方法并不利于构建微观尺度的界面模型,当然也无法对其理化性质及其对晶体材料的影响机制进行明确描述。基于此,为了能够定量化描述晶界性质,研究人员创建了用于识别特殊晶界的重合位置点阵(CSL)模型,该模型由于其物理意义明确且构建难度小很快成为第一性原理晶界计算中最常用的模型之一。

CSL 方法基于一个简单合理的假设:如果系统中的最小吉布斯自由能对应于晶格位置中原子的完美排列状态,那么当 2 个相邻晶粒中原子位置重合度很高时,晶界能量很低,因为跨越边界的断键数很少。因此,晶界是由晶体围绕某些特殊轴旋转一定的角度之后而成。转动后晶格上一些原子位于一个比原点阵大的"超点阵"上,这种较大的点阵称为重合位置点阵。对于一定转轴和转角,其重合位置的分数叫重叠数。CSL 方法认为,在组成的晶界中如果其中的原子与原先的点阵重叠愈多,这样的晶界的界能就愈低,也就愈稳定,出现的可能性就愈大。从结构周期性上来看,CSL 方法中有相当一部分原子处于晶格畸变状态,因此晶界原子是易动的,活动性也较大,这也直接影响了实际的第一性原理晶界模型构建的基本原则,这部分内容将在接下来的小节中简述。此外,在 CSL 方法的基础上,又发展出主要用于分析晶界位错结构的 O 点阵(O-lattice)模型和用于讨论晶界上孤立位错和步长的全同位移点阵(DSC)等概念及其结构单元模型和多面体单元模型等方法,这些方法目前在第一性原理计算中应用较少。

相界与晶界有诸多相似之处,其基本概念也由晶界的定义延拓而来。但相比晶界,由于界面处物相的差异性,CSL 方法已不足以描述相界结构特征,因此相界的建模更为复杂和灵活。在此,针对第一性原理计算中常用的相界模型类型进行简要总结。若界面原子同时处于两相点阵结点上,即两相原子在相界面上完全匹配,该相界称为共格相界,这也是第一性原理界面计算中的常见类型。如果根据两相成分和结构特征的异同,可形成如图 13.1 所示的两种基本情况。

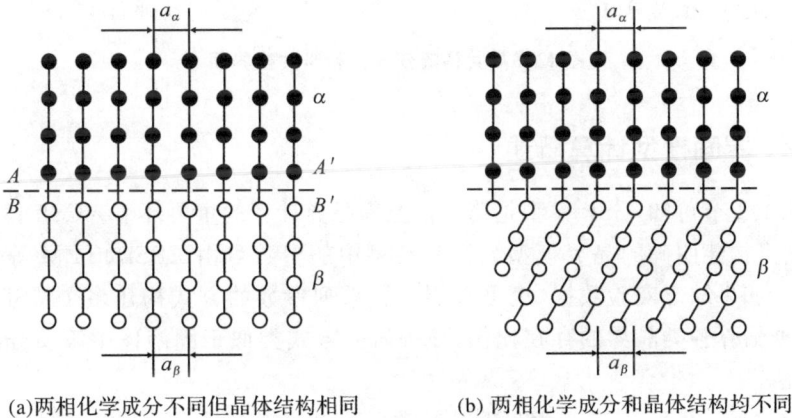

(a)两相化学成分不同但晶体结构相同　　　　(b) 两相化学成分和晶体结构均不同

图 13.1　无应变的共格相界

与共格相界相反,若两相原子在相界上无任何匹配关系,则形成非共格相界,其结构特征如图 13.2 所示。

在实际材料体系中,往往需要讨论介于经典共格和非共格之间的相界类型。例如,有轻微错配的共格界面,会在毗邻点阵中引起共格畸变,如图 13.3(a)所示;或当两相结构相近而原子间距相差较大时,可形成半共格界面,此时界面的部分共格关系主要是通过一组刃型位错来调整和维持,如图 13.3(b)所示。面对此类材料界面体系,我们在实际构建第一性原理计算模型时,需要谨慎处理两相拼接时的拼接角度、重复周期、端基键合和错配度等因素,以兼顾模型的合理性和计算成本,在接下来的小节中将对其建模要点进行简要论述。

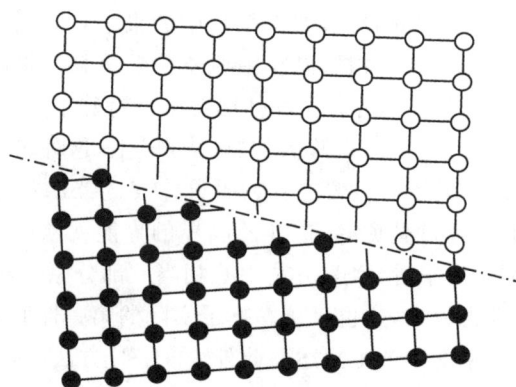

图 13.2　非共格相界面

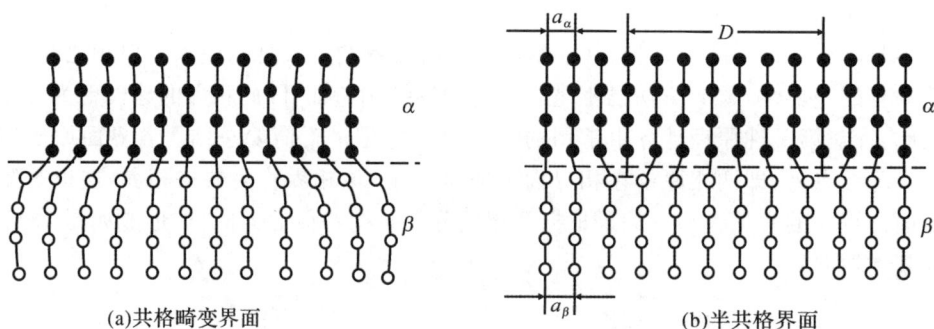

(a)共格畸变界面　　　　　　　　　　　　(b)半共格界面

图 13.3　共格畸变界面和半共格界面

13.1.2　界面模型计算概述

由第 13.1.1 节可知,CSL 模型是第一性原理晶界计算的重要环节。CSL 模型中的参数一旦确定,则可构建明确的晶界模型。CSL 模型中的参数可由 EBSD、TEM 等实验研究方法分析得到。如果缺乏实验数据,也可采用设置系列参数的方式构建多个 CSL 模型,进而通过能量判据估算各类晶界的存在比例,该种研究方式类似于固溶体中溶质分布模式的高通量计算方法。

具体来看 CSL 模型,其晶界编号缩写通常由晶界元素符号、重叠数、旋转轴和晶界平面等重要变量构成。其中最重要的重叠数 Σ 可评估重合位置密度,Σ 值越小,重合点阵位置就越多。例如,采用 CSL 方法构建的 AlΣ9(2-21)[110]倾转晶界(其他写法：AlΣ9(2-21)/[110]或 AlΣ9(2-21)<110>或 AlΣ9{2-21}[110]或 AlΣ9{2-21}<110>),则是指通过让两个 Al 晶体中的一个绕[110]轴旋转 38.94°拼接而成,其中(2-21)面被设置为晶界平面,重合密度为1/9。进一步地,图 13.4 为 bcc 金属结构中 Σ3{111}<1-10>晶界的第一性原理计算实际模型。由图可知,具体的模型构造,不仅需要满足 CSL 中的各项参数设置,还需要根据实际的材料体系、计算精度和计算成本来考虑模型的周期性、真空层和界面区域共用原子等建模细节,这些内容我们将在后面的章节进行讨论。

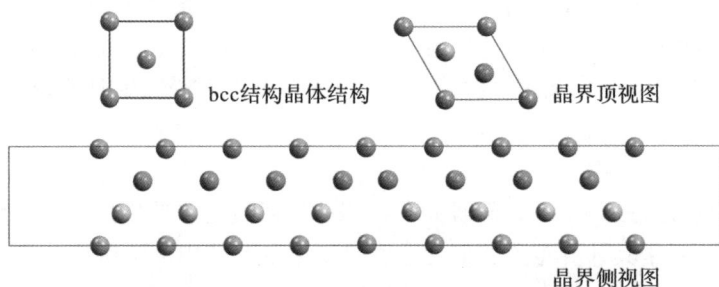

图 13.4　bcc 金属结构中 $\Sigma3\{111\}<1\text{-}10>$ 晶界模型

在经典的材料科学基础理论中,通常认为界面上的位错间距取决于界面的错配度 δ:

$$\delta=(a_\alpha-a_\beta)/a_\alpha \tag{13-1}$$

$$D=a_\alpha/\delta \tag{13-2}$$

其中,a_α 和 a_β 分别为两相的晶面间距。当 δ 很小且 D 很大时,趋于形成共格相界;当 δ 很大且 D 很大时,趋于形成非共格相界。式(13-1)和式(13-2)可作为相界模型构建合理性的基本判据。但值得注意的是,实际材料的相界通常包含了更多的不确定因素,例如上述概念讨论的仅为简单相界结构中可简化为二维描述的情况。但当两相结构比较随机时,相界模型还需考虑不同方向上的错配情况以及拼接角度等问题,为了简化模型,有时在实际建模中也采用面积错配度的量化方式:

$$\xi=1-2\Omega/(A_1+A_2) \tag{13-3}$$

其中,Ω 为相界面面积;A_1 和 A_2 分别为相界对应的两相表面面积。当 ξ 越小时,相界错配度越低。式(13-3)常用于实验数据匮乏或界面取向关系不明确的相界模型构建。例如,对于 W-Cu、Mo-Cu、Ag-W 等常见的假合金体系,由于其不互溶程度高、界面冶金结合程度低,导致其相界关系随机且复杂。为了研究这类体系的界面结合或元素偏聚等问题,可通过式(13-3)简化模型,即对两相中一系列低指数晶面形成的相界进行建模分析,排除面积错配度较高的相界模型,从而留下符合几何关系的相界模型再进行后续计算研究。

13.1.3　界面能

上述章节我们对各类界面的实际特征和模型化方法进行了概述,接下来我们以界面能为核心讲解界面研究中常见的计算方法,并进一步理解界面建模和计算流程。从材料热力学角度来看,在晶体界面上存在着张力作用,可把这些张力看成界面拥有的一份多余能量,即界面能。从此概念出发,第一性原理计算中可将界面能定义为界面部分高出体相部分的能量差,并由此形成了如下计算方式:

$$\gamma=[E_{GB}-(N_{GB}/N_1)E_1]/2A \tag{13-4}$$

其中,E_{GB} 和 N_1 分别为界面和体相模型的能量;N_{GB} 和 N_1 分别为界面和体相模型对应的原子数目;A 为界面面积。

基于式(13-4),我们明确了求解界面能不仅需要对界面模型的能量进行计算,还需要计算对应的体相模型能量,并且获得对应的界面面积。这里尤其需要注意,如果界面模型没有施加真空层,则一个平板周期模型中通常存在 2 个界面,因此界面面积应为模型中单个界面面积的 2 倍。由此可见，界面能的计算可类比于表面能的计算（参考前述相关章节）。与此相关的界面周期性和真空层问题，我们将在下一个小节继续讨论。此外，当我们知晓了界面能 γ 和表面能 σ 的模型计算方法后，其实可顺势推导出界面研究中具有重要意义的分离功的一般计算方式：

$$W_{sep} = 2\sigma - \gamma \tag{13-5}$$

分离功和界面能一样，均为界面研究中常用的界面稳定性量化指标，广泛应用于界面工程和基础研究中，对于其计算意义我们还会在接下来的章节中继续讨论。

==================【Q&A】==================

Q1：文献中有的界面模型设置了真空层，有的则没有设置，有何区别？

答：理论上讲，如果界面模型厚度足够大，则对于同一特征的界面而言，是否设置真空层，其界面能计算结果无明显差异，但计算方法需作出相应的调整。具体来看，如果设置了真空层，此时界面模型中包含 1 个界面和 2 个表面，因此计算中需要扣除表面能的影响。

Q2：文献中界面能计算公式关于界面面积有的为 A，有的为 $2A$，有何区别？

答：承接关于 Q1 的讨论，面积为 A 或者 $2A$，取决于界面模型是否施加了真空层。如果未施加真空层，则界面模型中包含 2 个界面，面积应取 $2A$；如果未施加真空层，则模型包含 1 个界面和 2 个表面，此时面积应取 A，但需注意扣除表面能的影响部分。综合 Q1 和 Q2，我们以相界为例，结构如图 13.5 所示，可总结相应的分离功/界面能计算公式。

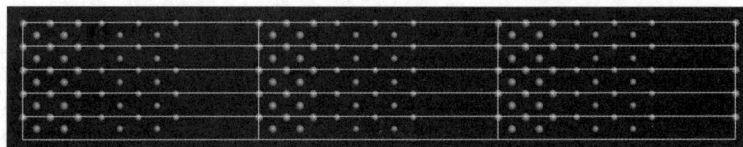
(a)含真空层模型中，1个周期性单元中有1个界面和2个表面

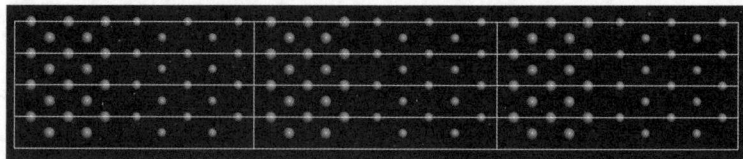
(b)不含真空层模型中，1个周期性单元中有2个界面

图 13.5　不同类型的界面模型结构

其中，图 13.5(a)类型的结构，分离功计算公式为：

分离功＝(界面模型总能－A 表面模型总能－B 表面模型总能)/界面面积

图 13.5(b)类型的结构，界面能计算公式为：

界面能＝(界面模型总能－A 体相模型总能－B 体相模型总能)/(2×界面面积)

Q3：界面模型的原子层厚度如何确定？

答：原子层厚度太厚会导致计算成本增加，太薄则不足以量化界面特征，导致计算结果精度太低。对此，通常根据研究性质来评估界面层厚度。例如，若只研究界面能等界面基础性质，可通过构建系列原子层数的界面模型并计算对应的界面能来确定界面层厚度，当界面能随层数增加无明显变化时（根据精度需求可人为设置阈值），选择最小层数即可。但如果讨论的界面性质涉及溶质偏聚、扩散等界面拓展性质，则还需加入掺杂元素进行偏聚能或扩散能垒的收敛性测试。

Q4：具有夹心结构的界面模型如何构建？

答：具有夹心结构的界面模型相对复杂，在建模中除了根据式（13-1）～式（13-3）考虑其几何构型合理性，还需根据实验数据或物质理化特性评估其界面键合的合理性。对于模型搭建，可参考 MS 软件中的 Build Layers 功能进行简便操作，目前可支持三层夹心结构的模型构建。

Q5：三叉晶界如何构建？

答：三叉晶界通常涉及较大的计算尺度，模型中原子数较多，计算成本高，如果所考虑的界面区域或晶粒尺寸过大，可考虑直接采用分子动力学方法进行模拟计算。目前暂无可直接搭建三叉晶界的软件，需要根据研究体系的实验数据和结构特征，手动构造不同取向晶粒所形成的界面区域，尤其对于交叉点附近的键连方式需要格外谨慎，需根据元素价键特点等合理简化模型，以保证模型精度。

Q6：采用式（13-4）计算界面能时，界面模型与体相模型中的元素比例不同，导致计算中原子数无法完全消去该如何处理？

答：在金属氧化物和陶瓷等界面中，经常会遇到界面能计算中界面模型和体相模型中元素比例不一致的情况，导致采用式（13-4）无法抵消界面形成前后的原子数目。可考虑采用施加真空层的界面模型进行计算；或者对多出或不足的原子计算其化学势然后引入式（13-4）进行能量修正。

Q7：界面模型能否计算弹性性质？

答：界面模型的弹性性质计算与在晶体模型中计算弹性常数类似，将周期性界面模型当作晶体进行弹性常数计算即可。需要注意的是，相比晶体模型，界面模型的对称性和稳定性较差，因此在弹性常数计算之前一定要尽可能采用较高精度进行构型优化，以确保弹性常数计算的初始结构合理可靠。

===

13.1.4　实例解析

界面模型计算涉及的研究性质种类繁多，在此仅举出两个代表性案例，以进一步明确界面模型的实际计算流程和研究目的。

1. 金属体系中的晶界能

以 bcc 结构的难熔金属 W 为例。通过查阅文献和实验数据，可知 $\Sigma 3$ 晶界为其界面占比较大的低能晶界，进一步地，确定 CSL 模型参数，选择构建 W$\Sigma 3\{111\}<1\text{-}10>$ 晶界。首先建立 W 单胞模型，并完成构型优化和能量计算，如图 13.6（a）所示。采用优化后的 W 晶胞模型切割（111）晶面并完成构型优化，如图 13.6（b）所示。之后以［1-10］为轴旋转拼接 $\Sigma 3$ $\{111\}<1\text{-}10>$ 界面，注意晶界中心存在共用原子的情况，需要手动删除重叠原子，避免结构错误。在不考虑真空层的模型中，应注意模型两端的原子对应情况，需要同时确保模型的周期性和所包含 2 个晶界的一致性。根据上述要求，构建出如图 13.6（c）所示的晶界模型，并对晶界模型进行构型优化和能量计算。

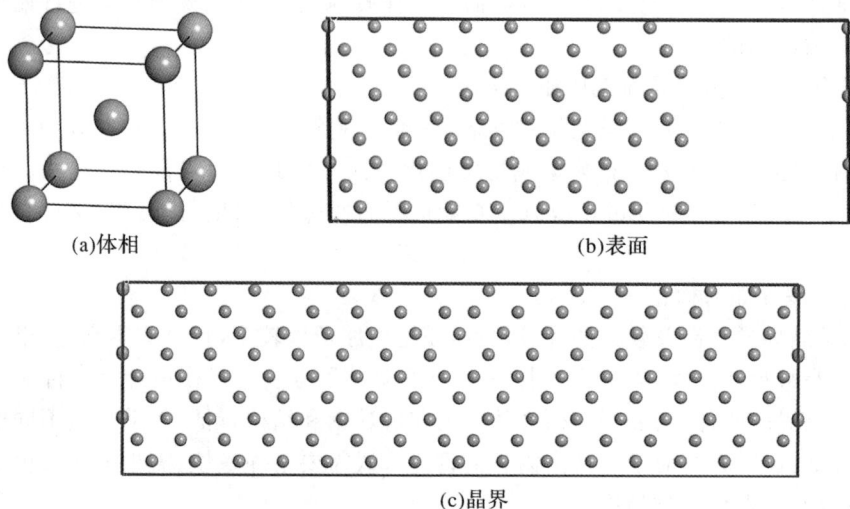

(a)体相

(b)表面

(c)晶界

图 13.6 晶界能计算流程

完成上述步骤之后，首先根据优化后的晶界结构获得模型中的晶界面积，结合单胞能量和晶界模型能量及对应的原子数，根据式(13-4)可获得晶界能。最后应注意软件获得的界面能单位通常为 $eV/\text{Å}^2$，应根据需要进行单位转换，常见界面能单位为 J/m^2。

2. 不互溶体系的相界面研究

以典型的 W-Cu 不互溶体系为例[80]，通常认为该类假合金体系难以产生冶金结合，这也是制约该类材料实现高端应用的瓶颈之一。接下来从微观层面上讨论如何利用第一性原理界面模型计算研究 W-Cu 体系相界面结构。

计算流程如图 13.7 所示。首先，我们需获得相界两层物相的晶体结构，并对其进行结构优化。对于本案例，导入 W 和 Cu 晶胞进行计算。对优化好的晶体模型切割其低指数晶面(对于参考数据较少的体系，应根据情况增加低指数晶面个数)，并对系列表面模型进行优化计算。对于表面能量较低且无明显重构的表面，进一步拼接界面模型，注意端基的处理和界面处原子间距的设置，然后进行构型优化计算，最后选取界面能量较低且结构稳定的界面模型作为 W-Cu 体系中的代表性界面展开后续的如界面缺陷、偏聚、扩散、断裂等过程的研究。在本案例中，我们以 W(110)/Cu(110) 界面模型为例，计算其面积错配度。根据式(13-3)，结合模型结构，可知其界面错配度为 -6.9%。在建模过程中，需要考虑错配度对模型的影响，尽量构建错配度低于 5% 的界面模型，综合考虑模型精度与计算成本，在一些大体系模型中，可适当放宽至 10%。本案中可近似忽略弹性应变的影响。

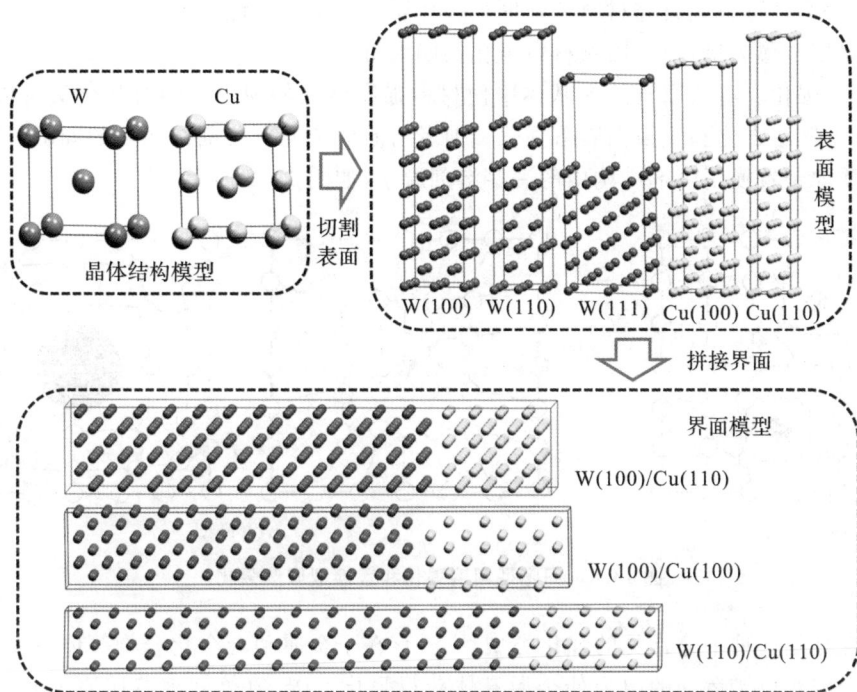

图 13.7　W-Cu 相界模型的建模流程

13.2　强韧化与脆性

13.2.1　基础知识

对材料的强度和韧性的提升,能够节约材料,降低成本,增加材料在使用过程中的可靠性和延长服役寿命,因此研究材料的强韧化具有重要意义。强度是指材料在外力作用下抵抗永久变形和断裂的能力。韧性是指材料在快速载荷作用下抵抗断裂和内部裂纹扩展的能力。理论上讲,韧性也是材料强度和塑性的综合体现,韧化即抑制脆化,从而降低材料的脆性。理想的结构材料设计思路即以同时增加材料的强度和韧性为目标。但通常情况下,提高材料强度往往以损失韧性和引起脆化为代价。如何兼顾二者,一直是结构材料研发的焦点。要理解材料强韧化的物理本质,实验研究和理论计算缺一不可。

在介绍强韧化和脆性的相关计算之前,我们先简述与之密切关联的基础理论[78,81,82]。首先对于强度概念,通过上一段中的定义可进一步延伸,强度是在给定条件(温度/压力/应力状态/应变速率/周围介质)下材料达到给定变形量所需要的应力,或材料发生破坏的应力。由于材料的内部应力包括拉伸、压缩和剪切等,因此材料的强度可分为拉伸强度、压缩强度、剪切强度等类型。应用于具体的工况条件,根据加载特征的不同,又可分为弯曲、扭曲、冲击、疲劳等过程。但是,无论过程有多么复杂,强度本身的来源仍然是原子键合力,取决于元素本质的基础性质,同时也是非常典型的结构敏感性能。基于此,我们从微观结构出发,采用第一性计算方式研究材料的强度相关性质拥有了可能性。

接下来以金属为例,简要回顾材料强化的四大机制。

(1)固溶强化。溶质原子溶入基体中使材料强度增加的现象。固溶强化又可以细分为两类:间隙型固溶强化和置换型固溶强化。前者溶质原子处于溶剂结构中的间隙位置,而后者则是溶质原子置换了溶剂结构中的一些溶剂原子,如图13.8所示。

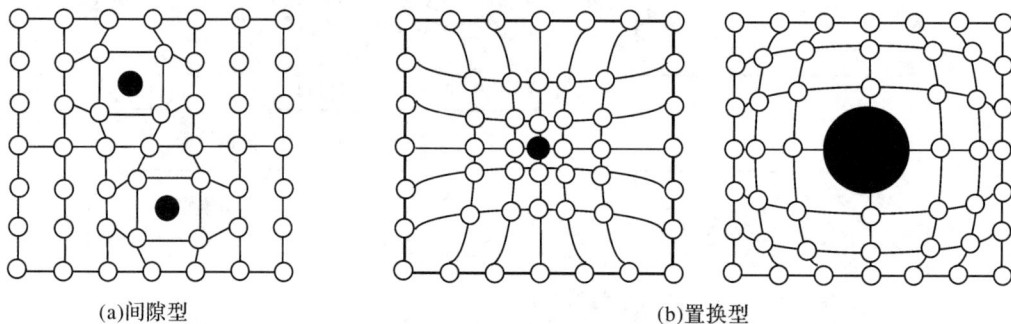

(a)间隙型   (b)置换型

图13.8　间隙型固溶强化和置换型固溶强化

固溶强化是一种十分常见的强化类型,广泛存在于金属和合金化合物等体系中,其核心是利用点缺陷对位错运动的阻力使金属基体获得强化。碳、氮等间隙溶质原子嵌入金属基体的晶格间隙中,使晶格产生不对称畸变造成的强化效应,以及填隙式原子在基体中与刃型位错和螺型位错产生的弹性交互作用,使体系获得强化效果。置换式溶质原子在基体晶格中造成的畸变大多是球面对称的,因而强化效果弱于间隙型,但在高温下,置换固溶的优势通常大于间隙固溶。此外,材料中的溶质原子除了可以提高金属强度,还会影响金属塑性。固溶强化涉及的第一性计算内容也非常广泛,模型构建和计算方法将在随后的章节中讲述。

(2)细晶强化。细晶强化也是重要的强化机制之一。晶粒越细小,晶界越多,位错被阻滞的地方就越多,多晶体的强度就越高。通常情况下,细晶强化在常温下是非常有效的强化手段。但当温度增加时,晶界滑动导致材料变形,细晶材料此时比粗晶材料更软。因此,如果需要增加金属材料的高温强度则应增大晶粒尺寸。与此同时,根据细晶强化原理,材料晶粒尺寸减小,则晶界占比增加,此时界面能量较高,体系的热稳定性和相稳定性降低。那么,如何确保体系在细晶下的微观组织稳定性,成为重要的研究方向,这也是制约纳米材料实现高端应用的瓶颈。该类研究与晶界计算密切关联,促使了第一性晶界偏聚模型和第二相析出模型的发展,将在随后章节进行介绍。

(3)第二相粒子强化。第二相粒子强化也是四大强化机制之一。相比固溶强化,第二相粒子强化通常效果更为显著,但是由于第二相的存在,也会使材料的物相组成发生变化。具体来看,通过相变热处理获得的,称为析出硬化、沉淀强化或时效强化;通过粉末烧结或内氧化获得的,称为弥散强化。第二相粒子的强度、体积分数、间距、粒子形状和分布等都对强化效果有影响。按粒子大小和形变特征,又可分为不易形变的粒子(如弥散强化的粒子、沉淀强化的大尺寸粒子)和易形变的粒子(如沉淀强化的小尺寸粒子)。从位错理论来看,又包括切过和绕过第二相粒子这两种机制。值得注意的是,第二相可分为韧性相和脆性相,从而对材料的强韧化起到影响作用,因此对于析出相的韧脆性第一性计算就显得尤为重要,这将在接下来的章节中进一步阐述。

（4）形变强化。金属在塑性变形过程中位错密度不断增加，使弹性应力场不断增大，位错间的交互作用不断增强，导致位错运动越来越困难，从而起到强化作用。引起金属加工硬化的机制有：位错塞积、位错交割、位错反应等。形变强化不是工业上广泛应用的强化方法，其主要受到以下两方面的限制：一个是使用温度不能太高，否则由于退火效应金属会发生软化；另一个是硬化会引起较大的脆性，因此通过形变硬化提高强度的性能代价过大。由于形变强化通常涉及塑性变形和位错运动，其研究尺度超出传统第一性原理计算范畴，可考虑使用分子动力学模拟进行相关理论研究。

接下来讲述材料的韧化。各种工程结构，如桥梁、船艇、飞机、电站设备、压力容器、输气管道等，都曾出现过不少低于材料屈服强度下重大的脆性断裂事故。这些案例促使人们认识到只追求提高金属材料强度，而忽视韧性的做法是片面的。断裂韧性是材料在外加负荷作用下从变形到断裂全过程吸收能量的能力，所吸收的能量愈大，则断裂韧性愈高。综上，材料韧化的基本原则是：增加断裂过程中能量消耗的措施都可以提高断裂韧性。由于晶界两边的晶粒取向不同，穿过晶界比较困难，穿过后，滑移方向要改变，起了强化和韧化的作用。晶粒愈小，则晶界面积愈大，这种强化和韧化作用也愈大。由此可见，细化晶粒是达到既强化又韧化目的的有效措施，所以界面计算对于研究材料的强韧化意义重大。

除了晶粒细化，复合材料中的韧性相也对材料的强韧化起到重要作用。例如，裂纹伸展遇到韧性相，由于韧性相不易断裂，而塑性变形又要消耗较大能量，因而裂纹伸展受到阻止。又如，裂纹伸展到韧性相，由于直接前进受阻，被迫改向阻力较小及危害性较小的方向，发生分层从而松弛能量，进而提高韧性。与此同时，脆性相对材料的韧性也有重要影响，但其影响机制非常复杂，例如脆性相可能通过影响晶粒度来间接影响材料韧性。从以上的分析可以看出，判断体系中第二相的韧脆性对于材料强韧化至关重要，这也是第一性原理的计算重点之一，通常通过弹性常数计算可以进行脆性相的初筛。

除了上述分析，材料增韧的方式还有很多，例如以熔炼铸造、塑性加工和热处理为代表的韧化工艺、相变增韧和在陶瓷材料中常见的纤维韧化等，但由于其研究尺度较大，通常不在传统第一性计算的研究范畴。

与韧性相对，脆性也是材料的重要力学性质。通常情况下，影响材料韧脆性的因素包括以下三个方面：温度的影响（低温脆性）；应力状态的影响（三向拉应力状态）；变形速率的影响（冲击脆断）。材料的低温脆性，通常对应着材料的韧脆转变温度。影响韧脆转变温度的因素非常多，内因包括晶体结构、化学成分、晶粒大小、金相组织等，外因包括应力状态、缺口尖锐度和试样尺寸等。韧脆转变温度是重要的材料性能指标，尤其是结构材料中保障安全的重要指标之一。

在材料服役过程中，脆性断裂往往是导致材料失效的重要形式之一，例如工程上常见的氢脆和氨脆等问题。解决该问题的核心，仍然在于材料的界面研究。例如通过材料净化方式，减少致脆元素的浓度，降低其晶界偏聚趋势；或者将晶界区域的杂质聚集成稳定的化合物等，从而防止"晶界污染"，降低材料的脆性断裂概率。但是结合前述强韧化方法，我们不难看出，虽然固溶强化可以有效增加基体强度，偏聚元素可以有效降低界面能、增加细晶稳定性，从而同时增强体系的强度和韧性，但是这些添加元素也可能偏聚至晶界导致晶界脆性增加,以脆性断裂的方式削弱材料强韧化。因此,元素的添加需要讨论其综合影响,从而真正地筛选出适合强韧化同时提升的元素。关于该类型的元素优选,使用第一性原理结合高通量计算,成为当下计算研究的热点之一,将在后续章节进行介绍。

13.2.2　相关模型计算概述

关于强韧化与脆化的计算主要有体相与界面两类,以下分别进行介绍。

由上一小节可知,强韧化和元素掺杂具有密不可分的关系。以金属体系为例,元素掺杂最常见的第一性模型构建方式为固溶体建模,此类问题可建立体相模型研究。图 13.9(a)展示的是面心立方结构中的间隙掺杂模型。由于间隙掺杂需要考虑合适的掺杂位置,因此在结构中可能需要选取多个可能的位点进行掺杂,然后分别优化计算,获得能量最低结构。在很多体系中,间隙掺杂的常见位置通常在四面体或八面体间隙。如图 13.9(b)所示,两个模型均为面心立方中的置换掺杂模型,二者的掺杂位置均为模型的角位。但如果计算其掺杂形成能,可能获得不同的结果。这主要是由于虽然掺杂位置和初始物相均一致,但其掺杂浓度并不相同,因此计算得到的掺杂形成能可能会有明显差异。在进行掺杂计算时需要格外注意的是,模型浓度和实际浓度的对应性。通常,实际浓度越小,则掺杂模型总原子数越多,其计算成本也越高。

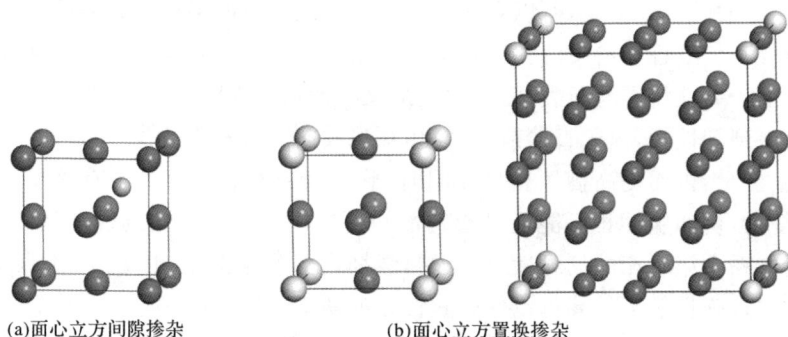

(a)面心立方间隙掺杂　　　　(b)面心立方置换掺杂

图 13.9　掺杂模型构建

根据建立的固溶体模型,可以进一步计算体系的弹性常数,进而获得体系的模量信息。目前主流第一性原理计算软件针对模量的计算方法为 Voigt-Reuss-Hill(VRH)算法。通过分别求解体系的模量上限和下限,再取平均获得体系的体弹模量(B)、剪切模量(G)等数据。关于弹性常数的计算细节,将在别的章节中论述,本节主要讨论如何使用模量信息分析体系的韧脆性。在计算得到体弹和剪切模量数据后,可根据如下方式简单判断:

$$v = B/G \tag{13-6}$$

当 $v < 1.75$ 时,体系通常具有较大的脆性,随着 v 值的降低,其脆性越来越大。通过式(13-6),可快捷判断固溶元素对体系的韧脆性影响,往往用作元素优选计算中的初筛判据之一。基此拓展,如果我们计算得到体系中析出相的 v 值,还可以初步评估其为韧性相或者脆性相,进而分析材料的强韧化机理。

此外,在更细致的计算分析中,会采用弹性常数矩阵中的组元,根据不同晶系中存在的独立组元关系,判断掺杂后材料的力学稳定性;或基于体相掺杂模型,进行第一性拉伸模拟计算,以研究掺杂对体系断裂行为的影响。

对于界面模型,通常研究的性质包括偏聚、脆化势等。

研究掺杂元素的晶界偏聚行为,可以补充体相计算无法获得的界面性质,且可以对材料的力学和热力学性质有更深层次的认识,相关计算在纳米体系中尤为重要。例如,通过筛选得到的强偏聚元素,能够有效降低晶界能,使细晶结构也具备良好的热/相稳定性,从而使细晶结构最大限度地发挥强韧化作用。

图 13.10 展示的是第一性原理计算中较为常见的一类晶界偏聚模型。其中关于界面模型的构建,可参考第 13.1 节的内容。界面模型构建完成之后,则需要选择晶界偏聚位点,通常情况下,晶界中心左右约 8 层均为对偏聚有较大影响的区域,可根据研究内容选择偏聚位点的位置和数量。对于图 13.10 展示的界面模型层数足够区分晶内和晶界区域的模型,可采用如下公式计算偏聚能:

$$\Delta E^{\text{seg}}(x_A) = E_{\text{GB-seg}}(x_A) - E_{\text{GB-i}}(x_A) \tag{13-7}$$

其中,等式右侧分别为偏聚前体系总能和偏聚后体系总能,通常认为偏聚能为负溶质,具有正偏聚趋势。当偏聚能小于-0.5 eV 时,此时该体系可定义为强偏聚体系。如果所计算体系存在某位点上非 100% 成分变化,且使用的晶界模型厚度较小,不足以区分晶内和晶界,此时的计算方法演变为:

$$\Delta E^{\text{seg}}(x_A) = \{[E_{\text{GB-seg}}(x_A) - E_{\text{GB}}(x_A)] - [E_{\text{Bulk-seg}}(x_A) - E_{\text{Bulk}}(x_A)]\}/(1-x_A) \tag{13-8}$$

其中,等式右侧从左至右依次为晶界偏聚后的界面模型能量、晶界偏聚前的界面模型能量、体相模型中偏聚后的体系能量、体相模型中偏聚前的体系能量和溶质浓度。式(13-8)常用于模型中界面面积过大,导致界面层数无法充足到区分晶内和晶界区域的体系或者溶质浓度较高的弱偏聚体系(弱偏聚体系通常具有相对较高的固溶度)。

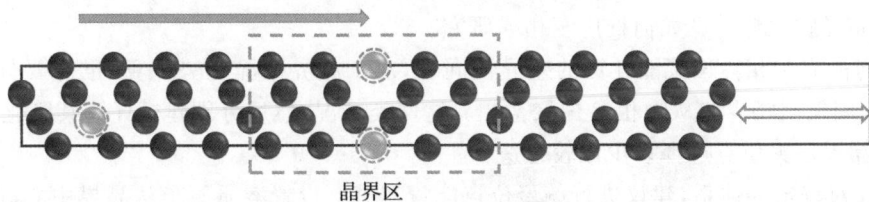

图 13.10　溶质晶界偏聚模型

相界溶质偏聚的计算通常比晶界偏聚更加复杂,其模型如图 13.11 所示。其中,涉及相界模型构建的知识请回顾前述章节。相界中的偏聚除了考虑相界区域的各类偏聚位点,同时还应区分迁移方向。溶质既可能从物相 A 中偏聚至相界区域,也可能从物相 B 中偏聚至相界区域,因此在计算中需分别处理。在不互溶体系中,可能存在相界非对称偏聚的情况,其本质原因是溶质从两个物相偏聚至界面区域产生的能量具有截然不同的差异。

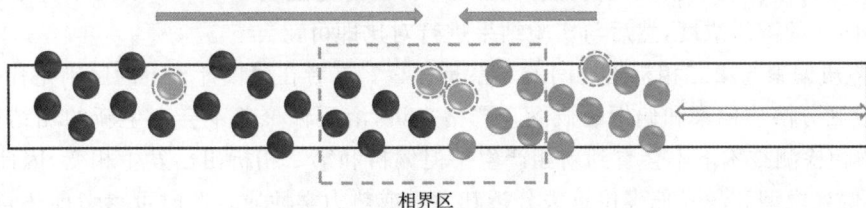

图 13.11　溶质相界偏聚模型

溶质偏聚一方面可以降低体系界面能量，另一方面某些溶质元素还可能导致晶界脆性增加，从而诱发脆性断裂。因此，还需要通过脆化势研究界面元素对体系界面力学性质的影响。

脆化势计算通常包括两部分内容，即表面和界面。根据 Rice-Wang 模型，脆化势计算公式为：

$$\Delta E = (E_{GB\text{-}seg} - E_{GB}) - (E_{FS\text{-}seg} - E_{FS}) \tag{13-9}$$

其中，等式右侧从左至右依次为晶界偏聚后的体系能量、纯晶界体系能量、表面偏聚后的体系能量、纯表面体系能量。脆化势若大于 0，则表示偏聚之后界面脆性增加。

对于某个掺杂元素，如果综合上述三部分计算，则可从体相计算中评估固溶引起的体相韧脆性变化；可从界面偏聚计算中评估掺杂元素的偏聚趋势及对界面稳定性的影响；可从脆化势计算中量化分析掺杂元素对界面韧脆性的影响，从而较全面地获得掺杂元素改性的特征。除了上述基本计算类型，在强韧化研究的第一性原理计算方面，静态计算中还经常采用黏附功、断裂能、分离功、层错能等分析指标。此外，韧脆性分析中也常用第一性动态计算方法，例如界面拉伸计算等，从而获得界面从结合状态到拉伸断裂阶段的微观应力应变曲线，以综合分析体系的弹塑性阶段。

==================【Q&A】==================

Q1：文献中有的偏聚模型采用的界面层厚取值很小，而有的界面层厚取值很大，有何区别？

答：理论上讲，两种方式均可获得偏聚能。但两种计算采用的公式有较大区别，且针对的模型特点和偏聚体系有所侧重，因此需要根据自己的研究内容灵活选用。

Q2：晶界脆化势计算如何推广至相界研究？

答：与晶界和相界偏聚能计算的差异性同理，对于相界的脆化势计算，也需要分别考虑从物相 A 偏聚至相界和从物相 B 偏聚至相界这两类情况，然后分别建模计算其脆化势。

Q3：晶界偏聚位点选择多少比较合适？

答：针对特定的体系，建议进行偏聚位点能量测试。设置溶质原子从晶界中心开始发生偏聚，然后顺次计算偏离晶界中心不同层数时体系的能量值。理论上讲，当两次计算中能量无明显变化时，即可以此划分出晶界区域和晶内区域。但通常不需要考虑如此多的晶界位点，若非出于特殊计算目的，选择优先占据的晶界中心附近 4~5 个位点进行计算分析一般已可以满足预期结果。

Q4：偏聚能如何与实验数据进行对比分析？

答：偏聚能的实验测量较为困难，但界面处的溶质浓度却可以通过许多实验表征技术获得。因此，可将偏聚能数据代入麦克林偏聚公式，在给定温度和溶质浓度的条件下，近似计算获得界面处的溶质浓度，然后与实验结果进行对比即可。

Q5：溶质偏聚与第二相析出之间的关系是什么？二者在建模计算上的区别是什么？

答：应区分溶质偏聚和偏析的概念。严格来讲，溶质偏聚并不会产生新的相结构，即在 XRD 等物相检测技术下不会看到新相产生。但偏析和第二相析出已发生相变，因此不能再通过溶质偏聚模型和晶界偏聚位点去分析其力学或热力学性质。此时可参考前述章节内容构建多层界面模型，在充分考虑物相之间结构差异和界面取向的基础上分析第二相析出对体系的影响。

Q6:第一性原理下的模量计算如何引入温度效应?

答:传统第一性原理计算中,通过弹性常数计算获得的体弹和剪切模量均为 0 K 下的数据,因此通常计算获得的结果都会不同程度地高估体系的实际模量值。可采用第一性原理计算与准谐德拜模型相结合的方式,通过对能量-体积关系曲线的处理,获得体弹模量随温度的变化关系。

===

13.2.3　实例解析

1. W 晶界中溶质偏聚计算

承接前述章节的案例分析,仍选择构建 WΣ3{111}<1-10>晶界,并将其进一步用于晶界偏聚的研究。以 W 晶界中 Ti 偏聚为例,首先对构建的 WΣ3{111}<1-10>晶界进行优化计算,获得稳定的几何构型。其次,用溶质原子 Ti 置换晶界中心的 W 原子,进行优化计算。同理,对沿晶界中心向两侧移动的四类位点重复前一步操作。最后,将晶内区域的 W 置换为 Ti,再次进行优化计算。对优化后的 5 个晶界模型进行能量计算,然后采用式(13-7)可计算获得 4 个位点下各自的偏聚能数值。整个过程涉及的主要模型如图 13.12 所示。

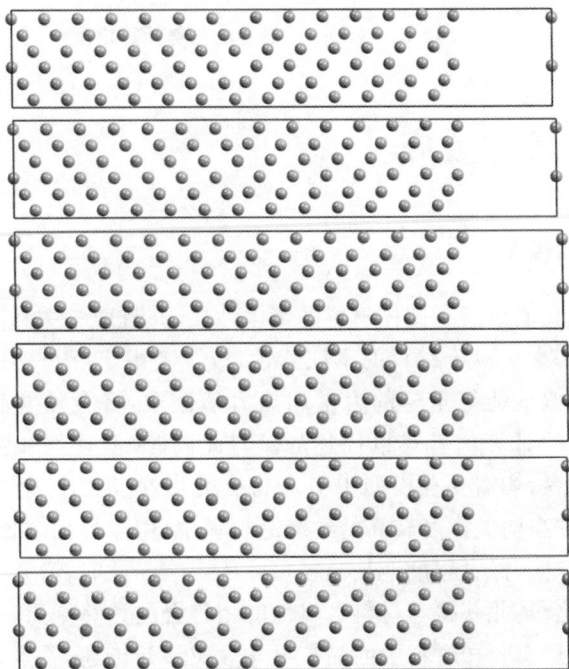

图 13.12　W 晶界中 Ti 偏聚的偏聚能计算模型

2. Zn 掺杂对 Cu 晶界脆性的影响

采用前述章节的界面建模方法,确定构建 Cu 晶体中具有典型代表性的 CuΣ5{310}<001>晶界。在构建过程中,对拼接 Σ5{310}<001>界面的(310)晶面构建对应的表面模型。

计算涉及的主要模型如图 13.13 所示。首先，我们对未掺杂 Cu(310)表面和 CuΣ5 {310}<001>晶界模型进行优化计算。然后在 Cu(310)表面和 CuΣ5{310}<001>晶界中分别引入掺杂元素 Zn。具体方式为：对于表面模型，将最表层的 Cu 原子置换为 Zn 原子，然后进行优化计算；对于晶界模型，将晶界中心的某类位点 Cu 原子置换为 Zn 原子，同理进行优化计算。将优化后的未掺杂表面模型、未掺杂晶界模型、掺杂表面模型和掺杂晶界模型进行能量计算，代入式(13-9)，计算获得 Zn 掺杂之后的脆化势数据。

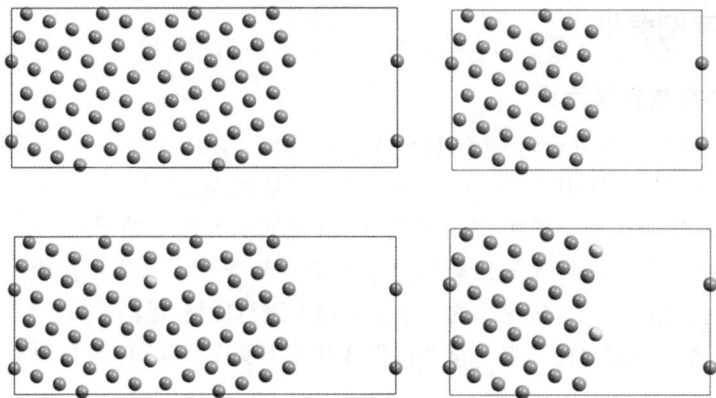

图 13.13　Zn 掺杂 Cu 晶界脆化势计算模型

13.3　晶粒尺寸效应

13.3.1　基础知识

回顾前面的章节，我们讲解了固体材料的诸多性质，并且对相关计算方法分别进行了介绍。但前述计算内容基本对应于材料的本征特性，极少考虑实际材料的显微组织形貌。例如，材料的强度、硬度、偏聚能等重要的力学和热力学性质，将会随着晶粒尺寸的变化而变化，这些都是前述章节的计算内容难以描述的。与此同时，前述细晶强化、材料脆化、体系热/相稳定性等诸多内容，均需要在模型中引入晶粒尺寸效应后，才能合理评估其对材料体系的综合影响。尤其在当前关注度较高的纳米晶材料中，由于界面占比较大，材料的综合力学性能和微观组织稳定性，极大程度地被晶粒尺寸所影响。此时，必须寻找合适的方法对其尺寸效应进行合理量化，基此获得与材料真实性能相符合的计算结果，进而分析其微观影响机制。综上，本节围绕真实固相材料中的晶粒尺寸效应展开论述，重点讨论其对材料力学性能和热力学性质的作用机理及相应的计算方法[81,83-89]。

从材料的物理尺度出发，目前各个学科对多尺度特征没有一个统一的定义。例如从材料科学的角度来看：“纳观”一词是指原子层次；“微观”对应小于晶粒尺寸的晶格缺陷系统；“介观”对应于晶粒尺寸大小的晶格缺陷系统；“宏观”则对应于试样的宏观几何尺寸。前述章节讨论的是由大量粒子构成的宏观尺寸的固体，即使在尺寸有限的情况下，仍借助周期性边界条件去除尺寸影响,得到材料的体性质。当固体尺寸不断减小,如何从宏观体系过渡到微观/纳观体系,则是凝聚态物理的一个基本问题,同时也形成了计算材料学中独具特色的多尺度模型/跨尺度模型。以我们讨论相对较少但工程应用却极广泛的介观尺度为例,将尺度介于宏观和微观的系统称为介观系统。介观体系从尺寸上来看已是宏观的,但电子运动的相干性,会出现一系列新的与量子力学相位相联系的干涉现象,这方面又与微观体系相似。此时,尺寸效应将对材料性质有重要的影响作用。最为著名的案例则是介观体系中的电导性质。我们在宏观体系中使用的欧姆定律,如果直接套用在介观体系中,则会导致电导率趋于无穷大,但显然真实的电导率是趋于某个固定值的。其电导行为将由 Landauer 公式$\left(G=\frac{2e^2}{h}\frac{T}{1-T}\right)$进行描述,与宏观体系不同,此时电导不仅和能量损耗相关,而且与样品或器件本身有直接关联。由此可见,尺寸效应对于材料研究的重要影响。

　　进一步地,我们讨论目前关注度极高的纳观尺度,通常特指 100 nm 或更小的尺度范围。以纳米颗粒或纳米多晶体材料为例,此时纳米材料将表现出诸多与宏观材料不同的性质,包括量子尺寸效应、小尺寸效应、宏观量子隧道效应、表面效应、库仑阻塞效应和量子限域效应等。现重点分析与本节主题相关的纳米多晶体材料及其对应的晶粒尺寸效应。如图 13.14 所示,纳米多晶体材料与具体的材料成分无关,只与材料的微观组织形貌相关。当晶粒尺寸减小到 100 nm 以下时,晶界占比显著增加,界面效应将对体系的各类理化性质产生不同程度的影响;当晶粒尺寸小于 20 nm 时,晶界占比甚至会超过晶内占比,显然界面效应不可忽略。通常来看,可以将纳米多晶体材料划分为晶内区域和晶界区域进行简化分析,具体方法将在后续小节讲述。

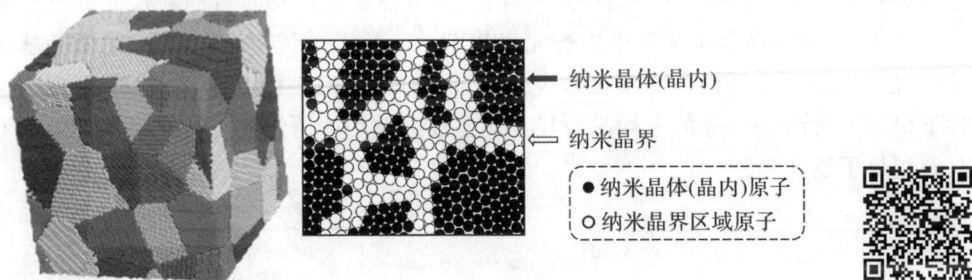

图 13.14　纳米多晶体材料及其微观结构的二维截面　　彩图效果

　　除了上述介绍,尺寸效应还可能伴随着维度变化对材料体系产生多重影响。例如,常见的二维石墨烯材料、一维碳纳米管材料和零维团簇等。

　　在前文中,讨论了晶粒细化对强韧化的影响机制。通常来讲,形成多晶体材料需包含细化晶粒的过程,这显然和晶粒尺寸效应密切关联。接下来,我们继续讨论多晶体材料中强度/硬度随晶粒尺寸的变化关系。

　　如前所述,细化晶粒一直是改善多晶体材料强度的一种有效手段。根据位错理论,晶界是位错运动的障碍。外力作用下,为了在相邻晶粒产生切变,晶界处必须产生足够大的应力集中,细化晶粒可以产生更多的晶界,如果晶界结构未发生变化,则需施加更大的外力才能产生位错塞积,从而使材料强化,通常也伴随着硬度提升。Hall-Petch 关系正是基于位错塞积模型导出的：

$$\delta_y = \delta_i + k_y d^{-1/2} \tag{13-10}$$

其中,δ_i 和 k_y 是两个和材料有关的常数;d 为晶粒尺寸。可知多晶体的晶粒越细,强度越高;多晶体强度高于单晶体。常规的多晶体(晶粒尺寸大于 100 nm)中,处于晶界核心区域的原子数只占总原子数的一个微不足道的分数(小于 0.01%)。纳米微晶体材料(晶粒尺度在 1~100 nm 间)中,如果晶粒尺寸为数个纳米,晶界核心区域的原子所占的分数可高达 50%,这样在非晶界核心区域原子密度的明显下降,以及原子近邻配置情况的截然不同,均将对性能产生显著影响。

值得注意的是,Hall-Petch 关系并不延续到纳米晶材料,这是因为 Hall-Petch 公式是根据位错塞积的强化作用而导出的。首先,当晶粒尺寸为纳米级时,晶粒中可存在的位错极少,甚至只有一个,故 Hall-Petch 公式就不适用了。其次,纳米晶材料的晶界区域在应力作用下会发生弛豫过程而使材料强度下降;此外强度的提高不能超过晶体的理论强度,晶粒变细使强度提高因此受限。大量实验表面,较多情况下,多晶体材料中屈服强度/硬度随晶粒尺寸的变化会同时包含 Hall-Petch 和反 Hall-Petch 关系,体系随着晶粒尺寸下降至纳米尺度,将存在一个临界晶粒尺寸。

与此同时,晶粒细化引起晶界比例激增,材料体系中存在极高的界面能量,这使得纳米晶材料的热稳定性较差,极易发生热失稳而导致晶粒快速长大,最终丧失纳米晶材料的优异力学性能。因此,如何增强纳米晶材料的晶粒组织稳定性,是该类材料实现高端应用的关键问题。其实早在实验研究领域,已有研究人员通过对纳米晶材料的尺寸精确调控或添加偏聚元素等方法有效增强了材料体系的承温上限。如图 13.15 所示,在纯金属体系中调控晶粒尺寸,以纯 Ni 为例,当晶粒减小到一定尺寸之后,其热稳定性将随着晶粒尺寸的进一步减小而反常增加;在纳米晶合金体系中进行元素掺杂,以 W-Ti 合金为例,当 W 纳米晶基体中掺杂 20% 的 Ti 之后,溶质的晶界偏聚效应使体系具有极高的热稳定性,在 1100 ℃ 退火 1 周的条件下仍然保持约 24 nm 的平均晶粒尺寸。上述案例均为研发具有高热稳定性的纳米多晶体材料提供了设计思路。

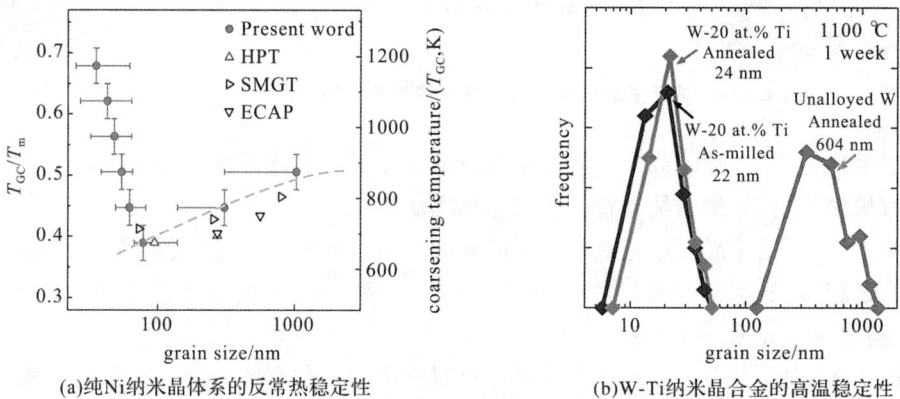

(a)纯Ni纳米晶体系的反常热稳定性　　(b)W-Ti纳米晶合金的高温稳定性

图 13.15　纯 Ni 纳米晶体系的反常热稳定性和 W-Ti 纳米晶合金的高温稳定性

实验研究为制备高热稳定性的材料提供了重要依据,但限于当前的研究技术,难以真正揭示其热稳定性强化机制的微观作用机理。这使得实验研究通常以试错法开展,存在大量的盲目性,无法综合评估添加元素、添加浓度、晶粒尺寸和温度等关键变量对体系热稳定性的影响,因而该类问题也成为计算材料学的研究焦点之一,将在后续章节讲述。

13.3.2　相关计算方法概述

前述章节中我们讨论了通过弹性常数计算分析体系的独立矩阵元和各类模量性质的方法。进一步地,对于体系各向异性因子、硬度等力学性质,我们仍可以采用 Voigt-Reuss-Hill (VRH)算法通过第一性原理计算获得。各向异性因子计算公式如下:

$$A_G = \frac{G_V - G_R}{G_V + G_R} \tag{13-11}$$

其中,G_V 和 G_R 分别为 Voigt 方法和 Reuss 方法获得的剪切模量。通常该数值越接近 0,表明材料体系具有更高的各向同性。进一步地,通过基础模量数据与具体晶系,可结合经验公式导出硬度、熔点等性质。例如,维氏硬度的经验公式为:

$$H_V = 2\left[\left(\frac{G}{B}\right)^2 G\right]^{0.585} - 3 \tag{13-12}$$

其中,G 为剪切模量;B 为体弹模量。通过维氏硬度的计算结果可与相应的实验数据进行对比,进而反映体系的综合力学性质。

同理,运用弹性常数也可描述各种熔点计算经验公式,例如:

$$T_m = 345 + 4.5 \times \left(\frac{2\,C_{11} + C_{33}}{3}\right) \pm 300 \tag{13-13}$$

其中,T_m 为熔点,单位为 K;4.5 为经验系数,单位为 K/GPa;C_{11}、C_{33} 为弹性常数组元,单位为 GPa。

此外,除了第一性原理计算方法,硬度计算也可以通过分子动力学模拟完成。通过模拟压头压入材料表面的过程,可计算其显微硬度,进而与纳米压痕等实验数据进行对比分析,在介观尺度上描述位错变化和裂纹萌生等力学行为。

针对材料体系的热力学性质,第一性原理常用方法为声子计算。一个处于稳态平衡的粒子系统受到扰动时,该系统将发生某种振动,以格波的形式在晶体中传播。在传播过程中,格波与电子、光子、中子发生相互作用,反映出材料的热力学、声学、电学、光学和力学性能。晶格振动对研究固态物质非常重要,比如用波矢和频率来描述一些固体的性质,而这些波都是系统的振动模(每一种振动频率对应一种振动模),频率和波矢的关系被称为声子色散关系或声子谱,弹性波的能量子(最小能量单位)被称为声子,是元激发的最基本单位。在计算获得晶体声子谱的基础上,即可进一步求解相关热力学数据。

当我们考虑材料的晶粒尺寸效应时,就必须精确描述体系的界面性质。但是,上述通过声子谱获得材料热力学性质的方法较难应用于界面体系。其主要原因是界面结构复杂,且相比晶体模型通常具有更多的原子数量和较差的结构稳定性、对称性,因此声子谱计算通常计算成本极高且容易出现虚频率,此时则无法再通过声子计算导出材料的热力学性质。因此,需要考虑采用其他方式推导界面热力学性质,目前较为常用的方法为准谐德拜模型。在德拜假设下,固体原子振动有一个最高频率。德拜温度和这一最高频率之间有直接关系,其与频率上限成正比。和一般振动系统类似，原子间相互作用力较强、原子较轻时振动频率高，因此德拜温度也高。例如，金刚石的德拜温度约为 2050 K，铅原子间相互作用力较弱，且原子较重，因此德拜温度值很低，不到 100 K。采用准谐德拜近似，可以避开求解界面声子谱的困境，但由于使用了假设条件，因此对于物质属性与金属或合金差异较大的体系，可能存在不同程度的误差，需要根据实际情况灵活使用。

对于纳米晶体系，在上述方法的基础上，还需要采取特殊近似。假设采用原子模型去考虑晶粒尺寸变量，显然超出了第一性原理计算的原子数量极限；甚至在纳米尺度下考虑平均晶粒尺寸稍大的多晶体系，通过分子动力学进行模拟计算也是非常困难的。因此，在当前算力背景下，如何有效简化模型，获得体系能量随晶粒尺寸的变化关系，是一个非常重要的议题。目前较为常见和简便的做法，是基于膨胀晶胞近似建立的第一性原理计算方法，简述如下。

如图 13.16 所示，将复杂的多晶体界面关系，采用较为简便和易于获得的参数加以描述，然后通过第一性原理解构其几何模型，最终完成整个能量随晶粒尺寸的变化关系计算。其核心假设是界面区域相对于晶内区域而言，由于存在各类缺陷，其原子数密度低于晶内区域。那么，从热力学角度来看，可认为界面区域的原子具有更大的原子半径和体积，进而将整个界面区域的结构近似于膨胀晶胞结构。对于求解界面能量关系，这种近似处理通常是合理的，但不可盲目推广到界面电子结构或磁性能等内禀特性随晶粒尺寸的研究中。

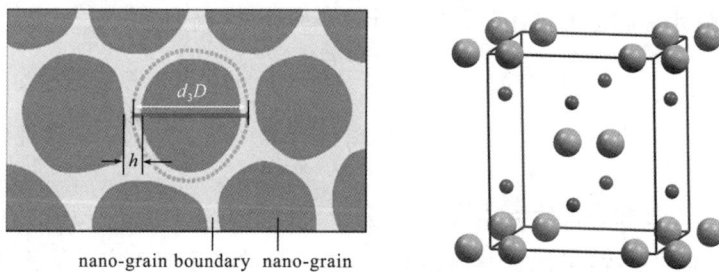

图 13.16　膨胀晶胞近似

基于上述近似，可定义膨胀体积为：

$$V = V_0(1 + \Delta V) \tag{13-14}$$

其中，V_0 为晶粒内部晶胞体积；ΔV 为膨胀率。

进一步地，过剩体积与晶粒尺寸的函数关系可近似为：

$$\Delta V = \frac{d^3 - (d-h)^3}{d^3} / (A + B d^C) \tag{13-15}$$

其中，d 为晶粒尺寸；h 为晶界厚度；A、B、C 为结构参数，可通过测试不同晶粒尺寸下的块体材料 XRD 数据拟合获得。通过上述计算，可将晶粒尺寸与晶格膨胀率关联，进而构建第一性原理系列膨胀模型，通过其能量计算，间接获得多晶体体系中能量与晶粒尺寸的变化关系。最后，可再结合准谐德拜模型，进行后续界面热力学性质的计算，从而将晶粒尺寸变量引入到体系的热力学性质计算中。

除了上述膨胀晶胞假设，还可以直接构建系列晶界模型去近似考虑晶粒尺寸效应，进而获得体系能量随晶粒尺寸的变化关系。

==================【Q&A】==================

Q1：平均颗粒尺寸和本节所说的平均晶粒尺寸的关系是什么？

答：平均颗粒尺寸是相对于颗粒而言的，本节讨论的是晶粒，与颗粒性质显著不同。平均颗粒尺寸通常指的是材料颗粒外表面，其核心是体现材料的表面效应。但晶粒尺寸的概念通常对应于材料的内界面，其核心是体现材料的界面效应。相应地，两者对应的第一性原理建模类型（表面模型、界面模型）和计算参数也不同。

Q2：准谐德拜模型是否有可用的软件方便我们计算和后处理？

答：关于准谐德拜模型，可采用 Gibbs 或 Gibbs2 软件进行计算。两个版本的核心输入均为第一性计算获得的能量-体积关系数据。通过该软件，可以快速导出体系的焓、熵、自由能、热膨胀系数、热容、德拜温度、体弹模量随温度变化关系等系列输出结果。

Q3：准谐德拜模型可以用来研究体系的高压性质吗？

答：可以。从前述准谐德拜模型的推导出发，可以看出其关键是求解获得了固相体系的普适状态方程。因此，该计算方法不仅可以考虑体系热力学性质随温度的变化，也可以考虑压强对体系的影响程度。

Q4：计算维氏硬度的经验公式是否可用于掺杂体系？

答：可以。维氏硬度计算的核心仍然在于体系的弹性常数计算。掺杂体系影响了体系的体弹和剪切模量性质，进而影响体系的硬度，因此该经验公式可用于置换掺杂体系、间隙掺杂体系、含空位体系等多种情况的半定量分析。

Q5：在掺杂体系中，如何通过晶粒尺寸效应的计算去预测纳米材料热稳定性？

答：在第 13.2.2 节中，我们讨论了掺杂体系中界面能和偏聚能的计算方法。实际上，将掺杂体系计算与本节内容相结合，我们可以把晶粒尺寸效应引入纳米多晶体体系，则可获得偏聚能随溶质浓度和晶粒尺寸的变化关系，进而以麦克林等温偏聚理论为核心，推导出晶界形成能的表达方式：

$$\gamma = \gamma_0 - \Gamma_A (RT\ln x_{iA} - \Delta H^{seg}) \tag{13-16}$$

在式(13-16)中，从左至右依次为晶界形成能、未掺杂体系晶界形成能、晶界溶质过剩量、热力学常数、温度、晶内溶质浓度、偏聚焓。根据式(13-16)，掺杂元素的界面偏聚能够有效降低晶界形成能，如果掺杂元素类型和掺杂浓度选择恰当，界面形成能甚至可以为 0 或者负值，此时纳米多晶体体系具有较高的热稳定性。这正是由于溶质偏聚作用，使界面稳定性大幅度增加，晶粒在给定温度、溶质浓度和晶粒尺寸下的自发长大趋势被有效抑制。此外，如果我们根据式(13-16)获得的晶界形成能，进一步描述体系的吉布斯自由能，则可以获得整个体系在溶质元素类型、溶质浓度、温度、压力和晶粒尺寸等多种变量下的能量状态。

Q6：如何理解膨胀晶胞假设的合理性？

答：膨胀晶胞模型的表层含义是由于界面区域原子数密度较低，因此相对于晶内区域平均每个原子占据了更大的空间。从材料力学角度来看，膨胀晶胞的根源是界面应力；从材料热力学角度来看，其本质是晶界负压效应。晶界负压效应与晶界应力具有关联性，因此其假设具有物理学意义，在固体材料界面研究中具有较高的合理性。

====================================

13.3.3 实例解析

1. WC-Co 复合材料体系的界面力学性质计算

回顾前述章节的内容可知，我们首先应根据实验数据或研究需要，构建合适的 WC-Co 相界模型。值得注意的是，为了准确计算界面体系的力学性质，应采用无真空层方式进行模型构建。如图 13.17 所示，首先对复合材料的各物相晶胞进行优化计算，然后构建无真空层相界模型，进行优化计算。进一步地，将 Co 层中的一个 Co 原子置换为 Y 原子，完成掺杂模型构建，并进行构型优化计算。对掺杂和未掺杂体系进行弹性常数计算，通过 VRH 算法获得体弹和剪切模量数据，进而获得复合材料界面体系及其掺杂体系的理论维氏硬度差异。

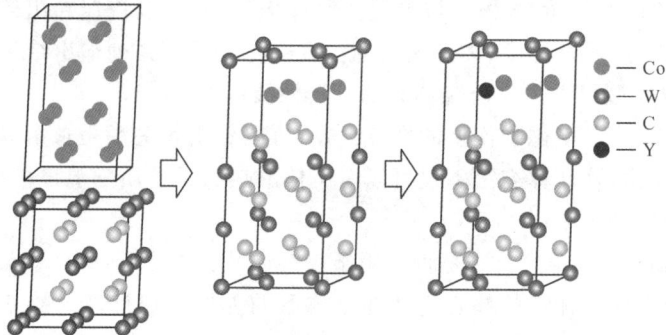

图 13.17　相界及其掺杂体系的力学性质计算流程

2. 体弹模量和热膨胀系数随温度的变化关系计算

仍以典型的结构材料 WC 为例，首先构建 hcp-WC 晶胞，进行优化计算。其次，以此为参考，进行系列膨胀收缩晶胞的模型构建，如图 13.18 左图所示。再次，对系列晶胞做固定晶胞参数的优化计算，再计算其对应的能量，获得能量-体积关系。将能量-体积关系作为准谐德拜模型的输入，进行普适状态方程的计算。最后，获得体弹模量和热膨胀系数随温度的变化关系。主要计算过程如图 13.17 所示，除了获得本案例计算的数据，还可以导出不同外压下的热力学数据，也可用于晶粒组织稳定性的研究。

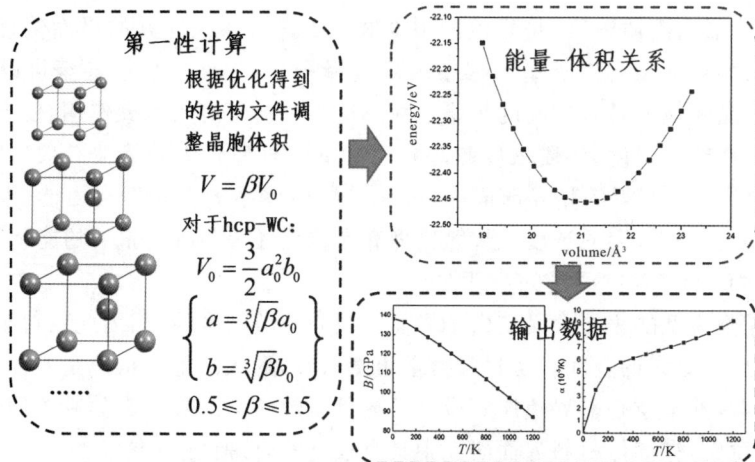

图 13.18　准谐德拜模型计算流程

13.4　弹性常数

当晶体结构受到一定的外力作用时会发生形变,而外力撤去时,晶体又恢复到了原有的状态,这一变化称为弹性变形。因此,若想晶体发生弹性形变,那么一定会存在一个极限值,当外力低于这个值时结构发生的是弹性形变,当外力高于这个值时就不是弹性形变了,因此这个值也被称为弹性极限。弹性常数描述了弹性形变情况下晶体对外加应变的影响的刚度,是晶体结构的基本性质。

在弹性范围内,晶体结构的应力和应变满足胡克定律,即应力与应变成正比。胡克定律可表示为:

$$
\begin{bmatrix} S_{11} \\ S_{22} \\ S_{33} \\ S_{23} \\ S_{13} \\ S_{12} \end{bmatrix} = \begin{bmatrix} C_{11} & C_{12} & C_{13} & C_{14} & C_{15} & C_{16} \\ C_{12} & C_{22} & C_{23} & C_{24} & C_{25} & C_{26} \\ C_{13} & C_{23} & C_{33} & C_{34} & C_{35} & C_{36} \\ C_{14} & C_{24} & C_{34} & C_{44} & C_{45} & C_{46} \\ C_{15} & C_{25} & C_{35} & C_{45} & C_{55} & C_{56} \\ C_{16} & C_{26} & C_{36} & C_{46} & C_{65} & C_{66} \end{bmatrix} \begin{bmatrix} E_{11} \\ E_{22} \\ E_{33} \\ 2E_{23} \\ 2E_{13} \\ 2E_{12} \end{bmatrix} \tag{13-17}
$$

其中,S 代表应力;E 代表应变;C_{ij} 代表弹性常数。

由于晶系的存在,不同的晶系对应的独立的弹性常数是确定的,因此晶系的对称性越高,独立的弹性常数就越少;值得注意的是,独立弹性常数的多少只与晶系有关,与晶系中晶体所对应的空间群无关。

由于弹性常数的独立变量很多,在实验上测定十分困难,因此常常借助理论的方法进行计算。利用第一性原理能较容易地计算出晶体变形前后的能量和应力,通过后处理来获得相应的弹性常数。通过相应结构的稳定判据还可以判断该结构的机械稳定性。由于弹性常数的独立变量和晶系有关,因此在计算晶体结构弹性常数之前,首先要确定该结构所在的晶系,预判该结构存在几个独立变量。

第一性原理计算弹性常数的过程分为两步,先是对晶体结构施加一个在弹性范围内的应变,再计算应变作用力下的晶体发生形变前后应力和能量的变化,得出弹性常数。采用第一性原理计算弹性常数有两种方法:一种是应力-应变法,即获得不同应变所对应的应力大小,随后拟合得到一次系数,进而得到弹性常数;另一种是能量-应变方法,即获得不同应变下体系总能与基态结构能量差,利用公式

$$
\Delta E(V, \{\varepsilon_i\}) = E(V, \{\varepsilon_i\}) - E(V_0, 0) = \frac{V_0}{2} \sum_{i,j=1}^{6} C_{ij}\, \varepsilon_j\, \varepsilon_i \tag{13-18}
$$

进行二次多项式拟合得出,其中 $E(V, \{\varepsilon_i\})$ 代表的是施加应变后的总能,$E(V_0, 0)$ 代表施加应变前基态结构的总能,V_0 是平衡体积。

弹性矩阵可用于判定机械稳定性。不同晶系的弹性矩阵和机械稳定性关系如下[90]:

(1)立方晶系,存在 3 个弹性常数 C_{11}、C_{12}、C_{44}。机械稳定性判据为:

$$
C_{44} > 0, \quad C_{11} > |C_{12}|, \quad C_{11} + 2C_{12} > 0
$$

(2)六方晶系，存在 5 个弹性常数 C_{11}、C_{12}、C_{13}、C_{33}、C_{44}。机械稳定性判据为：

$$C_{44}>0, \quad C_{11}>|C_{12}|, \quad (C_{11}+2C_{12})C_{33}>2C_{13}^2$$

(3)四方晶系，存在 6 个弹性常数 C_{11}、C_{12}、C_{13}、C_{33}、C_{44}、C_{66}。机械稳定性判据为：

$$C_{11}>0, \quad C_{33}>0, \quad C_{44}>0, \quad C_{66}>0, \quad C_{11}-C_{12}>0,$$
$$(C_{11}+C_{33}+2C_{13})>0, \quad 2(C_{11}+C_{12})+C_{33}+4C_{13}>0$$

(4)正交晶系，存在 6 个弹性常数 C_{11}、C_{12}、C_{13}、C_{22}、C_{23}、C_{33}、C_{44}、C_{55}，$C=$。机械稳定性判据为：

$$C_{11}>0, \quad C_{22}>0, \quad C_{33}>0, \quad C_{44}>0, \quad C_{55}>0, \quad C_{66}>0,$$
$$[C_{11}+C_{22}+C_{33}+2(C_{12}+C_{13}+C_{23})]>0,$$
$$(C_{11}+C_{22}-2C_{12})>0, \quad (C_{11}+C_{33}-2C_{13})>0, \quad (C_{11}+C_{33}-2C_{23})>0$$

(5)单斜晶系，存在 13 个弹性常数 C_{11}、C_{12}、C_{13}、C_{15}、C_{22}、C_{23}、C_{25}、C_{33}、C_{35}、C_{44}、C_{46}、C_{55}、C_{66}。机械稳定性判据为：

$$C_{11}>0, \quad C_{22}>0, \quad C_{33}>0, \quad C_{44}>0, \quad C_{55}>0, \quad C_{66}>0,$$
$$[C_{11}+C_{22}+C_{33}+2(C_{12}+C_{13}+C_{23})]>0,$$
$$(C_{33}C_{55}-C_{35}^2)>0, (C_{44}C_{66}-C_{46}^2)>0, \quad (C_{22}+C_{33}-2C_{23})>0$$

由弹性常数可以得到多种物理量，常见的包括体积模量、剪切模量、杨氏模量、泊松比等。其中，泊松比反映了弹性范围内纵向与横向变形的关系，其余模量反映了材料抵抗各种应力的能力。

在计算得到弹性常数后，一般根据 Voigt-Reuss-Hill 近似模型来得到体积模量和剪切模量，以立方晶系为例，三种近似关系如下：

Voigt average：
$$\begin{cases} G_V=\dfrac{1}{5}[(C_{11}-C_{12})+3C_{44}] & (13\text{-}19) \\[2mm] B_V=\dfrac{1}{3}(C_{11}+2C_{12}) & (13\text{-}20) \end{cases}$$

Reuss average：
$$\begin{cases} G_R=\dfrac{5C_{44}(C_{11}-C_{12})}{3(C_{11}-C_{12})+4C_{44}} & (13\text{-}21) \\[2mm] B_R=\dfrac{1}{3}(C_{11}+2C_{12}) & (13\text{-}22) \end{cases}$$

Hill average：
$$\begin{cases} G=\dfrac{1}{2}(G_V+G_R) & (13\text{-}23) \\[2mm] B=\dfrac{1}{2}(B_V+B_R) & (13\text{-}24) \end{cases}$$

以图 13.19 所示的 Si 晶体为例，该 Si 结构属于立方晶系结构，我们计算了它的弹性常数获得了弹性矩阵，结果如表 13.1 所示。立方晶格的机械稳定判据是：$C_{11}>0$，$C_{44}>0$，$C_{11}>|C_{12}|$，$(C_{11}+2C_{12})>0$，对照表 13.1 可以看出，该结构的弹性矩阵符合判据，因此该结构具有机械稳定性。表 13.2 是计算得到的该结构对应的各类力学性质数据。

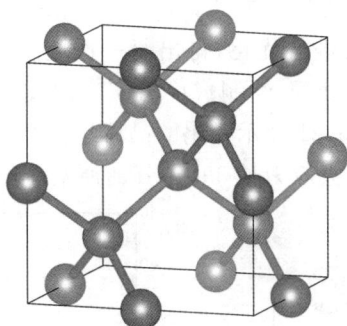

图 13.19　空间群为 Fd-3m 的 Si 晶体结构

表 13.1　Si 晶体的 C_{ij}　　　　　　　　　　　　　　　　　　　　单位:GPa^{-1}

0.0082359	−0.0021642	−0.0021642	0.0000000	0.0000000	0.0000000
−0.0021642	0.0082359	−0.0021642	0.0000000	0.0000000	0.0000000
−0.0021642	−0.0021642	0.0082359	0.0000000	0.0000000	0.0000000
0.0000000	0.0000000	0.0000000	0.0082359	0.0000000	0.0000000
0.0000000	0.0000000	0.0000000	0.0000000	0.0136299	0.0000000
0.0000000	0.0000000	0.0000000	0.0000000	0.0000000	0.0136299
0.0000000	0.0000000	0.0000000	0.0000000	0.0000000	0.0000000

表 13.2　Si 晶体的三种近似下各类力学性质数据　　　　　　　　单位:GPa

	Voigt	Reuss	Hill
体积模量	85.30708	85.30708	85.30708
剪切模量	63.25148	60.61328	61.93238
拉梅常数	43.13943	44.89823	44.01883
杨氏模量	152.15020	147.01928	149.59538
泊松比	0.20274	0.21276	0.20773

13.5　应力应变曲线

应力应变是应力与应变的统称。应力定义为"单位面积上所承受的附加内力"。物体受外界条件(如力、温度、湿度等)影响而变形时,物体内部各部分之间会产生相互作用的内力,来抵抗外界条件的变化带来的形变,并且尽量朝着形变前的位置恢复。体内各点处变形程度并不完全相同,因此我们用应变来描述某一点处的变形的程度。应力是矢量,与截面垂直的力称为正应力或者法相应力,与截面相切的力称为剪应力或切应力。

典型的应力应变曲线如图 13.20 所示,一般分为四个阶段:弹性阶段(Ob);屈服阶段(bc),此时材料失去抵抗变形的能力;强化阶段(cd),此时材料恢复抵抗变形的能力;颈缩阶段(de),此时变形开始集中在某一点处,在此之后材料发生断裂。

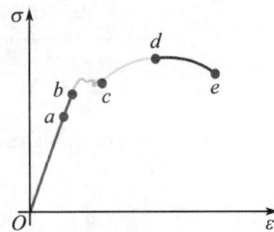

图 13.20　应力应变曲线

在理论计算中,想要获得应力应变曲线,首先要对结构进行优化,再以优化好的结构为初始结构,逐渐均匀地增加应力进行优化,得出每一次施加应力后该结构能承受的最高应力,最后对每个应变的结果进行处理,绘制成应力应变曲线,得到该结构能承受的最大应变和应力值。以钨晶体为例,图 13.21 展示了钨的晶体结构及计算得到的应力应变曲线,从计算结果可知,该结构可承受的最大应力是 39.4 GPa,所对应的应变是 0.175。

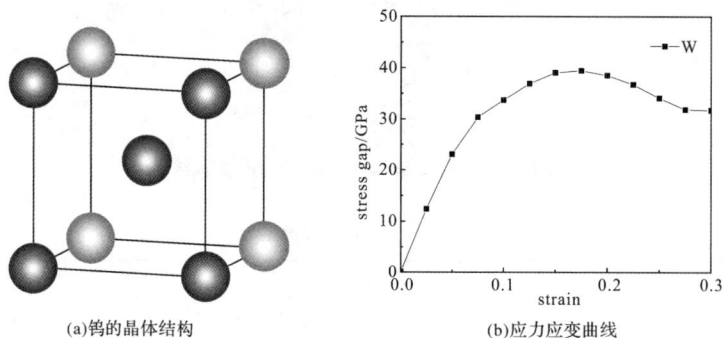

(a)钨的晶体结构   (b)应力应变曲线

图 13.21 钨的晶体结构和应力应变曲线

除了反映材料的力学性质外,应力应变在化学性质的调控方面也有应用。应变工程是指在材料弹性范围内通过外力的作用对结构的物理和化学性质调控的过程,例如带隙、d 带中心、吸附能以及化学活性等,均可通过施加应力加以控制。相比于缺陷、掺杂、化学改性等其他性质的调控方法,应变可以在不引入其他原子的基础上进行改进和调控,处理起来更加简单。应变工程已成功应用于多种二维材料,大大提高了析氢反应(HER)、析氧反应(OER)、氧还原反应(ORR)等反应的性能等。

为了探究应力应变对结构电子性质的影响,以单层的 MoS_2 为例计算不同应力下对应的电子结构,态密度如图 13.22(b)~(e)所示。从态密度图我们可以看出,随着应力的增加,结构的带隙逐渐减小,进一步读取相应的带隙值也能直观发现带隙逐渐减小(表 13.3)。

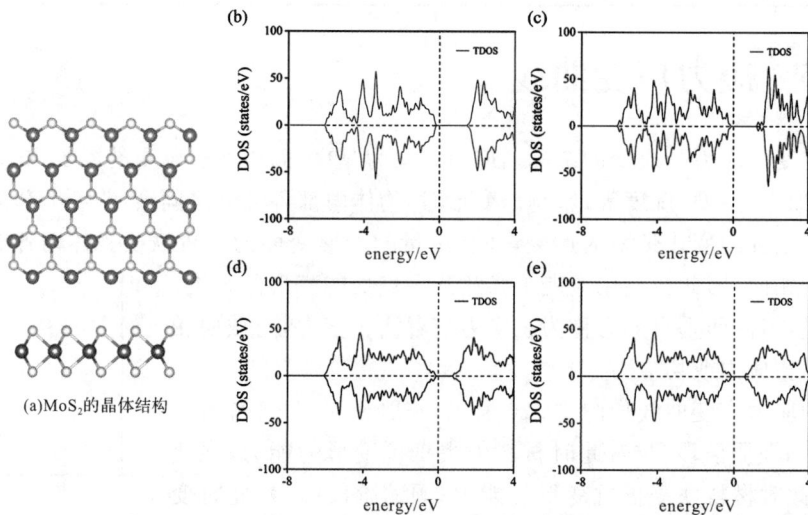

(a)MoS_2的晶体结构

图 13.22 (a)MoS_2 的晶体结构;(b)~(e)分别是施加 0.000、0.025、0.075 和 0.100 应力结构的态密度

表 13.3 不同程度应力应变下的带隙变化

应力应变	0.00	0.025	0.075	0.100
band gap/eV	1.75	1.54	1.04	0.85

除此之外,为探究应力应变对催化剂活性的影响,计算了不同应力应变下 MoS_2 酸性 HER 的自由能台阶图,如图 13.23 所示。从结果可以看出,随着应力应变的增加,该结构吸附 H 的反应自由能逐渐降低,体现出应力对 HER 性能的调控作用。

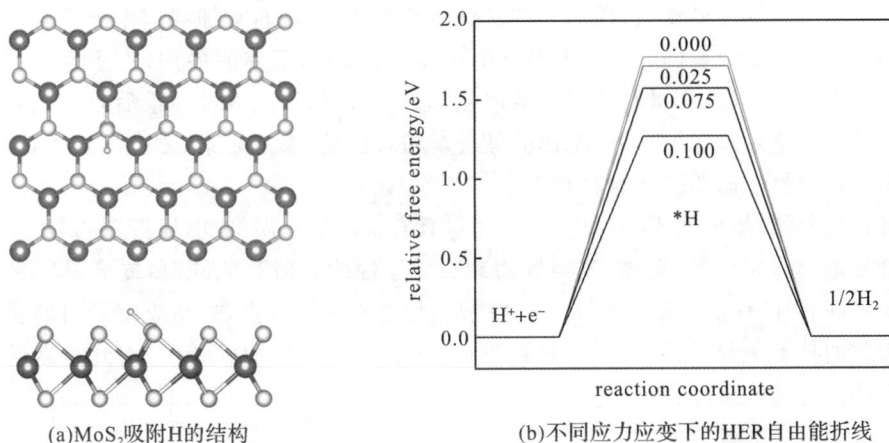

(a)MoS_2吸附H的结构　　　　　(b)不同应力应变下的HER自由能折线

图 13.23 MoS_2 吸附 H 的结构以及不同应力应变下的 HER 自由能折线

13.6 多相复合材料体系的力学性质

13.6.1 基础知识

回顾前面的章节,我们围绕材料界面性质展开了较全面的理论知识学习和计算方法介绍,为系统研究多相复合材料体系的力学性质奠定了基础。复合材料的简要定义为:由两种或两种以上,物理化学性质不同的物质组合而成的多相固体材料。多相复合材料具有复合效应,各种材料组元在性能上互相取长补短,产生协同效应,使复合材料的综合性能优于原组成材料而满足各种不同的应用需求。因此,研究多相复合材料,我们既需要明确每一种组元的物性,也需要探究多相结合时产生的复合效应。在复合多相材料的计算研究中,我们通常需要同时开展晶体、表面和界面等多种类型的计算。本章以典型的结构材料为例,介绍多相复合材料的性能特点及其相关计算方法[77,78,80,81,85,91]。

简单来看,复合材料可由基体相和增强相所构成。一方面,增强相可能具有纤维、晶须或颗粒等形貌特征,一般具有很高的力学性能(强度、弹性模量等)或特殊的功能属性,其主要作用是承受载荷或显示理化功能。另一方面,基体相可能是金属、陶瓷或聚合物等,主要用于保持材料的根本特性,如硬度、耐磨性、耐热性等,主要作用是将增强相固结成一个整体,起到传递和均衡应力的作用。

按使用特点分类,复合材料可粗分为结构复合材料和功能复合材料。结构复合材料注重力学性能;功能复合材料则注重物理性能。此外,根据实际应用需要,也有兼顾力学性能和物理性能的复合材料,例如 W-Cu 合金体系,将在下文进一步讲解。回到本节研究重点,即复合材料的力学性质,先作如下概述。复合材料相比单一组元材料,可能具有更好的综合力学性能。复合材料通常具有高比强度和比模量,如碳纤维增强环氧树脂的比强度可达钢的 7 倍,比模量也是钢的 3 倍。复合材料的抗疲劳性能良好,普通材料的疲劳破坏往往是没有预兆的突发性破坏,但纤维增强复合材料中纤维和基体间的界面能够有效阻止疲劳裂纹的扩展。复合材料的比模量大,因而它的自振动频率很高,在通常加载速率下不容易出现因共振而快速脆断的现象。同时复合材料中存在大量纤维与基体的界面,由于界面对振动有反射和吸收作用,所以复合材料的振动阻尼强,即具有良好的减振性。最后是多相复合材料的可设计性强。通过改变增强体、基体的种类及相对含量、掺杂元素、复合形式等,可设计出满足工程结构与性能需要的复合材料。

此外,根据材料组成的不同,复合材料还可具有很高抗高温蠕变、摩擦磨损等力学性能,及良好的导电、导热、压电、吸波、吸声等物理和化学性能。但与此同时,复合材料也可能存在严重的各向异性、性能分散度较大、成本较高、韧性不足等缺点,这也是复合材料实现高端应用所面临的技术瓶颈,需要在复合材料设计、制备和使用时加以考虑,因此急需通过计算材料学方法进行辅助设计。

硬质合金是一类典型的多相复合材料,其最主要的特征是具有良好的综合力学性能,这使其在工业生产中被广泛应用,有着不可替代的地位,俗称"工业的牙齿"。基于此,我们先以硬质合金体系为例,介绍其结构特点和力学特性。

硬质合金是用粉末冶金方法生产、由难熔金属化合物(硬质相)和黏接金属(黏接相)所构成的复合材料。其具有高硬度、高耐磨性、高弹性模量、高化学稳定性(耐酸、碱性、高温氧化)、高冲击韧性、低热膨胀系数等特点。硬质合金被广泛应用于现代工具材料、耐磨材料、高温和耐腐蚀材料领域,曾经引起金属切削加工工业技术革命,因而被看作是工具材料发展的第三阶段标志。与合金钢相比,硬质合金能够极大限度地增加切削刀具寿命、切削速度,同时还能对难以加工的耐热合金、特硬铸铁等材料进行有效加工。

硬质合金从成分上看,可以分为如下类型:WC-Co 合金,该类硬质合金由碳化钨和钴相组成,有时也会添加一些其他碳化物(碳化钽、碳化铌、碳化钒等)辅助材料性能提升。与此同时,Co 相含量也可以在较大范围内进行调整,大致可分为低钴、中钴和高钴三种情况。上述案例可以看出,硬质合金中可调变因素较多,如果采用试错法进行实验设计,那么可尝试的成分、含量和制备工艺等组合方式非常多,想要仅通过实验方式完成新材料设计与研发是非常困难的。因此,如何将多相复合材料体系的复杂组元关系,抽象为微观尺度的计算模型,在保留主要结构特征的情况下,兼顾模型大小和计算成本,进而获得不同物相、成分、含量条件下的力学性质,则是计算材料学的重点研究对象,将在下文予以介绍。

除了刚才提到的最著名的 WC-Co 类硬质合金,还有 WC-TiC-Co 合金、WC-TiC-TaC (NbC)-Co 合金。可以看到,这些硬质合金是在 WC-Co 的基础上引入了更多的添加相,使其结构和成分更为复杂,同时满足一些特殊工况条件下的应用需要。面对更为复杂的成分和结构,实验主导的研究则更加困难,亟待开展有效的辅助设计计算方法。

除了合金外,还有一类不互溶体系也十分重要。以 W-Cu 合金为例,本质上是由 W 和 Cu 组成的双金属材料,由于其无论在固相还是液相状态下,W 和 Cu 均不互溶,W-Cu 合金是典型的不互溶双金属体系,号称"假合金"。W-Cu 材料由于同时具备 W 的低膨胀、耐磨损、抗腐蚀、高硬度以及 Cu 的高导电和导热性,使其呈现良好的力学性能和物性,因而作为高压电触头材料、电子封装及热沉材料和电加工电极材料等,被广泛应用于工业领域。尤其,随着结构纳米化的实现,不互溶双金属材料显示出极大的性能优势和发展空间,新型纳米结构 W-Cu 不互溶体系材料如图 13.24 所示。基于差异化结构调控的新思路,可制备得到如图 13.24 所示的具有 Cu 相三维连通网络结构和 W 相纳米晶组织的 W-Cu 合金。其中,纳米晶 W 相为合金提供结构支撑,使材料具有高的硬度、强度等力学性能;呈网络骨架连通结构的 Cu 相使材料保持高的导热、导电性能。

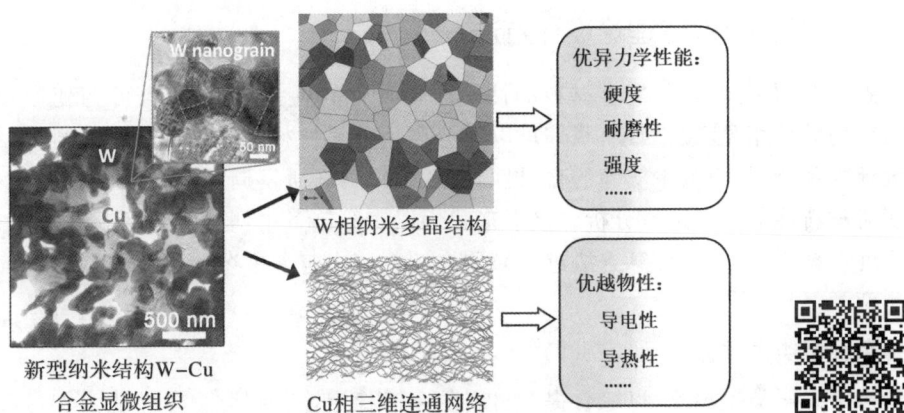

图 13.24　新型 W-Cu 不互溶体系材料示意图

彩图效果

纳米结构的双金属基合金中各相的理化性质差异与微观组织结构的特殊性,一方面赋予其传统材料无法比拟的综合性能互补优势;另一方面,双金属组元间的不互溶性和纳米组织的先天不稳定性,使该类材料在复杂服役条件,尤其是高温环境下面临严峻挑战,应用中存在一些亟待解决的瓶颈问题。

例如,在材料制备方面,由于合金的不互溶组元之间既不发生反应也不相互溶解,弱的界面原子间扩散行为和低的相界结合强度,使制备得到的块体材料难以实现微观尺度下双金属组元间的冶金结合。尤其在对合金进行差异化结构调控后,两相之间的界面所占比例进一步增大,使得不互溶合金体系对制备工艺的要求更加苛刻。

又如,在材料使用方面,纳米晶组织使合金中的晶界占比急剧增加,较高的界面能量状态使不互溶双金属体系在高温使用环境下缺乏良好的热稳定性,导致晶粒组织极易发生结构失稳长大现象,造成材料制备态的优异力学性能快速衰退,甚至在高温下性能优势完全丧失。因此,材料的高温使用性能严重受限于纳米结构不互溶双金属体系的热稳定性。此外,在材料综合性能方面,某些特定元素掺杂虽有助于增强体系中的相界冶金结合,但同时降低了合金的导电、导热等物性以及晶界结合强度。这说明,不互溶双金属体系由于存在多种物相和晶界、相界等内界面,而使其界面调控极为复杂,某种性质的增强很可能以削弱其他性质作为代价,导致合金的物性和力学性能无法兼顾。

在不互溶体系的研究中,尽管已有添加元素进行材料设计、制备和性能提升的文献报道,但对于掺杂元素与体系中不同物相和多类界面的相互作用仍缺乏系统研究,且大多集中于实验探索。再者,纳米结构的不互溶材料体系由于存在更高的界面占比和更复杂的组织结构,使得掺杂元素的选用及其影响研究,具有更多的盲目性和偶然性,从而使研究结果缺乏普适性。由此可见,目前急需针对不互溶金属构成的合金体系研究建立系统的掺杂改性方法,以实现添加元素及元素匹配组合的高效优选。尤其是借助多尺度建模、高通量计算等手段,加速多元合金成分设计,揭示掺杂元素对多类相界、晶界的界面调控规律及对纳米结构不互溶双金属合金体系的物性和力学性能协同作用机理,从而促进新型综合高性能的不互溶合金材料的研发和应用。限于篇幅,本章节中我们仅对一些基础设计思路从计算材料学角度进行介绍。

13.6.2　相关材料的理论设计方法

通过上述介绍可知,多相复合材料的性能可设计性较强,通常有多类可调变参数,且材料设计与结构设计相关联。因此,我们可以充分利用计算材料学方法进行材料组分、结构和性能的设计与预测,从而减少实验的盲目性,有效缩短材料研发周期,降低研发成本,并且从微观角度对材料性能机理进行分析。接下来我们以实验制备中两类重要环节——掺杂元素类型和浓度选择为例,对其计算方法进行简要介绍。其中包含掺杂元素类型预测、掺杂浓度范围预测两类。

1. 掺杂元素类型预测

关于掺杂元素类型预测,以综合提升材料的高温稳定性和综合力学性能为例,这就需要我们在计算中考虑到掺杂元素对基体力学性能、界面力学性能、基体热力学性质、界面热力学性质、体系中力学/热力学性质随晶粒尺寸的变化关系等多种因素来进行掺杂元素的逐层筛选。

首先,通过掺杂元素的基体固溶计算,获得体相弹性常数性质,进而明确其对体弹模量、剪切模量和韧脆性的影响(参见第13.3节)。与此同时,通过掺杂形成能计算,判断掺杂元素的掺杂难易程度及固溶度。

其次,构建复合材料体系的界面模型。多相复合体系的界面种类较多,以双相材料为例,可粗略分为3大类,分别是两种物相各自的晶界、物相之间形成的相界。完成了界面模型构建后,则需要对不同的界面体系分别进行界面能(参见第13.2节)和脆化势(参见第13.3节)计算,综合评估掺杂元素对界面稳定性和韧脆性的影响情况。

最后,需要计算不同界面模型中掺杂元素的偏聚能,通过偏聚能计算可获得掺杂元素的界面偏聚程度,及其对体系晶粒组织稳定性和高温稳定性的影响。

经过上述三部分的计算,可初步评估某种元素是否适合添加。例如,加入某种元素虽然可较大程度提升基体的模量性质,但却容易导致晶界脆化,则需要慎重选择。又如,添加某种元素虽然可同时提升体系的基体和界面力学性质,但其偏聚能力较弱,则该元素可能在一般工况条件下具有较好的综合性能,但在高温环境下可能容易发生热失稳导致晶粒快速长大。综上,通过上述步骤的逐层计算和对比分析,可根据需要侧重的工况环境筛选不同的添加元素类型。此外,元素筛选判据还可以包括断裂功、热膨胀系数、维氏硬度、功函数等多种性质,需要根据研究体系结合前述章节灵活运用。

2. 掺杂浓度范围选择

掺杂浓度范围的选择,通常在掺杂元素确定之后。虽然在元素筛选计算中某些元素已表现出潜在应用价值,但仅凭掺杂元素信息还无法实际指导材料设计和制备,必须明确其添加浓度范围,才可规避添加过量或太少导致的性能下降,通过合理的溶质浓度范围调控,将元素的特性充分发挥出来。关于溶质浓度效应的引入,仍从基体和界面两方面进行介绍。

对于基体而言,溶质浓度效应通常体现在对体系中掺杂不同数量的溶质原子。其掺杂方式可以是置换掺杂,也可以是间隙掺杂。该类计算的难点在于找到不同掺杂浓度下的最低能量构型。通常,晶体模型中存在多种置换位或者间隙位,那么,在最严格的计算方式下,需要对所有分布组合形式进行计算,以找到能量最低构型,作为该浓度点下的几何模型。实现此类计算需要强大的算力支持,常辅以高通量计算来完成。在不严格的计算方式下,可采用高对称位点的选择性分布,或使用准随机方法对合金体系进行元素掺杂计算,在大幅降低计算量的同时兼顾计算结果的准确性。当我们获得了不同浓度点下的最优几何构型,则可通过弹性常数计算和形成能计算,对体系的力学性质及稳定性进行分析。

对于界面结构而言,由于其对称性通常低于晶体结构,因此考虑溶质浓度效应则更为复杂。这里不能严格采取随机方式进行掺杂模型构建,因为我们在偏聚能、脆化势或者断裂功等计算中,需要将某一个或多个溶质原子放置在指定区域内,以充分说明元素对上述性质的影响。所以在确定建模方式时需要先预留出关键位点,再对剩余位点采取完全随机、准随机或特殊位点选取等方式完成溶质原子的多种分布组合模式,进而计算获得能量最低几何构型,以用于后续性质的计算。

值得注意的是,某些能量关系的确定,本身也会影响溶质浓度的再分布。例如,通过计算获得了某掺杂元素的晶界偏聚能,基于麦克林偏聚理论,可导出给定偏聚焓(近似为偏聚能)下晶内溶质浓度和晶界溶质浓度的关系:

$$\frac{x_{\mathrm{gb}}}{1-x_{\mathrm{gb}}} = \frac{x_{\mathrm{i}}}{1-x_{\mathrm{i}}} \exp\left(\frac{-\Delta H^{\mathrm{seg}}}{RT}\right) \tag{13-25}$$

其中,x_{gb} 和 x_{i} 分别为晶界和晶内溶质浓度;R 为热力学常数;T 为温度;ΔH^{seg} 为偏聚焓。上述关系虽然可以给出两种浓度的关联,但还不能求解出具体的晶内和晶界溶质浓度数值。考虑封闭体系中,平均晶粒尺寸为 d,溶质添加总浓度为 x_{A},则存在如下溶质浓度近似关系:

$$x_{\mathrm{A}} = x_{\mathrm{i}}(1-f_{\mathrm{gb}}) + x_{\mathrm{gb}}f_{\mathrm{gb}} \tag{13-26}$$

其中,f_{gb} 为晶界体积占比,可简化描述为:

$$f_{\mathrm{gb}} = 1 - \left(\frac{d-h}{d}\right)^{3} \tag{13-27}$$

其中,h 为晶界厚度。联合式(13-25)~式(13-27),可获得封闭体系中给定溶质添加总浓度、平均晶粒尺寸和温度下的晶内溶质浓度和晶界溶质浓度。上述计算结果可进一步影响晶内吉布斯自由能和晶界吉布斯自由能的计算,最终影响整个体系的力学和热力学性质。

上文介绍的是基于真实原子模型的计算方法,此外还有 CPA、VCA 等其他基于平均场或虚拟晶体近似的第一性原理计算方法,其引入溶质浓度效应的方式不是通过实际的间隙或置换掺杂,而是将其成分变化施加到体系中某些或所有原子上,形成含量占比,再进行计算求解。这种方式对于固溶度较大的体系较可靠,因为通常该类体系中溶质元素和溶剂元素性质差异较小,该种近似处理具有较高的合理性。但对于强偏聚体系或难互溶体系而言,则该种近似计算需要慎重选用。

除了上述基本流程,还有针对多元素复合添加、溶质元素与强化相协同作用等更为复杂体系的计算辅助材料设计方法。

================【Q&A】================

Q1:虚拟晶体模型在什么情况下可以使用?

答:如果体系可采用真实原子模型在较少的原子总数下进行计算,则尽量不要选择虚拟晶体模型。如果构建真实原子模型需要的原子数过多,或者体系中存在大量的掺杂元素分布模式,则可考虑使用虚拟晶体近似。但仍需注意,虚拟晶体模型尽量用于溶质原子和溶剂原子的元素性质差异较小的体系,且计算性质通常以反映整体能量性质为主,例如形成能、模量性质等。而对于电子结构、磁性能等相关计算,则需谨慎使用。

Q2:如何进行受力条件下的计算?

答:目前主流的第一性原理计算软件均支持受力条件下的计算。计算方式主要分为两种:一种为直接设置应力的方式,可根据实际研究体系的需要,采用等静压方式或特殊轴向等方式进行载荷施加;另一种方式相对简便,可直接通过改变部分或全部晶胞参数的方式,将应力转化为应变的形式施加至体系。两种方式均可实现受力条件下的第一性原理计算。

Q3:在硬质合金或假合金等复合材料体系中,不同物相之间的热匹配性如何计算?

答:弹性常数计算结合准谐德拜模型,可获得不同物相中热膨胀系数随温度的变化关系,进而分析给定温度下两种物相间的热匹配程度。

Q4:第一性原理计算可以做拉伸模拟吗?

答:可以。根据研究体系的应变范围,通过连续更改拉伸方向晶胞参数的方式,可对晶体或界面进行拉伸模拟,进而获得体系的微观应力应变曲线关系。

Q5:为什么第一性原理计算得到的模量性质通常高于实验数据?

答:第一性原理中弹性常数的计算在0 K下进行,而实验通常在室温下进行,由于模量软化效应,通常会高估实验结果。可结合准谐德拜模型,拟合体弹模量随温度的变化关系,再与实验结果进行对比。

===

13.6.3 实例解析

以 W-Cu 不互溶体系为例,以兼顾材料综合力学性能、导电性和晶粒组织稳定性为目标进行元素筛选计算。

根据前述章节的内容,我们首先构建 W 晶体模型、Cu 晶体模型、W 晶界模型、Cu 晶界模型、W/Cu 相界模型。其次选取系列掺杂元素,进行 W 晶体和 Cu 晶体中的掺杂形成能和弹性常数计算。通过这两部分计算,可筛选出在 Cu 相中形成能较高,且在 W 相中利于提高模量性质的掺杂元素。值得注意的是,W-Cu 体系中保持 Cu 相的纯净性,非常利于 Cu 相具备高导电导热性能。因此,筛选出 Cu 相中形成能较大的元素,有利于提升该相的导电性。从上述内容可以看出,在实际计算中,可根据材料体系的特点灵活变通地获得目标判据。

　　进一步地,将筛选出的元素继续进行 3 类界面的计算,包括:W 晶界中不同位点下的偏聚能计算、脆化势计算;Cu 晶界中不同位点下的偏聚能计算、脆化势计算;W/Cu 相界中掺杂元素从 W 侧迁移或者 Cu 侧迁移过程中的偏聚能计算和脆化势计算。结合上述界面体系中的 6 个计算部分,可获得利于提升界面结合强度、降低断裂脆性和显著降低界面形成能的掺杂元素。

　　通过上述逐层筛选过程,最终可获得利于同时提升 W-Cu 体系综合力学性能、导电性和晶粒组织稳定性的最优掺杂元素。

第14章　分子动力学模拟的基本性质

14.1　分子动力学模拟简介

分子模拟(molecular modeling)是指在原子水平上建立分子模型,利用计算机来模拟分子的静态结构与动态行为,进而模拟分子体系的各种物理化学性质。从该字面意义上来看,所有计算化学研究都可以归为分子模拟。但通常提到分子模拟时,指的是基于经典力学(牛顿第二定律),采用分子力场近似处理微观粒子的做法。

在分子模拟中,系综(ensemble)是指在一定的宏观条件下,大量性质和结构完全相同的、处于各种运动状态的、各自独立的系统的集合。系综常用于分子动力学模拟,以描述和预测分子体系在各种条件下的行为。通过选择合适的系综,可以模拟不同的物理和化学环境,从而更准确地理解分子体系的性质和行为。系综根据不同的宏观条件可以分为以下几类:①微正则系综(micro-canonical ensemble),简称 NVE:系统能量、体积和粒子数都固定,适用于孤立系统。②正则系综(canonical ensemble),简称 NVT:系统与温度恒定的大热源接触,能量固定但温度可变,适用于封闭系统。③巨正则系综(grand canonical ensemble),简称 VTμ:系统与温度恒定的大热源和化学势恒定的大粒子源接触,适用于开放系统。④等温等压系综(constant-pressure, constant-temperature),简称 NPT:系统与温度恒定的大热源接触并通过无摩擦的活塞与恒压强源接触,适用于特定压力条件下的系统。

分子模拟有多种模拟方法,其中主要的有分子动力学(molecular dynamics, MD)模拟和蒙特卡罗(Monte Carlo, MC)模拟。其中,MC 模拟是利用随机数进行模拟计算的方法,即在特定的系综条件下,将系统内的粒子进行随机的插入、删除、位移、转动,或使粒子在不同相间转移。根据给定的分子位能函数,进行粒子间内能的加合。由于 MC 模拟的粒子位移是虚拟的,故不能够代表粒子运动的真正过程。MD 模拟是在一定系综及已知分子位能函数的条件下,从计算分子间的作用力着手,求解牛顿运动方程,得到体系中各分子微观状态随时间的变化,求出体系压力、能量、扩散系数等宏观性质,以及组成粒子的空间分布等微观结构。MD 模拟的理论基础是牛顿运动方程,可以代表粒子真实的运动过程。

分子动力学(MD)模拟的基本原理是基于牛顿运动方程计算分子在空间中的运动轨迹,采用经典分子力场表达原子间的相互作用。简单地说,MD 模拟是对牛顿运动方程的解析:

$$F_i(t) = m_i a_i(t) \tag{14-1}$$

其中，F_i 是第 i 个原子受到的作用力；m_i 是该原子的质量；a_i 是该原子的加速度。其中，F_i 可以通过用势能 V 对坐标 r_i 求导直接得到：

$$\frac{\partial V}{\partial r_i} = m_i \frac{\partial^2 r_i}{\partial t_i^2} \tag{14-2}$$

由于牛顿运动方程是确定的，因此在模拟过程中，一旦初始坐标和速度确定，一段时间以后的坐标和速度也是确定的，整个动力学过程中的坐标和速度组成了模拟体系的运动轨迹。如果把体系所能采取的所有坐标和动量构成的空间称作相空间，则一条轨迹代表了相空间中的一条线。为了充分地探索体系的性质，需要对相空间进行尽可能完整的采样，因此人们需要给体系赋予随机生成的初始速度，生成多组轨迹；或是让一组轨迹足够长，使得它遍历相空间中尽可能多的点。由于轨迹的初始速度是随机生成的，以相同的输入文件重复运行多次 MD 模拟，得到的结果将不完全相同。MD 模拟流程如图 14.1 所示。

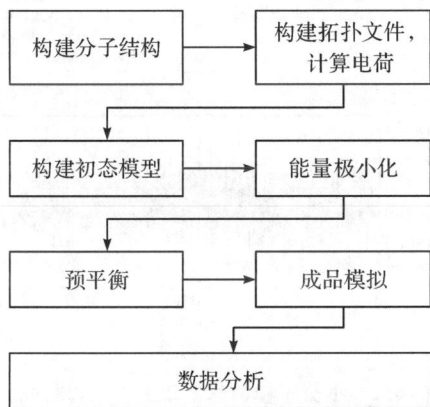

图 14.1　分子动力学模拟流程

分子动力学（MD）模拟是基于特定系综实现并对体系的性质进行统计，常见的系综有微正则系综（NVE）、正则系综（NVT）和等压等温系综（NPT）。通过对模拟体系的温度、压力、势能、动能、密度等进行分析，可以判断体系是否达到了平衡。当判断轨迹达到平衡后，可以通过随后的轨迹统计得到体系的平衡性质。下面将基于不同的体系进行详细的分析。

14.1.1　小分子液体体系

小分子液体体系的模拟相对比较简单，体系亦很容易到达平衡，模拟体系的温度、压力、势能、动能等是判断其体系是否稳定的重要标准。以 1 mol/L 腐殖酸（HA）水溶液为研究对象，模拟常温常压下 HA 在溶液中的扩散行为。如图 14.2 所示，分别为体系的温度、压力、势能、密度以及动能随时间的变化趋势。由图 14.2 可知，对于小分子体系而言，模拟体系在较短的时间内即可达到平衡。在达到平衡后，模拟体系的温度在 298.15 K 附近波动；模拟体系的压力上下波动虽看起来差距很大，但可以观察到压力的平均值仍然是接近 1 bar；模拟体系的势能随着模拟时间延长，动能降低，在 5 ns 后趋于稳定，表明此时体系已经达到稳定；模拟体系的密度以及动能曲线几乎不产生波动。

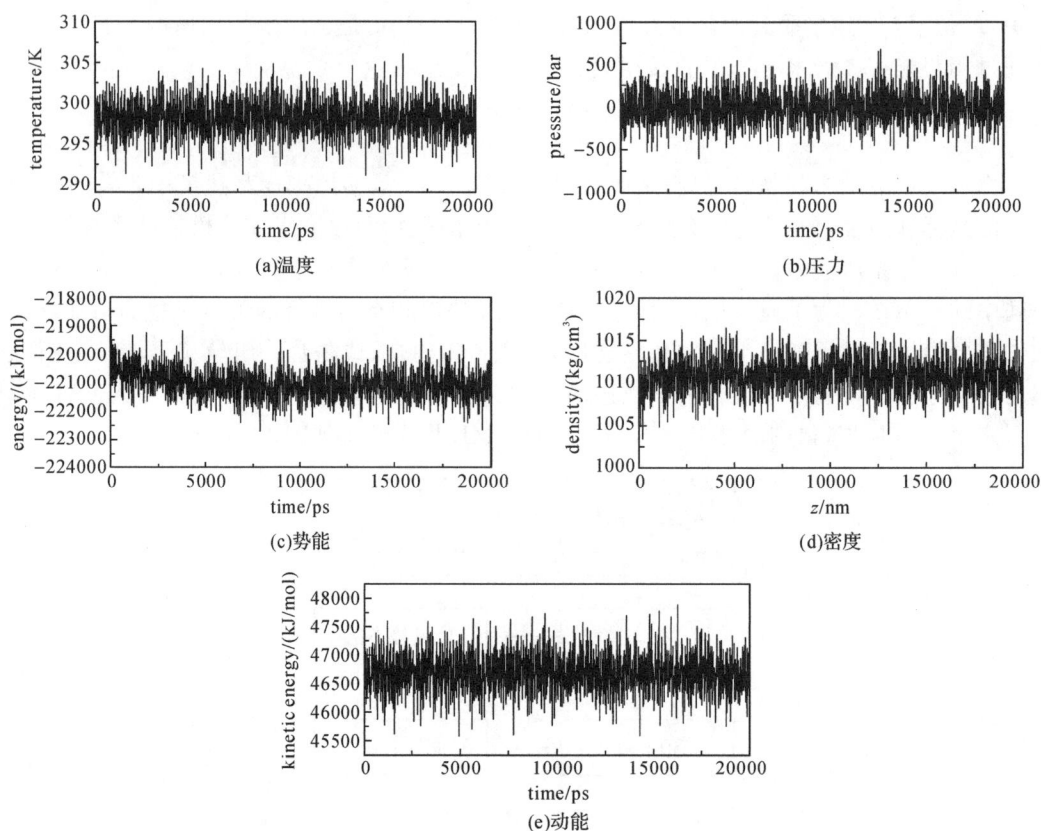

(a)温度

(b)压力

(c)势能

(d)密度

(e)动能

图 14.2　小分子模拟体系轨迹平衡判断依据

14.1.2　生物大分子体系

对于生物大分子如蛋白、多肽等，除了可以通过模拟体系的温度、压力、势能等判断模拟体系是否达到平衡外，还可以通过均方根偏差（RMSD）来进行相应的判断。牛血清蛋白体系的 RMSD 曲线如图 14.3 所示。

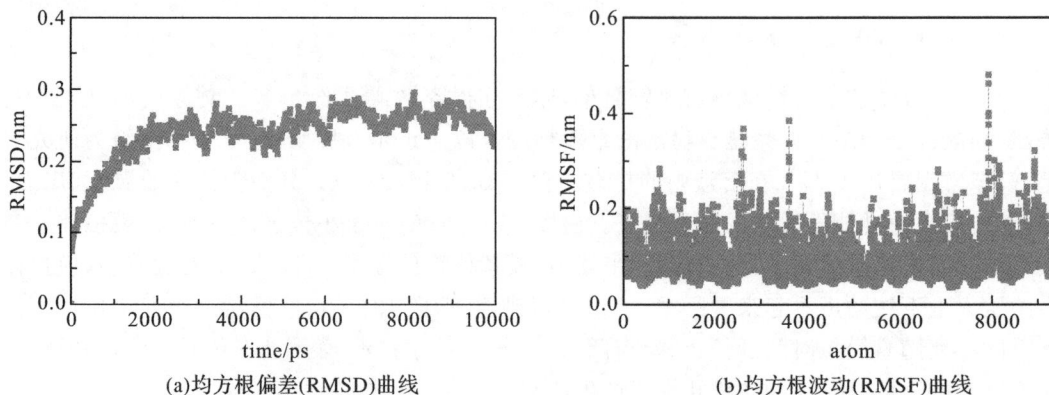

(a)均方根偏差(RMSD)曲线

(b)均方根波动(RMSF)曲线

图 14.3　牛血清蛋白模拟体系平衡判断曲线

如图 14.3(a)所示,随着模拟时间延长,牛血清蛋白的 RMSD 值逐步增加,约在 3 ns 后牛血清蛋白的 RMSD 曲线保持相对平稳,表明 3 ns 后,牛血清蛋白的结构达到平衡状态。

RMSD 一般指的是某个时刻相对于参考构象的结构偏差,对于一个具体的分子结构而言,我们还可以用均方根波动(RMSF)表示一个原子相对于参考构象的结构变化,反映了分子中原子的自由程度。如图 14.3(b)所示,可以看出对于牛血清蛋白而言,分子中各个原子的 RMSF 值变化很小,表明在牛血清蛋白质中各个原子相对于参考结构而言,原子的自由程度较低。

14.1.3　其他体系

上面已经讲过 RMSD 和 RMSF 可以判断蛋白、多肽等具有较为稳定构型的生物大分子体系是否可以达到平衡。但对于一些柔性分子,计算分子的 RMSD 和 RMSF 时会产生较大的波动,而整个体系的温度、压力、势能等已经达到平衡,两个判断标准得到不同的结果。这个时候应该从分子结构本身出发,关注在 RMSD 和 RMSF 曲线产生变化前后,柔性分子的结构是否发生了较大的变化。分子结构的改变对分子的 RMSD 和 RMSF 同样有较大的影响。

14.2　径向分布函数

径向分布函数(radial distribution function,RDF),又称对关联函数(pair correlation function),通常指的是以某个粒子为中心,其他粒子在空间中的分布概率。径向分布函数既可以用来研究物质的有序性,也可以用来描述电子的相关性。其概念如图 14.4 所示,中心粒子(网格线粒子)为参考粒子,计算粒子(斜线粒子)为在 r 到 $r+dr$ 的范围(两条虚线之间)找到的粒子。

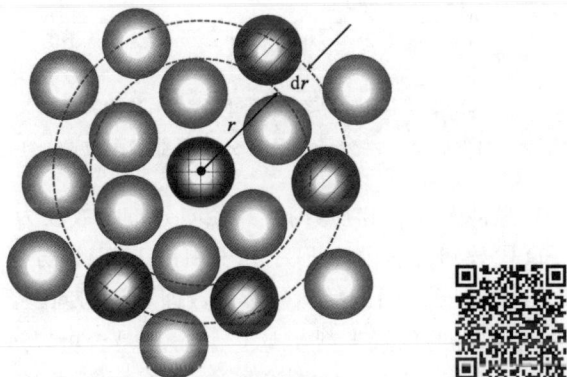

图 14.4　径向分布函数概念　　　　彩图效果

径向分布函数通常用 $g(r,r')$ 来表示。对于 $|r-r'|$ 比较小的情况,$g(r,r')$ 主要表征的是原子的堆积状况及各个键之间的距离。对于长程的性质,由于对于给定的距离找到原子的概率基本上相同,所以 $g(r,r')$ 随着 $|r-r'|$ 的增大而变得平缓,最后趋向于恒定值。通常定义 $g(r,r')$ 时,归一化的条件为 $|r-r'|$ 趋向于无穷大时,$g(r,r')$ 趋向于 1。对于晶体,由于其结构有序,径向分布函数有长程的峰;而对于非晶物质,径向分布函数一般只有短程的峰。

径向分布函数适用于研究固体、气体和液体等多种体系中粒子之间的相对分布情况。以最常见的液态体系为例，纯水体系中，水分子的配位情况如图 14.5 所示，水分子由一个 O 原子与两个 H 原子组成，因此可以分别以 O 原子、H 原子为中心，研究其周围其他原子的分布情况。

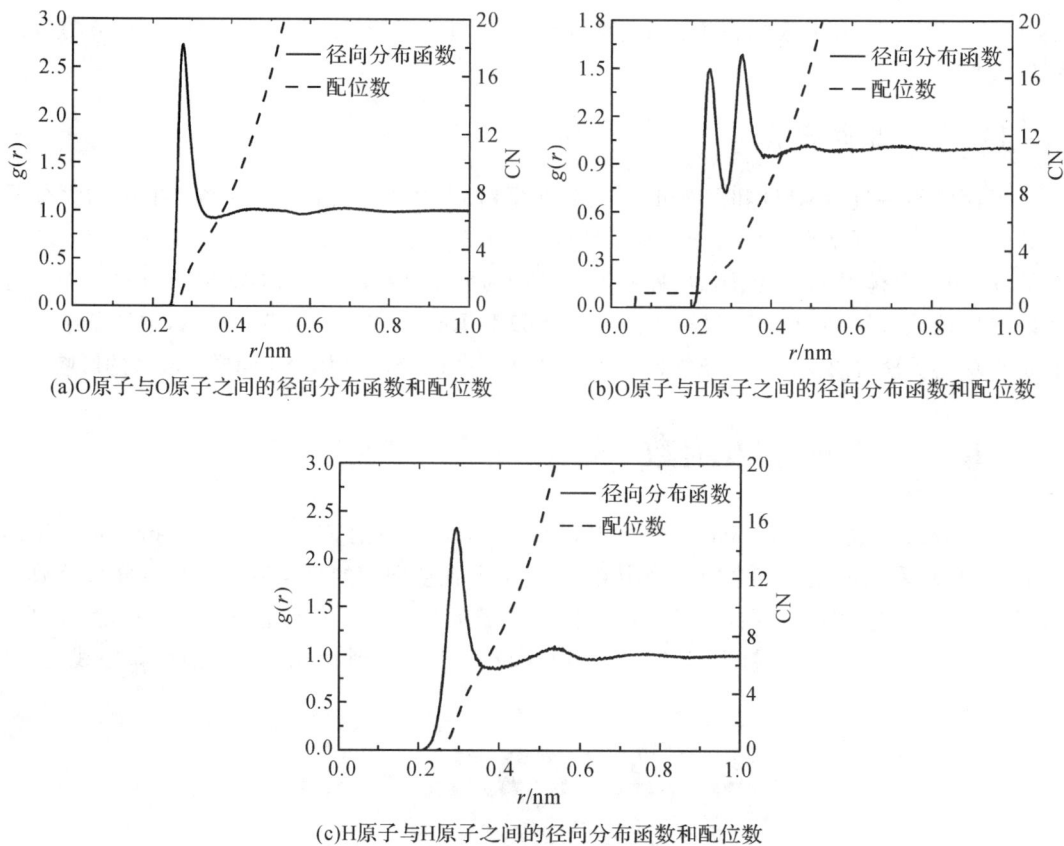

(a)O原子与O原子之间的径向分布函数和配位数

(b)O原子与H原子之间的径向分布函数和配位数

(c)H原子与H原子之间的径向分布函数和配位数

图 14.5　水分子的径向分布函数和配位数

纯水体系较为简单，只涉及一种物质，因此其径向分布函数较为单一。当我们在体系中加入多种分子(以 A~D 代替)时，假设分析 A 分子周围 B、C、D 分子的分布情况，这个时候分别计算 A 分子与 B、C、D 分子之间的径向分布函数即可说明问题。通过分析 A 与 B、C、D 之间的径向分布函数峰值出现的位置来判断 B、C、D 分子是否可以进入 A 的溶剂化壳层，进入的是第几溶剂化壳层。如常见的 $ZnSO_4$ 水溶液，在较低浓度时，Zn^{2+} 离子与水分子之间一般是六配位。由图 14.6 可知，2 mol/L $ZnSO_4$ 水溶液模型中的 Zn^{2+} 离子与水分子中的 O 原子、SO_4^{2-} 离子中的 O 原子之间的径向分布函数的第一峰值出现的位置分别为0.204 nm 和0.236 nm，配位数分别为 5.368 和 0.6。图 14.7 展示了溶液模型的结构，从中可以放大抽提出瞬时的配位形态。

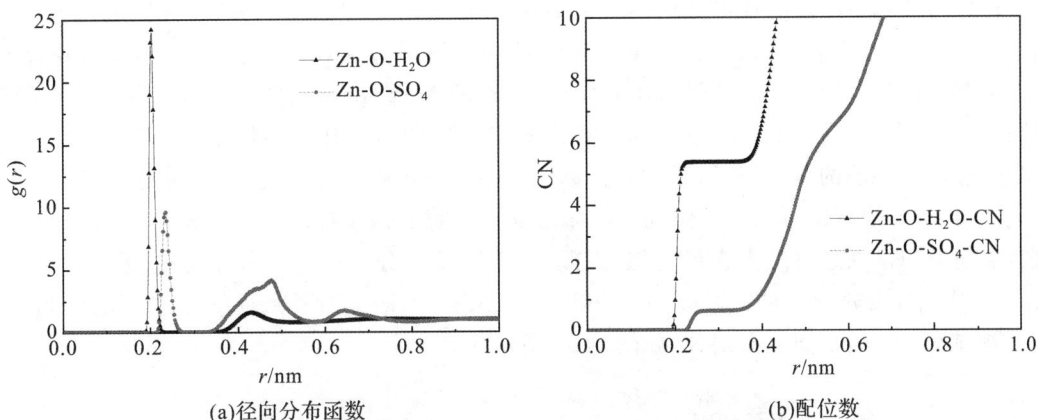

(a)径向分布函数　　　　　　　　　　　(b)配位数

图 14.6　2 mol/L ZnSO₄ 水溶液的径向分布函数和配位数

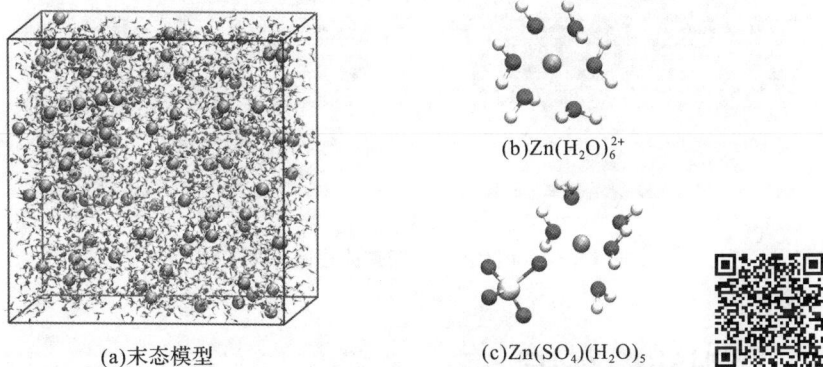

(a)末态模型　　　　　(c)Zn(SO₄)(H₂O)₅

(b)Zn(H₂O)₆²⁺

图 14.7　2 mol/L ZnSO₄ 水溶液的末态模型和局部结构　　彩图效果

通过径向分布函数可以计算得到配位数：

$$n(r') = 4\pi\rho \int_0^{r'} g(\boldsymbol{r}) \, r^2 \, \mathrm{d}r \tag{14-3}$$

其中，$n(r')$ 表示配位数；ρ 表示数密度（数密度＝原子个数/盒子体积）。通过计算式(14-3)可以看出，配位数等于径向分布函数对 r 的积分值乘以数密度 ρ 再乘以定值 4π。

为了得到合理的配位数，r 的范围需要适当选取，以涵盖第一配位层，又不被更远的配位层干扰为宜。以 2 mol/L ZnSO₄ 水溶液的径向分布函数为例，可以看到 Zn²⁺ 离子与水分子之间的径向分布函数先快速上升至最高点，而后迅速下降，而后又升高，再次降低，最后趋于稳定。Zn²⁺ 离子与水分子之间径向分布函数最高点出现在(0.204,24.225)，那么 $r=0.204$ nm 则被认为是径向分布函数的第一峰值出现位置。随着 r 继续增大，径向分布函数的峰值逐步下降直至第一个最低点，此时 $r=0.242$ nm 被认为是径向分布函数第一谷值出现位置，峰谷对应的 r 值可以作为计算配位数时 r 的取值。由图 14.6(a)可以观察到，Zn²⁺ 离子与水分子和 SO₄²⁻ 离子的径向分布函数具有稳定的平台，因此，选取平台中的某个值作为 r 的取值也是可以的。如图 14.6(b)所示，取 $r=0.3$ nm，计算得到 Zn²⁺ 离子与水分子中的 O 原子、SO₄²⁻ 离子中的 O 原子之间的配位数分别为 5.368 和 0.6。

径向分布函数通过具体的数值体现了 A 粒子周围 B、C、D 粒子的分布情况，进一步扩展到三维空间，通过空间分布函数（spatial distribution function，SDF）可以直观地观察到粒子在三维空间内的分布情况。通过 GROMACS 自带的 gmx spatial 或者 gOpenMol 程序可以绘制分子的空间分布函数。计算空间分布函数最重要的是选择中心粒子，然后计算目标原子在中心原子周围的分布情况，通过对目标原子的运动轨迹进行多次折叠，最终可以得到格点文件，再进行绘图即可。计算空间分布函数需要注意的是模拟时间。若模拟时间较短，得到的空间分布函数最终结果会很粗糙，因此，一般计算小分子的空间分布函数，模拟时间均在 50 ns 以上，大分子则时间更长。还是以 2 M $ZnSO_4$ 水溶液为研究对象，计算 $Zn(H_2O)_6^{2+}$ 离子周围水分子的空间分布函数，如图 14.8 所示。

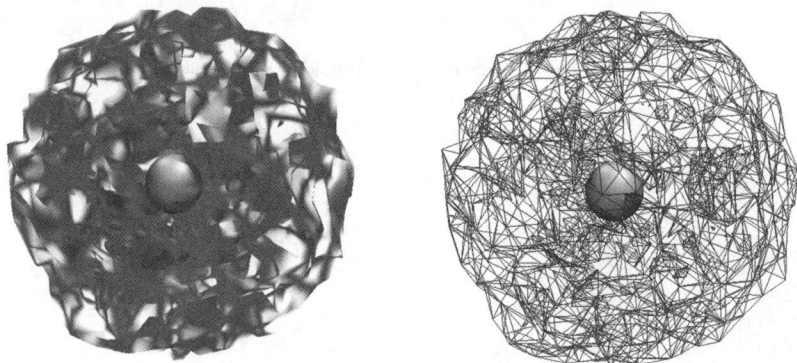

图 14.8　$Zn(H_2O)_6^{2+}$ 团簇的空间分布函数

14.3　微观结构分析

分子动力学中的微观结构分析是指从微观尺度对分子系统进行观察和分析，从分子层面上了解物质的微观结构示意和特性。通过分子动力学的模拟和分析，我们可以研究物质的分子结构、动力学行为、相变过程等许多方面。

分子动力学中常见的微观结构分析包括密度分布、角度分布、阴阳离子配对稳定性、旋转稳定性等。

为了研究体系的密度分布，可以通过对分子动力学模拟中所有原子的密度分布进行统计，获得系统的密度分布图像。这可以帮助我们了解每个结构中原子的位置和数量，从而更好地理解系统的微观结构。

角分布函数可以帮助我们研究微观体系中分子的取向分布情况，从而了解分子内部的微观性质。

阴阳离子配对稳定性包括了粒子的缔合与解离稳定性。

旋转稳定性即粒子旋转的快慢。

本小节以狭缝中界面处分子吸附现象为例，来分别阐述这几个微结构分析的意义。

模拟体系构成如图 14.9 所示，其中研究的两个体系，体系 1 为[C5mim][Cl]受限于 2 nm 的 MgO 狭缝体系；体系 2 为[C5mim][Cl]受限于 2 nm 的石墨烯（graphene）狭缝体系。

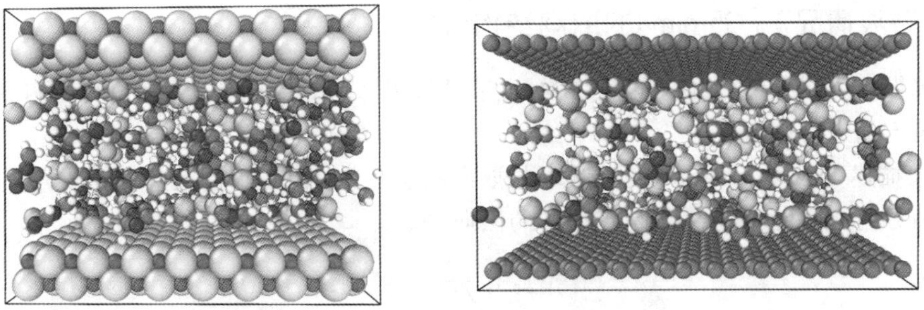

(a)体系1　　　　　　　　(b)体系2

图 14.9　体系 1 与体系 2 的模型结构

彩图效果

14.3.1　密度分布

首先统计了不同粒子沿垂直于 MgO、graphene 壁面方向上（即 z 轴方向）的数密度分布来研究不同壁面材料狭缝中各粒子的空间分布情况。

其中[C5mim]咪唑环的几何中心作为阳离子的特征点，然后对特征点进行数密度统计计算，计算结果如图 14.10 所示。

由图 14.10 可知，MgO 和 graphene 的狭缝宽度均在 2 nm 左右，两种狭缝均有 4 个阳离子层并分散在狭缝中心两侧（每个壁面只有单个阳离子峰），展现出较好的对称性。而具体到分布细节上，狭缝内阴、阳离子峰的峰高与分布区域呈现出较大差异。MgO 狭缝体系边缘阳离子峰的峰高为 2.2 个/nm³，狭缝中心区域阳离子峰的峰高为 1.5 个/nm³。狭缝两侧靠近 MgO 壁面区域的阴离子峰的峰高为 3.0 个/nm³，与中心区域的阴离子峰峰高有较大差异（1.8 个/nm³）。graphene 狭缝体系边缘阳离子峰的峰高可以达到约 3.5 个/nm³，狭缝中心区域阳离子峰的峰高为 1.8 个/nm³。狭缝两侧靠近 graphene 壁面区域的阴离子峰的峰高为 3.0 个/nm³，中心区域的阴离子峰只有一个，峰高约为 1.8 个/nm³。由数密度分布可知：graphene 体系中[C5mim]的数密度分布峰值最高且更贴近壁面，MgO 体系中[C5mim]的数密度分布峰值较 graphene 体系更低，且并非紧贴壁面。

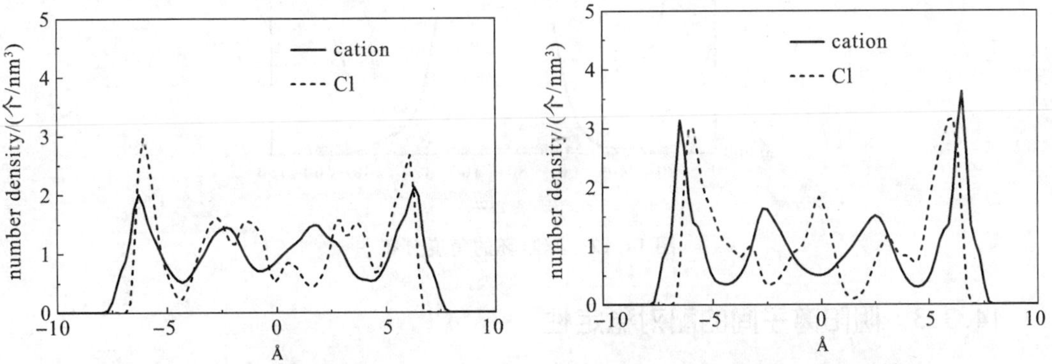

(a)MgO狭缝　　　　　　(b)graphene狭缝

图 14.10　阳离子咪唑环、Cl⁻ 在 MgO 狭缝和 graphene 狭缝受限体系中的数密度空间分布

14.3.2　受限情况下[C5mim]的取向结构分析

为了进一步揭示不同狭缝内粒子的微结构,本节分析了[C5mim]阳离子取向角性质,主要从静态取向角方面进行分析。

可使用 θ_R 来描述受限下[C5mim]的咪唑环的取向状态。如图 14.11 所示, θ_R 定义为 $\bm{V}_R$ 和受限狭缝 z 轴方向之间的角度。$\bm{V}_R$ 是咪唑环的法向量。

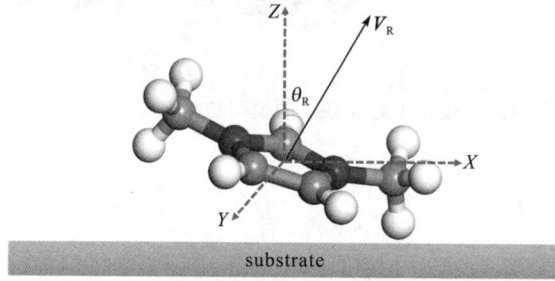

图 14.11　咪唑环取向角

如图 14.12 所示,[C5mim]阳离子环在 graphene 界面处的取向角 θ_R 在 $15°\sim20°$ 和 $160°\sim165°$ 处显示出两个明显的分布峰,表明阳离子的咪唑环倾向于采用平行于 graphene 表面的分布。同样地,离子液体阳离子环在 MgO 狭缝内界面处的取向角 θ_R 在 $70°\sim100°$ 处显示出一个明显的分布峰,表明阳离子的咪唑环倾向于采用倾斜于 MgO 表面的分布。

结合数密度分布,graphene 体系中[C5mim]数密度分布峰值最高且更贴近壁面,而 MgO 体系中[C5mim]数密度分布峰值较 Graphene 体系更低,且并非紧贴壁面;可知平行于壁面排布的[C5mim]较为致密,垂直于壁面排布的[C5mim]较为稀疏。

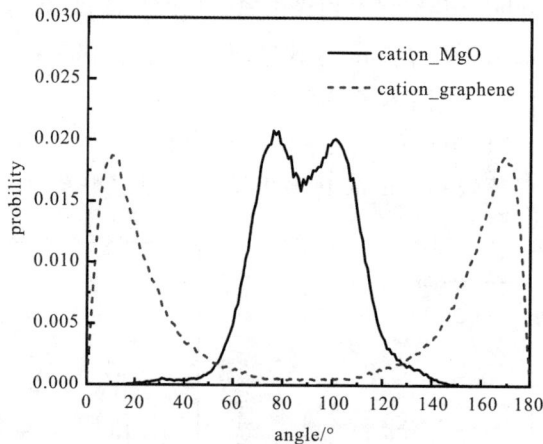

图 14.12　咪唑环的角度分布

14.3.3　阴阳离子间的配对稳定性

阳离子和阴离子的缔合和解离过程是离子液体的一种常见现象。配对稳定的阴阳离子对结构通常很难解离,因此通过研究不同壁面狭缝内的[C5mim][Cl]离子液体的解离动力学可以得到其对应的阴阳离子对的配对强度。本节通过计算阴阳离子对的连续时间相关函数 $S_{disso}(t)$ 和间断时间相关函数 $C_{disso}(t)$，研究[C5mim][Cl]离子对的解离动力学性质。阴阳离子对的两种时间相关函数的定义式如下：

$$S_{disso}(t) = \frac{\langle p(0)p(t) \rangle}{\langle p(0)p(0) \rangle} \tag{14-4}$$

$$C_{disso}(t) = \frac{\langle p(0)p(t) \rangle}{\langle p(0)p(0) \rangle} \tag{14-5}$$

$S_{disso}(t)$ 的定义式中当研究的阴阳离子对从初始时刻到 t 时刻始终都成对时，$p(t)=1$，否则 $p(t)=0$；$C_{disso}(t)$ 的定义式中当研究的阴阳离子对在 t 时刻成对时，$p(t)=1$，否则 $p(t)=0$。式中的 $\langle \rangle$ 表示对计算结果进行统计平均。通过计算体相咪唑环的几何中心与阴离子中心原子之间的径向分布函数可以得到[C5mim][Cl]离子液体的解离距离，径向分布函数的结果如图 14.13 所示。根据图中径向分布函数曲线第一个峰谷的位置，可以得到[C5mim][Cl]离子液体的解离距离为 7.6 Å。

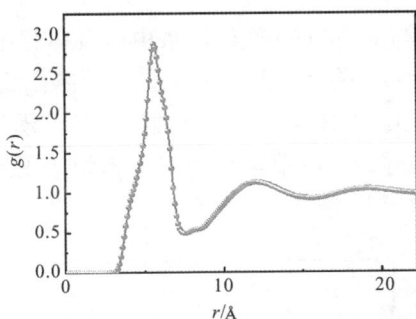

图 14.13　咪唑环几何中心与阴离子之间的径向分布函数

据此，分别计算受限于 graphene 和 MgO 狭缝中的[C5mim][Cl]离子液体的 $S_{disso}(t)$ 和 $C_{disso}(t)$ 函数，结果如图 14.14 所示。由图可知，$S_{disso}(t)$ 和 $C_{disso}(t)$ 曲线的衰减速率由快到慢的顺序为：MgO>graphene。这表明 graphene 狭缝的受限环境使得离子液体的解离速度和缔合速度更低。不同区域内对应的 $S_{disso}(t)$ 和 $C_{disso}(t)$ 衰减趋势的差值不同，表明不同受限狭缝中离子液体解离和再缔合的能力不一样。

计算结果说明在 graphene 狭缝体系中具有更稳定的离子对结构，MgO 狭缝体系中离子对的稳定性次之。这表明[C5mim][Cl]离子对的再缔合过程与不同壁面狭缝的受限环境关联密切。

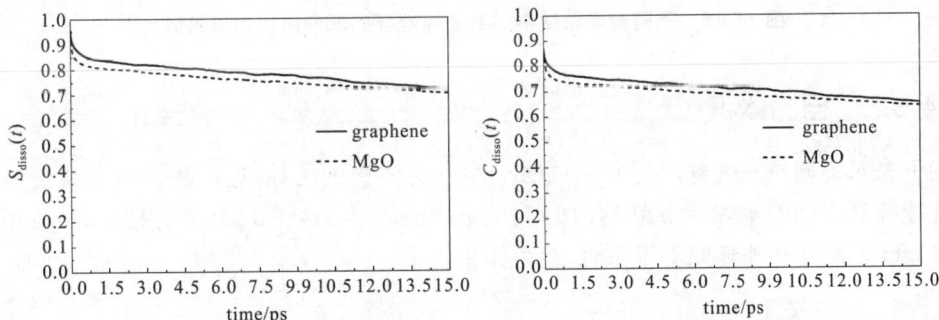

(a)连续时间相关函数　　　　　　　　(b)间断时间相关函数

图 14.14　不同区域内阳离子和阴离子成对的时间相关函数

通过本节的分析，发现受限狭缝抑制了阴阳离子对的解离过程，受限 graphene 狭缝体系中离子液体的配对结构稳定性较 MgO 狭缝体系中离子液体的配对结构稳定性更强。

14.3.4 阳离子和阴离子的取向稳定性

本节通过计算不同层状区域内阳离子和阴离子特征方向向量的时间相关函数判定离子液体旋转的快慢，进而评估其取向结构的稳定性。方向向量的时间相关函数计算公式如下：

$$C_r(t) = \left\langle \frac{1}{N_i} \sum_{j=1}^{N_i} u_j(t)\, u_j(0) \right\rangle \tag{14-6}$$

其中，N_i 表示每个区域中阳离子或阴离子的个数；$u_j(0)$ 表示初始时刻研究区域内第 j 个阳离子或阴离子的特征方向向量；$u_j(t)$ 表示在 t 时刻该研究离子的特征方向向量；$\langle\rangle$ 表示对计算结果进行统计平均处理。本节中，[C5mim]阳离子的旋转性质通过研究咪唑环的特征方向向量来表征。

据此，分别计算了 MgO 与 graphene 狭缝体系中以及体相中阳离子的特征方向向量的时间相关函数。如图 14.15 所示，在 MgO 与 graphene 狭缝体系中，阳离子的取向时间相关函数曲线的衰减速率都慢于相应的体相体系中的曲线。这一现象表明除了受限狭缝内固体表面处的阳离子旋转运动受到限制外，取向结构与体相相比更加稳定。其旋转运动受到的限制作用越强，取向结构越稳定。

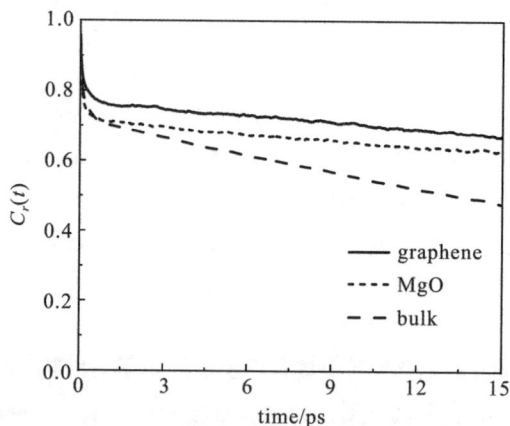

图 14.15 不同壁面狭缝中阳离子咪唑环的取向时间相关函数

14.3.5 自由体积

接下来对不同排布的咪唑环所形成的空腔自由体积做统计，这反映了两个狭缝体系中界面处咪唑环之间的空隙。由图 14.16 可知，graphene 界面处咪唑环平行排布时，自由体积较小；MgO 界面处咪唑环倾斜排布时，自由体积较大。

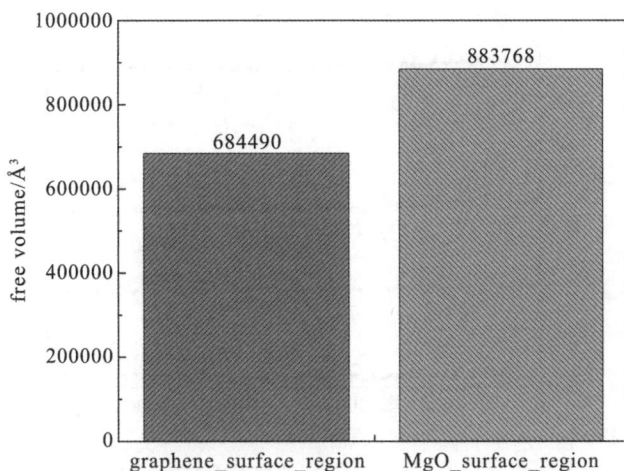

图 14.16　不同壁面狭缝中界面区域阳离子所形成的自由体积

综合上述各分析可知,在纳米受限情况下,离子液体的配对稳定性得到了提升,解离受到抑制,咪唑环的旋转也受到抑制。即在受限情况下,界面处离子液体结构较为稳定,且 graphene 界面处结构的稳定性大于 MgO 界面处结构的稳定性。

由空间密度分布、取向分布、自由体积可知,graphene 界面处咪唑环倾向于平行排布,此时界面处咪唑环的分布较为致密,咪唑环所形成的自由体积较小,不利于 Cl⁻ 离子进入到 graphene 界面附近。而 MgO 界面处咪唑环倾向于倾斜排布,界面处咪唑环的分布较为稀疏,咪唑环所形成的自由体积较大,有利于 Cl⁻ 离子进入到 graphene 界面附近。

14.4　均方回旋半径

均方回旋半径(R_g^2)是表征线性聚合物分子尺寸的常数,其定义如下:假设高分子链中包含许多个链单元,每个链单元的质量都是 m_i,设从高分子链的质心到第 i 个链单元的距离为 r_i,它是一个矢量,取全部链单元的 r_i^2 对质量 m_i 的平均。计算公式如下:

$$R_g^2 = \frac{\sum m_i r_i^2}{\sum m_i} \tag{14-7}$$

以下以几个案例为例,展示回旋半径的分析。

14.4.1　牛血清蛋白体系

蛋白质的 R_g 值可以描述其紧密程度。如果蛋白质处于稳固的折叠状态,R_g 会处于一个相对稳定值;如果蛋白没有折叠,R_g 会一直变化。以牛血清蛋白为例,在 NPT 系综下进行 20 ns 的平衡模拟,观察牛血清蛋白结构的变化,如图 14.17 所示。

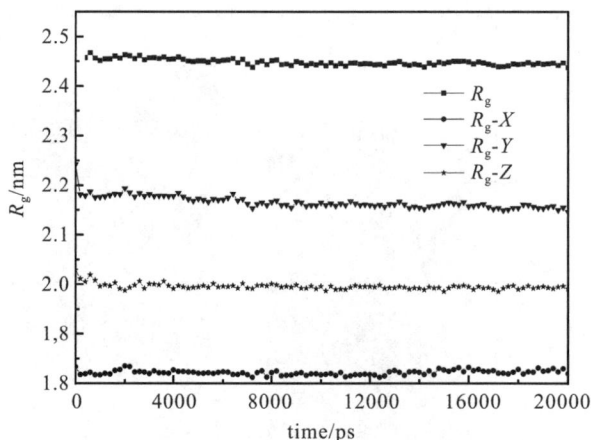

图 14.17　一段轨迹中牛血清蛋白的回旋半径

由图 14.17 可知,随着模拟时间变化,牛血清蛋白的 R_g 值基本保持不变,表明牛血清蛋白的结构是非常稳定的,没有存在较大的构型变化。分子的 R_g 值除了可以整体研究外,还可以拆分到 X、Y、Z 轴,分别表示目标分子在各个分轴上 R_g 值的变化。

14.4.2　高分子/小分子自组装体系

对于高分子,尤其是柔性的高分子/小分子,其在多数体系中,比如水溶液中倾向于蜷曲,通过回旋半径即可测量高分子/小分子的大小。以儿茶素分子为例,研究其在水溶液中的自组装行为,如图 14.18 所示,在模拟盒子中加入 50 个儿茶素分子,再在其中填充满水分子,在 NPT 系综下进行 100 ns 的动力学模拟,计算儿茶素分子的回旋半径的变化趋势(图 14.18)。

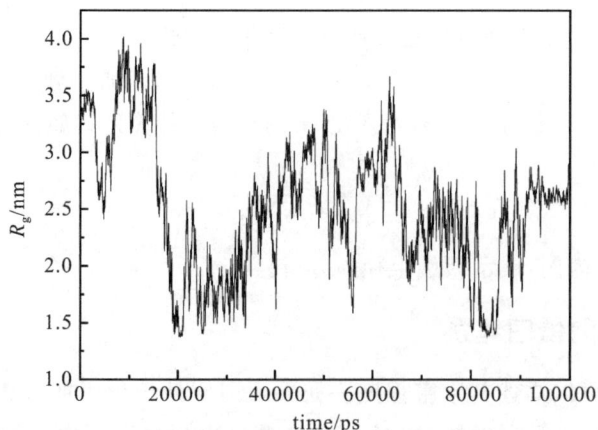

图 14.18　儿茶素分子的回旋半径

由图 14.18 可知,随着模拟时间变化,儿茶素分子的回旋半径变化剧烈,且没有规律,表明儿茶素分子在水溶液中一直在运动。同时我们可以观察到在最后几纳秒时间内,儿茶素的回旋半径趋于稳定,表明儿茶素分子经过 100 ns 的平衡模拟,最终得到了稳定的团簇结构。儿茶素分子自组装的初末态模型以及动态图如图 14.19 所示。

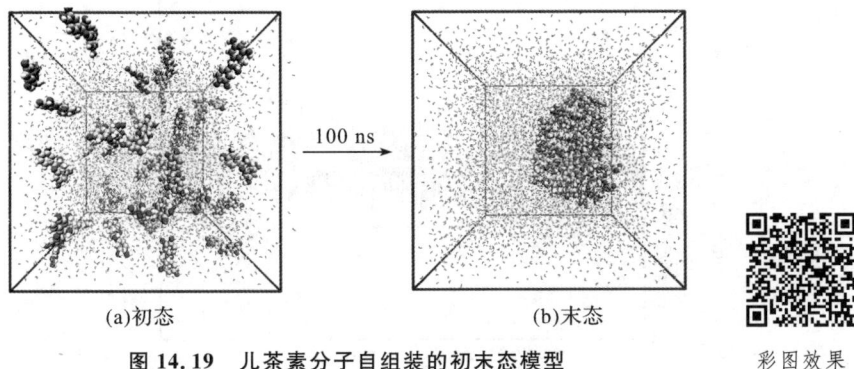

(a)初态　　　　　　　　　　　　　　(b)末态

图 14.19　儿茶素分子自组装的初末态模型　　　彩图效果

对于线形分子,除了回旋半径外,还可以定义末端距。均方末端距指的是线形高分子链的一端至另一端的直线距离的平方的平均值。该物理量用于表征高分子尺寸的大小。即:

$$R_g = 6 \times \sqrt{\overline{h^2}} \tag{14-8}$$

其中,h 表示分子的末端距,是矢量。

对于线型高分子链,分子链无限长,在无扰状态下,均方末端距是均方回旋半径的 6 倍。

14.5　氢键分析

氢原子与电负性大的原子 X 以共价键结合,若与电负性大、半径小的原子 Y 接近,在 X 与 Y 之间以氢为媒介,生成 X—H⋯Y 形式的一种特殊的分子间或分子内相互作用,称为氢键。其中,X—H 称为氢键给体,Y 称为氢键受体。O、F、N 等原子作为氢键受体的情况被称为经典强氢键,构成了氢键中的大多数。

氢键具有饱和性和方向性。由于氢原子特别小而原子 A 和 B 比较大,所以 A—H 中的氢原子只能和一个 B 原子结合形成氢键。同时由于负离子之间的相互排斥,另一个电负性大的原子 B 就难于再接近氢原子,这就是氢键的饱和性。氢键具有方向性则是由于电偶极矩 A—H 与原子 B 的相互作用,只有当 A—H⋯B 在同一条直线上时最强,同时原子 B 一般含有未共用电子对,在可能范围内氢键的方向和未共用电子对的对称轴一致,这样可使原子 B 中负电荷分布最多的部分最接近氢原子,这样形成的氢键最稳定。

氢键的存在性可以通过几何结构很容易地识别。两个分子之间是否可以形成氢键,除了需要满足氢键的供受体外,还需要同时满足距离和角度的要求,在对轨迹进行分析时,可以以此来批量判断轨迹中各结构氢键的多少。一个典型的条件为:

$$r \leqslant 0.35 \text{ nm}$$
$$\alpha \leqslant 30°$$

其中,参考值 $r_{HB} = 0.35$ nm 对应于 SPC 水模型 RDF 的第一极小位置。依据体系的不同,对于氢键判据的距离和角度截断数值可以自行定义。

以纯水体系为例,在 4 nm×4 nm×4 nm 的模拟盒子中加满水分子(2180),水分子模型为 SPC,分析了水分子之间的氢键数目,如图 14.20 所示。

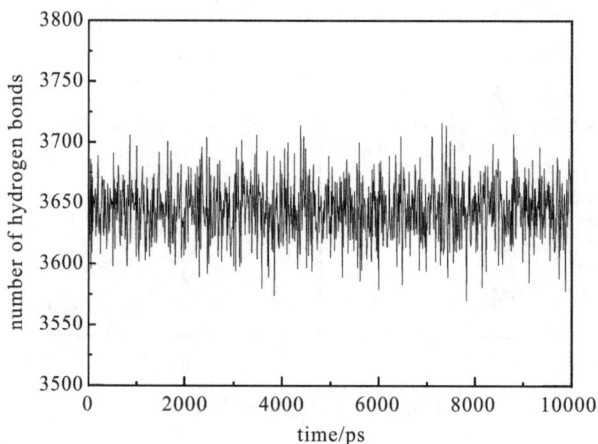

图 14.20 水分子之间的氢键数目随时间的演化

由图 14.20 可知,在 GROMACS 软件默认的氢键判据下,水分子之间的平均氢键数目为 3645,且随着模拟时间延长,水分子之间的氢键数目均在平均值上下波动。这表明对于单一的水分子而言,其与其他水分子之间的氢键不是一直存在的,而是有可能随着水分子的运动在不断地断裂和形成。除了氢键数目外,评价分子间氢键的另一个标准是氢键寿命。氢键寿命的大小可以表示不同氢键的强弱,氢键寿命越长,则表明氢键作用越强,反之亦然。

氢键寿命是指氢键在特定条件下从初始形成到完全破坏的时间片段,可以归结为氢键的形成和破坏。对所有氢键存在函数(0 或 1)的所有自相关函数进行平均,计算得到的氢键寿命:

$$C(\tau) = \langle S_i(t) S_i(t+\tau) \rangle \tag{14-9}$$

对 t 时刻的氢键 i,$S_i(t) = \{0, 1\}$。$C(\tau)$ 的积分给出了氢键平均寿命 τ_{HB} 的粗略估计:

$$\tau_{HB} = \int_0^\infty C(\tau) \mathrm{d}\tau \tag{14-10}$$

GROMACS 软件计算氢键寿命时,平均氢键寿命会直接显示在屏幕上,不需要手动进行平均。对于上述模拟体系,计算得到水分子之间的氢键寿命为 5.75 ps。

通过可视化软件 VMD,可以将体系中的氢键可视化,直观地观察那些分子/基团之间可以形成氢键,如图 14.21 所示。

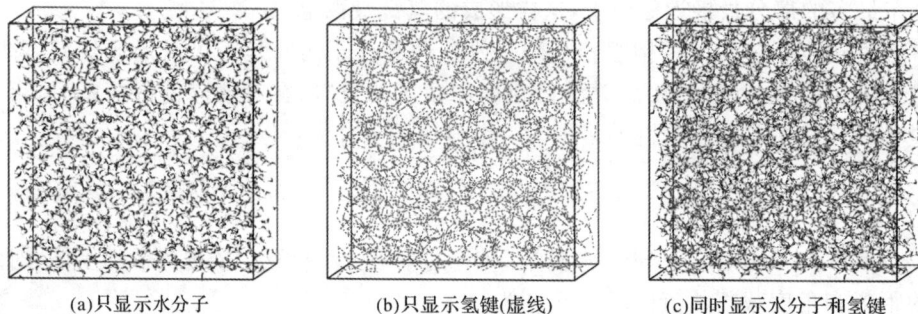

(a)只显示水分子　　　　(b)只显示氢键(虚线)　　　　(c)同时显示水分子和氢键

图 14.21 水盒子模型

彩图效果

对整体模型进一步细化,可以突出显示局部水分子之间形成的氢键,如图 14.22 所示。

图 14.22　局部水分子结构及氢键(虚线部分)

14.6　其他性质

14.6.1　体系势能

分子模拟中的体系势能是由于分子间相互作用而产生的能量。体系势能是体系内所有分子能量的总和,通过势能的变化,可以观察体系是否达到平衡状态。当体系势能在某个点上下波动时,一般认为体系达到平衡,见图 14.2(c)。

14.6.2　分子间相互作用

分子动力学模拟中,通过力场以及势能函数对能量进行计算和划分。通常感兴趣的都是分子间的相互作用,在主流力场中,分子间作用被分为范德华相互作用和库仑相互作用两项。

范德华相互作用是短程相互作用,所以大部分能量都以 $E_{\text{vdW-SR}}$ 体现。而长程部分以色散校正的形式体现,即 $E_{\text{Disper-corr}}$。库仑相互作用即静电相互作用,是长程相互作用。GMX 处理静电时可以采用两种不同的方式:cut-off 和 PME。前者用于孤立的团簇体系,后者用于周期性体系。具体分类如图 14.23 所示。

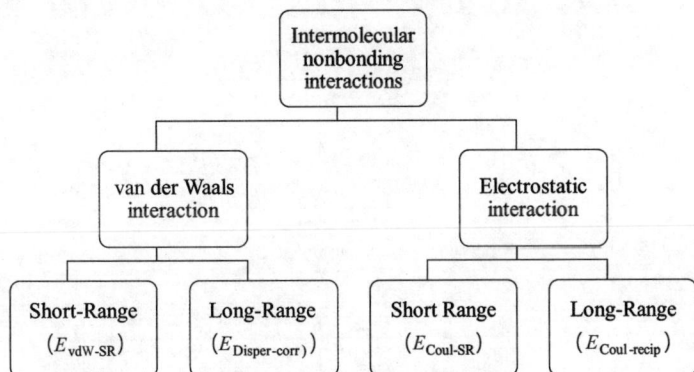

图 14.23　分子间相互作用分类

A 分子与 B 分子之间的分子间相互作用计算方法如下所示:

$$E_{\text{intermolecular}}^{\text{non-bonding}}(\text{AB}) = E^{\text{non-bonding}}(\text{AB}) - E^{\text{non-bonding}}(\text{A}) - E^{\text{non-bonding}}(\text{B}) \qquad (14\text{-}11)$$

其中，$E_{\text{intermolecular}}^{\text{non-bonding}}$（AB）表示 A 分子与 B 分子之间的分子间相互作用，$E^{\text{non-bonding}}$（AB）表示 A 分子与 B 分子整体之间的相互作用，$E^{\text{non-bonding}}$（A）表示 A 分子与 A 分子之间的相互作用，$E^{\text{non-bonding}}$（B）表示 B 分子与 B 分子之间的相互作用。

对于一些大分子聚合物体系，如分离膜，除了关注分子之间的相互作用外，我们还关注聚合物的孔径分布、自由体积以及溶剂可及表面积等。

14.6.3 孔径分布

孔径分布是指材料中存在的各级孔径按数量或体积计算的百分率。受到软件模拟尺度的限制，分子动力学的体系仅限于纳米孔。更大尺度的孔，如微孔则超过了分子模拟的尺度，需要通过其他模拟方法去模拟，如有限元模拟。

以聚酰胺膜为研究对象，在构建聚酰胺膜的基础之上，测量其孔径分布情况，用以验证模型的合理性。如图 14.24 所示，在构建聚酰胺膜的基础之上，通过 Zeo＋＋测量聚酰胺膜的孔径分布，从而显示出不同大小的孔洞在体系中的分布情况以及均一化的占比。

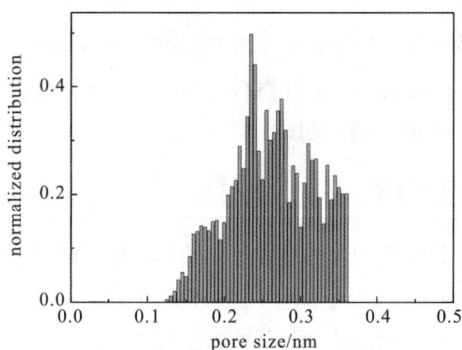

图 14.24　聚酰胺膜的孔径分布函数

第 15 章　生物大分子的分子动力学模拟

15.1　生物大分子建模简介

生物大分子是生命体系的基本构建单元,包括蛋白质、核酸、多糖等,它们在细胞功能和生理过程中发挥关键作用。对蛋白质、核酸等生物大分子结构的正确建模是进行相关计算研究的前提。在这一过程中,我们能够直观认识其纳米级结构,从而更好地理解生物分子的结构和功能,有利于药物研发、疾病治疗以及基础科学研究。

生物大分子的结构特点是生命科学研究过程中的核心焦点之一,因为它们决定了这些分子的功能和相互作用。与小分子不同,生物大分子具有以下结构特点:

(1)多层次结构。生物大分子的结构具有多个层次,涵盖从一级结构(氨基酸序列)、二级结构(α-螺旋、β-折叠等),到三级结构(β-桶等三维构象)和四级结构(多聚体、亚基)等层次。这使得生物大分子具有更加复杂的功能。

(2)立体构象的多样性。生物大分子的构象可以非常多样化,这是由于它们的残基之间的多种相互作用。这种多样性允许它们执行各种生物学功能,如蛋白质的催化活性、DNA的信息存储等。

(3)保守的空间结构和自组织性。生物大分子往往具有较为保守的空间结构和自组织能力。例如,蛋白质和核酸可以自发地折叠成特定的结构,多糖可以形成复杂的糖亚基,这些现象在生物工程中至关重要。例如,胰岛素维持经典的六聚体结构是其行使功能的条件,其晶体结构如图 15.1 所示。

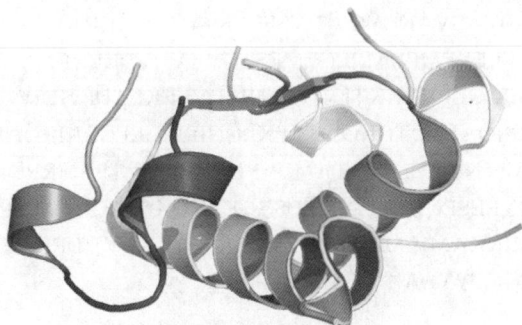

图 15.1　经典胰岛素六聚体的晶体结构[92]

彩图效果

了解和研究生物大分子的结构特点是生物科学的基础。由于蛋白质是典型的生物大分子，这里我们以蛋白质为例介绍生物大分子建模的相关研究工作。

传统的蛋白质结构的获取主要依赖晶体结构解析方法，包括 X 射线晶体衍射、核磁共振 H 谱/C 谱、冷冻电镜等，这些方法虽然可以得到准确的原子级蛋白质结构，但耗时较长、成功率低、成本过高，对于大多数科研人员来说难以负担。因此，具有较高性价比的生物大分子结构建模技术是适合低成本快速开展研究的重要方法。利用该技术可直接从蛋白质氨基酸序列预测其高级（三维）结构，这是了解蛋白质功能的高效途径。

生物大分子建模的常用方法包括同源建模方法、深度学习结构预测方法等。下面将对这两种方法进行说明。

15.1.1 同源建模方法

同源建模指的是根据目标蛋白质的氨基酸序列和一个或多个相关同源蛋白质（模板）的实验三维结构，构建目标蛋白质的原子级分辨率模型。同源建模依赖于识别一个或多个已知的蛋白质结构（模板），这些模板的结构与目标序列的结构是相近的；进一步将目标序列中的残基映射到模板序列中的对应残基位置。研究发现，在同源蛋白质中，蛋白质结构比蛋白质序列更为保守，当序列相似性高于 20% 时，序列相似，则结构相似[93]。

当目标序列和模板密切相关时，同源建模可以生成高质量的结构模型，因此科学家建立了一个专门致力于为所有类别的蛋白质结构生成代表性实验结构的结构基因组数据库[94]。同源建模技术会在一个每两年进行一次的大规模比赛中进行评估，该比赛被称为国际蛋白质结构预测技术评估大赛（CASP）。

常用于同源建模的软件及在线服务包括 MODELLER[95]、SWISS-MODEL[96]、Discovery Studio（简称 DS）等。其中 DS 功能涵盖较为全面，提供了整套同源建模工具，一体化程度较高、操作更加集成化（封装了 MODELLER 核心建模程序），可以自动完成从上游（同源序列搜索）到下游（结构评估）的同源建模过程，配合便捷的图形界面窗口，用户可以轻松完成目标蛋白的建模操作。这里使用 DS 来演示基于新序列的结构建模案例。

以目前结构未知的 DNA 聚合酶 Bsu 为例，研究其三维结构建模。Bsu 是一种用于恒温扩增的 DNA 聚合酶，在表面具有碗状的活性口袋，具有结合单链 DNA 底物、延伸 DNA 链的功能。待建模的目标序列如下：

```
MGSSHHHHHHSSGLVPRGSHMASMTGGQQMGRGSDQSLEDINVKTVTDVTSDILVSPSAFV
VEQIGDNYHEEPILGFSIVNETGAYFIPKDIAVESEVFKEWVENDEQKKWVFDSKRAVVALRWQG
IELKGAEFDTLLAAYIINPGNSYDDVASVAKDYGLHIVSSDESVYGKGAKRAVPSEDVLSEHLGRK
ALAIQSLREKLVQELENNDQLELFEELEMPLALILGEMESTGVKVDVDRLKRMGEELGAKLKEYE
EKIHEIAGEPFNINSPKQLGVILFEKIGLPVVKKTKTGYSTSADVLEKLADKHDIVDYILQYRQIGKL
QSTYIEGLLKVTRPDSHKVHTRFNQALTQTGRLSSTDPNLQNIPIRLEEGRKIRQAFVPSEKDWLIF
AADYSQIELRVLAHISKDENLIEAFTNDMDIHTKTAMDVFHVAKDEVTSAMRRQAKAVNFGIVY
GISDYGLSQNLGITRKEAGAFIDRYLESFQGVKAYMEDSVQEAKQKGYVTTLMHRRRYIPELTSR
NFNIRSFAERTAMNTPIQGSAADIIKKAMIDMAAKLKEKQLKARLLLQVHDELIFEAPKEEIEILEK
LVPEVMEHALALDVPLKVDFASGPSWYDAK
```

将该序列保存为 DS 的蛋白序列文件,使用"Search Sequences by Similarity"分类下的"BLAST Search…"功能进行同源序列搜索,得到具有已经解析结构的同源序列如图 15.2所示。

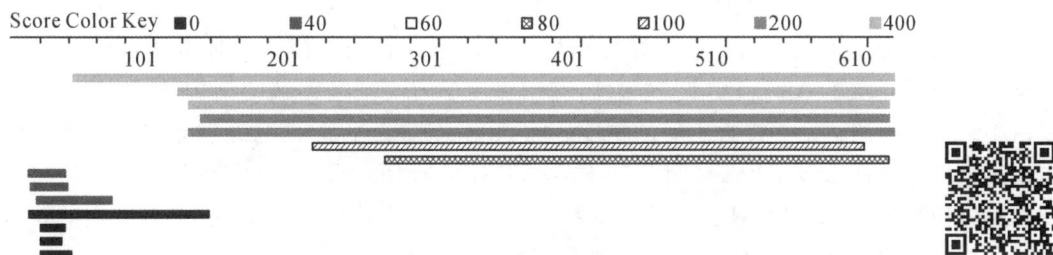

图 15.2　Bsu 的序列搜索比对结果　　　　彩图效果

其中红色部分为搜索到的具有已知结构、高相似性的模板序列。加载相似性最高的序列对应的"蛋白结构和序列比对"数据,通过"Create Homology Models"的"Build Homology Models"建立目标序列的预测结构,如图 15.3(a)所示。

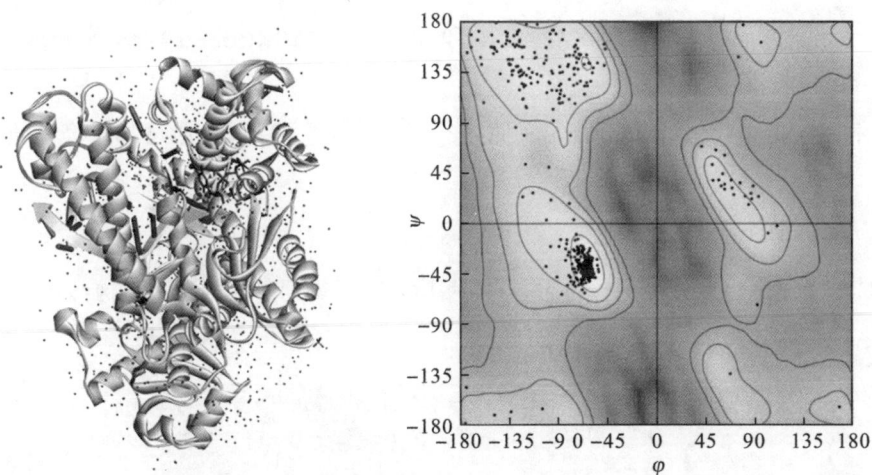

(a)Bsu的同源建模结果　　　　(b)建模结构的拉氏图分析

图 15.3　Bsu 的同源建模结果和建模结构的拉氏图分析　　　　彩图效果

其中灰色部分是模板结构,黄色部分是预测的 Bsu 结构。二者的结构整体相差较小,核酸分子处于分子表面活性口袋中的合理位置。Ramachandran 图(简称拉氏图)是一种常用的可视化描述蛋白质残基骨架二面角(φ 和 ψ)的数据图,有助于研究蛋白质的构象空间和稳定性。这里进一步绘制建模结构的拉氏图,如图 15.3(b)所示,发现残基的二面角分布大部分处于合理区域以内。一般认为,落在黄色区域附近的残基结构合理,而落在深蓝色区域的残基结构不合理,而该结构中 95% 以上的残基都处于合理区域内,证明该结构使用同源建模方法预测较为可靠。

注意:DS 的同源建模模块的内核是免费的 MODELLER 程序,因此理论上二者在相同输入条件下的预测结果是相同的。使用 DS 的同源建模功能时,需引用 MODELLER 的原文[95]。

15.1.2 深度学习结构预测方法

与注重蛋白质进化路径的同源建模方法相比，基于端到端的深度学习结构预测方法更侧重残基间的物理相互作用。这两种思路形成了两条互补的路径。2021年，DeepMind公司基于此原理开发了AlphaFold2[97]软件，利用深度学习实现端到端的结构预测，对大多数蛋白质结构的预测达到了接近实验的精度。除AlphaFold2外，目前已经发布的深度学习结构预测软件还包括David Baker团队的RoseTTAFold[98]和trRosetta[99]、大幅提升预测速度的ColabFold[100]、深势科技公司的Uni-Fold[101]等。此外，针对AlphaFold2的数据前处理耗时过长、缺少多序列比对数据(MSA)时预测精度低、缺乏通用的打分工具等问题，北京大学高毅勤团队与华为MindSpore科学计算团队合作进行了一系列研究，开发了蛋白质结构预测工具MEGA-Protein，具有更准确、高效的优点(链接：https://gitee.com/mindspore/mindscience/tree/master/MindSPONGE/applications/MEGAProtein)。

这里以酶素蛋白为例，演示通过RoseTTAFold预测其结构的方法。所用酶素的PDB ID为1UBQ，序列如下：

MQIFVKTLTGKTITLEVEPSDTIENVKAKIQDKEGIPPDQQRLIFAGKQLEDGRTLSDYNIQKEST
LHLVLRLRGG

将序列保存为rcsb_pdb_1UBQ.fasta文件，安装好RoseTTAFold，通过如下命令进行结构预测：

```
$ RoseTTAFold/run_pyrosetta_ver.sh rcsb_pdb_1UBQ.fasta.
```

在128个CPU核心、RTX 3090的设备上，经过约15 min后得到酶素的预测结构，如图15.4(a)所示。

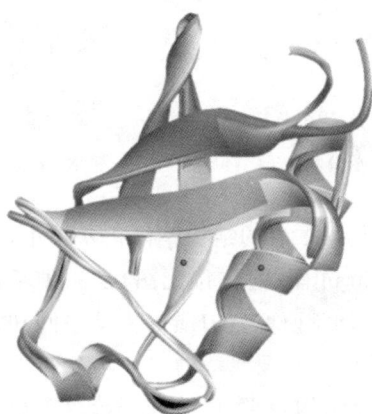

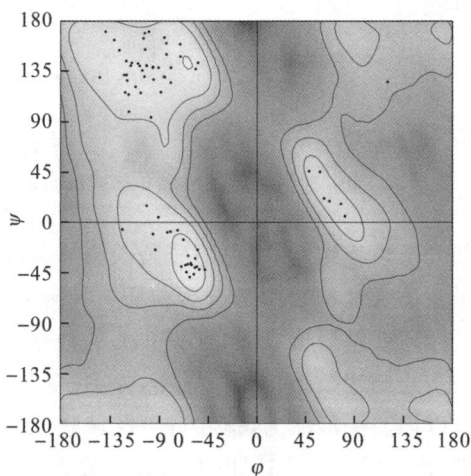

(a)酶素预测结构　　(b)预测结构的拉氏图

彩图效果

图15.4　通过RoseTTAFold得到的酶素预测结构及其拉氏图分析

　　观察发现,所得酶的预测结构与实验结构极为相近,证明基于深度学习的结构预测具有较好的可靠性。通过拉氏图分析(图 15.4(b))发现,深度学习结构预测得到的残基分布较为合理,几乎全部残基都处于合理区域,证明了该方法的可靠性。

　　注意:使用各深度学习程序预测蛋白质结构时,需要引用相应的原文。

　　综上,基于以上方法进行结构建模,可以避免晶体结构解析的高成本、低性价比等问题,从而快速展开后续的分子对接与相互作用研究、突变体设计、抑制剂筛选等工作,为蛋白质设计和药物设计提供了高效的解决方案。

　　总之,生物大分子建模在生命科学和药物研究中具有广泛的应用,通过建模分析生物分子的结构,我们可以深入了解它们的功能和行为,为解决相互作用问题和新药物开发提供关键支持。这一领域的原理和方法多种多样,借助常用的软件工具,研究人员能够开展各种类型的模拟研究,以推动生物科学的前沿进展。

15.2　分子对接的原理与流程

　　分子对接是一项关键的计算生物学技术,具有重要的生物医学意义。分子对接的基本思想是通过模拟大分子和小分子或大分子和大分子之间的相互作用,以预测两种分子之间的结合方式和亲和力[102]。其中主体大分子一般称为受体,客体小分子(或大分子)一般称为配体。分子对接技术是研究受体/配体相互作用和结合模式的快速有效方法,可以为新药的设计和发现提供高效、经济的途径。

　　分子对接可用于药物发现与蛋白质结构和功能研究。通过模拟候选药物分子与蛋白质靶标的结合模式,快速筛选出潜在的先导药物分子,可加速新药物的发现和开发过程。通过预测酶与其他分子的相互作用,进行大批量底物虚拟筛选,有助于揭示生物酶的机制等重要信息。

15.2.1　分子对接的原理

　　分子对接过程涉及对分子的三维结构和化学性质进行详细分析,以确定它们之间的相互作用(吸引/排斥),通过几何匹配、能量匹配等方式预测受体和配体的结合模式。分子对接一般包括如下几个步骤:结合口袋识别、药物构象采样、构象评分和排序输出。通常,在大部分分子对接任务中,用户需要提供结合口袋的位置,一般通过实验得到的受体蛋白和配体的共晶结构是确定的。随着蛋白质结构预测方法的发展(第 15.1 节),产生了大量理论预测的、缺乏配体信息的蛋白质结构。因此,部分分子对接软件也支持仅基于蛋白质结构预测活性口袋,从而进行可靠的配体对接。

　　分子对接可以分为刚性、半柔性和柔性对接。刚性对接是分子对接的最初思想,起源于 Fisher E. 提出的"锁钥模型"。即受体与配体相互识别的首要条件是空间结构的匹配,在构象搜索过程中,分子结构不发生变化。半柔性对接允许小分子在一定程度上进行结构的调整以更好地匹配并形成稳定的复合物。柔性对接基于诱导契合模型,认为受体并不是事先就以一种与底物互补的形状存在的,而是在受到诱导之后才形成互补的形状。配体一旦与受体结合,就能诱导受体的构象发生相应的变化,从而使受体和配体契合形成复合物。可以看出,刚性对接的计算量最小,精度也最低,而柔性对接的计算量和精度都最高。半柔性对接介于二者之间。

随着计算技术的不断发展,已经开发了许多用于分子对接的软件,包括 Autodock Vina[103]、QuickVina-W[104]、DiffDock[105]、Glide[106]、DSDP[107] 等。这些方法既包括传统采样策略,也综合了机器学习的优势,实现了未知蛋白质的结合位点预测和高速采样,极大提高了分子对接的速度和准确性。

15.2.2 分子对接的案例:Autodock Vina

接下来将使用 Autodock Vina 来展示分子对接的基本流程,直观展示如何使用该软件模拟和分析分子之间的相互作用。

1. 选择合适的分子

选择目标蛋白质和候选药物分子,这些分子的结构信息将用于后续的模拟。这里以 Autodock Vina 1.2.2 安装包中自带的例子:FDA 认证的抗癌药物 Imatinib 与 c-Abl 蛋白 (PDB ID:1IEP)体系为例,进行分子对接。

2. 准备分子结构

在准备分子结构阶段,需要获取目标蛋白质和候选药物分子的三维结构信息。这些结构通常来自实验技术如 X 射线晶体学或核磁共振,或者可以通过结构预测方法(第 15.1 节)得到。从 PDB Bank 中下载 PDB ID 为 1IEP 的蛋白质晶体结构。注意晶体结构解析得到的结构中往往不含 H,故需要使用 AutoDock Tools、Discovery Studio 一类软件进行预处理,包括为蛋白补充 H 原子、去除晶体中多余的水分子、预测目标 pH 下蛋白质的质子化状态等。Discovery Studio 的"Prepare Protein…"功能可直接完成该操作。也可通过 AutoDock Tools 的功能完成处理。

使用 AutoDock Tools 分别预测受体和配体的原子电荷和半径,将其各自保存为 pdbqt 文件,保留上述完整信息。处理完成后的受体和配体结构如图 15.5 所示。

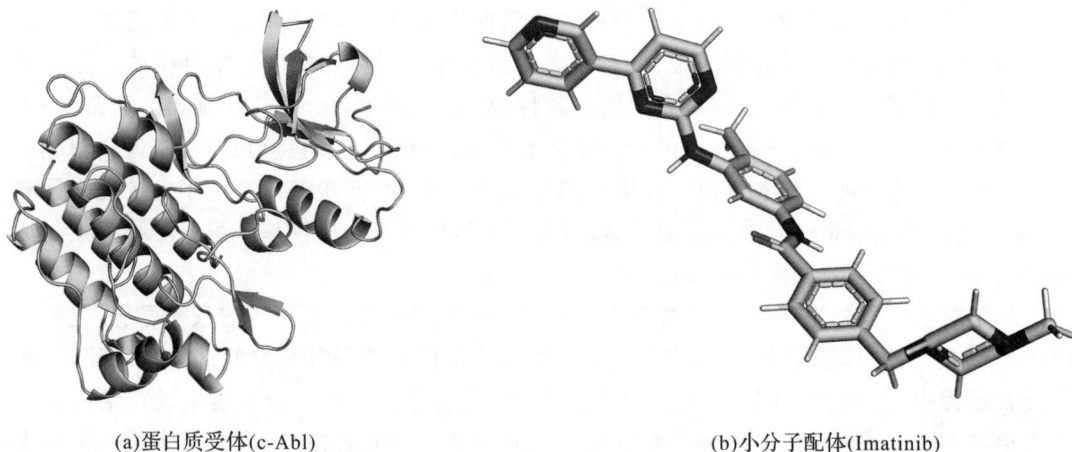

(a)蛋白质受体(c-Abl)　　　　　　　　　(b)小分子配体(Imatinib)

图 15.5　蛋白质受体和小分子配体结构

3. 分子对接计算

分子对接计算是整个流程的核心。在这一步,计算工具将模拟目标蛋白质和候选药物分子之间的相互作用,以确定它们的最佳结合方式。这个过程需要考虑分子的柔性和构象变化,本例中采用半柔性对接,即蛋白质为刚性、配体为柔性。首先利用 AutoDock Tools 工具,基于晶体结构中原配体所在区域确定盒子范围(图 15.6),根据盒子信息编写 Autodock Vina 所需的配置文件 config. txt,然后调用 Autodock Vina,通过如下命令进行分子对接(图 15.7):

```
vina --config config. txt --log log. txt
```

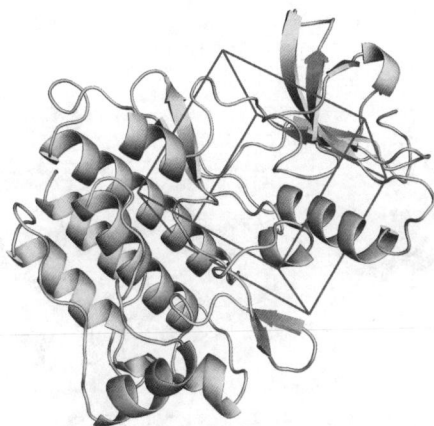

图 15.6　选择对接盒子位置和大小　　　　　　彩图效果

```
##########################################################
# If you used AutoDock Vina in your work, please cite:   #
#                                                        #
# O. Trott, A. J. Olson,                                 #
# AutoDock Vina: improving the speed and accuracy of docking #
# with a new scoring function, efficient optimization and #
# multithreading, Journal of Computational Chemistry 31 (2010) #
# 455-461                                                #
#                                                        #
# DOI 10.1002/jcc.21334                                  #
#                                                        #
# Please see http://vina.scripps.edu for more information. #
##########################################################

Reading input ... done.
Setting up the scoring function ... done.
Analyzing the binding site ... done.
Using random seed: -1934855348
Performing search ...
0%   10   20   30   40   50   60   70   80   90   100%
|----|----|----|----|----|----|----|----|----|----|
***************************************************
done.
Refining results ... done.

mode |   affinity | dist from best mode
     | (kcal/mol) | rmsd l.b.| rmsd u.b.
-----+------------+----------+----------
   1       -12.4      0.000      0.000
   2       -11.9      0.944      1.631
   3       -11.5      2.345     12.163
   4       -10.9      1.995     12.317
   5       -10.7      3.590     12.031
   6       -10.5      2.865     13.425
   7       -10.3      3.287     12.087
   8       -10.0      3.137     11.934
   9        -9.9      2.941     13.064
  10        -9.8      2.077     12.246
```

图 15.7　使用 Autodock Vina 进行分子对接

4.分析和评估

完成分子对接计算后，对模拟结果进行分析和评估。首先通过可视化软件进行结构查看和相互作用分析。使用 AutoDock Tools 进行复合物结构绘制，如图 15.8 所示。由图 15.8 可知，小分子倾向于结合在蛋白内部的 ATP 结合位点，位于 c-Abl 蛋白的活性位点附近，与实验得到的晶体结构基本相同。Imatinib 通过与 c-Abl 蛋白的 ATP 结合位点发生竞争性结合，导致 c-Abl 激酶无法进行正常的底物磷酸化反应。这阻止了异常细胞的生长和分裂，从而抑制了白血病细胞的增殖。Imatinib 与 c-Abl 蛋白的结合涉及多个氨基酸残基，包括位于 ATP 结合口袋内的氨基酸残基，通过与 Imatinib 形成氢键和疏水相互作用，稳定了 Imatinib 与 c-Abl 蛋白的结合。

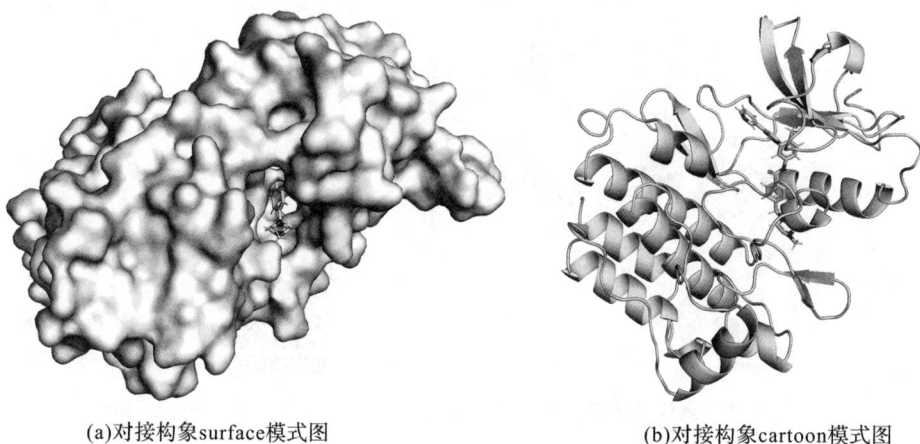

(a)对接构象surface模式图　　　　(b)对接构象cartoon模式图

图 15.8　对接后配体与蛋白质的相对位置构象图

彩图效果

此外，可对配体的结合能、结合位点和相互作用类型进行评估(图 15.9)。

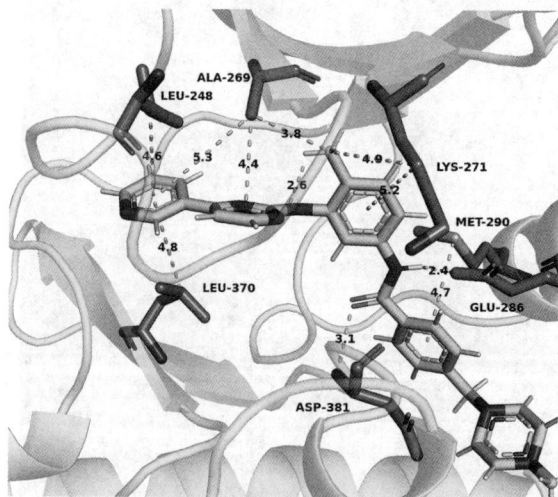

图 15.9　配体和蛋白质的相互作用

彩图效果

根据分析结果,Imatinib 抑制剂与 c-Abl 蛋白的结合涉及多个氨基酸残基,包括位于 ATP 结合口袋内的氨基酸残基,如 LEU-248、GLU-286 等。这些残基与 Imatinib 形成氢键、疏水等多种类型的相互作用,稳定了 Imatinib 与 c-Abl 的结合。此外,通过 DS 可获得 Imatinib 抑制剂与 c-Abl 蛋白的结合能,较强的结合能体现出 Imatinib 抑制剂倾向于与 c-Abl蛋白形成稳定结合。

需要注意的是,c-Abl 激酶在某些类型的癌症中发挥重要作用,而 Imatinib 通过抑制其活性,可以有效地治疗这些癌症。不过,结合模式和具体残基的作用可能会因具体的蛋白质构象和变异而有所不同。因此,具体的结合位点和作用残基可能会根据研究和具体疾病类型有所不同。

总之,分子对接是药物发现和生物学研究中的关键一步,在药物研发领域具有重要意义,有助于加速新药物的开发过程,也可用于分析酶的功能和催化机理、潜在底物筛选。

15.3 生物大分子的结合计算

蛋白-小分子相互作用是生命科学和药物研究中的重要主题之一。了解蛋白-小分子的相互作用方式和机理,对于酶催化工程、药物设计等生物化学研究和疾病治疗至关重要。分子动力学(molecular dynamics, MD)模拟是一种强大的工具,可以提供蛋白-小分子相互作用的大量细节。通过恰当设计的分子间相互作用分析方法,基于分子模拟和理论计算,可以对蛋白-小分子的相互作用进行充分研究。

近年来,随着计算机算力和算法的不断发展,分子间相互作用分析方法得到了较大的扩展,可以研究更大的分子系统,包括蛋白质、DNA、RNA、核糖体和膜蛋白等[108]。目前,分子间相互作用分析已经广泛应用于分子设计、药物研发和材料科学等领域,包括先导化合物的快速筛选[109,110]、淀粉样聚集抑制剂的开发[111]等。由于分子间相互作用分析常常基于 MD 模拟等方法展开,本章首先介绍 MD 的基本概念,而后介绍通过 MD 获取体系关键信息的分析方式。

15.3.1 分子动力学(MD)模拟方法概述

MD 模拟最早由物理学家 Alder 于 20 世纪 50 年代提出[112],是一种通过计算机模拟分子和原子系统运动的方法,可以模拟分子系统中原子和分子尺度的运动规律和相互作用,如今已经被广泛应用于物理、化学和生物体系的理论研究中。图 15.10 展现了不同尺度下所适用的模拟方法,从原子、分子水平到更大尺度,其中 MD 模拟适用于纳米尺度的模拟研究,它能够模拟原子和分子的运动,提供高分辨率的信息,可以用于研究纳米级别的蛋白质、液体和材料等多种系统的结构和动力学;同时,它也可以进行扩展,如粗粒化分子动力学(coarse-grained molecular dynamics, CG-MD)、耗散动力学(dissipative particle dynamics, DPD)等,扩展可研究的范围。

MD 模拟基于牛顿力学,通过模拟分子和原子在一定时间内的运动状态,从动态角度研究系统随时间演化的行为。基本的 MD 模拟步骤包括:①计算体系的势能和力;②利用积分法计算体系的原子坐标和动量;③进行恒温或恒压校正。其中,分子力场是确定体系的势能和力的关键,是结构到能量的映射,将分子的能量近似看作构成分子的各个原子的空间坐标的函数。虽然分子力场对分子能量的预测比较粗糙，但相比于精确的量子力学从头计算方法，分子力场方法的计算量极低，具有较高的性价比。因此常与分子动力学结合，以描述大分子体系的性质和动力学行为。对于生物体系，常用的力场包括 AMBER 力场、GROMOS 力场等。

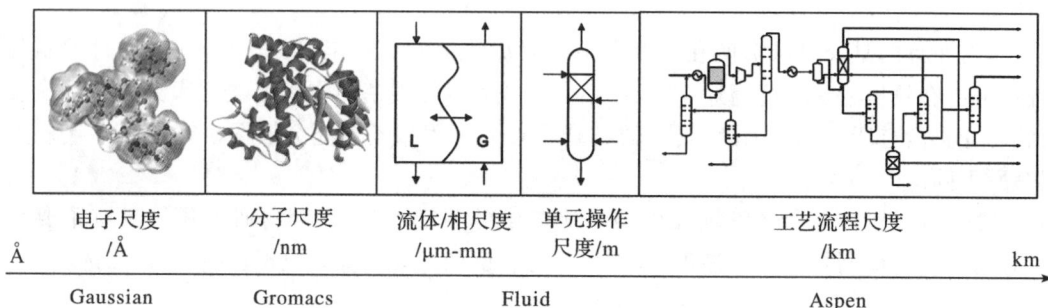

图 15.10　多尺度模拟概念

MD 模拟有助于解释实验数据，理解分子结构、动力学和功能之间的关系。在过去的 40 年里，已经开发了各种高效的 MD 程序，包括传统的 GROMACS[113]、AMBER[114]、CHARMM[115]、NAMD[116]、SPONGE[117]，以及基于人工智能的 MindSPONGE[118]等。

在以上 MD 程序中，GROMACS 是目前最为流行、适用性广、速度最快的 MD 软件之一，因此我们将基于 GROMACS，进行聚酯塑料（PET）水解酶体系的 MD 分析。

15.3.2　MD 分析蛋白-小分子相互作用：以 PET 水解酶体系为例

以 2016 年报道的 IsPETase 塑料降解酶[119]为研究对象。IsPETase 塑料降解酶是一种堆藻来源的 PET 水解酶，其晶体结构已经得到解析（图 15.11(a)），PDB ID 为 5XG0[120]，序列长度 263 个残基，活性位点为 S131、D177、H208 三联体。所用的模型底物为两个 PET 单体聚合，并用甲基封端所得二聚体（2HEMT），如图 15.11(b)所示。以该体系为例，介绍如何通过 MD 模拟获取酶-底物相互作用的关键信息，从而展开后续的设计工作。

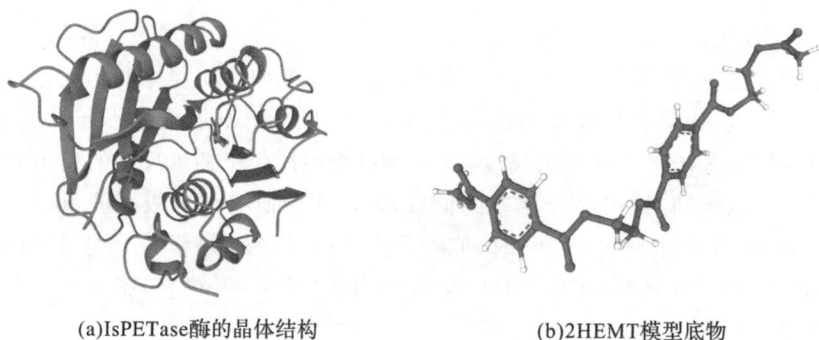

(a)IsPETase酶的晶体结构　　　(b)2HEMT模型底物

图 15.11　IsPETase 酶的晶体结构和 2HEMT 模型底物

彩图效果

1. 力场和拓扑的建立

在进行分子动力学模拟时，需要选择恰当的力场，并根据力场生成分子的拓扑。通常使用分子力场如 AMBER、CHARMM 或 GROMOS。这些参数的选择对于获得准确的结合信息至关重要。

对于生物体系,一般选用 Amberff14SB 力场[121],其本身的误差与 TIP3P 水模型[122]的误差刚好互相抵消,对蛋白质等生物大分子体系具有最强的描述能力。GROMOS 力场目前基本已经过时,不建议使用。小分子一般使用 GAFF 力场[123],可使用 acpype 脚本[124]生成,例如本例中的 2HEMT 分子。对于糖和糖蛋白问题,可以使用 GLYCAM 力场。OPLS 力场适合描述凝聚相体系,但测试发现其精度明显不如其他力场。在 CHARMM 系列力场中,目前 CHARMM36 最适合描述蛋白质、脂质、核酸等体系。

2. 模拟系统的构建

要进行蛋白-小分子相互作用的分子动力学模拟,则要构建一个合适的模拟系统。由于 IsPETase 的结构已知、活性位点已经明确,故可直接通过第 15.2 节所述的分子对接方法,将 2HEMT 底物对接到 IsPETase 的表面活性口袋中。

注意,如果蛋白结构未知,往往需要通过 15.1 节所述的方法进行结构建模后再通过分子对接得到模拟系统。

获得酶-底物复合物体系后,通过下述命令建立体系周期性盒子,并加水得到模拟系统。

```
gmx editconf -f complex. pdb -d 0. 8 -o box. gro
gmx solvate -cp box. gro -p topol. top -o sol. gro
```

3. 能量最小化

一旦系统和参数设置好,就可以进行能量最小化。

```
gmx grompp -f em. mdp -c sol. gro -p topol. top -o em. tpr -maxwarn 2
gmx mdrun -v -deffnm em
```

一般通过最速下降法进行能量最小化。对于本体系,当体系的平均能量<1000 kJ/mol 时,一般可进入下一阶段而不会发生崩溃。

4. 平衡相模拟

能量最小化完成后,需对系统进行预平衡。预平衡过程一般持续较短时间,同时伴随升温过程,直到体系达到基本稳定。2020 年之前,平衡相模拟一般采用 velocity-rescale 控温、Berendesen 控压。2020 年提出的 stochastic cell rescale 控压方法是更加通用、稳定的控压方法,既适用于平衡相,也适用于后续的产生相模拟,故目前一般使用该方法(关键词:C-rescale)控压。

```
gmx grompp -f eq. mdp -c em. gro -p topol. top -o eq. tpr -maxwarn 2
gmx mdrun -v -deffnm eq
```

5. 产生相模拟

体系平衡后可对体系进行产生相模拟。产生相模拟是获得体系行为和相互作用细节的关键阶段,一般持续较长时间。在此阶段,蛋白质和小分子的原子位置将根据力场方程进行连续的时间演化,从而可以模拟蛋白质和小分子在一段时间内的运动和相互作用。产生相模拟一般采用 velocity-rescale 控温、stochastic cell rescale 控压。

```
gmx grompp -f md.mdp -c eq.gro -p topol.top -o md.tpr -maxwarn 2
gmx mdrun -v -deffnm md
```

6. 模拟轨迹分析举例1：体系稳定性分析

通过分析分子动力学轨迹，可以得到蛋白-小分子体系稳定性的信息。蛋白-小分子复合物的方均根偏差（RMSD）是衡量几何结构偏差的标准，可用来分析体系稳定性，其定义如下：

$$\text{RMSD} = \sqrt{\frac{1}{N_{\text{atm}}}\sum_{A}^{N_{\text{atm}}}(\boldsymbol{r}_A - \boldsymbol{r}_A^{\text{ref}})^2} \tag{15-1}$$

其中，N_{atm} 是所选范围内的原子数；A 是其中的原子序号；ref 代表参考结构。通过以下命令进行 RMSD 分析，可计算轨迹中每一帧的结构和参考结构间的 RMSD：

```
gmx rms -f md.xtc -s md.tpr -o rmsd.xvg
```

所得数据默认为 xvg 格式，可通过 xmgrace 程序分析，也可将数据拷贝到 Microsoft Excel 软件进行分析。示例体系中的 RMSD 在 20 ns 后基本稳定在 0.15 nm（图 15.12(a)），证明体系已经基本达到了稳定状态。

除 RMSD 外，通过轨迹还可获得体系的大量其他动力学信息，例如 RMSF 和 B 因子、回旋半径、二级结构、溶剂接触面积等。上述参数分别可通过 GROMACS 的 gmx rmsf、gmx gyrate、gmx do_dssp、gmx sasa 等组件来分析，与 RMSD 的计算方法基本相同。

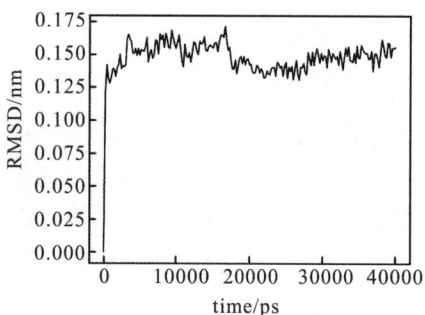

(a)IsPETase/2HEMT体系的RMSD数据

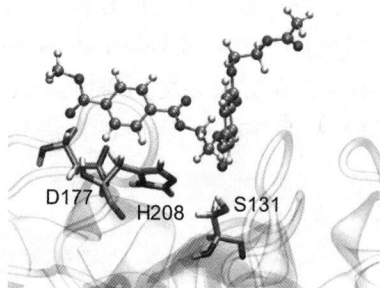

(b)IsPETase与2HEMT的相互作用结构

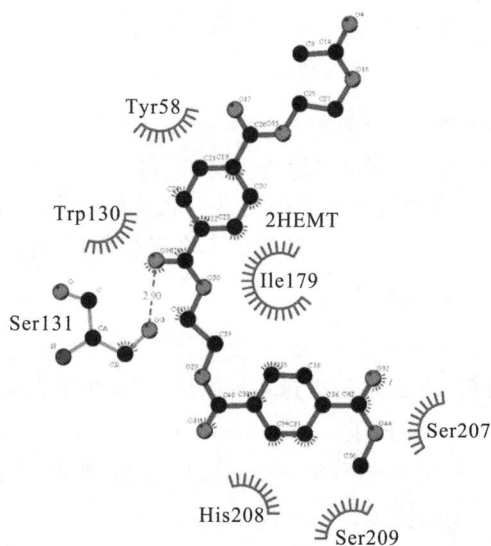

(c)IsPETase与2HEMT的相互作用模式

图 15.12　IsPETase/2HEMT 体系动力学结果分析

7. 模拟轨迹分析举例2：小分子结合模式分析

可以通过 VMD[125] 或 PyMOL(www.pymol.org)等可视化程序跟踪小分子在蛋白质结

合口袋中的位置和方向,并进行绘图。通过观察这些信息,可以确定小分子在蛋白质中的结合方式,包括如何形成氢键、盐桥、疏水相互作用等。示例体系中,IsPETase 蛋白质的 SHD 三联体与模型底物分子的羰基形成了适于催化反应发生的构型(图 15.12(b)),证明蛋白质可能具有较好的催化 PET 底物水解的能力,与实验结论完全一致[120]。

8. 模拟轨迹分析举例 3:相互作用二维图

通过三维结构直接观察酶-底物作用模式往往较为不便,可通过 LigPlot+[126] 软件将体系中存在的相互作用类型铺设到平面上,从而更直观地对酶-底物相互作用进行分析。IsPETase/2HEMT 体系的二维相互作用如图 15.12(c)所示,其中与 S131 形成的氢键作用,以及其他残基的疏水相互作用都体现了出来。这些残基与底物的相互作用在底物结合过程中较为重要,可能影响酶的催化过程,故通过对这些残基的改造,可改进酶的催化性能。

总的来说,MD 模拟为我们提供了深入研究蛋白-小分子相互作用的工具,可以揭示结合位点、结合模式和稳定性等关键信息,对于药物设计、生物学研究和疾病治疗的发展具有重要意义。随着计算机技术和算法的不断发展,MD 模拟方法作为研究分子结构、功能和动力学行为的重要手段,已成为现代生命科学和材料科学中的重要工具,将继续为新材料开发、药物设计提供技术支持。

15.4　自由能计算

在热力学中,热力学过程的自由能决定了转化的方向,以及系统维持在特定状态的概率。自由能主导了包括蛋白质折叠、分子结合、化学反应在内的所有分子过程。通过对蛋白-配体(底物或抑制剂)结合过程的自由能进行精确计算,可以快速预测配体/抑制剂与蛋白质的结合倾向,从而实现高效分子筛选,快速得到功能性分子。此外,结合自由能可以量化生物分子相互作用的强度,例如在识别或催化过程中涉及的相互作用。因此,准确预测分子间结合自由能是生物分子研究中的重要任务之一。

15.4.1　分子间结合自由能计算方法综述

有一系列计算方法可以用于计算结合自由能,包括量子化学计算、自由能微扰(free energy perturbation,FEP)、热力学积分(thermodynamic integration,TI)、线性相互作用能(linear interaction energy,LIE)、分子力学泊松-玻尔兹曼表面积(MM/PB-SA)和分子力学广义 Born 表面积(MM/GB-SA)方法。除量子化学方法外,几种方法的耗时和精度关系大致为:MM/GB-SA<MM/PB-SA<LIE<TI<FEP。其中,量子化学计算最为耗时,一般不适用于研究蛋白-小分子体系。FEP 和 TI 方法最为严谨,通过将分子从初始状态转化为最终状态、形成可逆路径来计算,其中 FEP 方法的精度能够超过量子化学计算的精度。这两种方法计算成本较高,因此大多适用于小的扰动或结构转换,不适合研究大批量蛋白-配体复合物(包含多种配体结构),因为需要为每对复合物生成一个双重/混合拓扑结构。另一种选择是使用路径无关方法,例如 LIE 或 MM/PB(GB)-SA。这些方法使用初始状态和最终状态的结构系综来估计自由能,从而具有极高的计算效率。其中,MM/PB-SA 方法是一种较常用的计算结合自由能的方法。相比于量子化学计算、热力学积分、自由能微扰等耗时极

高的计算方法，MM/PB-SA 方法在准确性和计算效率之间取得了良好的平衡，且准确性高于大多数通过经验打分函数进行预测的方法，成为一种高度通用（特别是对于生物体系）的方法。

15.4.2 使用 MM/PB-SA 方法计算蛋白-小分子体系的结合能

根据 MM/PB-SA 方法，分子间结合自由能可通过如下公式来计算：$\Delta G = \Delta H - T\Delta S$，其中 T 是温度，ΔS 是分子间结合过程中的熵变。因此，为了更好地了解分子间相互作用机制，不仅需要研究分子间结合焓 ΔH，还需要考虑熵变 ΔS 对结合自由能 ΔG 的影响。ΔH 通常可以分解为三个部分的贡献：ΔMM（分子力学贡献）、ΔPB（极化溶剂化贡献）和 ΔSA（非极性溶剂化贡献）。其中，ΔMM 包括范德华作用（ΔvdW）和库仑相互作用（Δelec），而 ΔPB 是由于分子极性引起的溶剂化贡献，ΔSA 是由于周围溶剂受分子非极性表面的影响产生的。这些贡献可以用计算化学方法进行计算，并可以提供有关分子间相互作用机制的信息。

MM/PB-SA 结合能计算方法依赖分子动力学轨迹。GROMACS 是最常用的分子动力学软件，但 GROMACS 程序本身并没有提供配套的结合自由能计算组件，因此目前只能借助第三方程序进行结合自由能计算。当前社区中广泛应用于 GROMACS 的 MM/PB-SA 计算程序包括 GMXPBSA[127]、g_mmpbsa[128]、gmx_MMPBSA[129]、s_mmpbsa 等。其中，s_mmpbsa 程序具有极快的计算速度、极小的发布程序体积和极低的内存占用，是一款功能强大、易于使用、高效灵活的 MM/PB-SA 结合能计算程序（地址：https://github.com/supernova4869/s_mmpbsa）。几种程序的特性比较如表 15.1 所示。

表 15.1　GMXPBSA2.1、g_mmpbsa、gmx_MMPBSA 和 s_mmpbsa 的技术特点比较

特性	GMXPBSA2.1	g_mmpbsa	gmx_MMPBSA	s_mmpbsa
开发语言	Bash, Perl	C/C++	Python3	Rust
是否编译	不需要编译	需要编译	不需要编译	发布已编译程序
参数文件	需要	需要	需要	不需要
残基分解	不支持	支持	支持	支持
运算速度	慢	快	快	快（含并行）
操作系统	Linux	Linux	Linux	Linux/Windows
程序依赖	Gromacs ≤ 4 APBS	Gromacs ≤ 5 APBS	Anaconda3 Gromacs AmberTools ≥ 20	APBS (built-in)
参考文献	[127]	[128]	[129]	unpublished
发布时间	2012	2014	2021	2023

下面将演示在 HIV 抑制剂体系（PDB ID：1EBZ）上，使用 s_mmpbsa 计算蛋白质-小分子的结合自由能的案例。体系复合物结构如图 15.13 所示。

图 15.13 1EBZ 体系的复合物结构

彩图效果

1. 程序配置

s_mmpbsa 依赖 APBS 程序的输出。APBS 程序可从其源码发布页面(https://github.com/Electrostatics/apbs/releases)下载单线程版,也可自行按文档编译并行版。此外,对于 Linux 系统,s_mmpbsa 还需要系统上安装有 GROMACS 软件。安装完成后在 s_mmpbsa 的 settings. ini 配置文件中指定 APBS 和 GROMACS 可执行文件的路径。

2. 体系的预处理

完成分子动力学模拟后,获得相应的蛋白-小分子复合物轨迹。首先对体系进行周期性边界处理,以防止出现不符合化学常识的结构。(以下内容中,"♯"后为注释)

```
♯首先给蛋白-小分子建立统一分组
gmx trjconv -f md. xtc -s md. tpr -n index. ndx -pbc cluster -center -dt 1000 -o md_pbc. xtc
♯选择刚才创建的分组
```

注意如果处理的是凝聚相体系,一般将周期性选项改成 mol 以保证分子的完整性:

```
gmx trjconv -f md. xtc -s md. tpr -n index. ndx -pbc mol -dt 1000 -o md_pbc. xtc
♯选择分组同上
```

处理完成后最好使用可视化软件检查轨迹是否正常。

3. 计算体系结合自由能

根据屏幕提示输入选项完成结合能计算。首先将 s_mmpbsa 文件夹添加到环境变量中。然后启动 s_mmpbsa,按如下方式输入:

```
md. tpr
1                          ♯加载轨迹文件
md_pbc. xtc                ♯如果没有处理周期性,直接按回车键,则表示使用默认 md. xtc
2                          ♯加载索引文件
[return]                   ♯直接按回车键使用默认 index. ndx
0                          ♯前往下一步(轨迹参数)
1                          ♯选择受体分组
[protein group number]
2                          ♯选择配体分组
[ligand group number]
5                          ♯设置时间间隔,通常为 1 ns
1
```

0	#前往下一步（MM/PB-SA 参数）
	#通常不需要更改。PB 和 SA 参数可以通过 8 和 9 修改
0	#前往下一步（开始计算）
[return]	#使用默认的系统名称或自行输入
	#等待计算完成
1	#查看输出信息汇总
−1	#输出结合能残基分解 pdb 结构
[return]	#输出能量汇总信息,可自行指定命名
	#查看 2～9 的其他信息
0	#返回
	#返回
	#返回
	#退出 s_mmpbsa 程序

按照上述计算流程,最终所得的结合能数值为 $\Delta H=-196.992$ kJ/mol,结合自由能数值为 $\Delta G=-167.214$ kJ/mol。二者结合能和结合自由能较强,证明抑制剂能够与 HIV 形成较强的相互作用。基于相同轨迹、在相同条件下,使用 g_mmpbsa 程序计算 ΔH 的结果为 -199.365 kJ/mol,而无法计算 ΔG。对于上述相同体系,经测试,g_mmpbsa 的计算速度为 0.3 fpm,即平均每分钟可处理 0.3 帧,而 s_mmpbsa 计算速度达到了 2 fpm,速度提升了 560%。以上数据表明,s_mmpbsa 的计算结果比常用的 g_mmpbsa 更加丰富、准确、快速。

在分析阶段,通过选项“−1”将能量的残基分解信息输出到 pdb 文件(注意填入的信息是结合能的相反数),并通过选项“2”输出单帧能量信息。如图 15.14 所示。

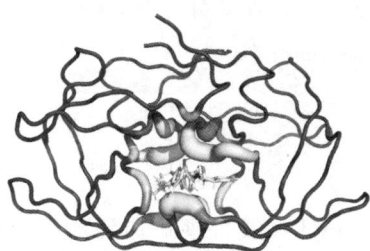

(a)平均结合能残基分解填色图   (b)结合能随动力学轨迹的大小变化

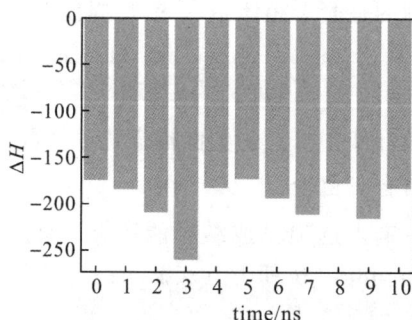

图 15.14 1EBZ 体系的结合能计算   彩图效果

根据 MM/PB-SA 计算结果,s_mmpbsa 程序将轨迹分析范围内的结合能分解到蛋白质的每个残基,从而体现各残基对蛋白-配体结合的贡献程度(图 15.14(a)),其中绿色粗线部分较稳定,结合能较强。数值体现为图中的线条粗细与颜色,根据 PyMOL 的显示规则,数值越高则线条越粗、颜色越红移,注意到文件中存储的实际上是每个残基结合能的相反数,故该数值高代表结合能更低,结合作用更强。因此,图中颜色偏红、粗线条指示的位置是与抑制剂配体的相互作用较明显的残基。此外,将分析范围内的结合能进行输出并绘图,如图 15.14(b)所示,4 ns 之后的轨迹范围内的结合能分布较为稳定,平均结合能为 -196.992 kJ/mol,证明蛋白质与抑制剂的相互作用很强,与实验结论一致。

本节介绍的 s_mmpbsa 程序可作为辅助 GROMACS 软件的第三方组件,基于 GROMACS 轨迹,实现快速高效的分子间结合自由能计算,性能优于现有的第三方程序。基于结合能计算方法,可展开后续的研究工作,包括蛋白质计算设计、潜在药物分子筛选、分子间相互作用的机理解释等。

总之,结合自由能的计算在分子筛选和先导化合物发现中发挥着重要作用,为药物开发提供了重要依据。通过结合能计算,可评估候选分子的亲和力和效能,作为分子对接后的进一步筛选工具,从而得到具有良好亲和力的分子,以开发更有效的药物。

15.5　膜体系的分子动力学模拟

生物膜是细胞的关键组成部分,其中包含了众多的蛋白质通道、受体和其他生物分子,它们调控了细胞的生理过程。膜体系的 MD 模拟对于细胞生物学、生物化学研究具有重要意义。MD 可以模拟构成膜体系的磷脂双分子层和其中嵌入的蛋白质、小分子或其他生物分子的相互作用,有助于深入了解生物膜的结构和动态变化、研究药物传递现象、分析生物膜上的蛋白质结构和功能,从而揭示生物膜的复杂结构和功能。

15.5.1　生物膜体系概述

生物膜的骨架是膜脂,主要包括磷脂、糖脂和胆固醇,其中磷脂占主要部分。磷脂分子由丙三醇、两个脂肪酸分子和一个磷酸基团组成,其中脂肪酸链通常由两个长链脂肪酸组成,通常是饱和脂肪酸或不饱和脂肪酸;磷酸基团连接到甘油的 1-羟基,形成了磷脂的疏水头部。因此,磷脂具有两性性质,即疏水性和亲水性。这使得磷脂能够在水和脂质环境中自组装,形成双分子层结构,从而构成生物膜的主体结构。其中,疏水的脂肪酸链朝向内部,而亲水的磷酸基团暴露在外部。这种双分子层结构是生物膜的基础,具有半渗透性和自修复性。

根据磷脂头部基团和尾部烷基链的不同,磷脂分为许多种类,常用四个字母表示,其中前两个字母定义脂肪酸种类,后两个字母定义头部基团。例如常用的 DPPC 磷脂的头部基团为 PC,尾部为 DP。常见的头部基团还包括 PG、PA 等。

此外,生物膜中往往还包含其他分子,例如鞘酸酯、糖脂、胆固醇,以及膜蛋白(包括整合蛋白、膜锚定蛋白、外周蛋白等)。

15.5.2　胆固醇-聚乙二醇(PEG)复合物穿膜过程的 MD 案例分析

膜体系的 MD 模拟研究方法与经典的蛋白-小分子的 MD 模拟基本相同,只在体系构建上有所区别。下面以胆固醇-PEG 复合物分子穿膜体系为例,进行 MD 模拟研究(图 15.15)。

1. 力场和拓扑的建立

有多种适用于磷脂的力场,包括 Slipids 力场[130]、Lipid 力场[131] 等。二者都与 AMBER 力场兼容,可用于研究膜、蛋白质、有机小分子/聚合物等的复合物体系。CHARMM36 力场也是很好的模拟蛋白质、脂质等生物体系的力场,目前使用广泛,和 AMBER 系列力场是使用最多的两大系列力场。其他磷脂力场不作过多介绍。

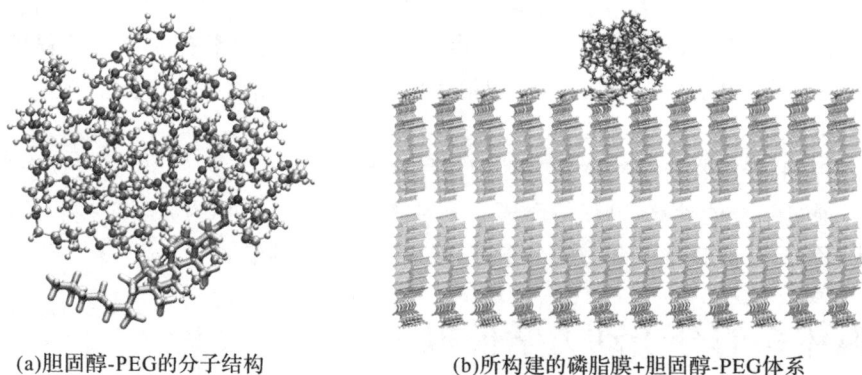

(a)胆固醇-PEG的分子结构   (b)所构建的磷脂膜+胆固醇-PEG体系

图 15.15 　胆固醇-PEG 分子穿透磷脂膜体系结构

彩图效果

2. 模拟系统的构建

首先,通过磷脂生成工具建立磷脂膜体系。磷脂的结构可从磷脂数据库中获得,包括 lipidbook(https://lipidbook.org/)、lipidbank(https://lipidbank.jp/)等。常用的磷脂体系建模工具包括 genmixmem(http://sobereva.com/245)、Packmol、VMD、CHARMM-GUI 等。其中 genmixmem 操作最为方便,可按比例构建混合膜,这里选用该工具对体系进行建模。一般保证膜的平面垂直于 z 方向。

注意:这里的体系不能太小,否则对膜体系性质的预测不准确。磷脂分子的添加不能太致密,否则后期会导致胆固醇-PEG 分子无法进入膜。最终确定的体系大小为在边长 12.8 nm 的正方形盒子中加入 288 个磷脂分子。将胆固醇-PEG 分子使用第 15.3 节的 MD 方法进行优化和平衡,获得平衡后的稳定分子结构(图 15.15(a)),将其置于膜的上方即可(图 15.15(b))。

获得磷脂膜+胆固醇-PEG 复合物体系后,通过如下命令建立体系周期性盒子,并加水得到模拟系统:

```
gmx editconf -f complex. pdb -d 0. 8 -o box. gro
gmx solvate -cp box. gro -p topol. top -o sol. gro
```

注意,加水之后需要把膜内部区域的水去除,以防模拟结果不真实。

3. 能量最小化

一旦系统和参数设置好,就可以进行能量最小化。

```
gmx grompp -f em. mdp -c sol. gro -p topol. top -o em. tpr -maxwarn 2
gmx mdrun -v -deffnm em
```

一般通过最速下降法进行能量最小化。当体系的平均能量<1000 kJ/mol 时,一般可进入下一阶段而不会发生崩溃。

4. 平衡相模拟

预平衡过程与第 15.3 节基本相同,一般持续较短时间,同时伴随升温过程,直到体系达到基本稳定。采用 velocity-rescale 控温、stochastic cell rescale 控压。注意,此处需要使用半各向同性控压（semiisotropic），否则会对膜的 xy 平面结构造成影响。

```
gmx grompp -f eq.mdp -c em.gro -p topol.top -o eq.tpr -maxwarn 2
gmx mdrun -v -deffnm eq
```

5. 产生相模拟

产生相模拟同样使用半各向同性控压，此外模拟温度应当高于膜的相转变温度（至少高 5 K），否则膜没有流动性。其余条件与第 15.3 节基本相同。

```
gmx grompp -f md.mdp -c eq.gro -p topol.top -o md.tpr -maxwarn 2
gmx mdrun -v -deffnm md
```

6. 模拟构象查看与轨迹分析

通过 VMD 软件查看体系构象，如图 15.16 所示。

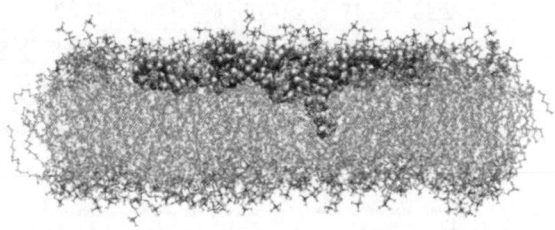

(a)磷脂膜+胆固醇-PEG体系的模拟结构　　(b)胆固醇-PEG与膜的垂直距离、接触面积分析

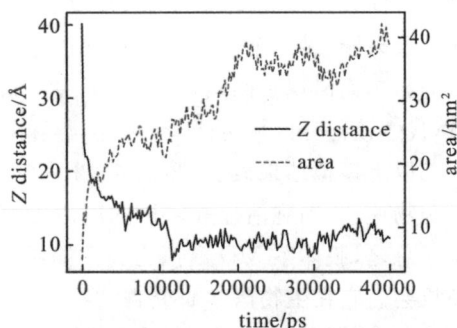

图 15.16　磷脂膜＋胆固醇-PEG 复合物模拟体系分析

通过对比初始结构（图 15.15(b)）与 40 ns 后的最终结构（图 15.16(a)），发现胆固醇-PEG 分子具有较好的膜融合的能力，在 40 ns 的 MD 模拟之后完全进入了膜的主体。为了验证该现象，考虑到膜的方向是垂直于 z 方向，通过 MDAnalysis python 库计算了胆固醇-PEG 的质心到膜质心所在水平面的垂直距离，如图 15.16(b) 所示。发现随着模拟时间的延长，垂直距离在不断减小，直到稳定在 1 nm，这是由于 PEG 分子体积较大，产生的空间位阻使其不能完全进入膜中心。此外，分析了膜与胆固醇-PEG 分子的接触面积，发现随着模拟时间的延长，接触面积增大到 40 nm²，也证明了上述结论。

7. 膜结构的曲率分析

基于 MDAnalysis 提供的 membrane-curvature python 包，可以通过 MD 轨迹计算膜的曲率，从而判断膜在模拟过程中的形态变化，比如哪些磷脂成分会形成正高斯曲率、哪些成分会形成负高斯曲率等。当存在外界扰动时，例如蛋白吸附、聚合物融合等，蛋白或聚合物镶嵌在膜内，其局部区域的膜曲率会发生变化，也可通过此方法来判断。通过提取指定原子来构建表面，之后根据这些原子的坐标计算高斯曲率，并结合 matplotlib 可以对二维结果进行可视化，如图 15.17 所示。

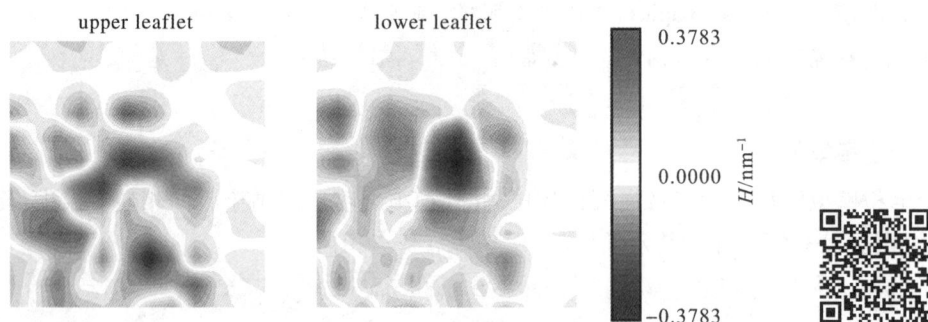

图 15.17　示例体系的平均曲率

彩图效果

　　使用每个磷脂分子的头部基团的 P 原子来计算高斯曲面，并绘制了平均曲率图。沿 z 轴正方向，正平均曲率表示盆地（红色），负平均曲率表示山峰（蓝色），白色为平坦区域。对于上层磷脂，沿 z 轴有一个负平均曲率（红色）的中心区域，代表该处的膜结构由于 PEG 嵌入的影响而出现了凹陷；而对于下层磷脂，有一个负曲率区域（蓝色）位于膜的中心小部分区域，代表该部分区域可能受到胆固醇和 PEG 的影响，被 z 轴正方向吸引。

　　以上模拟结果表明，胆固醇-PEG 复合物具有较好的膜融合能力，证明该分子具有潜在的药物递送、细胞治疗等领域的应用价值。

　　总之，膜体系 MD 模拟为我们提供了深入了解生物膜、药物传递和膜蛋白质的机制的独特机会。它在生物医学研究、药物开发和生物膜生物学方面具有广泛的应用，为解决健康问题和药物创新提供了有力的工具。

第 16 章　材料领域的分子动力学模拟

16.1　应力与应变

应力和应变是物理学和工程学中非常重要的概念,用于描述物体对外部力量的响应和变形。它们是材料力学和结构工程领域的核心概念,也在物理学、地质学、生物学等多个领域中有着广泛的应用。

应力是指作用在物体表面上的力与该表面上单位面积的比值,一般用符号 σ 表示。根据力的方向和物体受力的表面形状,应力可以分为多种类型,比如正应力、剪切应力等。应力的概念最早由法国数学家和物理学家柯西(Augustin L. Cauchy)在 19 世纪提出。应力的定义为单位面积上的力,可以通过数学上的微分学和力学原理来描述。在材料科学中,应力是研究物体如何受力并响应力的关键指标。应力的类型有:正应力(normal stress),垂直于物体表面的力造成的应力,可以使物体拉伸或压缩;剪切应力(shear stress),平行于物体表面的力造成的应力,使得物体发生形变,呈现出切变的状态。

应变是指物体由于受到外力作用而发生的形变程度,一般用 ε 表示。在不同的应力作用下,物体会产生不同类型的应变,比如线性应变、剪切应变等。应变是描述物体形变程度的指标。在材料力学中,研究物体在不同应力下的应变特性可以帮助了解材料的强度、刚度等特性。材料的应变性质可以通过实验测量和数学建模来确定。应变的类型有:线性应变(linear strain),在正应力作用下产生的拉伸或压缩形变;剪切应变(shear strain),在剪切应力作用下产生的形变,描述物体内部层之间的相对位移。

应力与应变之间存在一定的关系,由材料的本构关系决定。材料的本构关系描述了应力和应变之间的函数关系,这种关系可以是线性的也可以是非线性的。材料的弹性模量、刚度等参数与应力应变关系密切相关。在弹性范围内,应力与应变之间遵循胡克定律,即正应力与线性应变成正比,剪切应力与剪切应变成正比。这个定律可以用数学公式表示为 $\sigma = E\varepsilon$,其中 σ 是应力,ε 是应变,E 是弹性模量。当超出材料的弹性极限时,材料可能发生塑性变形,此时应力与应变之间的关系可能不再遵循胡克定律。这种非线性行为需要通过材料的本构模型来描述。

应力和应变的理论背景涉及了材料科学、力学、物理学等多个学科领域,对于理解物体受力响应、工程结构设计以及材料性能评估都至关重要。对这些概念的深入理解有助于优化设计、预测材料行为以及解决工程和科学上的问题。

应力应变曲线既可以通过第一性原理计算得到，也可以通过分子动力学模拟得到。其中，前者的优势是原理更加严格、贴近分子水平；后者则可以处理更大的体系，具有更高的灵活度。LAMMPS(Large-scale Atomic/Molecular Massively Parallel Simulator)软件是分子动力学模拟计算应力-应变曲线的得力工具。

使用 LAMMPS 计算应力-应变曲线通常涉及以下步骤和原理：

1. 建立模拟系统

选择模型和势函数：用户需要选择适当的分子模型和势函数来描述所研究的物质系统。LAMMPS 支持多种势函数，如经典力场（比如 Lennard-Jones 势函数）、原子间势函数（比如 Morse 势函数）、分子间势函数等。

2. 定义模拟参数

设置模拟参数：包括温度、压力、初始结构、仿真时间等参数。用户可以设定所需的应变或外力来模拟应变的影响。

3. 应变加载和计算

应变加载：用户可以通过改变晶胞的尺寸或应用外部力来施加应变。LAMMPS 允许在模拟中应用不同类型的应变，比如等应变率、恒定应力等。

应力计算：LAMMPS 可以通过对系统中每个原子的运动轨迹和相互作用力进行分析，计算得到系统内部的应力情况。这些计算基于分子动力学的原理，根据原子间的势能和力来推导应力张量。

4. 数据采集和曲线绘制

数据收集：LAMMPS 能够记录仿真过程中的各种数据，如原子位置、速度、能量等。

应力-应变曲线绘制：通过收集在不同应变下系统的应力值，并结合应变值，可以绘制出应力-应变曲线。这需要进行多次模拟以获取不同应变条件下的应力数据。在 LAMMPS 中，fix deform 和 fix velocity 是两个用于分子动力学模拟中的关键命令，用于在仿真中施加变形和速度场的工具。

下面以 fix deform 命令为例，对 Cu 体系进行单轴拉伸模拟。

第一步是准备 LAMMPS 所需的输入文件，命名为 input.in，如下所示：

```
# LAMMPS Input Script for Uniaxial Tension Simulation of Cu
# 初始化
units metal
dimension 3
boundary p p p
atom_style atomic
# 创建原子
lattice fcc 3.615
region box block 0 10 0 10 0 10
```

```
create_box 1 box
create_atoms 1 box
mass 1 63.546
#定义原子类型的势函数
pair_style eam/alloy
pair_coeff *  * Cu_zhou.eam.alloy Cu
#定义初始温度
velocity all create 300 12345 mom yes rot yes
#定义热力学量输出
thermo 100
thermo_style custom step temp press lx ly lz
#在 NPT 系综下进行弛豫
fix f0 all npt temp 300 300 0.01 iso 0 0 0.1
timestep        0.001
run             10000
unfix           f0
reset_timestep  0                          #应力应变计算
variable tmp equal "lz"
variable L0 equal ${tmp}
variable strain equal "(lz - v_L0)/v_L0"
variable stressz equal "-pzz/10000"
#应力应变保存到文件
fix f1 all print 100 "${strain} ${stressz}" file stress-strain.dat screen no
#施加拉伸应变
fix f2 all deform 1 z erate 0.01 units box remap x
#使用 NVT 系综
fix f3 all nvt temp 300 300 1.0
#输出轨迹
dump            d2 all custom 100 traj.lammpstrj id type x y z fx fy fz
dump_modify     d2 sort id
#定义模拟步数和时间步长
timestep   0.001
run        100000
```

这个示例中的 LAMMPS 输入脚本包含了以下关键步骤：

初始化：设置模拟系统的基本属性，比如单位、边界条件和原子类型。具体含义可以参考 LAMMPS 官方手册。

创建原子：使用 FCC 晶格创建铜（Cu）原子。也可以使用其他软件创建好 data 文件之后，使用 read_data 命令读取。

定义势函数：使用 EAM 势函数来描述铜原子间的相互作用。

定义初始温度：给系统中的所有原子赋予初始速度，这里设置初始温度为 300 K。

定义输出：设置输出信息，包括能量、压力和晶体尺寸等。

施加拉伸应变：使用 fix deform 命令以固定速率(erate)沿着 x 方向进行拉伸。erate 是按工程应变率变形，单位为 1/time，根据使用的 units 改变，本例是 metal，故拉伸速率的单位是 1/fs；应力的单位根据使用的 units 改变，本例是 metal，故应力的单位是 bar，换成 GPa 需要除以 10000(input 文件中已经操作过了)。拉伸速率可以自行设置。

定义模拟步数和时间步长：设置模拟的时间步长和总步数。模拟的时间步长和总步数影响拉伸应变的大小，读者可以根据自身需要来设置。

使用上述输入文件运行 LAMMPS 后，当前目录会生成 stress-strain. dat 文件，第一列是代表应变(×100%)，第二列代表应力(GPa)，如图 16.1 所示。

画出其曲线，如图 16.2 所示，可见呈现出典型的应力-应变曲线的行为。应变在0.02%以下时，Cu 整体处于弹性区域。随着应变进一步增加，应力急剧降低。

图 16.1　stress-strain. dat 文件内容

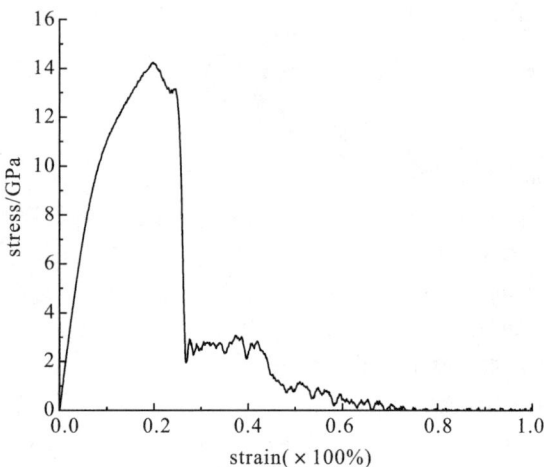

图 16.2　Cu 体系单轴拉伸的应力应变曲线

除了生成 stress-strain. dat 文件以外，也会生成拉伸过程中的轨迹文件 traj. lammpstrj。使用 OVITO 软件打开即可观看轨迹，图 16.3 展示了模型的初始结构和拉伸中的某个结构。可见，当应变达到约 20% 时，材料已经失去了原本的形状。

(a)Cu的初始结构　　　　(b)应变为20%时Cu的结构

图 16.3　Cu 的初始结构与应变为 20% 时的结构

彩图效果

16.2　相变性质

16.2.1　蒸发模拟

研究蒸发是在多个领域中具有重要科学意义的课题,包括但不限于物理学、化学、环境科学和工程学等。蒸发是液体变为气体的过程,在科学研究和应用中有着广泛的背景和应用场景。如用于相变研究、表面科学、气候和水循环、和能源转换等领域。蒸发作为一个基本的物理过程,在很多领域都有着广泛的应用价值,不仅为科学研究提供基础理论支持,也推动了许多实际应用技术的发展。

在 LAMMPS 中进行蒸发模拟涉及模拟原子或分子从液相转变为气相的过程。蒸发模拟需要考虑分子间相互作用、温度、压力以及粒子运动等因素。在理论背景下,蒸发是一个热力学过程,液体分子需要克服表面张力和外部压力,从而逃离液体表面并进入气相。在进行蒸发模拟时,重要考虑的因素包括系统温度、压力、表面张力、势能函数等,以及模拟所选参数对结果的影响。这些参数的选择可能需要结合实验数据或理论预测进行验证。蒸发模拟是一个复杂的过程,需要进行仔细的参数选择和验证。LAMMPS 提供了丰富的功能和文档,可以帮助你理解如何进行这种类型的模拟。

下面是以 Ar 在 Cu 基底上面蒸发的一个 LAMMPS 输入文件:

```
#初始化
units          metal
boundary       p p p
atom_style     atomic
neighbor       2 bin
timestep       0.002
#创建模拟盒子
lattice        fcc 3.615
region         box block 0 20 0 20 0 40
create_box     2 box
region         Cu block INF INF INF INF 1 20 units box
create_atoms   1 region Cu
region         Ar block INF INF INF INF 20 30 units box
create_atoms   2 random 2000 12345 Ar
#设置质量
mass           1 63.546
mass           2 39.948
#输出初始模拟盒子
write_data     init.data
#定义原子类型的势函数
pair_style     lj/cut 12
```

```
pair_coeff    1 1 0.40933 2.3380
pair_coeff    2 2 0.01033 3.4050
pair_coeff    1 2 0.06500 2.8715
#定义热力学量输出
thermo 100
thermo_style custom step temp pe ke
#能量最小化
min_style     cg
minimize      1e-10 1e-10 10000 10000
#定义区域
region        Freeze block INF INF INF INF INF 3 units box
group         Freeze region Freeze
group         Cu type 1
group         mobile_Cu subtract Cu Freeze
group         Ar type 2
#冻结部分基底
velocity      all create 100 12345
velocity      Freeze set 0 0 0
fix           f1 Freeze setforce 0 0 0
#预平衡
compute       mobile_Cu_temp mobile_Cu temp
fix           f2 all nvt temp 100 100 0.5
run           5000
unfix         f2
reset_timestep 0
#升温模拟
fix           f2 all nve
fix           f3 mobile_Cu langevin 100 200 0.5 123456
fix_modify    f3 temp mobile_Cu_temp
run           5000
unfix         f2
unfix         f3
reset_timestep 0
#计算蒸发量
region        vapor block INF INF INF INF 80 INF units box
variable      Number equal count(Ar,vapor)
variable      Step equal step
fix           f0 all print 100 "${Step} ${Number}" file vapor.txt screen no
#数据产出模拟
fix           f2 all nve
fix           f3 mobile_Cu langevin 200 200 0.5 123456
fix_modify    f3 temp mobile_Cu_temp
dump          d1 all custom 100 traj.lammpstrj id type x y z fx fy fz
dump_modify   d1 sort id
run           100000
write_data    heat.data
```

运行完毕后，当前目录下会生成 init. data 文件（初始模型），还会生成 heat. data 文件（蒸发后的模型）。使用 OVITO 打开，如图 16.4 所示。

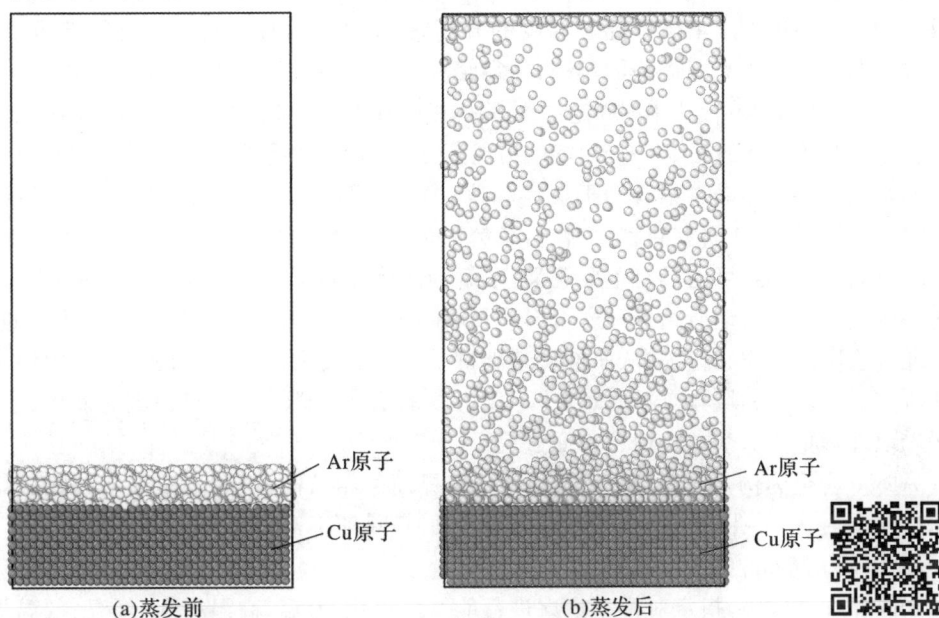

(a)蒸发前　　　　　　　　　　　(b)蒸发后　　　　　　　　彩图效果

图 16.4　Ar 在 Cu 基底上面蒸发前、后的结构

从图 16.4(b)中可以看到，Ar 已经蒸发到了气相中。同时，生成的 vapor. txt 里面包含有蒸发量和步数之间的关系数据，如图 16.5 所示。在模拟的开始阶段，Ar 原子快速蒸发，随后逐渐达到平稳。

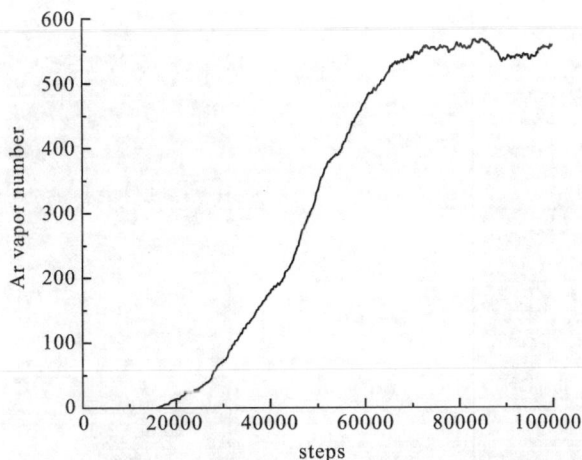

图 16.5　Ar 原子随步数的蒸发个数

16.2.2　融化、固溶、结晶过程模拟

融化、固溶、结晶过程是指固溶体在升温条件下从固态到液态再到固态的转变过程。在

这个过程中，原本在晶格中的原子或分子结构开始失去有序性，逐渐形成无序的液态结构。固溶体是由两种或多种不同的原子或分子构成的晶体。在融化、固溶、结晶过程中，这些不同的成分会在晶体中相互溶解。随着温度的升高，固溶体内的原子或分子开始获得更多热能，振动加剧，最终足以克服晶格的排列，使得结构逐渐瓦解。当温度超过固溶体的熔点时，原子或分子开始离开其在晶格中的固定位置，固体逐渐融化为液体。在冷却过程中，液体的原子或分子重新排列，形成新的晶体结构，可能会出现新的固溶体或者重新结晶成其他固态形式。

了解融化、固溶、结晶过程有助于设计和改进材料，例如合金、陶瓷等，以获得特定的物理、化学和机械性能。在研究新型材料时，了解固溶体的融化和结晶过程对于开发新型能源存储系统（如相变储能）可能具有重要意义；了解固溶体在高温高压条件下的性质，对于理解地球内部或其他行星的地质结构和岩石形成过程有所帮助。对相变和晶体结构转变的研究有助于理解物质的性质和行为，从而推动基础科学研究的发展。总的来说，融化、固溶、结晶过程的研究对于多个领域具有重要意义，不仅可以推动材料科学和工程领域的发展，还有助于更深入地理解物质的基本特性和相变过程。

以 Al-Cu 合金为例，先创建 Al 和 Cu 分开的界面两相结构，再升温模拟使其充分熔化，然后降温使其凝固。Al-Cu 合金的势函数可在如下网址下载：https://www.ctcms.nist.gov/potentials/system/Cu/#Al-Cu。

在 input.in 文件中，指定对模型依次进行能量最小化、升温、高温平衡、降温、低温平衡，模拟完成后，会生成 init.data、end.data 文件，分别为初始结构、降温结晶的结构。使用 OVITO 打开，如图 16.6 所示。随着温度上升，原子加速移动并逐渐混合，冷却后已经形成了新的微观结构。

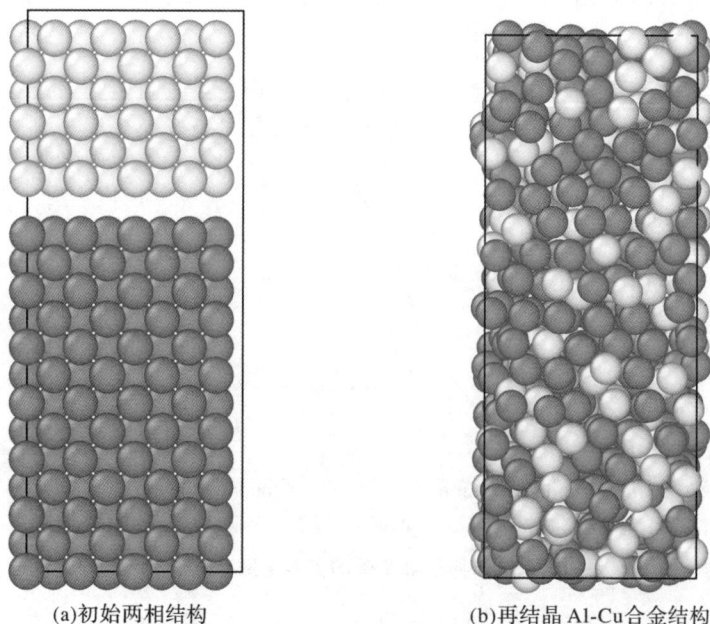

(a)初始两相结构　　　　　　(b)再结晶 Al-Cu 合金结构

图 16.6　初始 Al 和 Cu 分开的界面两相结构和再结晶 Al-Cu 合金结构

彩图效果

16.2.3　玻璃化转变温度模拟

玻璃化转变温度(glass transition temperature, T_g)是指非晶态材料(如玻璃)在加热或冷却过程中从硬而脆的固态转变为柔软、黏性的固态的临界温度。这种转变不同于晶体物质的熔化过程,而是非晶态材料的高分子链或者原子结构重新排列所产生的转变。玻璃和其他非晶态材料(如聚合物)的特点是缺乏长程的周期性结构,因此其性质介于固体和液体之间。T_g是非晶态材料从固态向液态转变的温度。在这个温度以下,非晶态材料表现出类似固体的硬度和脆性;而在此温度以上,它们开始表现出液态的柔软性和流动性。T_g是设计和制造聚合物、玻璃等材料时的重要参数。了解 T_g 可以帮助优化材料的制备条件、稳定性和性能。在制药领域,了解药物的玻璃化转变温度有助于确定稳定性和保存条件,影响药物的质量和有效性。在食品和化妆品等领域,了解包装材料的 T_g 有助于评估其在不同温度下的稳定性和保鲜性能。此外,T_g是设计和调控聚合物性能的关键参数。在塑料、涂料和树脂等领域中,了解 T_g 可以指导材料的合成和应用。总的来说,研究 T_g 有助于理解非晶态材料的结构与性质之间的关系,推动对非晶态物质行为的更深入认识。玻璃化转变温度对材料科学、工程以及实际应用具有重要意义,它不仅影响着材料的性能和稳定性,也深刻地影响了我们生活中众多产品的使用和品质。

下面以计算聚乙烯为例讲解 LAMMPS 如何计算玻璃化转变温度。聚乙烯的结构可以使用 Materials Studio 来直接导入,也可以自己创建。导入流程如图 16.7 所示,软件展示的聚乙烯结构如图 16.8 所示。

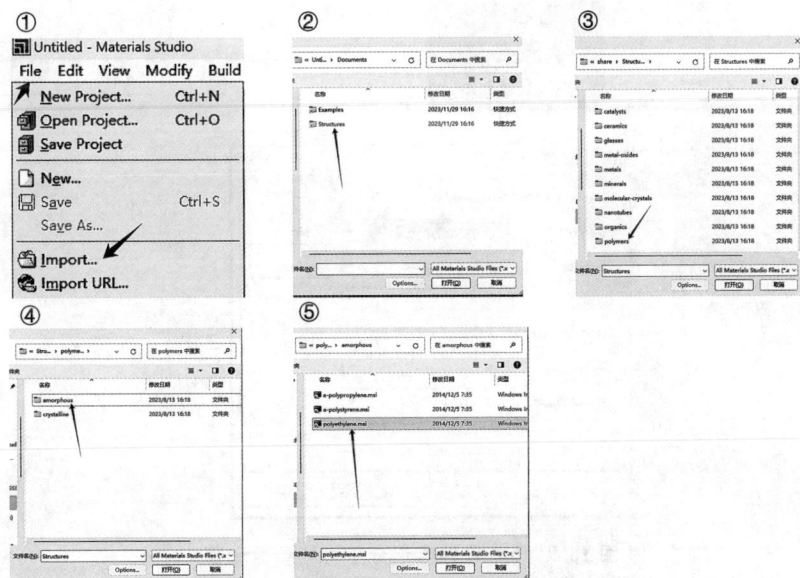

图 16.7　聚乙烯的导入流程

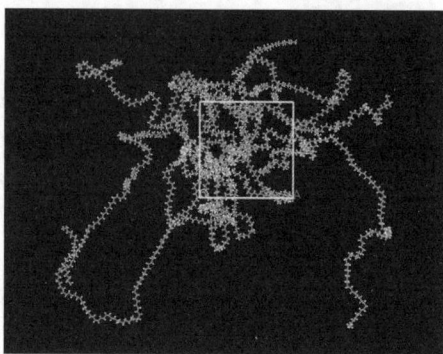

图 16.8　MS 软件展示的聚乙烯结构

随后，我们需要使用 MS 对其标记力场参数，具体流程：Modules→Forcite→Energy，选择 cvff 力场。然后点击"Run"，开始运行。可参考图 16.9。

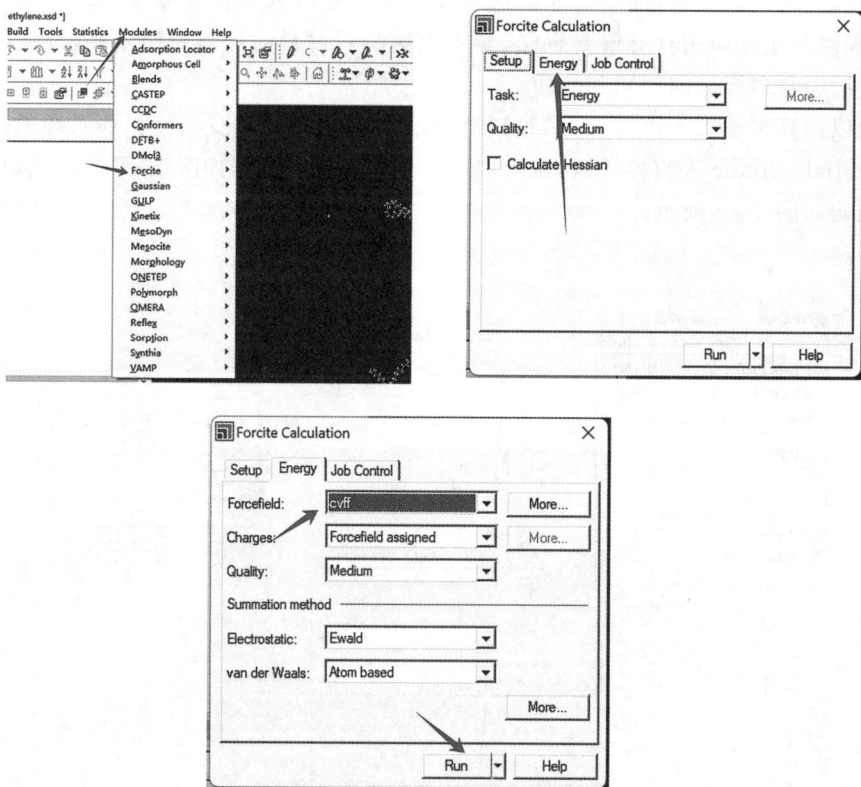

图 16.9　MS 软件标记分子力场参数流程

正确运行完毕之后，保存为 polyethylene. car、polyethylene. mdf 两个文件，并由此生成 LAMMPS 所需的 data 文件。使用 OVITO 打开 polyethylene. data 文件，如图 16.10 所示，可用于观察模型的初始结构。

获取初始模型后,接下来需要准备 input. in 文件。由于玻璃化转变温度是通过模拟不同温度的体系密度,然后取密度非线性变化的点。因此,在 input. in 文件中需要设置不同的温度点,对每个温度点平衡之后,计算其密度。对聚乙烯体系进行梯度升温,从 200 K 升温至 500 K,每次升温的温度间隔为 25 K,然后针对每个温度进行密度计算,最后得到名为 Temp_Density. txt 的文件夹,作图如图 16.11 所示,取斜率的交点即为玻璃化转变温度 T_g。

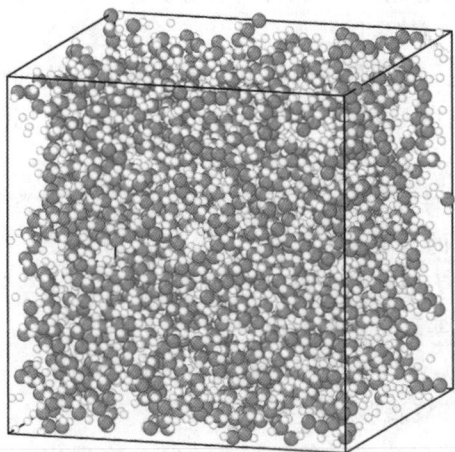

图 16.10　聚乙烯的初始模型

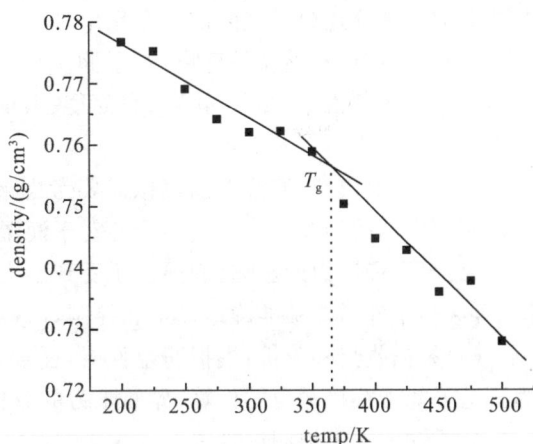

图 16.11　聚乙烯的玻璃化转变温度

16.3　界面性质:润湿行为

在分子动力学中,研究界面性质通常表示探索和理解两种不同相(如气体-液体、液体-固体、液体-液体等)之间的交界面上所涉及的物理和化学特性。下面以计算润湿行为为例进行讲解。

理解润湿现象的背后是一项深入且多方面的工作。分子动力学(MD)方法是研究润湿性的重要工具之一,它基于牛顿力学原理模拟了原子和分子之间的相互作用。在分子动力学模拟润湿性时,我们关注液滴或液体与固体表面的相互作用,尤其是接触角和表面张力等概念,这些可以帮助我们理解和预测材料表面上液体的行为。

接触角是描述液滴与固体表面接触时所形成的角度,它是表征液体在固体表面上的润湿性的一个重要参数。在分子动力学(MD)中计算接触角需要考虑到分子尺度上的相互作用、表面张力、能量平衡以及分子间力等因素。同时,润湿性质受到固体表面结构和性质的影响。分子动力学模拟需要考虑到固体表面的原子排列、表面能、表面粗糙度等因素,这些因素会直接影响到接触角的计算结果。润湿性好的表面具有较低的表面张力,会导致液滴较小的接触角;而表面张力较大的固体则可能导致较大的接触角,表现出较差的润湿性。液滴与固体表面越相似,接触角就越小,表示液体更容易与固体表面结合,具有较好的润湿性;反之,接触角较大则表示液体不易与固体表面结合,呈现较差的润湿性。

在分子动力学中,接触角的计算与所选择的势函数类型相关,势函数描述了液滴与固体表面的相互作用。这些势函数可以包括范德华力、库仑相互作用、键角势等。精确选择并校准这些势函数对于准确模拟接触角至关重要。接触角通常通过模拟液滴在固体表面上的位置来计算。液滴与固体表面之间的相互作用力、界面能量等参数可以用来计算静态接触角，或者通过模拟液滴在固体表面上的移动来计算动态接触角。

分子动力学在润湿计算中的应用通常涉及以下几个关键方面：

（1）势函数的选择：润湿性是液滴和固体表面之间相互作用的结果。为了模拟这些相互作用，需要选择合适的势函数，如范德华相互作用、库仑相互作用、键角势等。这些势函数需要能够准确地描述分子之间的相互作用，以模拟真实润湿过程。

（2）表面结构和性质的建模：对于润湿性的研究，必须准确地模拟固体表面的结构和性质。这包括固体表面的原子排列、表面能、表面粗糙度等因素，这些因素会影响液体与固体表面的相互作用。

（3）液滴的模拟：润湿性的模拟需要考虑液滴的性质，包括液滴的大小、形状、分子类型以及液体内部的相互作用。这些特性对于润湿行为的理解至关重要。

（4）温度和压力的影响：润湿性还受到温度和压力等外部条件的影响。在分子动力学模拟中，这些条件需要被准确地设定和控制，以模拟真实环境中的润湿过程。

（5）数据收集和分析：模拟润湿性时，需要收集大量数据以评估液滴在固体表面上的行为。这可能涉及接触角的计算、界面张力的分析以及液滴形态的变化等方面。

分子动力学模拟润湿性是一个复杂而又充满挑战性的任务。它需要结合物理化学知识、数值计算技巧以及对模拟技术和模型的深入理解。同时，模拟结果需要与实验数据进行验证和比较，以确保模拟的可靠性和准确性。这种方法的进展为我们提供了更深入的理解，帮助我们设计和改进具有特定润湿性质的材料，以及预测液体在不同表面上的行为，对于许多领域的应用具有重要意义，如材料科学、生物医学、涂料技术等。然而，需要指出的是，分子动力学模拟计算接触角是一个复杂且计算成本高昂的过程，需要考虑到模型的合理性和计算效率。因此，理论与实践相结合，结合实验验证和模拟结果的比较，可以更准确地理解和预测接触角的行为。

接下来以水滴在 Cu 表面的接触角计算为例，展示使用 LAMMPS 进行接触角计算的过程。

使用 LAMMPS 直接建立水滴模型是比较困难的，为此可以使用 Moltemplate 软件来加以辅助。Moltemplate 是一款用于构建分子动力学（MD）模拟所需输入文件的分子建模工具。它专门设计用于在 LAMMPS 中创建原子级别的模型和系统。Moltemplate 允许用户以高度灵活的方式构建分子模型。用户可以自定义分子的结构、拓扑、相互作用等，以适应不同类型的模拟需求。它支持各种不同的分子结构，包括有机分子、聚合物、生物分子等，使其适用于各种不同的模拟场景。Moltemplate 使用类似于文本文件的模板语法，使用户能够轻松定义和生成复杂的分子结构。这种模板化的方法简化了模型构建过程，提高了工作效率。总体来说，Moltemplate 是一个强大的分子建模工具，可以帮助用户快速构建复杂的分子模型，为分子动力学模拟提供支持和便利。使用该工具生成一个名为 system.data 的结构文件，使用 OVITO 打开，如图 16.12（a）所示。

接下来准备 input.in 文件，控制模拟的运行。有两个注意点：①需要固定 Cu 基底，使其保持平面性；②使用杂化势能函数分别描述体系内不同原子之间的相互作用，Cu 和 Cu 使用

eam 势函数,O 和 H 使用 LJ 势函数。Cu 和 O、H 之间使用 LJ 势函数。Cu 和 O、H 之间的 LJ 势函数参数一定要非常正确才能得到合理的接触角数据。

运行完成之后,当前目录会生成 nvt.data 文件,使用 OVITO 画图,如图 16.12(b)所示。

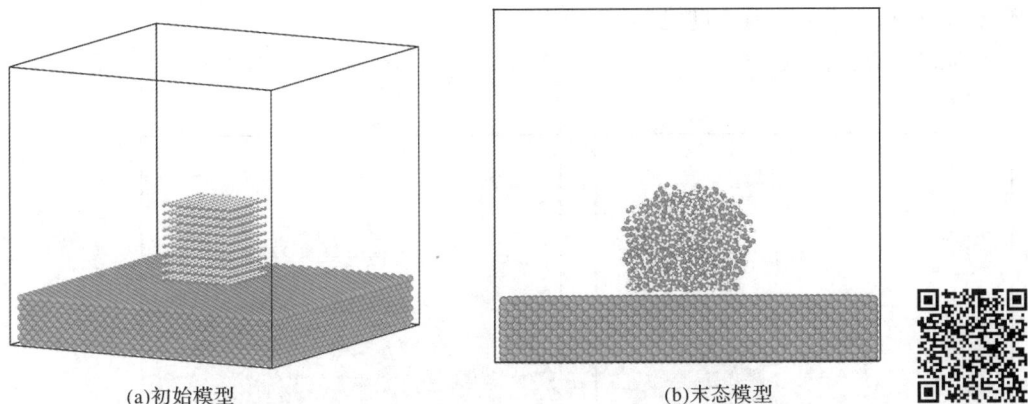

(a)初始模型　　　　　　　　　　　(b)末态模型　　　　　　　彩图效果

图 16.12　水滴在 Cu 表面的初始模型及末态模型

我们发现,初始模型中呈现立方体分布的水分子经过模拟平衡后大致呈现球状。在图 16.12(b)中,可以使用一些画图工具对上述图片中的接触角进行测量。当然,本案例运行时间比较短,接触角计算并不准确。实际计算中,可以延长模拟时间。此外,可以使用 OVITO 打开 traj.lammpstrj 轨迹文件,对多帧结构进行测量,取接触角的平均值才更有意义。

16.4　吸附扩散行为

材料表面对小分子的吸附行为是指小分子(如气体、液体或溶解在液体中的物质)与材料表面相互作用并被吸附在表面上的过程。这个过程的背后涉及多种物理和化学原理。首先,吸附行为通常由表面的化学特性所主导。材料的表面可以具有不同的化学性质,如亲水性(喜水)、疏水性(不喜水)、带电性等。这些性质会影响小分子在表面上的吸附能力。比如,一些材料表面的亲水性可能会导致水分子更容易吸附在其表面上。其次,表面的形貌和表面能量也对吸附行为起着重要作用。比如,具有更多微观结构或更大表面积的材料可能具有更高的吸附能力,因为它们提供了更多的吸附位点。同样地,吸附行为对科学和工程具有广泛的意义。

在催化过程中,吸附是分子接触固体表面并进行化学反应的关键步骤。理解吸附行为可以帮助设计更有效的催化剂。此外,研究材料表面对污染物的吸附行为有助于开发更高效的污染物去除技术,有助于净化空气或水资源。了解吸附特性有助于开发用于分离和提纯物质的技术,如吸附柱、吸附剂和膜分离等。而且,在设计新型材料和纳米结构时,了解吸附行为可以帮助调控材料的特性和性能。总的来说,对材料表面对小分子的吸附行为进行研究,有助于我们更好地理解物质的相互作用,推动各领域的科学发展并应用于实际工程中。

下面以一氧化碳在多孔材料表面的吸附为例,讲解吸附的模拟。我们首先建立一个多孔基底，此例孔形状为长方体，基底材料使用的是 Cu 材料。按照上一节的方法，使用 Moltemplate 来建模。得到如图 16.13(a)所示的初始结构。

在上述初始模型中，为了建模方便一氧化碳是整齐排列的，在输入文件里面会有一个预平衡模拟，模拟完成之后就会随机分布。

准备好所有文件、运行完毕之后，会生成预平衡的 pre.data 文件，使用 OVITO 打开，如图 16.13(b)所示。

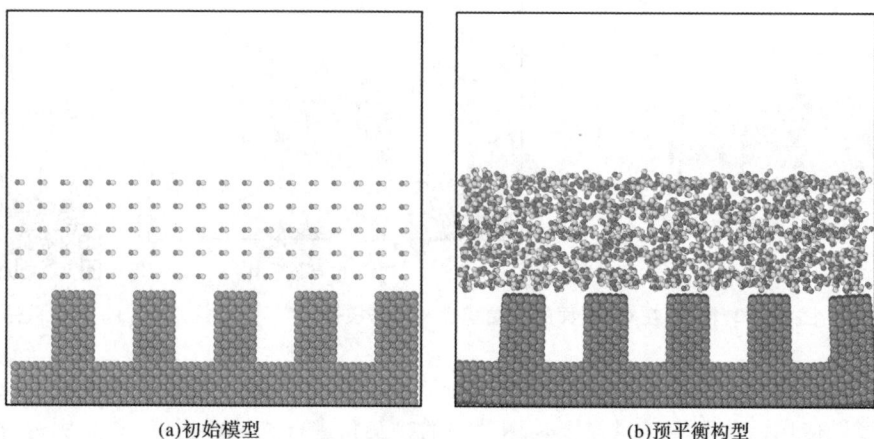

(a)初始模型　　　　　　(b)预平衡构型

图 16.13　一氧化碳在 Cu 孔道上的初始模型、预平衡构型　　　彩图效果

可以看出，一氧化碳已经变得随机分布。同样，打开模拟最终文件 nvt.data，如图 16.14 所示，可以看出一氧化碳已经吸附到孔道中了。

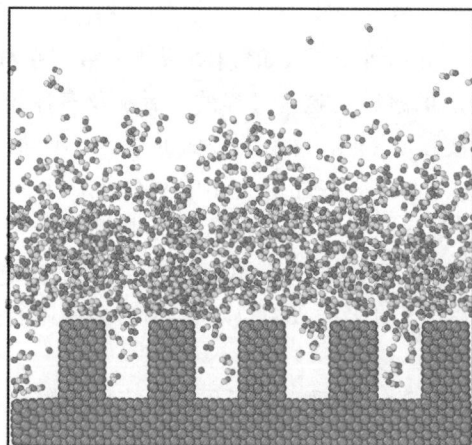

图 16.14　一氧化碳在 Cu 孔道上的吸附扩散构型　　　彩图效果

16.5　热导率

热导率是描述物质传热能力的重要参数，其计算涉及多种方法和因素。通过实验测量、

分子动力学模拟和基于第一性原理的计算,可以深入理解和预测不同材料的热传导性能。理解和计算热导率是研究物质传热特性的重要方面。热导率描述了物质导热能力的强弱,即物质传递热量的能力。在原子或分子水平上,热传递通常是通过分子振动、传导和辐射来实现的。

分子振动是指物质中的分子围绕其平衡位置发生的振动。这种振动产生了能量,能量可以通过相邻分子之间的碰撞而传递。对于固体来说,这是主要的热传递机制。

热传导指的是当物质处于温度梯度中时热量从高温区域传导到低温区域的现象。在固体中,这是由原子或分子之间的碰撞和能量传递所导致的。

热辐射是指物质通过发射和吸收电磁波来传递热量的现象。所有物体都会在一定程度上发生热辐射。

16.5.1　Green-Kubo 方法

LAMMPS 计算热导率主要基于 Green-Kubo(GK)方法。它基于统计力学中的涨落-耗散定理来推导热导率。其核心思想是基于时间相关函数的积分来估计热导率,这种方法能够捕捉到系统中热量传输的动态过程。

在 Green-Kubo 方法中,热导率(κ)与系统中的热动力学关联函数有关,可以通过下面的形式进行表示:

$$\kappa = \frac{1}{V k_{\mathrm{B}} T^2} \int_0^{\infty} \langle J(t) J(0) \rangle \mathrm{d}t \tag{16-1}$$

其中,κ 是热导率;V 是系统体积;k_{B} 是玻尔兹曼常数;T 是温度;$J(t)$ 是热流密度(heat flux density)。热流密度与系统中热量的传输有关。

为了实现热导率的计算,Green-Kubo 方法需要遵循如下步骤:

1. 构建模拟系统

首先,需要构建模拟系统,包括原子坐标、势能函数、温度控制等。可以通过分子动力学(MD)方法来模拟系统的动力学演化。

2. 计算热流密度

在模拟中,通过跟踪系统中的能量传输,可以计算热流密度 $J(t)$。热流密度可以用以下公式表示:

$$J(t) = \sum_{i=1}^{N} \frac{1}{V} \left(\frac{p_i}{m_i} \right) \cdot \frac{\mathrm{d}r_i}{\mathrm{d}t} \tag{16-2}$$

其中,N 是粒子数;p_i 是粒子 i 的动量;m_i 是粒子 i 的质量;r_i 是粒子 i 的位置。通过计算粒子的动量和位置变化率,可以得到系统中每个粒子的能量传输贡献。

3. 计算时间相关函数

接下来,需要计算热流密度的时间相关函数 $J(t) J(0)$。这可以通过对 $J(t)$ 的时间进行积分计算得到。

$$\langle J(t) J(0) \rangle = \frac{1}{t_{\max}} \int_0^{t_{\max}} J(t) J(0) \mathrm{d}t \tag{16-3}$$

其中,$t_{\max}$ 是积分的最大时间。

4. 计算热导率

通过对时间相关函数进行积分,使用上述表达式进行计算,得到系统的热导率。

一方面,GK方法基于统计力学,可以通过对系统的时间相关函数进行统计平均来获得热导率。它的适用范围广,适用于不同材料体系的热导率计算,可以描述各种复杂结构和材料的传热性能。另一方面,GK方法计算量较大,通常需要长时间的模拟才能得到准确的热导率,需要大量计算资源。并且对于一些特殊系统或者较小的尺度,可能存在精度不足的问题。

GK方法在材料科学、纳米技术和热传导材料研究中有着广泛的应用。它可以帮助研究人员理解和预测各种材料的热传导性能,有助于材料设计和热管理技术的开发。总体而言,GK方法作为一种统计力学方法,通过计算时间相关函数来推导系统的热导率,为我们提供了一种理解材料传热特性的重要途径。尽管存在一些计算上的挑战,但它仍然是研究热传导性能的有力工具之一。

16.5.2　非平衡分子动力学(NEMD)方法

非平衡分子动力学(NEMD)方法是用于计算材料热导率的另一种重要技术。它通过模拟系统中施加外部热梯度的方式,从而产生非平衡状态,并通过测量系统中的热流来计算热导率。NEMD方法在研究材料传热性能、纳米结构热传输等领域有着广泛的应用。

NEMD计算遵循如下流程:

1. 构建系统

首先需要构建模拟系统,包括原子坐标、晶胞参数、势函数等。系统应该足够大,以包含足够多的原子来获得准确的统计结果。

2. 施加温度梯度

在模拟过程中,在材料两端施加温度差或者热梯度。这可以通过改变系统两端的温度或者应用热盖(heat baths)的方式来实现。

3. 测量热流密度

在施加热梯度后,测量系统中的热流密度。热流密度可以通过以下公式计算得到:

$$J = -\kappa \nabla T \tag{16-4}$$

其中,J是热流密度;κ是热导率;T是温度。通过分子动力学模拟,可以计算得到不同位置上的温度梯度,并进而得到相应位置的热流密度。

4. 计算热导率

通过测量得到的热流密度和施加的温度梯度,根据上述公式计算系统的热导率。

NEMD方法在纳米材料热传输、热电材料研究、热管理技术和纳米器件设计等领域有广泛应用。它可以帮助理解材料的热传导特性,为设计高效的热管理材料和器件提供重要参考。总的来说,NEMD方法作为一种基于分子动力学的计算热导率的方法,通过施加温度梯度和测量热流密度来计算系统的热导率。尽管需要较高的计算成本,但它提供了一种直接测量和理解材料热传导性能的有效途径。

16.5.3　实例解析

接下来以 GK 方法为例,计算展示 Ar 热导率的过程。

准备 LAMMPS 输入文件 input.in,如下所示:

```
#LAMMPS 计算 Ar 热导率的输入脚本案例
units        metal
variable     T equal 70
variable     V equal vol
variable     dt equal 0.01
variable     p equal 200              #关联时间
variable     s equal 10               #采样间隔
variable     d equal $p*$s*10         #输出间隔
#转换 LAMMPS 中 real 单位类型为 to SI 单位类型
variable     kB equal 1.3806504e−23       # 玻尔兹曼常数
variable     A2m equal 1.0e−10
variable     ps2s equal 1.0e−12
variable     eV2J equal 1.60218e−19
variable     convert equal ${eV2J} * ${eV2J}/${ps2s}/${A2m}
#参数设置
dimension    3
boundary     p p p
lattice      fcc 5.376 orient x 1 0 0 orient y 0 1 0 orient z 0 0 1
region       box block 0 4 0 4 0 4
create_box   1 box
create_atoms 1 box
mass         1 39.948
pair_style   lj/cut 13.0
pair_coeff   * * 1.032e−2 3.405
timestep     ${dt}
thermo       $d
#平衡与热导率计算
velocity     all create $T 102486 mom yes rot yes dist gaussian
fix          NVT all nvt temp $T $T 10 drag 0.2
run          8000
reset_timestep 0
compute      myKE all ke/atom
compute      myPE all pe/atom
compute      myStress all centroid/stress/atom NULL virial
compute      flux all heat/flux myKE myPE myStress
variable     Jx equal c_flux[1]/vol
variable     Jy equal c_flux[2]/vol
```

```
variable      Jz equal c_flux[3]/vol
fix           JJ all ave/correlate $s $p $d &
              c_flux[1] c_flux[2] c_flux[3] type auto file J0Jt.dat ave running
variable      scale equal ${convert}/${kB}/$T/$T/$V*$s*${dt}
variable      k11 equal trap(f_JJ[3])*${scale}
variable      k22 equal trap(f_JJ[4])*${scale}
variable      k33 equal trap(f_JJ[5])*${scale}
thermo_style custom step temp v_Jx v_Jy v_Jz v_k11 v_k22 v_k33
run           200000
variable      k equal (v_k11+v_k22+v_k33)/3.0
variable      ndens equal count(all)/vol
print         "average conductivity: $k[W/mK] @ $T K, ${ndens} /A\^3"
```

经过计算后，屏幕输出热导率的具体数值(图 16.15)。

```
Other   |             | 0.7722     |            |          | 2.24

Nlocal:        10.6667 ave          15 max          5 min
Histogram: 1 0 2 2 0 6 4 4 2 3
Nghost:        1329.67 ave        1360 max       1276 min
Histogram: 8 0 0 0 0 0 0 0 1 15
Neighs:         1933.5 ave        3034 max        744 min
Histogram: 2 1 2 5 2 3 2 2 2 3

Total # of neighbors = 46404
Ave neighs/atom = 181.26562
Neighbor list builds = 6954
Dangerous builds = 0
average conductivity: 0.276915760919535[W/mK] @ 70 K, 0.0257443666020476 /A\^3
Total wall time: 0:00:35
```

图 16.15　热导率计算屏幕输出信息

16.6　反应力场简介与应用

16.6.1　反应力场简介

反应力场(reactive force field，简称 ReaxFF)是一种基于分子力场的模拟方法，可用于描述化学反应和材料性质。它不仅考虑了分子间的范德华相互作用和库仑相互作用，还考虑了化学键的形成和断裂，因此适用于描述原子尺度的化学反应和材料特性。以下是对 ReaxFF 原理、特点和应用的详细探讨。

1. 原理

(1)原子级别描述。ReaxFF 模型将每个原子看作一个独立的实体，并考虑原子间的键合、角度、扭曲等参数。这使得模拟能够捕捉到化学键的形成和断裂，模拟精度更高。

(2)键级描述。ReaxFF 使用了键级描述来模拟化学反应。它考虑了键的形成和解离，以及在不同化学环境下原子之间的相互作用，这使得其能够模拟复杂的反应动力学。

(3)电子结构和构型相互影响。ReaxFF 将电子结构和原子构型之间的相互作用纳入模型中，从而更准确地描述了材料的性质和反应动力学。

2. 特点

(1)化学反应描述。ReaxFF 能够描述化学反应的发生和动力学,模拟化学键的形成和断裂过程,使其在研究催化剂、燃烧、聚合物等领域有广泛应用。

(2)多尺度适应性。ReaxFF 模型能够适应不同尺度的系统,进行从分子级别到宏观级别的化学反应和材料特性的模拟。

(3)高通用性和灵活性。ReaxFF 可以应用于多种材料和化合物系统的模拟,并且能够根据不同体系进行参数调整,具有一定的灵活性。

3. 应用

(1)化学反应动力学。在研究化学反应机理和反应动力学时,ReaxFF 模拟能够提供关于中间体、过渡态和反应路径的信息,促进了对复杂化学反应的理解。

(2)材料表征。ReaxFF 在材料科学中被广泛应用,能够模拟材料的力学性质、热学性质以及相变等,如石墨烯、纳米材料等的模拟研究。

(3)催化剂设计。对于催化剂设计和催化反应机理研究,ReaxFF 可用于模拟表面反应以及洞察中间产物的形成。

(4)生物分子模拟。ReaxFF 也被用于模拟生物分子和蛋白质的反应,对于研究生物体系中的化学过程和相互作用提供了有价值的信息。

ReaxFF 因其能够捕捉原子尺度的化学反应和物质性质而备受关注。其在多个领域的广泛应用,尤其在研究复杂的化学反应和材料特性方面,为科学家提供了一个强大的工具。随着不断的模型改进和参数调整,ReaxFF 模拟将继续为研究人员提供更准确、可靠的模拟结果,推动着化学和材料科学领域的进步。

ReaxFF 的核心原理是基于原子之间键的动态形成和断裂,其势能函数包含了原子间的共价键、非共价键以及其他相互作用。它的表达式通常由下面的公式描述:

$$E_{\text{total}} = \sum_{\text{bonds}} K_b \left(r - r_0 \right)^2 + \sum_{\text{angles}} K_\theta \left(\theta - \theta_0 \right)^2 + \sum_{\text{dihedrals}} K_\varphi \left(1 + \cos \left(n\varphi - \gamma \right) \right) +$$

$$\sum_{\text{atoms}} E_{\text{atom}} \left(Q_i, F_i \right) \tag{16-5}$$

ReaxFF 通过参数化和优化这些势能函数来适应不同化学体系的模拟。它使用一系列的拟合参数来描述原子之间的相互作用,这些参数通常通过量化化学计算、实验数据或者结合两者来获得。

4. ReaxFF 和传统经典力场的对比

ReaxFF 和传统经典力场在描述分子系统时存在一些重要差异,它们各自有着不同的优点和局限性。

(1)描述能力。

传统经典力场:主要用于描述原子间的静态相互作用,包括键长、键角、二面角和非键相互作用等。忽略了化学键的形成和断裂过程,因此对于描述化学反应过程有一定局限性。

ReaxFF:考虑了化学键的动态形成和断裂,可以模拟化学反应的动力学过程。通过考虑键的形成和断裂,能够更好地描述分子间的化学变化,如键的形成、断裂和重新排列。

（2）参数化与适用性。

传统经典力场：参数相对固定，一般适用于特定类型的分子或化合物，并且参数化过程相对简单、直接。适用于静态系统的模拟，对于大型体系或者长时间尺度的动力学过程较为有效。

ReaxFF：参数较多，需要更多的优化和调整，因为它包含了考虑键的动态形成和断裂所需的额外参数。适用于模拟包含化学反应的系统，对于描述动态变化和复杂化学反应的体系更为准确。

（3）优缺点。

传统经典力场：计算速度快，适用于大尺度系统和长时间尺度的模拟。参数化相对简单，通常可以使用较小的参数集对系统进行描述。无法描述化学反应的动态过程，因此在描述键的形成和断裂时存在局限性。对于描述具有活跃化学反应的体系的准确性较差。

ReaxFF：能够模拟化学反应的动态过程，更适合描述键的形成、断裂和重新排列。对于复杂的化学反应系统具有较高的描述能力和准确性。参数较多，参数化和优化过程相对复杂，需要大量的计算和实验数据来进行验证和调整。计算成本较高，特别是对于大型系统或长时间尺度的模拟。

综上所述，传统经典力场和ReaxFF各自有着不同的优势和局限性。选择合适的力场取决于研究对象的特性，如果研究重点是静态系统或长时间尺度的行为，传统力场可能更为合适；而如果涉及化学反应的动态过程，ReaxFF可能更适合。

16.6.2　实例解析

在目前主流的分子动力学软件中，仅LAMMPS支持ReaxFF，在LAMMPS安装目录potentials里找到相关的势函数文件，也可在下面这个网址找到适合自己体系的ReaxFF文件：https://www.scm.com/doc/ReaxFF/Included_Forcefields.html。

下面以甲烷燃烧为例，讲解反应力场在LAMMPS软件中的使用：

（1）使用packmol软件建立4 nm×4 nm×4 nm的模拟盒子，里面包含200个甲烷和200个氧气分子。事先使用第三方工具，如GaussView等建立单个甲烷分子和氧气分子的pdb文件，随后使用packmol生成各分子位于给定位置随机分布的模型。使用OVITO打开，可以看到如图16.16所示的混合物质的模拟盒子。

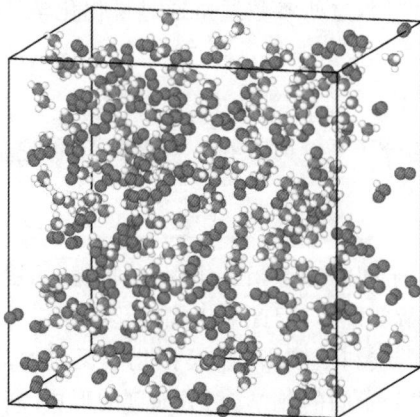

图16.16　包含甲烷和氧气的模拟盒子　　彩图效果

　　(2)准备 LAMMPS 输入文件 input. in，以及对应原子的反应力场文件 ffield. reax. cho（在 LAMMPS 安装目录 potentials 里可以找到）。input. in 文件内容如下所示：

```
#温度设置
variable T equal 5000
#基本参数设置
units    real
atom_style   full                #采用 full 方便后面追踪分子
neighbor   2.0 bin
neigh_modify    every 1 delay 0 check no

#读取 data 文件
read_data    in. data

#设置质量
mass    1   1.007970            #H
mass    2   12.011150           #C
mass    3   15.999400           #O

pair_style    reaxff NULL
pair_coeff * * ffield. reax. cho H C O
velocity all create ${T} 4928459 rot yes dist gaussian
thermo 10
thermo_style custom step temp pe ke
thermo_modify flush yes

fix   2 all nvt temp ${T} ${T} 50.0
#使用力场中的电荷平衡参数
fix   3 all qeq/reaxff 1 0.0 10.0 1e-6 reax/c
#输出反应物和产物的个数和轨迹
fix   4 all reaxff/species 1 1 1 species_${T}. out element H C O
fix   5 all reaxff/bonds 1000 bonds_${T}. reaxff
dump 1 all custom 1000 dump_${T}. lammpstrj id mol type mass x y z

#设置模拟时间,一般来说反应立场 dt 设置需要足够小,0.1~0.25 fs 比较合适
timestep 0.25
run 10000
write_data reax. data
```

　　(3)运行计算。计算完成后,当前目录会生成 dump_1000. lammpstrj 轨迹文件,以及 species_1000. out 文件。species_1000. out 文件包含了反应物个数、产物个数随模拟时间变化的数据。

（4）对反应物分子个数随反应时间的变化情况进行统计。在本例中，如图 16.17 所示，在当前模拟时长内，甲烷分子充分地发生了反应，其数量随时间不断衰减。

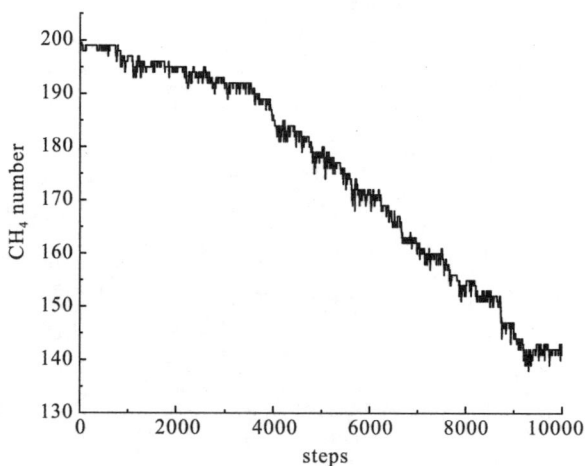

图 16.17　体系中甲烷燃烧的个数随模拟时间变化

使用 OVITO 打开生成的 reax. data 文件，可以观察甲烷和氧气反应后的快照（图 16.18）。通过对几何构型的仔细观察，可以提取归纳出潜在的中间体，乃至进一步推测可能的反应路径。

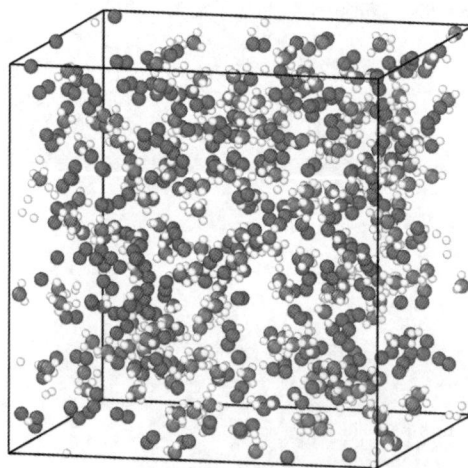

图 16.18　甲烷和氧气反应后的快照　　　　彩图效果

第 17 章　有限元仿真案例简介

随着计算机技术的普及和计算速度的不断提高,计算机辅助工程 CAE(computer aided engineering)成为现代工业产品研发的重要基础技术,其中应用最为广泛的就是有限元法 (finite element method,FEM)。FEM 指的是通过数学近似的方法,用有限数量的未知量来逼近无限数量的未知量,从而模拟真实的物理系统。目前有限元法的应用领域已遍及各类物理场的分析,从力学线性分析到非线性分析,从单一场分析到若干个场的耦合分析,随着时间的推移,有限元法的发展也愈发成熟。如今使用 COMSOL、ANSYS、Abaqus 等仿真模拟软件可以实现结构、电磁、流体、爆炸冲击、疲劳分析、光学、声学、生命科学等内容的研究和分析,下面就为大家展示几种仿真分析的案例和结果。

17.1　坩埚底部的温度场分布

本案例研究了电子束蒸发过程中坩埚的温度分布(图 17.1)。电子束蒸发是真空蒸镀的一种工艺过程,在真空条件下通过电子束物料进行加热,使得材料相变蒸发,然后对工件进行分子流镀膜,因此蒸发槽内的温度控制,在整个工艺的控制过程中尤为关键。通过有限元热仿真,能基于电子束蒸发设备,模拟工作状态下,电子束打到坩埚里的金属使其熔化的过程,同时在坩埚底部通入冷却水,模拟分析系统的温度场及温度梯度信息,为后期坩埚尺寸及工艺参数设计提供参考。

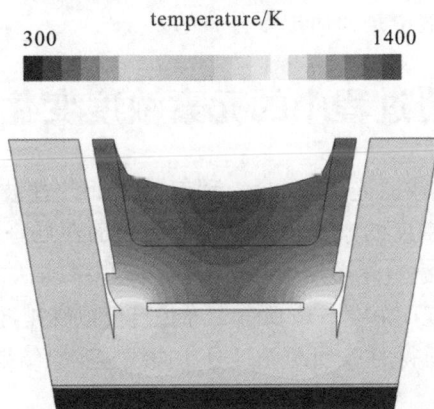

图 17.1　坩埚底部的温度场分布切片填色图

17.2 溶液在管路容器中的流动

本案例研究了管式反应器中的流体流动情况（图17.2）。在化工行业中，管式反应器是一种常见的反应容器，例如甲醇重整反应、硫化物催化反应等。反应物料通过对流传质的方式进入反应器后，经过混合反应、催化反应等形式进行合成反应，反应器中物料的流动传质和反应效率，溶液在反应器中的流速和流线轨迹的分布情况等对于反应效率的影响至关重要。有限元法可以对传质反应进行相应模拟，并通过云图、流线图等方式可视化地展示反应物与产物在反应器中的分布、流动情况，以此评估特定模型和工艺下的优劣情况，为反应器的设计以及工艺阐述调整起到一定的指导作用。

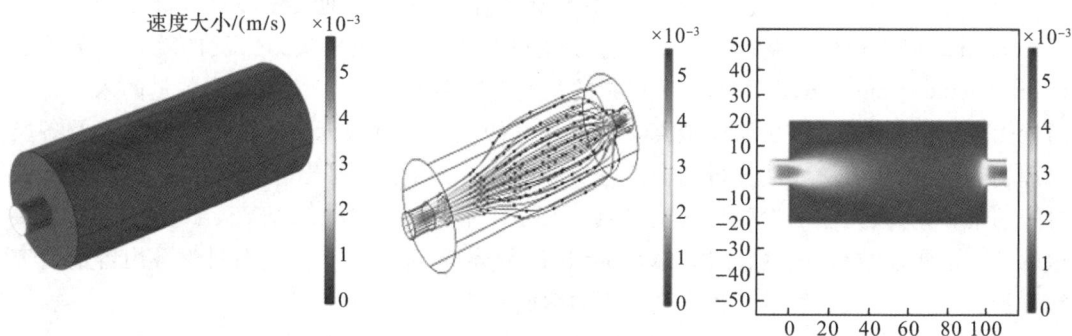

图17.2 溶液在管路容器中的流速分布

17.3 溶液在容器中的扩散

本案例研究了稀释盐溶液过程中溶液浓度的分布，以探究盐在水溶液中的扩散规律。在此研究中，将高浓度盐溶液缓慢流入杯子里的水溶液表面，在静置状态下，随着时间的变化，盐溶液在水溶液中扩散，其扩散特点可以通过浓度体现出来。图17.3中的不同颜色代表了不同浓度，可直观观察得知不同浓度盐溶液的空间分布情况，以及随着时间推移浓度是如何变化的、盐溶液在水溶液中是如何扩散分布的。

17.4 激光熔覆过程中的元素浓度变化

激光熔覆亦称激光熔敷或激光包覆，是一种新的表面改性技术。它是通过在基材表面添加熔覆材料，并利用高能密度的激光束使之与基材表面薄层一起熔凝的方法。本案例中，在基层表面形成冶金结合的添料熔覆层，建立了基于体积平均法的气-固-液三相激光熔覆模型，对45钢表面激光熔覆316L涂层中Cr元素分布进行模拟研究，获得了激光熔覆过程中Cr元素成分分布（图17.4）。模拟所得的Cr元素浓度分布曲线与实验结果的一致性较高，验证了该模型的可靠性。

浓度/(mol/m³)

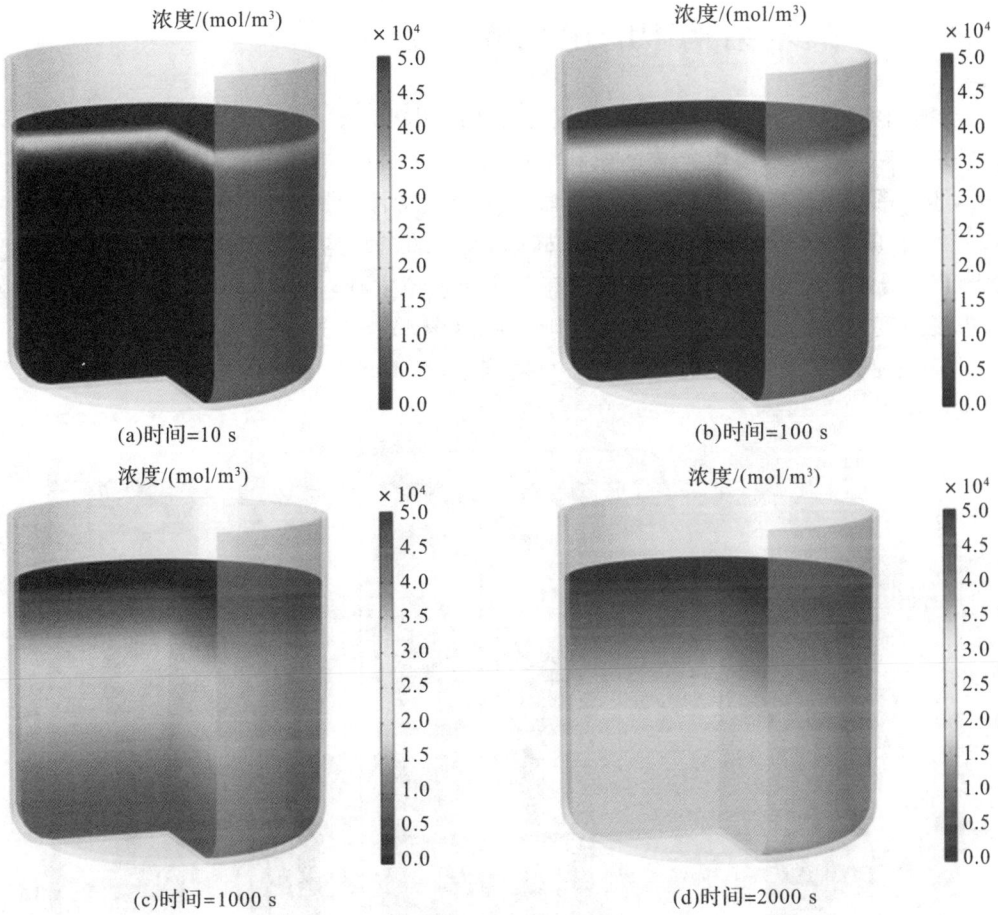

(a)时间=10 s

浓度/(mol/m³)

(b)时间=100 s

浓度/(mol/m³)

(c)时间=1000 s

浓度/(mol/m³)

(d)时间=2000 s

图 17.3　溶液扩散过程中浓度随时间的关系

0 Chromium distribution(wt%) 16

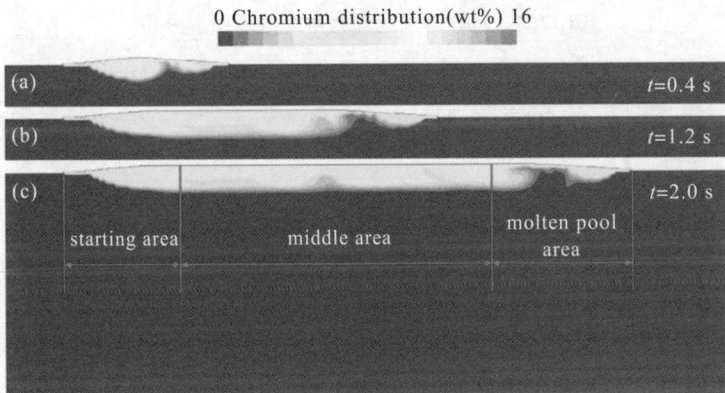

(a)　　　　　　　　　　　　　　　　　　　t=0.4 s

(b)　　　　　　　　　　　　　　　　　　　t=1.2 s

(c)　　　　　　　　　　　　　　　　　　　t=2.0 s

starting area　　　middle area　　　molten pool area

图 17.4　激光熔覆过程中的 Cr 元素浓度分布随时间变化情况

17.5 纳米结构中的电场强度分布

本案例将帽状 ZnO 椭球利用磁控溅射方法沉积在 ZnO 纳米线(NW)阵列的顶部,合成 ZnO 基椭球/NW 纳米结构。通过控制沉积时间,使 ZnO 椭球的长径比从 100/70 提高到 270/120。系统地研究了 ZnO 椭球沉积时间对荧光特性的影响,并成功地增强了其荧光特性。与生长的 ZnO NW 阵列相比,ZnO 椭球/NW 纳米结构溅射时间为 5 min 的样品光致发光(PL)增强了约 3.2 倍。此外,通过有限元法模拟发现,由于 ZnO 椭球的局域场增强效应,电场强度最强的部分出现在纳米结构的顶部(图 17.5),这可以有效延长 ZnO 椭球/NW 纳米结构中保留的光子,使电子与光子交换能量,从而产生更多的电子-空穴对,从而导致 PL 发射增强。

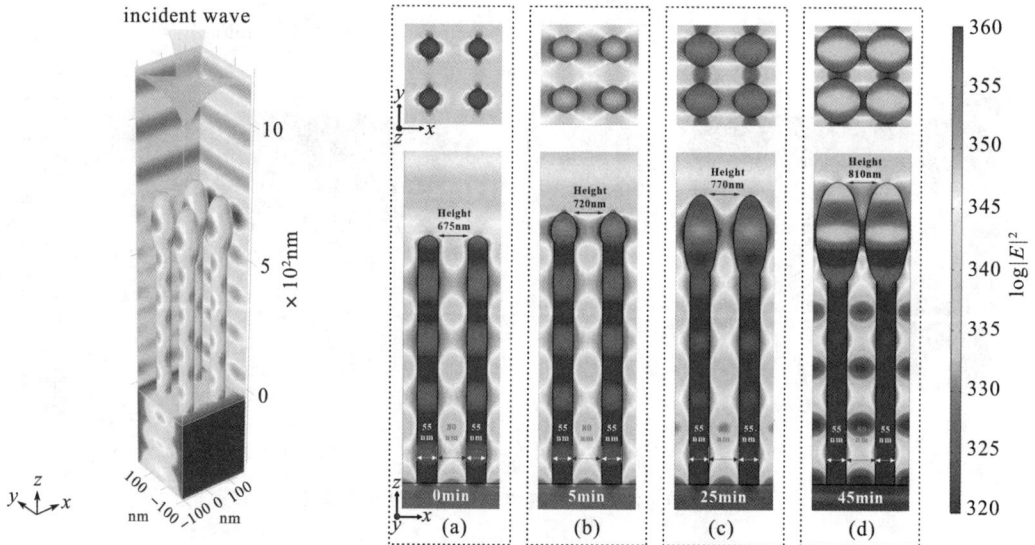

图 17.5 ZnO 纳米线阵列中的电场强度分布

17.6 等离子体共振模拟案例

本案例设计了基于银纳米线的三角形@圆形二聚体结构(图 17.6)。首先,通过理论模拟确定了强电场作用下二聚体的共振频率 ω。其次,将三角形纳米线分别旋转 60°和 90°,研究了不同旋转角度的三角形纳米线对间隙电场的影响。结果表明,三角形-0°@圆形二聚体结构显示出非常尖锐的偶极子共振峰。此外,位于电场极化方向的尖端可以显著调制共振峰向可见光区偏移。三角形-0°@圆形二聚体结构可以在间隙中获得剧烈的共振,而能量损失较小。最后,讨论了形状参数和色散关系对等离子体共振频率的增强机理。有限元模拟结果为光学器件在低损耗条件下调制等离子体共振频率提供了重要的理论依据。

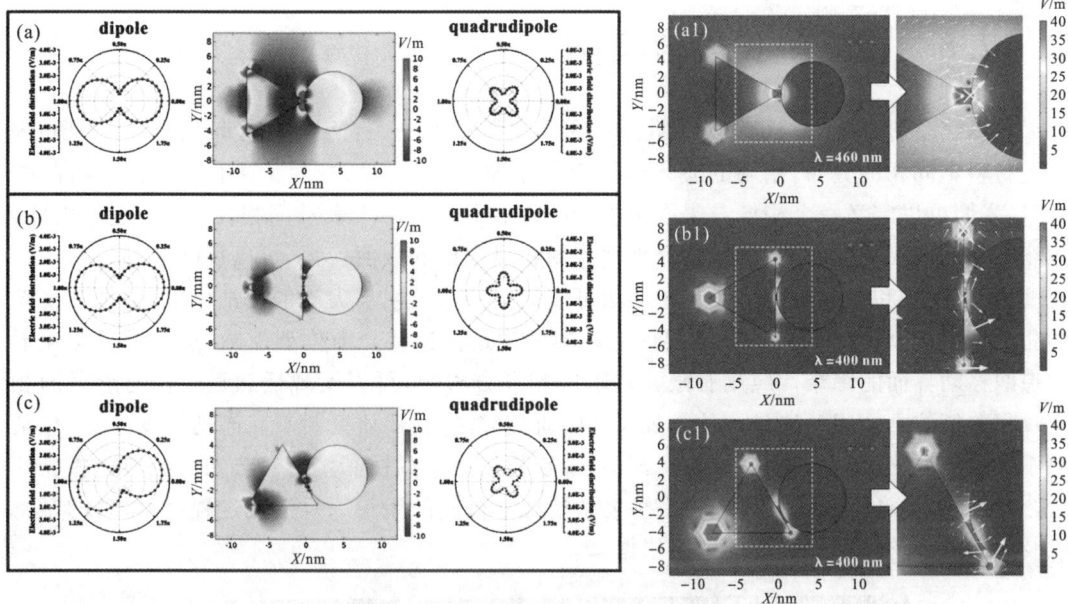

图 17.6　Ag 纳米线中的间隙电场

17.7　气液耦合模拟案例

旋风分离器是一种能够分离气固体系或者液固体系的设备,具有结构简单、效率高、维修方便和使用寿命长等特点,被广泛应用于采矿、冶炼等化工生产过程。本案例展示的是一种湿式旋风分离器,工作原理为:壁面上存在液膜,气溶胶经入口切向进入旋流器,粒子在离心力作用下旋转并"撞向"液膜,液膜"捕获"粒子并富集,富集液经下部排液口排出,未能捕获的粒子随气体从上部出口"逃逸"。利用 Fluent 软件可以得到湿式旋风分离器工作中的气液相图,可以观察到气液相界面的位置变化(图 17.7)。

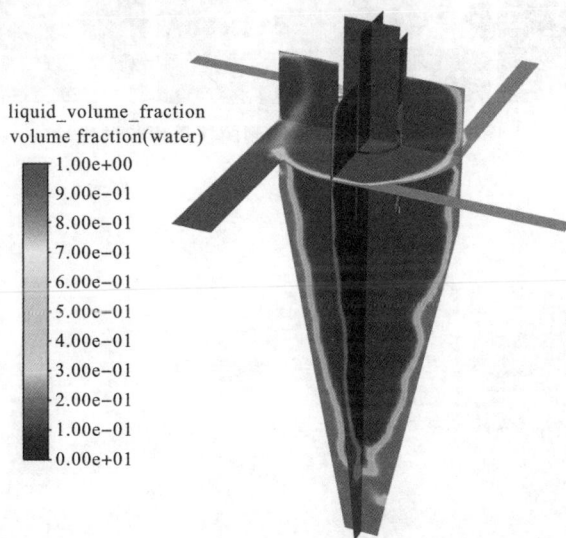

图 17.7　旋风分离器中的气液相分布情况

17.8　枝晶生长模拟案例

相场法是研究相变与微结构演化的一种有力数值方法。它引入一个辅助场（即相场）来描述材料不同相的分布，相场的演化遵循变分原理导出的相场方程。在有限元模拟枝晶生长时，我们可以定义一个相场 φ 来指示液相和固相区域，$\varphi=1$ 表示固相，$\varphi=-1$ 表示液相。相场方程描述相场的时空演化，结合黏性流场和温度场的数值模拟，可以反映凝固过程中的速度场、温度场和相分布的变化。相场法可以捕捉到枝晶生长尖端的精细模拟，呈现其复杂的相互作用机制（图17.8）。它对界面运动的描述是在连续介质框架下的，这样可以避免显式追踪移动界面的困难。应用有限元法求解相场方程组，可以实现任意复杂几何形状的相变过程数值仿真。相场法是一种介观尺度的研究方法，主要研究材料状态的演变过程，包括但不局限于融化、蒸发、凝固、沉积。其中，基于相场法模拟枝晶生长趋势尤为经典。相场法结合温度场、电场、流场，可以模拟多种复杂情况下枝晶的生长以及演化过程，为材料的制备以及工艺的调整提供了重要的理论依据。

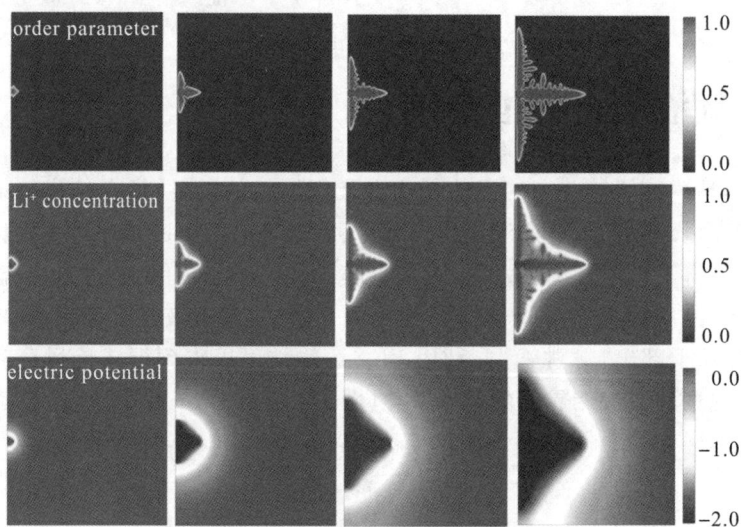

图17.8　通过相场法得到的枝晶生长过程

第 18 章　其他辅助程序

18.1　基于 IAST 的吸附科学研究工具

理想吸附溶液理论(ideal adsorption solution theory, IAST)在气体选择性吸附研究领域有着广泛应用。该理论由 Myers 与 Prausnitz 在 1965 年提出[132],相关热力学推导过程可参见作者发表的论文[133,134]。在实际的研究过程中,经常需要研究吸附剂对混合气体的吸附情况,而对这一问题的直接测量往往受到多种实际原因限制而难以开展。此时,可以通过研究吸附剂对单组分的吸附情况,然后使用 IAST 对混合组分情况进行预测。IAST 研究的优势在于,可以避免高成本的混合组分吸附实验,该类实验通常需要自建实验平台,耗时耗力且大部分具有不可预见的危险性。IAST 还具有成本低的特点,通过该理论完成对混合气体的预测所需时间以秒计。在单组分的测试结果足够精确的情况下,IAST 预测的结果也具有很高的可信度。

18.1.1　IAST 研究步骤

使用 IAST 进行混合组分吸附研究时,需要经历以下几个步骤:

(1)确定吸附系统的组分和条件,包括吸附剂和吸附质的性质、吸附温度和压力等。

(2)选择适当的吸附等温线模型,例如 Langmuir、Dual-site Langmuir 等模型,以描述吸附剂和吸附质之间的吸附行为。通过实验或计算方法(如 GCMC 模拟)获得吸附等温线参数。可能需要分别验算不同模型,以获得最合适的吸附等温线方程。

(3)使用 IAST 公式计算出在给定条件下各组分的吸附量,以及各组分的平衡浓度。

(4)对模拟结果进行验证和分析,例如与实验数据进行比较,评估模型的准确性和适用性。

IAST 本质是简单的数学运算,实现起来非常容易,甚至可以手动进行。多种程序都支持基于 IAST 的预测模拟。以下介绍几个代表性程序。

18.1.2　常见软件

1. pyIAST

pyIAST 是一款老牌的 IAST 模拟软件,使用 Python 语言编写。该软件可以模拟 IAST

以及反向 IAST，足够应付常规的多组分吸附研究课题的需要。软件作者推荐新手使用 Jupyter Notebook，以获得接近 GUI 的使用体验。程序网站见 https://github.com/CorySimon/pyIAST。

2. pyGAPS

pyGAPS 是一个用于吸附数据分析的综合性软件包（图 18.1）。软件包中的 IAST 模拟相关代码由 pyIAST 软件的作者撰写，而实际使用过程中可以获得远超 pyIAST 的使用体验。pyGAPS 目前已经有图形化版本，名为 pyGAPS-gui：https://github.com/pauliacomi/pyGAPS-gui。该图形化软件目前支持如下功能：①直接读取吸附测试仪器导出的数据；②常规分析，例如 BET/Langmuir 表面积、t-plot、alpha-s、Dubinin 图等；③介孔与微孔的孔径分布计算；④等温线模型拟合（Henry、Langmuir、DS/TS Langmuir 等）；⑤等量吸附焓计算；⑥二元和多组分吸附的 IAST 计算。

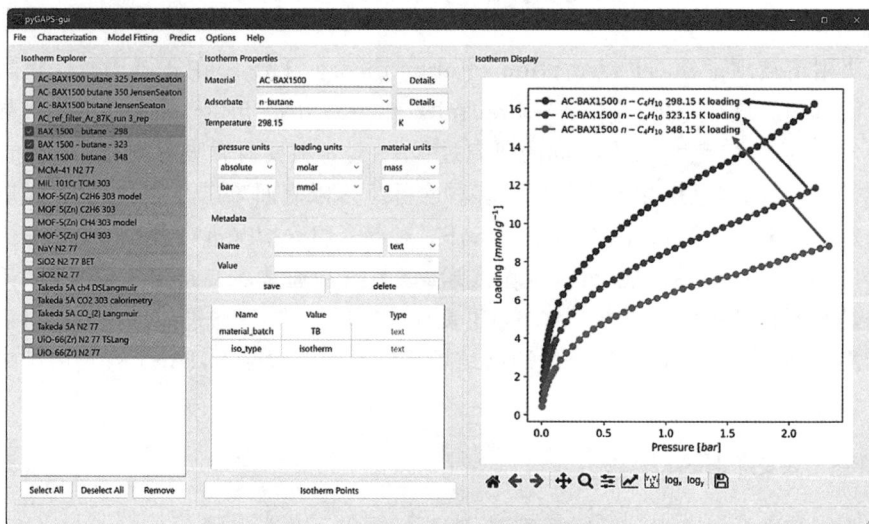

图 18.1　pyGAPS-gui 的用户界面

3. IAST++

该软件由来自 Jihan Kim 课题组的 Sangwon Lee 完成。该软件可以自动化拟合等温线，并选择最优拟合结果。该软件还有特别优秀的显示效果（图 18.2）。并且该软件在编写过程中充分考虑到使用者的理论基础问题，虽然功能不如 pyGAPS 丰富，但是十分适合零基础的实验研究人员使用。用户可以导入任意数量的纯等温线数据，并可以选择所需的系统变量（例如，系统压力和气体成分或总吸收和吸附相成分），以获得混合物等温线数据。程序网站见 https://github.com/Sangwon91/IASTpp。

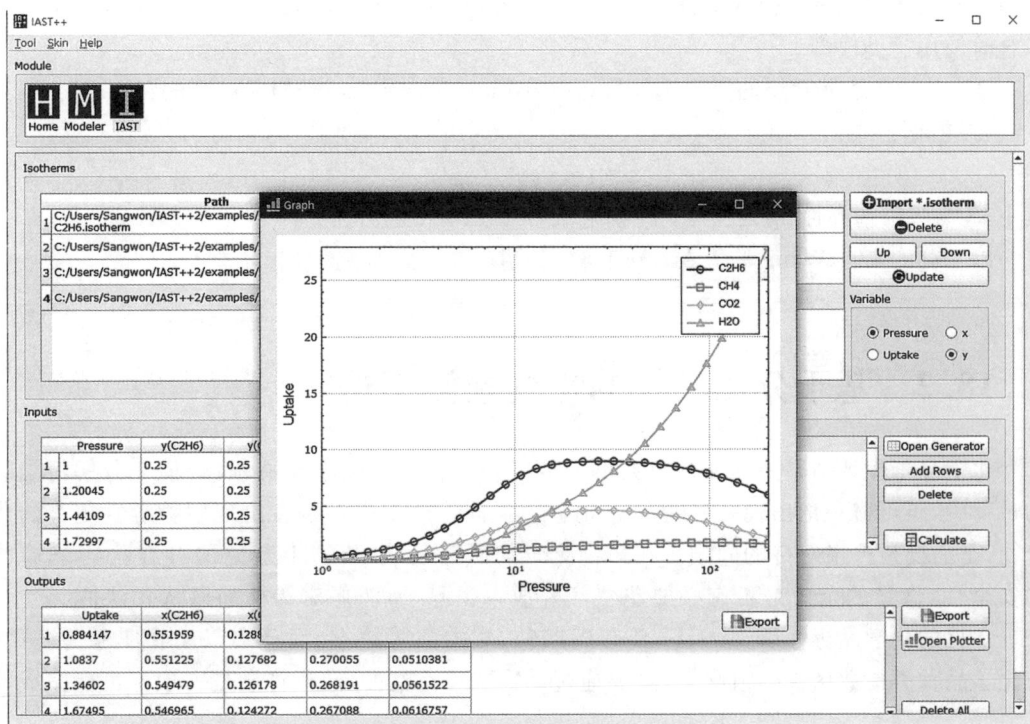

图 18.2 IAST＋＋的用户界面

==================【Q&A】==================

Q1：什么情况下才能使用 IAST 进行模拟？

答：IAST 假设吸附剂与气相混合物达到平衡时，各组分分别遵循吸附模型，且不考虑组分之间的相互作用。这些气体可以形成理想混合物，不可以发生化学反应。这些气体可以进入吸附剂中同样的区域。吸附剂不会和吸附质发生变化（物理的、化学的都不行）。

Q2：吸附测试的数据对于吸附量有很多的单位形式（如 mmol/g、mg/g、cc/g Volume@STP），该如何选择？

答：cc/g Volume@STP 和 mmol/g 这类与气体分子的物质的量正相关的单位可以直接求解，mg/g 这种需要转换后再使用。同一个研究中的不同组分需要统一单位。

Q3：能否将 IAST 模拟时的压力范围外推到与单组分实验的最高压力之外？

答：如果单组分实验数据绘制的等温线具有可靠的外推条件，那么可以将 IAST 的压力范围进行外推。如果单组分的拟合结果在外推高压时已经不再可靠，那么 IAST 模拟时也不能进行此类操作。判断单组分是否可以外推的简单判据是，查看吸附等温线是否已经显示曲率并开始饱和（通俗点说就是"线要平了吗"），此时应该可以获取饱和吸附量。

Q4：为何有些文献不建议使用 Freundlich 或者 Langmuir-Freundlich 这类模型进行 IAST 模拟？

答：Freundlich 和 Langmuir-Freundlich 这类经验模型，并不具有热力学的合理性，仅能够在实验的压力范围内作为对曲线的一种"类解析"表达方式,不建议大家在各种吸附数据拟合时使用这类模型[135]。

Q5:文献中经常看到的吸附选择性(adsorption selectivity)是如何计算的?

答:根据公式:

$$S=(q_1/p_1)/(q_2/p_2) \tag{18-1}$$

其中,S 为吸附选择性;q_i 为气体 i 的吸附量;p_i 为气体 i 的分压。

以上公式来自 Wang 等人在 2014 年的报道[136]。

==

18.2　基于分子结构的毒性预测工具

化学品毒性评估是一项非常重要的研究工作。在环境化学研究领域,催化分解污染物的过程中,不可避免地出现一些中间体化合物。催化过程中是否会出现生物毒性更高的化合物,是需要被严肃对待的问题。在药物化学的研究领域,药物中杂质的存在会影响药物的安全性,微量的杂质是否有必要花费额外成本去除,也需要对毒性加以认真评估。

常见的化学品毒性研究方法,具有周期长、成本高等缺点,而且多以动物实验为基础。在化学品种类指数增长的情况下,想要通过动物实验完整去研究,将会是一项不可能完成的任务。

定量结构-毒性关系(quantitative structure toxicity relationship,QSTR)是一种利用分子结构描述预测化合物毒性的方法。它基于现代分析化学及化学毒理学研究,得到化学结构与毒性之间的定量关系,通过收集和分析化合物的结构和毒性数据,建立数学模型来预测新化合物的毒性。QSTR 方法可以帮助人们有效地预测潜在的毒性,从而减少对动物实验的依赖,加速药物研发进程,具有重要的应用价值,具备快速、高效、经济等特点。

18.2.1　QSTR 研究过程

QSTR 的研究过程如下:

(1)数据收集。收集化合物的结构和毒性数据。毒性数据可以是实验测得的,也可以是文献报道的。

(2)分子描述符的计算。通过计算化合物的分子描述符,将其化学结构转换为数学数据。分子描述符可以是物理性质、结构特征、电子性质等多种指标。

(3)特征选择。从计算得到的分子描述符中选择与毒性相关的特征,并进行特征筛选和降维。

(4)模型构建。根据所选择的特征,建立数学模型,用于描述分子结构与毒性之间的关系。常用的数学模型包括多元线性回归、支持向量机、人工神经网络等。

(5)模型评估。使用交叉验证、外部验证等方法对模型进行评估,判断其预测性能和可靠性。

(6)应用预测。使用建立好的模型对新化合物的毒性进行预测,并对预测结果进行解释和分析。

通过上述 QSTR 预测过程可知,想要实现该预测,需要进行大量的前期准备工作。如果只是为了研究某几种甚至十几种化学品的毒性,这种前期准备的成本已经超过了实际实验的成本。在常规的化学品毒性研究过程中,自己训练预测模型并进行预测是十分困难的,难以建立具有代表性的模型。只有当课题组研究的化合物具有很高相似性,并且已经有了一些实验数据时,才建议尝试训练使用供自己使用的内部模型。

由此可知,QSTR 方法具有明显的使用门槛,主要是在前期的(1)数据收集阶段,后续的(2)~(5)利用现有的工具可以较为轻松完成。幸运的是,目前网络上已经有各种机构开发出了相关的工具可以直接使用,其中使用的预测模型是基于自身机构的研究成果或是已有的文献数据。

这里我们不对商业软件进行推荐,只推荐常见的免费/部分免费工具。

18.2.2　常见软件

1. EPI Suite

EPI Suite 是一种广泛应用于化学品评估和风险评估的软件工具,可以评估化学品的物理化学性质、环境行为、毒性和生态毒性等方面的特征。软件中含有 18 个子软件(图 18.3),其中 6 个涉及理化性质,1 个涉及健康毒理学,2 个涉及生态毒理学,9 个涉及环境行为。

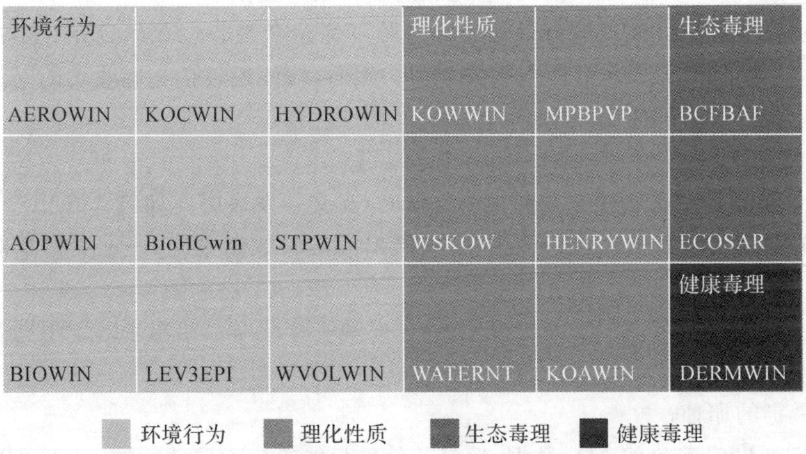

图 18.3　EPI Suite 的 18 个子软件名称和领域

在这些子软件中,ECOSAR 程序最为常用,可以估计工业化学品的水生毒性。该程序可以估计对鱼类、水生无脊椎动物和绿藻的急性(短期)毒性和慢性(长期或延迟)毒性,并在其他盐水和陆生物种的数据可用时提供有限的预测数据。ECOSAR 有单独版本可以下载,并且版本更新。在目前的研究活动中,EPI Suite 主要用于理化性质与环境行为预测。

2. PBT Profiler

PBT Profiler 是一种用于化学品评估的软件工具,用于评估化学物质的持久性(persistent,P)、生物蓄积性(bioaccumulative,B)和毒性(toxic,T)特征。PBT Profiler 曾经被美国环境保护局(US EPA)采用,但 US EPA 在其网站上宣布,PBT Profiler 已于 2021

年1月29日停用,而且已不再提供支持。US EPA指出,该决定是因为现有的环境、毒性和监管评估工具已经足够了,而且US EPA将继续使用其他工具,如ChemProp、EPI Suite和ECOSAR等来评估化学品的潜在环境和健康风险。

3. T. E. S. T. (Toxicity Estimation Software Tool)

T. E. S. T. (Toxicity Estimation Software Tool)是一款由美国环境保护局(US EPA)开发的免费软件,用于评估化学物质的急性(短期)毒性和慢性(长期)毒性。根据已公开发布的数据,T. E. S. T. 的预测准确性很高,尤其是在急性毒性预测方面。T. E. S. T. 支持多种模式:Hierarchical method、FDA method、Single-model method、Group contribution method、Nearest neighbor method。一般使用Consensus method进行预测,该方法使用上述方法的预测结果复合得到。

4. OECD QSAR Toolbox

OECD QSAR Toolbox是一种用于化学品毒性评估的软件工具,由经济合作与发展组织(OECD)开发。该软件可以进行多种毒性终点的预测,如急性毒性、慢性毒性、致突变性、致癌性等。支持多种QSAR模型,包括线性模型、非线性模型、分类模型等,能够更好地适应不同化学物质的特性。但也是使用门槛最高的常用软件,从安装阶段开始就对新手极不友好,推荐对QSAR及QSTR有更深研究和追求的用户尝试。

这里还需要注意,OECD QSAR Toolbox并不完全免费。OECD QSAR Toolbox软件的核心部分是免费的,可以从官网下载并使用。然而,软件还包括一些收费的附加模块和数据,需要用户购买后才能使用。

=================【Q&A】=================

Q1:当化学品同时有实验数据和预测数据时,在文章发表时应如何选取?

答:优先选用实验数据,如果不同文献中给出的实验数据不同,一定要仔细对比不同实验的数据可靠性。

Q2:我在使用T. E. S. T. 软件进行预测时,发现一个化学品给出了基于不同基团的多套预测数据,该怎么选用?

答:选最毒的那种。

Q3:我需要针对家兔的LD_{50}数据,但是软件中只能给出大鼠的数据,是否可以使用?

答:同一种物质的不同动物的LD_{50}数值是不同的,不能混用。

===

18.3 基于晶体结构的多孔体系研究工具

MOF与COF类材料因其丰富的孔结构,具有优异的气体吸附和分离性能,在物理吸附剂研究中备受关注。但是这类材料在第一性原理计算和量子化学计算中都是难点。计算的难点主要是原子数过多,即便约束到素胞,原子数依旧很多。此时进行计算往往难度很大,但如果有可靠的晶体结构,就可以基于晶体结构以非电子结构计算的方式去快速获得一些有价值的数据。

孔的吸附行为因孔的大小而异,根据孔的大小(孔径)可分为微孔(micropore,<2 nm)、中孔(mesopore,2~50 nm)、大孔(macropore,50~7500 nm)、巨孔(megapore,>7500 nm)等几类。完美的 MOF 和 COF 晶体结构,可以提供微孔和中孔结构,基于晶体结构文件研究的也是微孔与中孔。微孔和中孔的结构表征通常用低温静态容量法,微孔采用氮气、氩气作为吸附气体,中孔采用氮气作为吸附气体。而计算研究通常研究的是孔体积、比表面积、孔径分布等性质。

在了解具体的计算软件之前,需要先了解一下一些相关的定义。

18.3.1　相关定义

1. 范德华表面

范德华表面(van der Waals surface)是由分子中原子的范德华半径来定义的。此时,原子不是作为一个点,而是一个有一定体积的球,这个球的半径就是范德华半径,但是原子形成分子时,原子的电子分布不可能是按照球形分布的,故而,我们通常会以一定的电子密度的等值面作为范德华表面。一般我们以 0.001 a.u. 的等值面作为范德华表面。严格来说,通过计算得到实际电子密度后方可得到范德华表面,而我们本节要介绍的这些软件则仅通过原子位置对范德华表面进行估计,以达到快速评估的效果。

溶剂排斥表面(solvent-excluded surface,SES)有别于范德华表面。相当于用一个探针球在范德华表面上进行滚动,有很多范德华表面的角落位置会因为探针球存在一定的体积而无法进入。探针球“车轮”的车辙印连起来就是 SES 表面。有些软件中称其为 Connolly 表面。

溶剂可及表面(solvent-accessible surface,SAS)是在上述 SES 表面构建过程中,由探针球“车轮”的中心连线得到的。需要注意的是,由于上述表面定义涉及探针球,当作为探针球的分子不同时,得到的表面也是不同的,这个在 Zeo++ 等软件中会有更具体的体现。这些表面定义在图 18.4 中有直观展示。

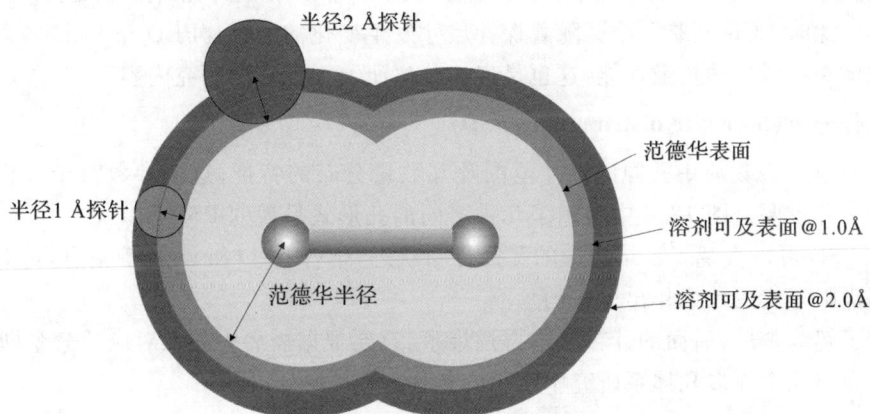

图 18.4　表面的不同定义方式

2. 孔径

孔径分为很多种类，涉及的概念也比较多，这里对大家必须了解的一些概念进行解释。

图18.5中包含横纵两个通道，假设横向直径为1.5 Å，纵向直径为3 Å。此时以直径为2 Å的探针（④号标记区域）进行测量，我们可定义可及探针中心可占据的体积（accessible probe center）为⑤号标记区域，可及扩展体积（accessible extended）为⑥号标记区域，探针无法通过的窄孔（narrow）为①号标记区域。不可及探针中心体积（non access probe center）为③号标记区域，探针不可及的扩展体积中心体积（non access extended）为②号标记区域。

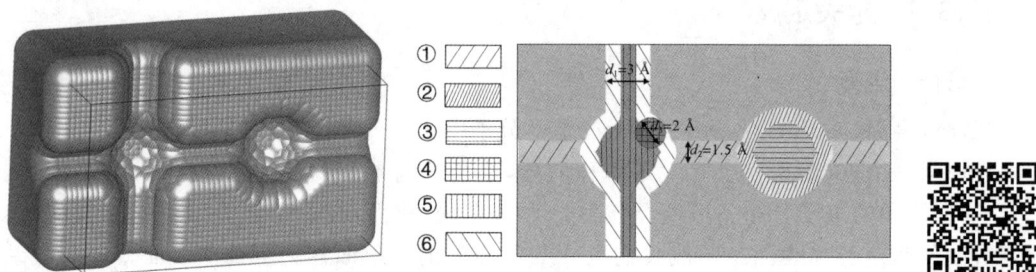

图18.5 一个假想的孔道结构

彩图效果

在图18.5中，纵向直径为3 Å的通道、横向直径为1.5 Å的通道，这种通道的直径即为孔极限直径（pore limiting diameter，PLD）。如果有的孔中间有一段比较细，那么PLD就以比较细的那段为准。⑥号和②号标记区域这种空腔区域的直径，即为空腔直径。如果某个空腔是全局最大的，则这个直径称为全局最大空腔直径（global cavity diameter，GCD）；而最大空腔直径（largest cavity diameter，LCD）是对某个位置来说的，当然所有位置的LCD的最大值也就是GCD。

这里的定义在不同的文献中有不同的说法，某些文献中是将LCD定义为探针可以穿过孔到达的最大的空腔直径。也就是说，如果晶体的某个方向有多条通道，某尺寸的探针可以到达的空腔才能叫作LCD，探针到不了的地方可以参与GCD的评比，但是不能作为LCD的评比数据。此时LCD便是一个会随着探针尺寸发生变化的参数。PLD和LCD的数值会极大影响气体在材料内的扩散性能，这也是气体分离研究中的重要研究内容。

3. 孔径分布（pore size distribution，PSD）

PSD是材料或物质中孔隙的尺寸范围及其数量分布的特征，这个参数对于分析气体分离等性质十分重要。图18.6中展示了几种不同的孔形式呈现的PSD图。

通过PSD可以直观了解结构中的孔径分布状态，结合PLD和LCD等信息，可对材料的气体分离吸附等应用效果作出更好的预测。

概念了解清楚后，后面的计算就不再是难事，只要根据需要去敲入对应的命令即可。

以下介绍几个在多孔体系研究中常用的软件。

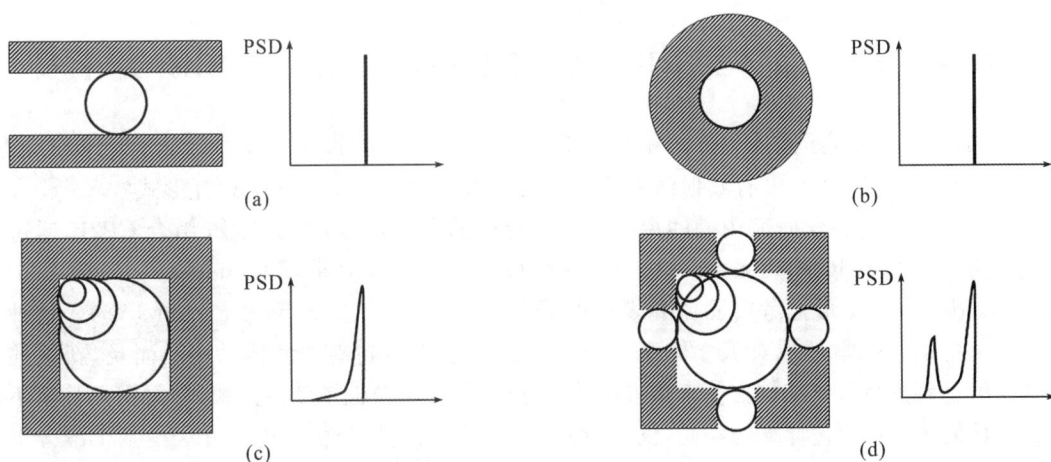

图 18.6　几个代表性的 PSD

18.3.2　常用软件

1. Zeo＋＋(http://www.zeoplusplus.org/)

该软件是新手研究的首选,上述提到的相关参数内容都可以进行研究,而且其编译简单,计算结果可读性较高,源代码易读易改。

2. PoreBlazer(https://github.com/SarkisovGitHub/PoreBlazer)

从编译以及学习成本角度来说,PoreBlazer 的入门难度虽比 Zeo＋＋略高一些,但还是能够很快掌握。其输入参数定制化以及效果可视化方面比 Zeo＋＋更胜一筹。

3. Materials Studio

Materials Studio 中的 Atom Volumes & Surfaces 具备一些基础的孔径可视化与可及表面积的计算功能。其学习成本接近于 0。如果不准备深入了解相关计算,推荐使用 Materials Studio 进行分析、出图。

================【Q&A】================

Q1:cif 文件存在分数占据(乱序)情况,可以进行这些计算吗?

答:建议先手动进行调整,删减掉低占据原子,保留高占据原子,然后将高占据原子设置为满占据。如果不做这样的处理可能会在进行软件处理时报错,就算不报错也会导致低估孔体积、高估表面积等误差发生。

Q2:如何修改 Zeo＋＋软件默认的 BINSTEP(默认值为 0.1 A)?

答:可以在编译软件之前,修改 psd.cc 文件中 BINSTEP 的值(在第 50 行)。

Q3:若没有现成的 cif 文件但是也想做相关预测研究,有没有什么方法?

答:若有确定的拓扑结构和片段结构,可以使用 ToBaCCo(https://github.com/tobacco-mofs/tobacco_3.0)生成相关结构,然后进行研究。该策略更适合 MOF 的高通量计算研究,对筛选出的优秀结构再进行有针对性的合成。

================================

18.4　基于晶体结构的晶体内分子弱相互作用研究工具

通常我们研究分子晶体内部的相互作用，可以采用抽取团簇的方法进行量子化学研究。那么除了这种方法，还有没有其他的方法？有没有基于晶体本身结构的计算形式？

北京科音自然科学研究中心的卢天给出了自己的方法：使用 Multiwfn 结合 CP2K 通过约化密度梯度（reduced density gradient，RDG）和独立梯度模型（independent gradient model，IGM）方法图形化考察固体和表面的弱相互作用（http://sobereva.com/588）。这种方法可以将量子化学领域对孤立体系成熟的研究手段应用到周期性体系中。而且，新版的 Multiwfn 已经支持基于结构文件直接进行计算分析，进一步拉低了使用门槛，使得用户甚至不需要有任何第一性原理计算的经验，仅需结构文件就可以进行分析。这一方法是基于准分子近似（promolecular approximation）实现的，即使用原子自由状态电子密度简单叠加产生的近似的分子电子密度（准分子密度，promolecular density）进行计算。只需要提供 cif 文件或者含有 CRYST1 字段的 pdb 文件即可进行分析。然后对分析获得的 cub 文件进行渲染出图即可。

无论是基于真实电子密度进行的分析还是基于准分子近似进行的分析，无论是 RDG 分析还是 IGM 分析，最终都是用图形化的方法展示原子间的相互作用。通常会用蓝色表示强吸引的作用，比如氢键、卤键；绿色区域为弱吸引或者弱排斥，一般是范德华作用，大家平时常见的 π-π 作用也是绿色展示；红色为强互斥作用，一般有环、笼中的位阻效应。

除了卢天提供的基于 Multiwfn 的方法，还有没有其他的方法或工具？这一问题的答案是肯定的。在本节，我们将介绍一种不需要过多计算化学基础，实验科学家也可以轻松掌握的工具——CrystalExplorer。

CrystalExplorer（CE）是一款免费软件，旨在分析 cif 文件格式的晶体结构。它可以实现很多的分析功能。首先是最常见的 Hirshfeld Surface 分析。

Hirshfeld 表面反映了分子表面的性质。在发展这一功能的过程中，为了得到分子表面，CE 软件的开发者，需要通过某种手段去将要研究的分子作为一个片段包裹起来。在考察了多种定义方法后，作者最终选用了 Hirshfeld 表面。CE 软件对 Hirshfeld 表面上的各点根据多种性质进行填色，通常有 de、di、dnorm、curvedness、shape index 等几种。de 对应表面外部最近的核到表面当前点位置的距离，红色表示短距离，蓝色表示长距离。di 对应表面内部最近的核到表面当前点位置的距离，颜色含义同 de。dnorm 则表现了分子间接触的情况。当分子间接触比其范德华半径之和更近时，这些接触将以红色突出显示表面；反之则为蓝色；范德华半径总和周围的触点为白色。图 18.7、图 18.8 展示了一些典型的 Hirshfeld 表面。

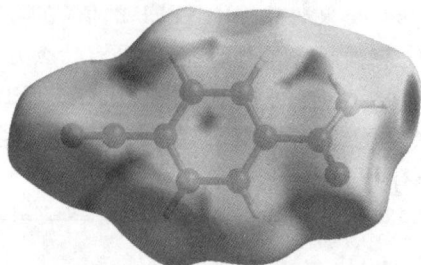

图 18.7　一个 de 填色的 Hirshfeld 表面

彩图效果

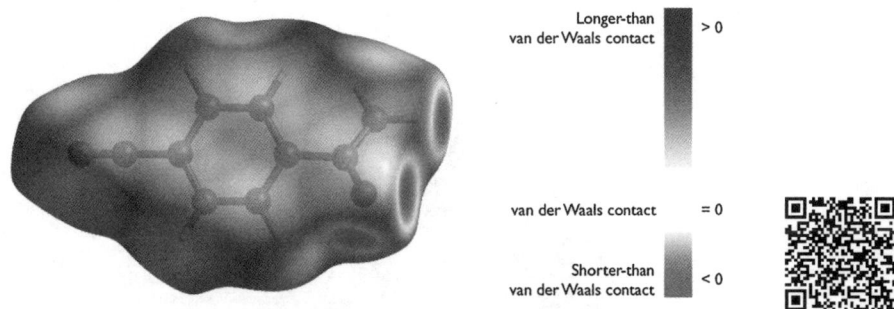

图 18.8　一个 **dnorm** 填色的 **Hirshfeld** 表面　　　　彩图效果

curvedness 是表面曲率均方根的函数，通常显示由深蓝色边缘（大的正曲率）分隔的大片绿色区域（相对平坦）。一个代表性的例子见图 18.9。

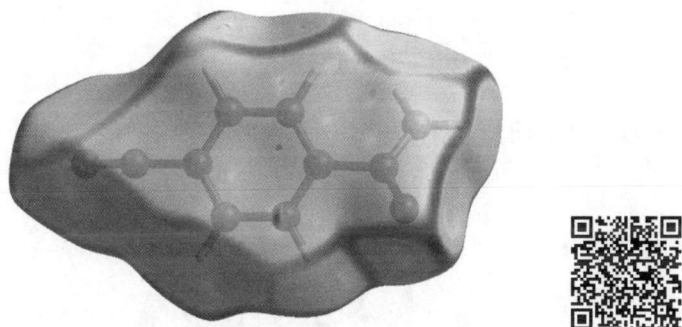

图 18.9　一个 **curvedness** 填色的 **Hirshfeld** 表面　　　彩图效果

shape index 体现了相互作用之间的成对信息，符号不同的两个区域可以发生互补配对。从其中可识别互补的空洞（红色）和凸起（蓝色）。一个代表性的例子见图 18.10。

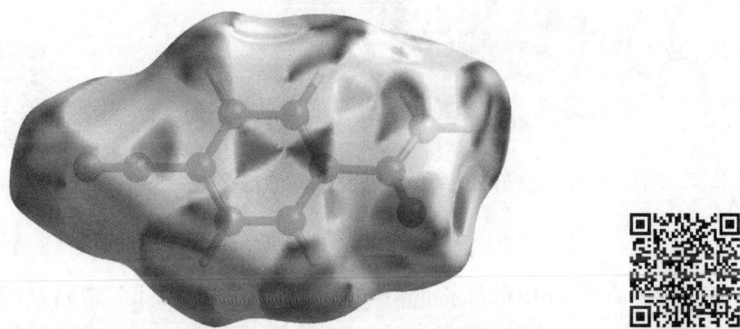

图 18.10　一个 **shape index** 填色的 **Hirshfeld** 表面　　　彩图效果

除了绘制 de 和 di 填色的 Hirshfeld 表面图，还可以将 de 和 di 的相对信息进行二维化展示，也就是我们平时所说的指纹图（fingerprint plots）。理论上来说，表面上的每一个点都在图中有唯一的（de, di）对。指纹图的填色反映了分子表面上 de 和 di 每种组合的频率。图 18.11 中的红色区域显示了表面上有很多点落在该（de, di）对位置处。

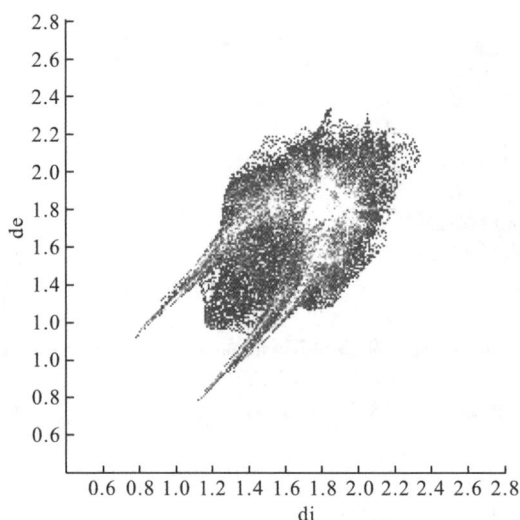

图 18.11　一个晶体的指纹图　　　彩图效果

CE 软件还可以进行其他的分析，但是不太常用，比如空腔体积/表面积的分析与可视化等（图 18.12）。除此之外，还内置了一个名叫 Tonto 的量子化学程序，可以进行一些简单的电子结构计算。

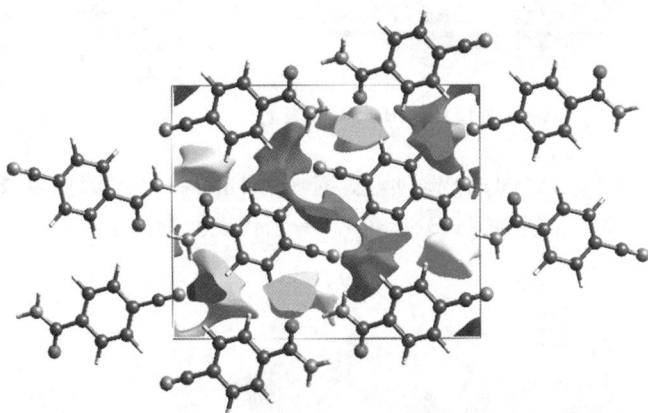

图 18.12　使用 CE 软件对空腔进行可视化　　　彩图效果

===================【Q&A】===================

Q1: 为什么导入 CE 软件中的结构的 X—H 键长与在 VESTA 中测量的不同？

答: CE 软件涉及的分析类目，都是结构敏感型的，所以对于 X—H 的键长也有非常高的要求。通常，X 射线衍射实验中获得的键长比正确长度短十分之几 Å。CE 软件在导入 cif 文件的时候，自动对 H 的位置进行了调整，使其符合中子衍射实验获得的键长。

Q2: 很多分析都要用到内置的 Tonto 量子化学程序，但是该程序的计算能力不如常规的量化计算软件，有没有什么方法可以解决？

答：CE 可以设置调用外接的 Gaussian 软件进行计算，而且在开始计算前允许手动调整
Gaussian 的输入文件。

===

18.5　量子化学大体系研究工具

Gaussian 等多数量子化学软件使用 DFT 方法能够处理 200 个原子以内的体系，更大体
系的耗时与收敛性都将导致计算难度骤增。在遇到金属原子簇、高自旋离子等特殊结构时，
能够计算处理的体系会被进一步压缩到 100 个原子左右。

通常想要达到大体系计算的目的，会有如下几种途径：

(1)引入更高的算力。

(2)引入更高的计算效率：使用软件做其擅长的研究内容；使用并行效率更好的软件。

(3)引入更低成本的计算方法：半经验、QM/MM 等。

(4)设法减小模型尺寸。

(5)引入特殊加速方法：GPU 加速、密度拟合近似等。

依靠算力的堆砌，所带来的改善效果非常有限，并且需要巨大的经济投入。引入更高计
算效率的工具是一条很好的途径，不同软件在不同计算内容上的效率各有差异，选择具有专
长的软件会带来显著优势。这里介绍几种在量子化学方面比较好用的大体系计算工具：

1. xtb(https://github.com/grimme-lab/xtb)

xtb 是波恩大学的 Grimme 等人编写的程序，所对应的方法叫作 GFN-xTB(geometry,
frequency,noncovalent,extended tight binding)。正如其名字所示，该方法主要用于解决上
千个原子的几何优化、频率计算、弱相互作用的计算问题。2024 年，已有第二代的 GFN-
xTB 即 GFN2-xTB。与传统的半经验方法相比，GFN-xTB 形式更严格，普适性更好。

2. ORCA(https://orcaforum.kofo.mpg.de/app.php/portal)

ORCA 是由 Frank Neese 领导开发的一款量子化学计算工具包，免费，不开源。

ORCA 可以说是免费的量子化学工具中的全能战士，利用其内置的 RIJK 和 RIJCOSX
技术，对于大体系计算有独特的加速。当体系大小超过 100 个原子时，相比于 Gaussian 有
明显的速度优势，结合纯泛函可以实现几百个原子体系的构型优化。而且 ORCA 有内部结
构可以和 xtb 软件进行联用做单点、优化、扫描、频率分析、动力学以及 QM/MM 计算。

不同的硬件配置，不同的体系，不同的参数，所需要的计算时间都有所不同。以下是笔
者使用自己的机器进行 ORCA 计算的几个实例，供大家估算时间：

```
! BLYP D3 def2-SVP def2/J noautostart miniprint nopop opt
%maxcore 3600
%pal nprocs 16 end
```

以上关键字，对含有 306 个原子的纯有机体系进行几何优化，256 步优化需要 56 小时。

```
! B3LYP ZORA ZORA-def2-SVP SARC/J nopop miniprint tightSCF
%tddft
nroots 80
end
%maxcore  6000
%pal nprocs   10 end
%cpcm
smd true
SMDsolvent "water" end
```

以上关键字，对含有 190 个原子的纯有机体系进行垂直激发计算需要 4 小时。

```
! B97-3c noautostart miniprint nopop opt
%maxcore  7000
%pal nprocs   8 end
%cpcm
smd true
SMDsolvent "water"
end
```

以上关键字，对含有 300 个原子的纯有机体系进行几何优化，122 步优化需要 92 小时。

```
! BLYP D3 def2-SVP def2/J noautostart miniprint nopop OPT
%maxcore  4500
%pal nprocs   56 end
```

以上关键字，对含有 3 个 Hf 原子、3 个 Zr 原子共 187 个原子的体系进行几何优化，81 步优化需要 9 小时。

```
! B3LYP D3 def2-SV(P) miniprint nopop AutoAux
%cpcm
smd true
SMDsolvent "Acetonitrile"
end
%maxcore  25000
%pal nprocs   10 end
```

以上关键字，对含有 500 个原子的纯有机体系进行单点能计算需要 9 小时。

3. MOPAC(http://openmopac.net/)

MOPAC 是一款免费开源的半经验量化计算工具，对于生物体系的大分子研究十分合适。结合其独有的 MOZYME(http://openmopac.net/Manual/mozyme.html) 加速技术，可以进行高达上万个原子的生物体系的单点能计算，或者几千个原子体系的优化计算。但是基于笔者的使用经验,MOZYME 在高净电荷等情况下极易报错,无法用于开壳层体系,且并行效率差。如果发现 MOZYME 有问题,则切换到常规状态,MOPAC 依旧可以正常使用,并且拥有不俗的计算速度。

================================【Q&A】================================

Q1:在关于各种体系的选择上,有没有什么建议?

答:(1)蛋白质 DNA 等体系优化任务,优选 MOPAC PM6D3H4 或 PM7(http://openmopac. net/PM7 _ and _ PM6-D3H4 _ accuracy/Accuracy％ 20of％ 20PM7％ 20and％ 20PM6-D3H4. html)。

(2)含有过渡金属离子或者其他电子结构复杂的体系,优选 xtb。xTB 软件支持的 GFN2-xTB 方法依靠其可靠的经验参数,使得其对于含过渡金属的这类体系的计算可靠性优于其他半经验方法。

(3)含有上千个原子并且含有数十个过渡金属原子的电子结构特别复杂的体系,先用 xtb 中的 GFN-xTB 进行粗优化,再逐步推高到 GFN2-xTB。

(4)常规两三百个原子的体系,优先使用 ORCA 纯泛函方法。如果存在过渡金属,导致计算结构诡异,推荐使用 ORCA、PBE0、def2SVP。

Q2:若我只做 DFT 计算,本节提到的 xtb 和 MOPAC 是不是就和我没什么关系了?

答:在 DFT 计算之前,应当对体系进行一定的粗优化,以减少 DFT 计算时的资源消耗。粗优化可以使用低级别基组,也可以使用 xtb 这类工具进行。当然,要仔细检查 xtb 等工具优化的结果,如果优化结果比较离谱则弃用。

Q3:DMol3 是否可以进行大体系计算?

答:该软件在量子化学计算方面没有明显优势。DMol3 可基于原子轨道线性组合法描述体系的电子状态,特别适用于计算孔体积较大的周期性体系(如 MOF),此时效率优于常规第一性原理计算工具。

Q4:几万个原子的体系能用什么方法去计算?

答:如果不涉及成键、断键过程,不涉及电子层面的变动,建议跳出量子化学范畴,从分子动力学方面去进行研究,可以进行高达几十万个原子的体系的计算。如果需要研究化学反应过程,建议进行模型简化,然后再用量化计算,或者模型简化后再用 QM/MM 的方式解决。

==

参考文献

[1] XU L, LIU F-Y, ZHANG Q, et al. RETRACTED ARTICLE: the amine-catalysed Suzuki-Miyaura-type coupling of aryl halides and arylboronic acids[J]. Nature Catalysis, 2021,4(1):71-78.

[2] SHAO D, WANG X Y. Development of single-molecule magnets[J]. Chin J Chem, 2020,38(9):1005-1018.

[3] VAN HEIJNSBERGEN D, DEMYK K, DUNCAN M, et al. Structure determination of gas phase aluminum oxide clusters[J]. Phys Chem Chem Phys, 2003,5(12): 2515-2519.

[4] CURTISS L, FRURIP D, BLANDER M. A study of dimerization in water vapor by measurement of thermal conductivity[J]. Chem Phys Lett, 1978,54(3):575-578.

[5] BAGAYOKO D. Understanding density functional theory (DFT) and completing it in practice[J]. AIP Advances, 2014,4(12):127104.

[6] DREIZLER R M, GROSS E K. Density functional theory: an approach to the quantum many-body problem[M]. Springer Science & Business Media, 2012.

[7] SHOLL D S, STECKEL J A. Density functional theory: a practical introduction[M]. John Wiley & Sons, 2022.

[8] SLATER J C, JOHNSON K H. Self-consistent-field X α cluster method for polyatomic molecules and solids[J]. Physical Review B, 1972,5(3):844.

[9] PERDEW J P, BURKE K, ERNZERHOF M. Generalized gradient approximation made simple[J]. Phys Rev Lett, 1996,77(18):3865.

[10] STEPHENS P J, DEVLIN F J, CHABALOWSKI C F, et al. Ab initio calculation of vibrational absorption and circular dichroism spectra using density functional force fields[J]. The Journal of Physical Chemistry, 1994,98(45):11623-11627.

[11] ZHAO Y, TRUHLAR D G. The M06 suite of density functionals for main group thermochemistry, thermochemical kinetics, noncovalent interactions, excited states, and transition elements: two new functionals and systematic testing of four M06-class functionals and 12 other functionals[J]. Theor Chem Acc, 2008,120:215-241.

[12] HONDA T, KOJIMA T, FUKUZUMI S. Crystal structures and properties of a

monoprotonated porphyrin[J]. Chem Commun, 2009(33):4994-4996.

[13]NAKATA M, SHIMAZAKI T. PubChemQC project: a large-scale first-principles electronic structure database for data-driven chemistry [J]. Journal of Chemical Information and Modeling, 2017,57(6):1300-1308.

[14]PHAM B Q, GORDON M S. Can orbitals really be observed in scanning tunneling microscopy experiments? [Z]. ACS Publications, 2017:4851-4852.

[15] MA Y, HAN Z. Computation revealed mechanistic complexity of low-valent cobalt-catalyzed Markovnikov hydrosilylation[J]. J Org Chem, 2018,83(23):14646-14657.

[16]KAHR B, VAN ENGEN D, MISLOW K. Length of the ethane bond in hexaphenylethane and its derivatives[J]. J Am Chem Soc, 1986,108(26):8305-8307.

[17]GRIMME S, SCHREINER P R. Steric crowding can stabilize a labile molecule: solving the hexaphenylethane riddle [J]. Angew Chem Int Ed, 2011, 50 (52): 12639-12642.

[18]JOHNSON E R, KEINAN S, MORI-SáNCHEZ P, et al. Revealing noncovalent interactions[J]. J Am Chem Soc, 2010,132(18):6498-6506.

[19]LU T, CHEN Q. Independent gradient model based on Hirshfeld partition: A new method for visual study of interactions in chemical systems[J]. J Comput Chem, 2022,43(8):539-555.

[20]GLENDENING E D, LANDIS C R, WEINHOLD F. Natural bond orbital methods[J]. Wiley Interdisciplinary Reviews: Computational Molecular Science, 2012,2(1):1-42.

[21]WEINHOLD F. Natural bond orbital analysis: a critical overview of relationships to alternative bonding perspectives[J]. J Comput Chem, 2012,33(30):2363-2379.

[22]MITORAJ M P, MICHALAK A, ZIEGLER T. A combined charge and energy decomposition scheme for bond analysis[J]. Journal of Chemical Theory and Computation, 2009,5(4):962-975.

[23]WONG V H, WHITE A J, HOR T A, et al. Structure and bonding of [(SIPr) AgX] (X= Cl, Br, I and OTf)[J]. Chem Commun, 2015,51(100):17752-17755.

[24]DAPPRICH S, FRENKING G. Investigation of donor-acceptor interactions: a charge decomposition analysis using fragment molecular orbitals[J]. The Journal of Physical Chemistry, 1995,99(23):9352-9362.

[25]KRYGOWSKI T M, CYRAŃSKI M K. Structural aspects of aromaticity[J]. Chem Rev, 2001, 101(5): 1385-1420.

[26]SCHLEYER P V R. Introduction: aromaticity [J]. Chem Rev, 2001, 101 (5): 1115-1118.

[27]KRUSZEWSKI J, KRYGOWSKI T M. Definition of aromaticity basing on the harmonic oscillator model[J]. Tetrahedron Letters, 1972,13(36):3839-3842.

[28]SCHLEYER P V R, MAERKER C, DRANSFELD A, et al. Nucleus-independent chemical shifts: a simple and efficient aromaticity probe[J]. J Am Chem Soc, 1996,

118(26):6317-6318.

[29]HERGES R, GEUENICH D. Delocalization of electrons in molecules[J]. The Journal of Physical Chemistry A, 2001,105(13):3214-3220.

[30]KLOD S, KLEINPETER E. Ab initio calculation of the anisotropy effect of multiple bonds and the ring current effect of arenes—application in conformational and configurational analysis[J]. Journal of the Chemical Society, Perkin Transactions 2, 2001(10):1893-1898.

[31]FICKLING M, FISCHER A, MANN B, et al. Hammett substituent constants for electron-withdrawing substituents: dissociation of phenols, anilinium ions and dimethylanilinium ions[J]. J Am Chem Soc, 1959,81(16):4226-4230.

[32]BARTOK W, HARTMAN R B, LUCCHESI P J. Substituent effects on the protolytic dissociation of electronically excited phenols[J]. Photochem Photobiol, 1965,4(3): 499-504.

[33]KURISAWA N, IWASAKI A, TERANUMA K, et al. Structural determination, total synthesis, and biological activity of iezoside, a highly potent Ca^{2+}-ATPase inhibitor from the marine cyanobacterium Leptochromothrix valpauliae[J]. J Am Chem Soc, 2022,144(24):11019-11032.

[34]GRIBBLE JR M W, LIU R Y, BUCHWALD S L. Evidence for simultaneous dearomatization of two aromatic rings under mild conditions in Cu(Ⅰ)-catalyzed direct asymmetric dearomatization of pyridine[J]. J Am Chem Soc, 2020,142(25):11252-11269.

[35]FANG C, DURBEEJ B. Calculation of free-energy barriers with TD-DFT: a case study on excited-state proton transfer in indigo[J]. The Journal of Physical Chemistry A, 2019,123(40):8485-8495.

[36]GRIMME S. Supramolecular binding thermodynamics by dispersion-corrected density functional theory[J]. Chemistry-A European Journal, 2012,18(32):9955-9964.

[37]MARENICH A V, CRAMER C J, TRUHLAR D G. Universal solvation model based on solute electron density and on a continuum model of the solvent defined by the bulk dielectric constant and atomic surface tensions[J]. The Journal of Physical Chemistry B, 2009,113(18):6378-6396.

[38]QU J, WANG Y, MU X, et al. Determination of crystallographic orientation and exposed facets of titanium oxide nanocrystals[J]. Adv Mater, 2022,34(37):2203320.

[39]DRONSKOWSKI R, BLOECHL P E. Crystal orbital Hamilton populations (COHP): energy-resolved visualization of chemical bonding in solids based on density-functional calculations[J]. The Journal of Physical Chemistry, 1993,97(33):8617-8624.

[40]DERINGER V L, TCHOUGRéEFF A L, DRONSKOWSKI R. Crystal Orbital Hamilton Population (COHP) analysis as projected from plane-wave basis sets[J]. The Journal of Physical Chemistry A, 2011,115(21):5461-5466.

[41]GAYEN P, SAHA S, BHATTACHARYYA K, et al. Oxidation state and oxygen-

vacancy-induced work function controls bifunctional oxygen electrocatalytic activity [J]. ACS Catalysis, 2020,10(14):7734-7746.

[42]ØSTERGAARD F C, BAGGER A, ROSSMEISL J. Predicting catalytic activity in hydrogen evolution reaction [J]. Current Opinion in Electrochemistry, 2022, 35:101037.

[43]LIN L, JACOBS R, MA T, et al. Work function: fundamentals, measurement, calculation, engineering, and applications[J]. Physical Review Applied, 2023,19(3): 037001.

[44]BARDEEN J, SHOCKLEY W. Deformation potentials and mobilities in non-polar crystals[J]. Physical Review, 1950,80:72-80.

[45]GIANNOZZI P, BARONI S. Density-functional perturbation theory[M]//YIP S. Handbook of materials modeling: methods. Dordrecht: Springer Netherlands, 2005: 195-214.

[46]LEE D D, CHOY J H, LEE J K. Computer generation of binary and ternary phase diagrams via a convex hull method[J]. Journal of Phase Equilibria, 1992,13(4): 365-372.

[47]NØRSKOV J K, ROSSMEISL J, LOGADOTTIR A, et al. Origin of the overpotential for oxygen reduction at a fuel-cell cathode[J]. The Journal of Physical Chemistry B, 2004,108(46):17886-17892.

[48]ZHENG Y-S, ZHANG M, LI Q, et al. Electronic origin of oxygen transport behavior in La-based perovskites: A density functional theory study[J]. The Journal of Physical Chemistry C, 2019,123(1):275-290.

[49]DONG J, ZHANG F-Q, YANG Y, et al. (003)-Facet-exposed Ni3S2 nanoporous thin films on nickel foil for efficient water splitting[J]. Applied Catalysis B: Environmental, 2019,243:693-702.

[50]MAO J, HE C-T, PEI J, et al. Accelerating water dissociation kinetics by isolating cobalt atoms into ruthenium lattice[J]. Nature Communications, 2018,9(1):4958.

[51]WANG Y, LI Z, ZHANG P, et al. Flexible carbon nanofiber film with diatomic Fe-Co sites for efficient oxygen reduction and evolution reactions in wearable zinc-air batteries[J]. Nano Energy, 2021,87:106147.

[52]ZHI Q, LIU W, JIANG R, et al. Piperazine-linked metalphthalocyanine frameworks for highly efficient visible-light-driven H_2O_2 photosynthesis[J]. J Am Chem Soc, 2022,144(46):21328-21336.

[53]ZHU J, XIAO M, REN D, et al. Quasi-covalently coupled Ni-Cu atomic pair for synergistic electroreduction of CO_2[J]. J Am Chem Soc, 2022,144(22):9661-9671.

[54]CHU K, LUO Y, SHEN P, et al. Unveiling the synergy of O-vacancy and heterostructure over MoO_{3-x}/MXene for N_2 electroreduction to NH_3 [J]. Advanced Energy Materials, 2022,12(3):2103022.

[55]OGAWA K, SUZUKI H, ZHONG C, et al. Layered perovskite oxyiodide with narrow band gap and long lifetime carriers for water splitting photocatalysis[J]. J Am Chem Soc, 2021,143(22):8446-8453.

[56]SHENG H, WANG J, HUANG J, et al. Strong synergy between gold nanoparticles and cobalt porphyrin induces highly efficient photocatalytic hydrogen evolution[J]. Nature Communications, 2023,14(1):1528.

[57]WANG Z, ZHU J, ZU X, et al. Selective CO_2 photoreduction to CH_4 via $Pd^{\delta+}$-assisted hydrodeoxygenation over CeO_2 nanosheets[J]. Angew Chem Int Ed, 2022,61 (30):e202203249.

[58]ZHENG K, WU Y, ZHU J, et al. Room-temperature photooxidation of CH_4 to CH_3 OH with nearly 100% selectivity over hetero-ZnO/Fe_2O_3 porous nanosheets[J]. J Am Chem Soc, 2022,144(27):12357-12366.

[59]ZHU Y, SUN W, LUO J, et al. A cocoon silk chemistry strategy to ultrathin N-doped carbon nanosheet with metal single-site catalysts [J]. Nature Communications, 2018,9(1):3861.

[60]ZHAO E, LI M, XU B, et al. Transfer hydrogenation with a carbon-nitride-supported palladium single-atom photocatalyst and water as a proton source[J]. Angew Chem, 2022,134(40):e202207410.

[61]LIU S, GOVINDARAJAN N, CHAN K. Understanding activity trends in furfural hydrogenation on transition metal surfaces [J]. ACS Catalysis, 2022, 12 (20): 12902-12910.

[62]SKÚLASON E, KARLBERG G S, ROSSMEISL J, et al. Density functional theory calculations for the hydrogen evolution reaction in an electrochemical double layer on the Pt (111) electrode[J]. Phys Chem Chem Phys, 2007,9(25):3241-3250.

[63]DANG S, QIN B, YANG Y, et al. Rationally designed indium oxide catalysts for CO_2 hydrogenation to methanol with high activity and selectivity [J]. Science Advances, 6(25): eaaz2060.

[64]MING H, ZHANG P, YANG Y, et al. Tailored poly-heptazine units in carbon nitride for activating peroxymonosulfate to degrade organic contaminants with visible light[J]. Applied Catalysis B: Environmental, 2022,311:121341.

[65]HU J, LI Y, ZOU Y, et al. Transition metal single-atom embedded on N-doped carbon as a catalyst for peroxymonosulfate activation: a DFT study[J]. Chem Eng J, 2022,437:135428.

[66]HUANG Q, CAO S, LIU Y, et al. Boosting the Zn^{2+}-based electrochromic properties of tungsten oxide through morphology control[J]. Sol Energy Mater Sol Cells, 2021, 220:110853.

[67]XUE Y, PHAM N N, NAM G, et al. Persulfate activation by ZIF-67-derived cobalt/ nitrogen-doped carbon composites: kinetics and mechanisms dependent on persulfate

precursor[J]. Chem Eng J, 2021,408:127305.

[68]HE J, WAN Y, ZHOU W. ZIF-8 derived Fe-N coordination moieties anchored carbon nanocubes for efficient peroxymonosulfate activation via non-radical pathways: role of FeN_x sites[J]. J Hazard Mater, 2021,405:124199.

[69]ZHANG A-Y, LIN T, HE Y-Y, et al. Heterogeneous activation of H_2O_2 by defect-engineered TiO_{2-x} single crystals for refractory pollutants degradation: a Fenton-like mechanism[J]. J Hazard Mater, 2016,311:81-90.

[70]DIXON W, NORMAN R. Free radicals formed during the oxidation and reduction of peroxides[J]. Nature, 1962,196(4857):891-892.

[71]DIXON W, NORMAN R. 572. Electron spin resonance studies of oxidation. Part I. Alcohols[J]. Journal of the Chemical Society (Resumed), 1963:3119-3124.

[72]BOKARE A D, CHOI W. Review of iron-free Fenton-like systems for activating H_2O_2 in advanced oxidation processes[J]. J Hazard Mater, 2014,275:121-135.

[73]VORONTSOV A V. Advancing Fenton and photo-Fenton water treatment through the catalyst design[J]. J Hazard Mater, 2019,372:103-112.

[74]LI H, SHANG J, YANG Z, et al. Oxygen vacancy associated surface Fenton chemistry: surface structure dependent hydroxyl radicals generation and substrate dependent reactivity [J]. Environmental Science & Technology, 2017, 51 (10): 5685-5694.

[75]PLAUCK A, STANGLAND E E, DUMESIC J A, et al. Active sites and mechanisms for H_2O_2 decomposition over Pd catalysts[J]. Proceedings of the National Academy of Sciences, 2016,113(14):E1973-E82.

[76]石德珂. 材料科学基础[M]. 北京:机械工业出版社,1999.

[77]LEJCEK P. Grain boundary segregation in metals[M]. Springer Science & Business Media, 2010.

[78]西泽泰二. 微观组织热力学[M]. 郝士明,译. 北京:化学工业出版社,2006.

[79]刘利花,张颖,吕广宏,等. Sr 偏析 Al 晶界结构的第一性原理计算[J]. 物理学报,2008, 57(7):6.

[80]盖逸冰,唐法威,侯超,等. 合金化元素对 W-Cu 体系多类界面特征影响的第一性原理计算[J]. 金属学报,2020,56(7):11.

[81]潘金生,仝健民,田民波. 材料科学基础[M]. 北京:清华大学出版社,1998.

[82]余永宁. 材料科学基础[M]. 2 版. 北京:高等教育出版社,2012.

[83]陆栋,蒋平,徐至中. 固体物理学[M]. 2 版. 上海:上海科学技术出版社,2010.

[84]阎守胜. 固体物理基础[M]. 3 版. 北京:北京大学出版社,2011.

[85]徐恒钧. 材料科学基础[M]. 北京:北京工业大学出版社,2001.

[86]ZHOU X, LI X, LU K. Enhanced thermal stability of nanograined metals below a critical grain size[J]. Science, 2018,360(6388):526-530.

[87]CHOOKAJORN T, MURDOCH H A, SCHUH C A. Design of stable nanocrystalline

alloys[J]. Science，2012，337(6097)：951-954.

[88]HAO Z, QIU Y, FAN Y, et al. Theoretical calculation and analysis of new rare earth cemented carbide based on first-principles[J]. Int J Refract Met Hard Mater，2021，101：105688.

[89]TANG F, SONG X, LI Y, et al. Model calculation and experimental identification of nanocrystalline Li_2C_2 as cathode material for lithium-ion battery[J]. Electrochim Acta，2015，186：512-521.

[90]MOUHAT F, COUDERT F-X. Necessary and sufficient elastic stability conditions in various crystal systems[J]. Physical Review B，2014，90(22)：224104.

[91]HOU C, CAO L, LI Y, et al. Hierarchical nanostructured W-Cu composite with outstanding hardness and wear resistance[J]. Nanotechnology，2019，31(8)：084003.

[92]BENTLEY G, DODSON E, DODSON G U Y, et al. Structure of insulin in 4-zinc insulin[J]. Nature，1976，261(5556)：166-168.

[93]CHOTHIA C, LESK A M. The relation between the divergence of sequence and structure in proteins[J]. The EMBO Journal，1986，5(4)：823-826.

[94]WILLIAMSON A R. Creating a structural genomics consortium[J]. Nature Structural Biology，2000，7(11)：953.

[95]ŠALI A, BLUNDELL T L. Comparative protein modelling by satisfaction of spatial restraints[J]. J Mol Biol，1993，234(3)：779-815.

[96]WATERHOUSE A, BERTONI M, BIENERT S, et al. SWISS-MODEL：homology modelling of protein structures and complexes[J]. Nucleic Acids Res，2018，46(W1)：W296-W303.

[97]JUMPER J, EVANS R, PRITZEL A, et al. Highly accurate protein structure prediction with AlphaFold[J]. Nature，2021，596(7873)：583-589.

[98]BAEK M, DIMAIO F, ANISHCHENKO I, et al. Accurate prediction of protein structures and interactions using a three-track neural network[J]. Science，2021，373(6557)：871-876.

[99]YANG J, ANISHCHENKO I, PARK H, et al. Improved protein structure prediction using predicted interresidue orientations[J]. Proc Natl Acad Sci，2020，117(3)：1496-1503.

[100]MIRDITA M, SCHÜTZE K, MORIWAKI Y, et al. ColabFold：making protein folding accessible to all[J]. Nat Methods，2022，19(6)：679-682.

[101]LI Z, LIU X, CHEN W, et al. Uni-Fold：an open-source platform for developing protein folding models beyond AlphaFold[EB/OL]. (2022-08-30)[2023-06-05]. https：//doi. org/10. 1101/2022. 08. 04. 502811.

[102]LENGAUER T, RAREY M. Computational methods for biomolecular docking[J]. Curr Opin Struct Biol，1996，6(3)：402-406.

[103]TROTT O, OLSON A J. AutoDock Vina：Improving the speed and accuracy of

docking with a new scoring function, efficient optimization, and multithreading[J]. J Comput Chem, 2010,31(2):455-461.

[104]HASSAN N M, ALHOSSARY A A, MU Y, et al. Protein-ligand blind docking using quickvina-W with inter-process spatio-temporal integration[J]. Sci Rep, 2017, 7(1):15451.

[105]CORSO G, STÄRK H, JING B, et al. DiffDock: diffusion steps, twists, and turns for molecular docking[J]. International Conference on Learning Representations (ICLR), 2023.

[106]FRIESNER R A, BANKS J L, MURPHY R B, et al. Glide: a new approach for rapid, accurate docking and scoring. 1. Method and assessment of docking accuracy [J]. J Med Chem, 2004,47(7):1739-1749.

[107]HUANG Y, ZHANG H, JIANG S, et al. DSDP: a blind docking strategy accelerated by GPUs[J]. J Chem Inf Model, 2023,63(14):4355-4363.

[108]BAKER N A, SEPT D, JOSEPH S, et al. Electrostatics of nanosystems: application to microtubules and the ribosome[J]. Proc Natl Acad Sci, 2001,98(18):10037.

[109]CAO Y, DAI W, MIAO Z. Evaluation of protein-ligand docking by cyscore[M]// GORE M, JAGTAP U B. Computational drug discovery and design. New York: Springer New York,2018:233-243.

[110]KHAN A, MUNIR M, AIMAN S, et al. The in silico identification of small molecules for protein-protein interaction inhibition in AKAP-Lbc-RhoA signaling complex[J]. Computational Biology and Chemistry, 2017,67:84-91.

[111]LU J, CAO Q, WANG C, et al. Structure-based peptide inhibitor design of amyloid-β aggregation[J]. Frontiers in Molecular Neuroscience, 2019,12:54.

[112]ALDER B J, WAINWRIGHT T E. Phase transition for a hard sphere system[J]. J Chem Phys, 1957,27(5):1208-1209.

[113]ABRAHAM M J, MURTOLA T, SCHULZ R, et al. GROMACS: high performance molecular simulations through multi-level parallelism from laptops to supercomputers[J]. SoftwareX, 2015,1-2:19-25.

[114]PEARLMAN D A, CASE D A, CALDWELL J W, et al. AMBER, a package of computer programs for applying molecular mechanics, normal mode analysis, molecular dynamics and free energy calculations to simulate the structural and energetic properties of molecules[J]. Comput Phys Commun, 1995,91(1):1-41.

[115]BROOKS B R, BRUCCOLERI R E, OLAFSON B D, et al. CHARMM: a program for macromolecular energy, minimization, and dynamics calculations[J]. J Comput Chem, 1983,4(2):187-217.

[116]NELSON M T, HUMPHREY W, GURSOY A, et al. NAMD: a parallel, object-oriented molecular dynamics program[J]. The International Journal of Supercomputer Applications and High Performance Computing, 1996,10(4):251-268.

[117]HUANG Y-P, XIA Y, YANG L, et al. SPONGE: a GPU-accelerated molecular dynamics package with enhanced sampling and AI-driven algorithms[J]. Chin J Chem, 2022,40(1):160-168.

[118]ZHANG J, CHEN D, XIA Y, et al. Artificial intelligence enhanced molecular simulations[J]. J Chem Theory Comput, 2023,19(14):4338-4350.

[119]YOSHIDA S, HIRAGA K, TAKEHANA T, et al. A bacterium that degrades and assimilates poly(ethylene terephthalate)[J]. Science, 2016,351(6278):1196-1199.

[120]HAN X, LIU W, HUANG J-W, et al. Structural insight into catalytic mechanism of PET hydrolase[J]. Nature Communications, 2017,8(1):2106.

[121]MAIER J A, MARTINEZ C, KASAVAJHALA K, et al. ff14SB: improving the accuracy of protein side chain and backbone parameters from ff99SB[J]. J Chem Theory Comput, 2015,11(8):3696-3713.

[122]JORGENSEN W L, CHANDRASEKHAR J, MADURA J D, et al. Comparison of simple potential functions for simulating liquid water[J]. J Chem Phys, 1983,79(2): 926-935.

[123]WANG J, WOLF R M, CALDWELL J W, et al. Development and testing of a general AMBER force field[J]. J Comput Chem, 2004,25(9):1157-1174.

[124]SOUSA D A, SILVA A W, VRANKEN W F. ACPYPE—AnteChamber PYthon Parser interfacE[J]. BMC Research Notes, 2012,5(1):367.

[125]HUMPHREY W, DALKE A, SCHULTEN K. VMD: visual molecular dynamics [J]. J Mol Graphics, 1996,14(1):33-38.

[126]LASKOWSKI R A, SWINDELLS M B. LigPlot+: Multiple ligand-protein interaction diagrams for drug discovery[J]. J Chem Inf Model, 2011,51(10):2778-2786.

[127]PAISSONI C, SPILIOTOPOULOS D, MUSCO G, et al. GMXPBSA 2.1: a GROMACS tool to perform MM/PBSA and computational alanine scanning[J]. Comput Phys Commun, 2015,186:105-107.

[128]KUMARI R, KUMAR R, LYNN A. g_mmpbsa—a GROMACS tool for high-throughput MM-PBSA calculations[J]. J Chem Inf Model, 2014,54(7):1951-1962.

[129]VALDÉS-TRESANCO M S, VALDÉS-TRESANCO M E, VALIENTE P A, et al. gmx_MMPBSA: A new tool to perform end-state free energy calculations with GROMACS[J]. J Chem Theory Comput, 2021,17(10):6281-6291.

[130]JÄMBECK J P M, LYUBARTSEV A P. Derivation and systematic validation of a refined all-atom force field for phosphatidylcholine lipids[J]. J Phys Chem B, 2012, 116(10):3164-3179.

[131]SKJEVIK Ä A, MADEJ B D, WALKER R C, et al. LIPID11: a modular framework for lipid simulations using AMBER[J]. The Journal of Physical Chemistry B, 2012,116 (36):11124-11136.

[132]MYERS A L, PRAUSNITZ J M. Thermodynamics of mixed-gas adsorption[J].

AlChE J，1965，11(1)：121-127.

[133]TARAFDER A，MAZZOTTI M. A method for deriving explicit binary isotherms obeying the ideal adsorbed solution theory[J]. Chemical Engineering & Technology，2012,35(1)：102-108.

[134]SIMON C M，SMIT B，HARANCZYK M. pyIAST：ideal adsorbed solution theory (IAST) python package[J]. Comput Phys Commun，2016,200：364-380.

[135]TALU O，MYERS A L. Rigorous thermodynamic treatment of gas adsorption[J]. AlChE J，1988,34(11)：1887-1893.

[136]LI R，REN X，FENG X，et al. A highly stable metal-and nitrogen-doped nanocomposite derived from Zn/Ni-ZIF-8 capable of CO_2 capture and separation[J]. Chem Commun，2014,50(52)：6894-6897.